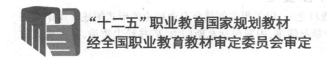

“十二五”职业教育国家规划教材
经全国职业教育教材审定委员会审定

矿井灾害防治

（第2版）

主　编　刘其志　肖　丹
副主编　王兴生　张仁松

重庆大学出版社

内 容 提 要

本书是采矿工程专业教学实践一体化系列教材之一，以工程实例结合专业理论的形式阐述了煤矿灾害的主要类型及其防治技术措施。全书共分为5个学习情境，内容包括瓦斯防治，矿井粉尘防治，矿井火灾防治，矿井水灾防治，矿山救护等。

本书可作为煤炭高等职业院校、高等专科学校采矿工程专业及其相关专业的教材，也可作为成人高校、中等职业学校相关专业和煤矿安全技术培训的教材或教学参考书，同时也可供从事煤矿工作的工程技术管理人员参考使用。

图书在版编目(CIP)数据

矿井灾害防治/刘其志，肖丹主编.—2版.—重庆：重庆大学出版社，2014.2(2023.7重印)
(煤矿开采技术专业系列教材)
ISBN 978-7-5624-5255-3

Ⅰ.矿… Ⅱ.①刘… ②肖… Ⅲ.煤矿—灾害防治—高等学校：技术学校—教材 Ⅳ.TD712

中国版本图书馆CIP数据核字(2014)第235190号

矿井灾害防治
(第2版)
主　编　刘其志　肖　丹
副主编　王兴生　张仁松
责任编辑：周　立　　版式设计：周　立
责任校对：刘　真　　责任印制：张　策
*
重庆大学出版社出版发行
出版人：饶帮华
社址：重庆市沙坪坝区大学城西路21号
邮编：401331
电话：(023) 88617190　88617185(中小学)
传真：(023) 88617186　88617166
网址：http://www.cqup.com.cn
邮箱：fxk@cqup.com.cn(营销中心)
全国新华书店经销
POD：重庆新生代彩印技术有限公司
*
开本：787mm×1092mm　1/16　印张：17.75　字数：449千
2014年2月第2版　2023年7月第7次印刷
印数：11 001—11 500
ISBN 978-7-5624-5255-3　定价：49.00元

第2版前言

本教材自2010年出版以来，经过三年多的教学实践，同时国家的有关标准、《煤矿安全规程》及《防治煤与瓦斯突出规定》等相继更新，加之矿井灾害防治是一门与实践紧密结合，随实践不断变化的一门学科。因而本次修订注重对矿井灾害新知识、新技能与新标准的更新，注重实际应用，把握好各个典型工作任务的知识既全面又突出重点的原则，对各章节内容进行了修改。修订特点如下：

1. 单元1.2煤矿瓦斯等级鉴定、单元1.6抽采等内容全部重新编写，单元1.4区域防突和单元1.5局部防突等内容进行了大量修改。特别是按照最新规定对相关概念进行了更新，修改了原来过时的概念，比如将“低瓦斯矿井”改为“瓦斯矿井”，将“瓦斯抽放”改为“瓦斯抽采”等。

2. 每个单元都设置了分组实践操作环节，同时增加了一些设计内容，比如矿井防治水设计等，有利于学生将理论与实践结合起来，提高了学生分析、解决问题的能力。

3. 力求逻辑清晰、主次分明、言简意赅。矿井灾害防治技术是一门涉及知识众多的学科，必须根据知识的重要性进行合理配置，本次修改对原版内容进行了合理的增减，个别相关内容顺序进行了调整。为力求内容更加完善，原有作者调整了编写任务，同时增加了新的人员参与修订。

本教材由刘其志、肖丹主持修订，参加本书修订工作的有：重庆工程职业技术学院黄文祥（讲师、工程师）执笔学习情境1单元1.1、单元1.2和单元1.3；重庆工程职业技术学院喻晓峰（副教授、工程师）执笔学习情境1单元1.4、单元1.5；重庆创诚安全技术咨询有限公司张仁松（副总经理、工程师）执笔学习情境1单元1.6和学习情境4；重庆工程职业技术学院刘其志（副教授、工程师）执笔学习情境2；重庆天府矿业有限责任公司王兴生（安全副总、高级工程师）执笔学习情境3；贵州省六盘水市安监局执法监察支队卜珍虎（副支队长、工程师）执笔学习情境5单元5.1、单元5.2和单元5.3；重庆科安经贸有限公司涂威（总经理、高级工程师）执笔学习情境5单元5.3、单元5.4。

由于经验不足，错误和疏漏之处在所难免，敬请广大读者批评指正。

编 者

2014年1月

前言

本书根据教育部高等职业教育采矿工程专业培养培训教学方案的要求编写。在编写过程中,结合培养采矿工程专业高技能人才要求,力求突出高等职业教育的特点,基本理论以够用为度,重点加强实践知识和技能的培养与训练,旨在提高学生实际分析问题和解决问题的能力。

该教材打破以理论知识传授为主的传统学科课程模式,转变为基于工作过程系统化进行课程建设。全书共分为5个学习情境,内容包括瓦斯防治,矿井粉尘防治,矿井火灾防治,矿井水灾防治,矿山救护等,并进一步划分"矿井瓦斯检查"等13个单元,各单元再确定具有教学价值的典型工作任务,如"排放盲巷瓦斯安全措施的编制"等共36个任务。每一个教学情境都按照矿井灾害系统测定和诊断—系统分析—编制措施—组织施工这一工作流程,对完成实际工作任务所需要的知识和能力进行序化;为方便师生使用,各单元列入了课程标准的要求及单元复习与习题,针对5个学习情境中"矿山救护"情境教学的特殊性,我们从"矿山救护装备操作技能训练"单元起,增加了单元学习情境小结与学习指导的内容附在各单元学习完成之后;每个任务的理论与实践教学设计一般划分为学习型工作任务(含阅读理解与集中讲解)与实作训练;教材以完成典型工作任务来驱动,教学过程中可通过视频、案例分析、情境模拟、任务单和课后拓展作业等多种手段来保障学生对知识技能的有效吸收;由于课程标准将随着技术的进步和生产的发展而调整,所以本书具有开放性的特点,甚至包括单元的划分,典型工作任务的增删都可以根据实际需求而修订课程标准,进而调整实际教学内容。从这个意义上讲,本书探索与创新了一种"技能型"人才培养的教学模式,供有关人员参考选用。

本书是集体智慧的结晶,刘其志(重庆工程职业技术学院副教授、工程师)、肖丹(重庆工程职业技术学院讲师、注册安全工程师)任主编,王兴生(重庆天府矿业有限公司安全部部长)、张仁松(原重庆煤矿安全技术协会安全咨询专业委员会秘书长)任副主编。编写任务分工如下:刘其志编写学习情境1,肖丹编写学习情境2,张仁松编写学习情境3,喻晓峰(重庆工程职业技术学院)编写学习情境4,王兴生编写学习情境5。全书由刘其志统稿,由冯明伟(重庆工程职业技术学院高级工程师)主审。

本书在编写过程,得到了重庆工程职业技术学院、天府矿业有限公司、重庆能源投资集团公司、重庆市垫江监狱等单位的大力支持,在此,谨向上述单位和领导表示衷心谢意。

书中不妥之处在所难免,恳请广大专家、学者、管理人员及所有读者提出宝贵意见,以便今后修订完善。

编　者

2009 年 10 月

目录

学习情境 1 瓦斯防治

教学内容

在煤矿生产过程中伴随着生产的进行瓦斯涌出到生产空间，对井下生产构成威胁。瓦斯，不论其涌出量多少，一直是矿井生产最主要的一个危险源，瓦斯灾害的治理就成为矿井最根本、最重要的任务。在情境1中将介绍矿井瓦斯检查、矿井瓦斯等级的鉴定、排放瓦斯方法、区域防突、局部防突、瓦斯抽放等方面的内容。

教学条件、方法和手段要求

准备光学瓦检器、瓦斯传感器、瓦斯鉴定记录表、矿井图纸、测量仪器、教学图片、教学视频录像、排放盲巷瓦斯安全措施样本、煤层突出危险性的检测报告样本、区域煤层突出防治措施样本、瓦斯等级报告样本、监测系统瓦斯传感器布置的方案样本等。

建议采用在矿井监测监控实训室、模拟矿井中进行集中讲授、动态教学、分组实训的方法教学。

学习目标

1. 会使用光学瓦检器检测瓦斯，并根据检查结果提出及时处理瓦斯超限的初步建议；能提出瓦斯监测系统传感器布置的方案建议；能进行传感器的安装和“对零”调试。

2. 掌握矿井瓦斯等级鉴定的方法，鉴定过程的控制，对数据结果的分析处理，以及瓦斯等级的确定标准。

3. 会结合实际编制排放（盲巷）瓦斯的安全措施；能使用局部通风措施组织实施排放局部积聚瓦斯；能提出及时处理瓦斯超限的完整建议和矿井瓦斯防治的初步方案；会选择适当的方法控制排放风流；能对排放效果进行评价。

4. 会划分瓦斯突出区域，会测各种突出预测指标，会对突出煤层预测。

5. 会选择适当的局部防突措施和安全防护措施，会对防突工作进行管理，会编写局部防突安全技术措施。

6. 会选择瓦斯抽放的方法,会进行抽放系统的安装、使用与管理,会确定瓦斯抽放钻孔参数,能对瓦斯抽放工作进行管理,会进行瓦斯抽放设计。

单元1.1 矿井瓦斯检查

"矿井瓦斯浓度的测定"单元是本情境课程其他单元的基础。通过该单元的学习训练,要求学生熟悉瓦斯的燃烧爆炸性,能够使用光学瓦检器检测瓦斯。

拟实现的教学目标:

1. 能力目标

会使用光学瓦检器检测瓦斯,并根据检查结果提出及时处理瓦斯超限的初步建议;能提出瓦斯监测系统传感器布置的方案建议;能进行传感器的安装和"对零"调试。

2. 知识目标

能够熟练陈述煤矿瓦斯测定方法,熟悉瓦斯爆炸的条件,概述预防瓦斯爆炸的措施,了解井下瓦斯浓度的有关规定,熟悉瓦斯报表的内容。

3. 素质目标

通过实测定瓦斯浓度,训练检测监测矿井瓦斯的能力;通过实际操作训练,培养学生一丝不苟的从严精神。

任务 1.1.1 光学瓦斯检测仪器的现场使用与维护

一、学习型工作任务

(一)阅读理解

矿井瓦斯是煤的伴生气体产物,又称煤层气或煤层甲烷。它是一种赋存于本煤层及其煤层围岩中的自生自储或气藏中(岩层中)的天然气。矿井瓦斯具有双重性:一是煤炭开采过程中,在其自身压力和矿井通风负压的作用下,便从煤(岩)层中涌入采掘空间而污染矿井大气,特别是由于它具有易燃易爆的性质,则成了有害气体。当具备适宜的条件时(井巷、采场、风流中瓦斯含量、氧气充足、有明火源),就会发生瓦斯燃烧或爆炸的恶性事故。所以,瓦斯是影响矿井安全的重大隐患。二是矿井瓦斯、煤层气的主要成分是甲烷(CH_4),类同于石油天然气。因此从能源角度看,矿井瓦斯是名副其实的气体矿产资源。

1. 矿井瓦斯的组成

(1)空气的基本成分和性质

地面新鲜空气的主要成分是氧、氮和二氧化碳,另外含有少量的水蒸气、其他惰性气体。

①氧气(O_2)

氧气是无色、无味、无臭的气体,难溶于水,性活泼,能助燃,供人呼吸。

氧气是人维持生命不可缺少的气体。人呼吸所需要的氧气量:静止状态时为0.25 L/min;工作或行走时为1 ~3 L/min。

当空气中的氧浓度下降到17%时,人工作时感到喘息和呼吸困难;下降到15%时,失去劳动能力;下降到10% ~12%时,会失去理智,时间稍长有死亡危险。

《煤矿安全规程》规定,在采掘工作面的进风流中,氧气浓度不得低于20%,以保证矿工身体健康和良好的劳动条件。

②氮气(N_2)

氮气是无色、无味、无臭的惰性气体,微溶于水(约溶2%),不易燃,无毒,但有窒息性。

在高温下能与氧化合生成有毒气体 NO_2,与 H_2 化合生成 NH_3。空气中含氮量增高时,氧浓度相对降低,会使人缺氧窒息。

③二氧化碳(CO_2)

二氧化碳是无色略有酸臭味的气体,易溶于水,属惰性气体,不助燃。二氧化碳对口腔、鼻、眼的黏膜有刺激作用,能刺激中枢神经,使呼吸加快。当空气中 CO_2 的浓度达到3%时,人的呼吸急促,易感疲劳;达到5%时,耳鸣、呼吸困难;达到10%时,出现昏迷。所以,二氧化碳也是有害气体。

《煤矿安全规程》规定:采掘工作面进风流中,CO_2 的浓度不得超过0.5%;矿井总回风巷或一翼回风巷风流中,CO_2 的浓度不得超过0.75%;采区回风巷、采掘工作面回风巷风流中,CO_2 的浓度不得超过1.5%。

(2)矿井内空气中的有害气体和性质

矿井内空气中常见的有害气体有一氧化碳、二氧化氮、硫化氢、二氧化硫和甲烷等。

①一氧化碳(CO)

一氧化碳是无色、无味、无臭的气体,微溶于水(约溶3%),常温、常压下化学性质不活泼,有爆炸性。

CO有剧毒,对人体内的红血球所含血色素的亲和力较氧气大250~300倍,CO被吸入人体后,阻碍着氧与血色素的正常结合,造成人体组织和细胞缺氧,使之中毒以至死亡。

空气中的CO浓度达到0.016%时,数小时人体无或有轻微征兆;达到0.048%时,轻微中毒,耳鸣、头痛、头晕和心跳加速;达到0.128%时,经0.5~1 h能严重中毒,除有上述征兆外,还会出现肌肉疼痛、四肢无力、呕吐、意识迟钝、丧失行动能力的症状;达到0.4%时,可致命中毒、丧失知觉、痉挛、停止呼吸、假死,经20~30 min后死亡。

人经常在CO略高于允许浓度的环境下劳动,虽短时间内不会出现急性症状,但由于血液和组织的长期缺氧以及对中枢神经的侵害,也会引起头痛、眩晕、胃口欠佳、乏力、失眠等慢性中毒症状。

《煤矿安全规程》规定,井下空气中CO的最高允许浓度为0.002 4%。

②硫化氢(H_2S)

硫化氢是一种无色、微甜、有臭鸡蛋味的气体,易溶于水,一个体积的水能溶2.5个体积的 H_2S。硫化氢有剧毒,能使血液中毒,对眼睛及呼吸系统有刺激作用。

空气中的 H_2S 达到0.000 1%时,能嗅到臭鸡蛋味;达到0.01%~0.015%时,流唾液和清水鼻涕,瞳孔放大,呼吸困难;达到0.02%时,强烈刺激眼及喉咙黏膜,感到头痛、呕吐、乏力;达到0.05%时,经0.5~1 h失去知觉、抽筋、瞳孔放大,甚至死亡;达到0.1%时,很快死亡。

《煤矿安全规程》规定:井下空气中 H_2S 的最高允许浓度为0.000 66%。

③二氧化硫(SO_2)

二氧化硫是无色、有强烈硫磺味及酸味的气体,易溶于水,对眼睛和呼吸器官有强烈的刺激作用。

空气中的 SO_2 浓度达到0.000 5%时,能嗅到刺激味;达到0.002%时,对眼睛和呼吸器官有强烈的刺激作用，眼睛红肿、流泪、咳嗽、头痛、喉痛等；达到0.05%时，引起急性支气管炎、肺水肿，在短时间内死亡。

《煤矿安全规程》规定：井下空气中SO_2的最高容许浓度为0.000 5%。

④二氧化氮(NO_2)

二氧化氮是褐色、剧毒性气体，易溶于水并生成硝酸。

二氧化氮对眼、鼻、呼吸道及肺有强烈的刺激作用和腐蚀作用，可引起肺水肿。二氧化氮中毒有潜伏期，可能当时无明显感觉，经6~24 h后发作，咳嗽、头痛、呕吐，甚至死亡。

空气中的二氧化氮浓度达到0.004%时，2~4 h内中毒症状不明显；达到0.006%时，短时间内呼吸器官感到刺激，咳嗽、胸痛；达到0.01%时，刺激呼吸器官，严重咳嗽、声带痉挛、呕吐、神经系统麻木；达到0.025%时，短时间内死亡。

《煤矿安全规程》规定：井下空气中NO_2的最高容许浓度为0.000 25%。

⑤甲烷(CH_4)

甲烷是无色、无味、无毒的气体。在1个标准大气压和温度20 ℃时，溶解度为3.5%。甲烷虽无毒，但当空气中甲烷的浓度大于50%时，能使人缺氧而窒息死亡。甲烷不助燃，有爆炸性。

《煤矿安全规程》规定，不同地点的允许瓦斯浓度如下：

矿井总回风或一翼回风巷中瓦斯或二氧化碳浓度超过0.75%时，必须立即查明原因，进行处理。

采区回风巷、采掘工作面回风巷风流中瓦斯浓度超过1.0%或二氧化碳浓度超过1.5%时，必须停止工作，撤出人员，采取措施，进行处理。

装有矿井安全监控系统的机械化采煤工作面、水采和煤层厚度小于0.8 m的保护层的采煤工作面，经抽放瓦斯(抽放率25%以上)和增加风量已达到最高允许风速后，其回风巷风流中瓦斯浓度仍不能降低到1.0%以下时，回风巷风流中瓦斯浓度不得超过1.5%，并应符合《煤矿安全规程》的要求。

采煤工作面瓦斯涌出量大于或等于20 m^3/min、进回风巷道净断面8 m^2以上，经抽放瓦斯和增大风量已达到最高允许风速后，其回风巷风流中瓦斯浓度超过最高允许浓度1.5%，按管理权限报批，可采用专用排瓦斯巷。该巷回风流中瓦斯浓度不超过2.5%，并符合《煤矿安全规程》的规定。

采掘工作面及其他作业地点风流中瓦斯浓度达到1.0%时，必须停止用电钻打眼；爆破地点附近20 m以内风流中瓦斯浓度达到1.0%时，严禁爆破。

采掘工作面及其他作业地点风流中瓦斯浓度达到1.5%时，必须停止工作，切断电源，撤出人员，进行处理。

电动机或其开关安设地点附近20 m以内风流中瓦斯浓度达到1.5%时，必须停止工作，切断电源，撤出人员，进行处理。

采掘工作面及其他巷道内，体积大于0.5 m^3的空间内积聚瓦斯浓度达到2.0%时，附近20 m内必须停止工作，切断电源，撤出人员，进行处理。

在回风流中的机电设备峒室的进风侧必须安装甲烷传感器，瓦斯浓度不超过0.5%。

在局部通风机及其开关地点附近10 m以内风流中瓦斯浓度都不超过0.5%时，方可人工开启局部通风机。

符合《煤矿安全规程》规定的串联通风系统中，必须在进入被串联工作面的进风风流中装设甲烷断电仪，且瓦斯和二氧化碳浓度不超过0.5%。

对因瓦斯浓度超过规定被切断电源的电气设备，必须在瓦斯浓度降到1.0%以下时，方可通电开动。

采掘工作面进风流中，二氧化碳浓度不超过0.5%。

采掘工作面风流中二氧化碳浓度达到1.5%时，必须停止工作，撤出人员，查明原因，制订措施，进行处理。

停工区内瓦斯或二氧化碳浓度达到3.0%而不能立即处理时，必须在24 h内封闭完毕。

专用排瓦斯巷内必须安设甲烷传感器，甲烷传感器应悬挂在距专用排瓦斯巷回风口15 m处，当甲烷浓度达到2.5%时，能发出报警信号并切断工作面电源，工作面必须停止工作，进行处理。

⑥其他有害气体

氨（NH_3）是无色、有臭味的气体，易溶于水，氨有剧毒，能刺激皮肤及上呼吸道，引起咳嗽、流泪、头晕，严重时失去知觉以至死亡。空气中NH_3的浓度达到15.7%～27.4%时能爆炸。《煤矿安全规程》规定氨的最高允许浓度为0.004%。

氢（H_2）是无色、无味、无嗅的气体，难溶于水，不能供呼吸，有爆炸性，最高允许浓度为0.5%，主要产生于机电设备硐室。

压缩空气中的有害气体有油蒸气、CO及CH_4等。油蒸气有爆炸性。

（3）煤层瓦斯组分

国内外对煤层瓦斯组分的大量测定表明，煤层瓦斯有约20种组分：甲烷及其同系烃类气体（乙烷、丙烷、丁烷、戊烷、己烷等）、二氧化碳、氮、二氧化硫、硫化氢、一氧化碳和稀有气体（氦、氖、氩、氪、氙）等。其中，甲烷及其同系物和二氧化碳是成煤过程的主要产物。当煤层赋存深度大于瓦斯风化带深度时，煤层瓦斯的主要成分（>80%）是甲烷。

（4）矿井瓦斯组分的来源

矿井瓦斯（或称矿井有毒有害气体）的来源，大致可归为三个方面：煤（岩）层和地下水释放出来的；化学及生物化学作用产生的；煤炭生产过程中产生的。

①甲烷

甲烷是腐殖型有机物在成煤过程中产生的。在漫长的地质年代中，煤中的瓦斯大部分逸散和释放。在煤炭开采过程中，矿井的甲烷一般主要来自开采煤层和顶底板的邻近煤层和煤线，少量来自岩层。

②重烃

重烃是煤变质过程中的伴生气体，煤的变质程度不同其重烃含量亦有差异，以中等变质煤的含量为最多。同时，重烃在煤的分布是不均匀的。在煤的开采过程中，部分重烃气体能够解吸并从煤体释放出来进入开采空间。

③二氧化碳

二氧化碳亦是成煤过程中的伴生气体，有些煤层中甲烷与二氧化碳混生，赋存较深的煤层中有时甲烷与二氧化碳均很大；地表生物圈内生物化学氧化反应产生二氧化碳，溶解于地下水中并携带至煤系地层；岩浆与火山气体中有大量的二氧化碳，当岩浆沿断层流动和上升时因温度下降而析出二氧化碳储存于煤系地层中；碳酸岩在高温下（如火成岩侵入）分解出二氧化碳。

煤、岩层中赋存的二氧化碳，在开采过程中向开采巷道涌出，污染矿井大气。此外，有机（坑木等）的氧化碳酸盐的水解、内因和外因火灾，以及瓦斯和煤尘爆炸等均能产生二氧化碳。

二氧化碳的次要来源：人的呼吸，人均一小时呼出二氧化碳为50 L；爆破工作，1 kg 的硝铵炸药爆炸时产生 150 L 二氧化碳。

④一氧化碳

通常认为，成煤过程中不产生一氧化碳，但是个别煤层已发现有微量的一氧化碳。

矿井内一氧化碳的主要来源是爆破工作与矿内火灾，1 kg 炸药爆炸后约生成 100 L 一氧化碳；其次是瓦斯和煤尘爆炸以及支架、坑木燃烧，当1 m^3 木材不完全燃烧时，能生产 500 m^3 一氧化碳。

⑤二氧化硫

在个别煤层中，二氧化硫以巢状聚集的形式存在，并能泄入矿井巷道。矿内二氧化硫的来源，还有含硫矿物氧化与自燃及其矿尘的爆炸等。

⑥硫化氢

矿内硫化氢的来源：有机物的腐烂；硫化矿物的水解；含硫矿物的氧化、燃烧；在含硫矿体中爆破以及从含硫矿层中涌出等。

⑦二氧化氮

煤层瓦斯组分中不含二氧化氮。炸药爆破时产生一系列的氮氧化物，如 NO，NO_2 等。

NO 遇空气中的氧，即氧化为 NO_2。

⑧氢

煤层中含有少量氢，亦为有机质的变质过程产物；煤受热变质时，在高温下热分解能产生氢。

矿内火灾或爆炸事故时，可能产生氢；蓄电池充电硐室有氢气泄出。

⑨氮

煤、岩和地下水释放的瓦斯组分中，往往含有氮。煤层接近露头及瓦斯风化带内，由于生物化学作用产生大量氮气。

矿内爆破工作时，1 kg 硝化甘油炸药产生 135 L 氮气。有机质的腐烂也是氮气的一种来源。

2. 瓦斯的性质

（1）瓦斯的特性

未受任何污染的矿井瓦斯，无色、无臭、无味，看不见也摸不着，相对密度小，为 0. 554，在温度 $t = 0$ ℃，大气压力 $P = 760$ mmHg 时，瓦斯密度为 0. 716 kg/m^3，由于瓦斯相对密度小于矿井大气相对密度（1. 2），在微风、无风和风流作用不到的地方呈层流状态，聚集在巷道里、巷道和工作面的高冒顶处、独头上山巷道等处成为矿井安全生产的重大隐患。经验证明，瓦斯具有较好的吸热发冷的特点，人一旦触及到瓦斯积聚处，则给人以冷（凉）感。瓦斯与氮气类同，既不助燃，又不助呼吸，由于它的存在降低了空气中应有的氧含量，当氧气含量低于12%时，人会窒息死亡。

（2）瓦斯具有易扩散和自然涌出的性质

通过种种途径来自煤（岩）的瓦斯，一到采掘空间就本能地迅速布满其间。除此，瓦斯渗透通过固体的能力大，其渗透系数是空气的1.6倍。瓦斯是以压力状态赋存于煤(岩)层之中的，以其自身的潜能作用涌出煤(岩)层。瓦斯极易穿过相邻的煤(岩)层涌入采掘空间，这是因为甲烷分子直径远远小于煤的孔隙直径的缘故。“甲烷分子直径小于4×10^{-8} cm(4 Å)；而煤的孔隙：微孔≤0.000 01 mm(100Å)，中孔<0.001 mm(10 000 Å)，大孔>0.001 mm(>10 000 Å)”。由于甲烷的分子直径太小，用分子筛回收风井中大量的低浓度瓦斯也成了很难的事。由上述可见，瓦斯分子小而活跃，又有很强的穿过煤(岩)层的本能。所以，在风量不足和停风很短的时间内就可以充满采掘空间，在未经抽放瓦斯的场所更是这样。

(3)甲烷化学性质极不活泼

它几乎不与任何化学物质化合。甲烷也难溶于水，其溶解度：当$CH_4=20\%$，t(温度)=15 ℃，大气压力$P=760$ mmHg时，1 L水溶解甲烷7.4 cm^3；当$CH_4=5\%$时，溶解1.8 cm^3。甲烷或瓦斯难溶于水中有两种现象可以表明：一是瓦斯矿井的巷道积水时，常见从积水中连续不断地冒出气泡，经检定器检查证明是瓦斯涌出水面；二是海底赋存着甲烷水。这说明在很高的深海水压力作用下，甲烷没有或很少溶于海水中。前者可看作是煤层瓦斯涌出源的显现。

(4)瓦斯具有爆炸性

①甲烷不助燃，易燃烧

在充满瓦斯的硐室或容器中，放入燃烧火种，其火焰会立即熄灭。众所周知，物质的燃烧是从其被氧化的反应开始的，而这个温度是大大小于发火点或引火温度。甲烷被氧化的反应从温度$t=300$ ℃时才开始进行，其引火温度为650~750 ℃。有这么大的波动范围，是受下述几个因素影响所致：一是瓦斯浓度(甲烷含有率)的不同，其热容量亦不同，瓦斯浓度越高，需要引火温度越低；浓度低却相反，过低时也就不易点燃了。

二是与混合气体的压力相关，在1个大气压时，引火温度为700 ℃；在28个大气压时，引火温度为460 ℃。

三是火源的性质。瓦斯浓度越高，引火延迟时间越长，而火源温度越高，延迟时间越短，接触火源表面越大，接触的时间越长越容易爆炸。

②瓦斯的爆炸性

A.矿井瓦斯燃烧或爆炸的迟延性

到高温火源引燃瓦斯时，并非立刻燃烧或爆炸，而是有点感应、延缓性，其延缓(迟延)时间长短与热源温度相关，例如，当混合气体中$CH_4=6.5\%$时，其爆炸迟延时间：

$t=650\sim700$ ℃　为10~11 s

$t=1\ 000$ ℃　为1 s

$t=1\ 200$ ℃　为0.02 s

瓦斯燃烧爆炸的延缓性对井下安全爆破有很大的好处。安全炸药的理论之一，就是这种延缓性质。安全炸药的火焰延续时间只有万分之几秒，大大小于瓦斯燃爆迟延时间，就是说，在含瓦斯的煤(岩)层爆破时，所发生的炸药高温气体可以利用瓦斯引火迟延时间进行较充分的冷却。但是，应当指出的是，有的爆破引发的瓦斯燃烧现象大都是爆破工艺操作违规，发生爆破火焰造成的。当然，只有严格遵守爆破规程，才能利用好瓦斯燃爆的迟延时间，创造安全爆破的效果。

B.有氢气混入时瓦斯的爆炸温度

矿井混合瓦斯中氢的含量高或有外来的氢气混入到瓦斯中，由于氢气的引火温度(闪燃点）比较低，相对降低了瓦斯的燃爆温度。应用这种理论指导井下灭火工作是有实际意义的。

C. 瓦斯爆炸生成一氧化碳

瓦斯爆炸产生大量的一氧化碳有害气体，在供氧不充分条件下的瓦斯燃烧或爆炸就能产生大量的一氧化碳（CO）气体（占产物的2% ~6%），并混入风流中使人中毒，重者身亡。为此，必须遵守规程规定，入井工作人员必须随身携带自救器，确保自身安全。

D. 瓦斯爆炸界限

瓦斯爆炸界限指瓦斯爆炸时，甲烷浓度范围最小值为下限，最高值为上限。许多技术规程对井下瓦斯爆炸浓度界限虽已指明，但是必须依据实际情况运用。在灾变中，在瓦斯浓度不在爆炸界限条件下时，会争得时机，抢险救灾，转危为安。这是因为影响瓦斯爆炸的因素是多方面的，诸如火源的性质、引火温度、有无爆炸性气体和惰性气体参与、甲烷浓度的变化、瓦斯混合气体压力以及瓦斯组分的不同而爆炸界限差别很大的缘故。

一般地，在1个大气压力、引火温度750 ℃的条件下：

CH_4 浓度 <5% 时，混合气体无爆炸性，但是在高温热源周围也能燃烧（用这样的气体可以助燃、省燃料）。

CH_4 浓度 =5% ~16% 时，混合气体有爆炸性，并从下限5%开始增长爆炸威力，增加到 CH_4 =9.5% 时（理论值，实际是8.5%左右），爆炸威力最大（约0.9 MPa），再增加到9.5% ~16%时，爆炸力下降。

CH_4 浓度 >16% 时，混合气体无爆炸性，但有外部供氧时，会如同煤气一样燃烧起来。火源温度高时（>750 ℃），爆炸界限扩大，5% ~7% < CH_4 浓度 <16% 这种情况是有爆炸性的。火花的温度高于千度，如果爆炸发生在密闭的空间，爆炸产物温度高达2 150 ~2 650 ℃。

瓦斯混合气体中，CH_4 浓度 >16%，O_2 浓度 <12%，在封闭的条件下，就失去了爆炸性。

（二）光学瓦斯检测仪器的现场使用与维护集中讲解

矿井瓦斯检查是煤矿安全生产管理中不可缺少的一项内容，是矿井瓦斯管理的一项重要工作。检查矿井瓦斯的目的有：①了解和掌握井下不同地点、不同时间的瓦斯涌出情况，以便进行风量计算和分配，调节所需风量，达到安全、经济、合理通风的目的；②防止和及时发现瓦斯超限或积聚等隐患，采取针对性的措施，妥善处理，防止瓦斯事故（爆炸、窒息等）的发生。

1. 矿井主要地点瓦斯浓度的检查测定

矿井瓦斯检查地点主要有：

矿井总回风、一翼回风、水平回风、采区回风。

采掘工作面及其进回风巷、采煤工作面上隅角、采煤机附近、采煤工作面输送机槽、采煤工作面采空区侧。

机电硐室、钻场、密闭、盲巷、顶板冒落或突出孔洞。

爆破地点、电动机及其开关附近、局部通风机及其开关附近、回风流中电气设备附近。

井下电焊、气焊等作业地点。

其他有人员作业的地点：由矿井技术负责人确定。

2. 矿井主要检测地点的瓦斯浓度检查

（1）巷道风流中瓦斯和二氧化碳的检查测定

巷道风流范围的划定：有支架的巷道，距支架和巷底各为50 mm的巷道空间内的风流；无支架或用锚喷、砌碹支护的巷道，距巷道顶、帮、底各为200 mm的巷道空间内的风流。

测定瓦斯浓度时，应在巷道风流的上部进行，即将光学甲烷检测仪的二氧化碳吸收管进气口置于巷道风流的上部边缘进行抽气连续测定3次，取其平均值。测定二氧化碳浓度时，应在巷道风流的下部进行，即将光学甲烷检测仪进气管口置于巷道风流的下部边缘进行抽气，首先测出该处瓦斯浓度，然后去掉二氧化碳吸收管，测出该处瓦斯和二氧化碳混合气体浓度，后者减去前者乘上校正系数即是二氧化碳的浓度，这样连续测定3次，取其平均值。

矿井总回风、一翼回风、水平回风巷道的风流范围的划定方法与巷道风流划定方法相同。

(2)采煤工作面及其进、回风流中瓦斯和二氧化碳的检查测定

①采煤工作面进、回风流中瓦斯和二氧化碳的检查测定

采煤工作面进风流是指：距支架和巷道底部各为50 mm的采面进风巷道空间内的风流；无支架进风巷道为距巷顶、帮、底各200 mm的采面进风巷道空间内的风流。采煤工作面进风巷风流中的瓦斯和二氧化碳浓度应在距采煤面煤壁线以外10 m处的采煤工作面进风巷风流中测定，并连续测定3次，取最大值作为测定结果和处理依据。其测定部位和方法与巷道风流中进行测定时相同，但要取其最大值作为测定结果和处理依据。

采煤工作面回风流是指距支架和巷底各为50 mm的采面回风巷道空间内的风流；无支架回风巷道为距巷顶、帮、底各200 mm的采面回风巷空间内的风流。采面回风巷风流中，瓦斯和二氧化碳浓度应在距采煤面煤壁线10 m以外的巷道中测定，并取其最大值作为测定结果和处理依据。其测定部位和方法与在巷道风流中测定时相同，但要取其最大值作为测定结果和处理依据。

②采煤工作面风流中瓦斯和二氧化碳的检查测定

采煤工作面风流即为距煤壁、顶、底板各为200 mm（小于1 m厚的薄煤层采煤工作面距顶、底板各为100 mm）和以采空区的切顶线为界的采煤工作面空间的风流。采用充填法管理顶板时，采空区一侧应以挡矸、砂连为界。采面回风上隅角及一段未放顶的巷道空间至煤壁线的范围空间中的风流，都按采面风流处理。采面风流中的瓦斯和二氧化碳的测定部位和方法与在巷道风流进行测定的相同。

(3)掘进工作面及其进、回风流中瓦斯和二氧化碳的检查测定

①掘面风流中瓦斯和二氧化碳浓度的检查测定

掘进工作面风流是指掘进工作面到风筒出口这一段巷道中的风流，测定时按巷道风流划定法划定空间范围。掘进工作面风流中瓦斯和二氧化碳浓度的测定应包括：工作面上部左、右角距顶、帮、煤壁各200 mm处的瓦斯浓度；工作面第一架棚左、右柱窝距帮、底各200 mm处的二氧化碳浓度。各取其最大值作为检查结果和处理依据。

②掘面回风巷风流中瓦斯和二氧化碳浓度的检查测定

单巷掘进采用压入式通风时，掘面回风巷风流指风筒出口到掘进巷道入口的巷道风流，并按巷道风流的划定方法划定空间范围。掘进工作面回风巷风流中瓦斯和二氧化碳浓度的测定，应在回风巷道风流中进行，并取其最大值作为测定结果和处理依据。

(4)盲巷内瓦斯和二氧化碳浓度的检查测定

盲巷内一般都会积聚瓦斯，如果瓦斯涌出量大或停风时间长，便会积聚大量的高浓度瓦斯。进入盲巷内检查瓦斯和其他有害气体时，要特别小心谨慎，一要防止窒息或中毒事故，二要防止爆炸事故。

检查时，检查人员必须事先检查自己携带的矿灯、自救器及甲烷检测仪等，确认完好可靠，

方能开始检查。第一步先检查盲巷入口处的瓦斯和二氧化碳，其浓度均小于3.0%时，方可由外向内逐渐检查。检查临时停风时间较短、瓦斯涌出量不大的盲巷内瓦斯和其他有害气休浓度时，可以由瓦斯检查工或其他专业检查人员1人入内检查；检查停风时间较长或瓦斯涌出量大的盲巷内瓦斯和其他有害气体浓度时，最少有2人一起入内检查。2人应一前一后拉开一定距离，边检查边前进。

在盲巷入口处或盲巷内任何一处，瓦斯或二氧化碳浓度达到3.0%或其他有害气体浓度超过规定时，必须停止前进，在入口处设置栅栏，向地面报告，由通风部门按规定进行处理。

在盲巷内除检查瓦斯和二氧化碳浓度外，还必须检查氧气和其他有害气体浓度。在倾角较大的上山盲巷内检查时，应重点检查瓦斯浓度；在倾角较大的下山盲巷内检查时，应重点检查二氧化碳浓度。

(5)高冒区及突出孔洞内的瓦斯检查

高冒区由于通风不良容易积聚瓦斯，突出孔洞未通风时里面积聚有高浓度瓦斯，检查时都要特别小心，防止瓦斯窒息事故发生。

检查瓦斯时，人员不得进入高冒区或突出孔洞内，只能用瓦斯检查棍或长胶管伸到里面去检查。应由外向里逐渐检查，根据检查的结果(瓦斯浓度、积聚瓦斯量)采取相应的措施进行处理。当里面瓦斯浓度达到3.0%或其他有害气体浓度超过规定时，或者瓦斯检查棍等无法伸到最高处检查时，则应进行封闭处理，不得留下任何隐患。

(6)爆破过程中的瓦斯检查

井下爆破是在极其特殊而又恶劣的环境中进行的，爆破时(煤)岩层中会释放出大量的瓦斯，并且容易达到燃烧或爆炸浓度。如果爆破时产生火源，就会造成瓦斯燃烧或爆炸事故。因此，为防止爆破过程中瓦斯超限或发生瓦斯事故(瓦斯窒息、燃烧、爆炸)，井下爆破工作必须由专职爆破工担任。爆破工、班组长、瓦斯检查工必须都在现场，执行"一炮三检制"。

"一炮三检制"即每一次爆破过程中在装药前、紧接爆破前、爆破后都必须检查瓦斯，且爆破工、班组长、瓦斯检查工都必须检查。具体实施是：采掘工作面及其他爆破地点，装药前爆破工、班组长、瓦斯检查工都必须检查爆破地点附近20 m范围内瓦斯，瓦斯浓度达到1.0%时，不准装药。紧接爆破前(距起爆的时间不能太长，否则爆破地点及其附近瓦斯可能超过规定)，爆破工、班组长、瓦斯检查工都必须检查爆破地点附近20 m范围和回风流中的瓦斯，当爆破地点附近20 m范围内瓦斯浓度达到1.0%时，不准爆破；当回风流中瓦斯浓度超过1.0%时，也不准爆破，同时撤出人员，由爆破工或瓦斯检查工向地面报告，等候处理。爆破后至少等候15 min(突出危险工作面至少30 min)，并待炮烟吹散后，瓦斯检查工在前、爆破工居中、班组长最后一同进入爆破地点检查瓦斯及爆破效果等情况。

在爆破过程中，爆破工、班组长、瓦斯检查工每次检查瓦斯的结果都要互相核对，并且每次都以3人中检查所得最大瓦斯浓度值作为检查结果和处理依据。

3. 矿井瓦斯检测仪器

矿井瓦斯检测仪器种类很多，主要分为便携式和固定式，按其工作原理分为：光干涉式、热催化式、热导式、气敏半导体式、声速差式和离子化式等几种。

下面介绍瓦斯检查工作必备的光学瓦斯检定器。

光学瓦斯检定器是利用光学折射、干涉原理，用来测定瓦斯和二氧化碳等气体浓度的便携式仪器。这种仪器的特点是携带方便、操作简单、安全可靠并且有足够的精度。

（1）组成及主要部件

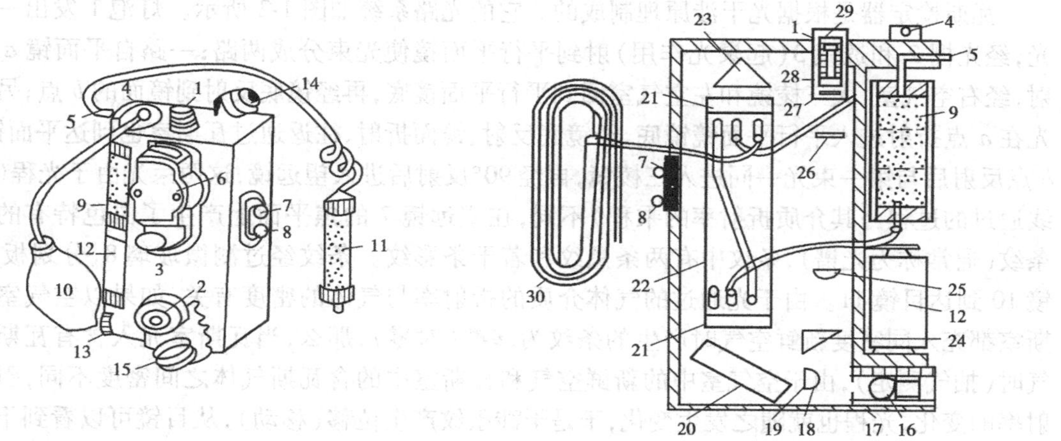

（a）　　　　　　　　　　（b）

图1-1　AQG-1型瓦斯检定器

1—目镜；2—主调螺旋；3—微调螺旋；4—吸气孔；5—进气管；6—微读数观测窗；7—微读数电门；8—光源电门；9—水分吸收管；10—吸气橡皮球；11—二氧化碳吸收管；12—干电池；13—光源盖；14—目镜盖；15—主调螺旋盖；16—灯泡；17—光栅；18—聚光镜；19—光屏；20—平行平面镜；21—平面玻璃；22—气室；23—反射棱镜；24—折射棱镜；25—物镜；26—测微玻璃；27—分划板；28—场镜；29—目镜保护盖；30—毛细管

图1-1所示为抚顺安全仪器厂生产的AQG-1型瓦斯检定器的外形和内部构造。

光学瓦斯检定器由三个系统组成：

①气路系统：由进气管5、二氧化碳吸收管11、水分吸收管9、气室（包含瓦斯室和空气室）22，吸气孔4、吸气橡皮球10、毛细管30等组成。

其中主要部件的作用是：

二氧化碳吸收管：当测定瓦斯浓度时，装有颗粒直径2～5 mm的钠石灰的二氧化碳吸收管用于吸收混合气体中的二氧化碳，使之不进入瓦斯室，以便能准确地测定瓦斯浓度。

水分吸收管：水分吸收管内装有氯化钙（或硅胶），吸收混合气体中的水分使之不进入瓦斯室，以便能进行准确的测定。

气室：用于分别充入新鲜空气和含瓦斯或二氧化碳的气体。

毛细管：毛细管的外端连通大气，当测定时，使气室内的空气的温度和绝对压力与被测地点（或瓦斯室内）的温度和绝对压力相同，又不使含瓦斯的气体进入空气室。

②光路系统：其组成如图1-2所示。

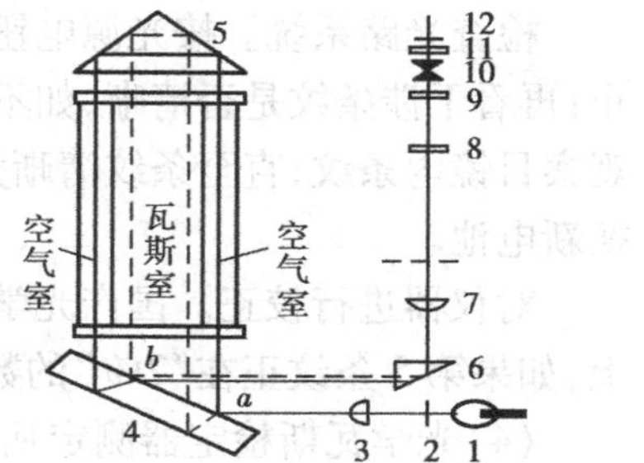

图1-2　瓦斯检定器的光路系统

1—光源；2—光栅；3—透镜；4—平行平面镜；6—三棱镜；7—物镜；8—测微玻璃；9—分划板；10—场镜；11—目镜；12—镜保护玻璃

③电路系统：电路系统由电池12（一节一号电池）、灯泡16、光源盖13、微读电门7和光源电门8等组成，完成光路系统的电源供给功能。

(2)检测原理

瓦斯检定器是根据光干涉原理制成的。它的光路系统如图 1-2 所示。灯泡 1 发出一束白光,经光栅 2 和透镜 3(起聚光作用)射到平行平面镜使光束分成两路;一路自平面镜 a 点反射,经右空气室、大三棱镜和左空气室回到平行平面镜底,再经镜底反射到镜面的 b 点;另一路光在 a 点折射进入平行平面镜镜底,经镜底反射、镜面折射、往返通过瓦斯室也到达平面镜,于 b 点反射后与第一束光一同进入三棱镜,再经 90°反射后进入望远镜,这两束光由于光程(即光线通过的过程与其介质折射率的乘积)不同,在望远镜 7 的焦平面上产生了白色特有的干涉条纹(通常称为光谱),条纹中有两条黑纹和若干条彩纹。条纹经过测微玻璃 8、分划板 9、场镜 10 到达目镜 11。由于光通过的气体介质的折射率与气体的密度有关,如果以空气室和瓦斯室都充入同密度新鲜空气时产生的条纹为基准(对零),那么,当瓦斯室充入含有瓦斯的空气时(抽气测定),由于空气室中的新鲜空气和瓦斯室中的含瓦斯气体之间密度不同,引起折射率的变化,光程也就随之发生变化,于是干涉条纹产生位移(移动),从目镜可以看到干涉条纹的移动距离。由于干涉条纹的位移量的大小与瓦斯浓度的高低呈正比例关系,所以根据干涉条纹的移动距离就可以测知瓦斯的浓度。

(3)测定前准备

用光学瓦斯检定器下井测定瓦斯前,应做好以下工作:

检查药品性能。检查水分吸收管 9 中氯化钙(或硅胶)和外接的二氧化碳吸收管 11 中的钠石灰是否失效,失效的吸收剂要变色。如果药品失效应更换新药品。新药品的颗粒直径应在 2 ~5 mm,不可过大或过小。药品颗粒过大不能充分吸收通过气体中的水分或二氧化碳,颗粒过小不合格会影响测定的结果。

检查气路系统。首先检查吸气球是否漏气,可用一手捏扁吸气球,另一手捏住吸气球的胶管,然后放松吸气球的方法检查,若吸气球不胀起,则表明不漏气;其次检查仪器是否漏气,将吸气球胶皮管同检定器吸气孔 4 连接,堵住进气孔 5,捏扁吸气球,松手后球不胀起即不漏气;最后检查气路是否畅通,即放开进气孔捏放吸气球,若气球瘪起自如即表明气路畅通。

检查光路系统。按光源电钮 8,由目镜观察,并旋转目镜筒,调整到分划板刻度清晰时为止;再看干涉条纹是否清晰,如不清晰,取下光源盖,拧松灯泡后盖,调动灯泡后端小柄,并同时观察目镜内条纹,直至条纹清晰为止,然后拧紧灯泡后盖,装好仪器。若干电池无电应及时更换新电池。

对仪器进行校正。国产光学瓦斯检定器的简单校正办法是将光谱的第一条黑纹对在“0”上,如果第 5 条纹正在“7%”的数值上,表明条纹宽窄适当,可以使用;否则应调整光学系统。

(4)光学瓦斯检定器测定瓦斯

用光学瓦斯检定器测定瓦斯时,应按如下步骤进行:

在进气口上安装二氧化碳吸收管,将二氧化碳吸收掉。

对零。首先到待测地点附近的进风巷道中捏放吸气球数次,吸入新鲜空气清洗瓦斯室。这里的温度和绝对压力应与待测地点相近,这样可防止出现因温度和空气压力变化较大测定出现零点漂移(跑正或跑负)的现象;然后按下微读数电门 7,观看微读数观测窗,旋转微调螺旋 3,使微读数盘的零位刻度和指标线重合;再按下光源电门,观看目镜,旋转主调螺旋盖 15,调主调螺旋 2,在干涉条纹中选定一条黑基线与分划板的零位相重合,并记住这条黑基线;然后一边观看目镜一边盖好主调螺旋盖 15,防止拧螺旋盖时光谱移动。盖好螺旋盖以防止基线因碰撞而移动。

测定。在测定地点处将仪器进气管送到待测位置(距巷道顶板200~300 mm);如果测点过高,可在进气管上接长胶皮管,用木棒等将胶皮管送到待测位置。捏放气球5~10次,将待测气体吸入瓦斯室;按下光源电门8,由目镜1中读出黑基线位移后靠近的整数数值;然后转动微调螺旋3,使黑基线退到和该整数刻度相重合,从微读数盘上读出小数位,目镜中的整数位读值与微读数盘上的小数位值之和即为测点的瓦斯浓度。例如从整数位读出整数值为1,微读数读出0.36,则测定的瓦斯浓度为1.36%。

(5)测定二氧化碳

用光学瓦斯检定器可以用来测定二氧化碳的浓度,测定的准备对零和测法与测定瓦斯浓度相同,所不同的是:

如果待测地点没有瓦斯,只有二氧化碳,可去掉二氧化碳吸收管进行测定,测定结果即为二氧化碳浓度。

如果待测地点有瓦斯存在,应先测出瓦斯浓度 C_1,然后取下二氧化碳吸收管测定出瓦斯和二氧化碳混合气体浓度 C_2,则二氧化碳浓度 $C=C_2-C_1$。

当精确测定时,需将测得的二氧化碳浓度乘以校正系数 K,$K=0.95$。当一般测定时,由于二氧化碳的折射率与瓦斯的折射率相差不大,也可不作校正。

(6)注意事项

①使用和保养光学瓦斯检定器,应注意以下几方面问题:

携带和使用检定器时,应轻拿轻放,防止和其他东西碰撞,以免仪器受较大振动使仪器内部的光学镜片和其他部件损坏。

当仪器干涉条纹不清时,往往是由于测定时空气湿度过大、水分吸收管不能将水分全部吸收、在光学玻璃上结成雾粒,或有灰尘附在光学玻璃上,或光学系统有毛病;如果调动光源灯泡后不能达到目的,就要拆开进行擦拭或调整光学系统。

如果二氧化碳吸收管中的钠石灰失效或颗粒过大,进入瓦斯室的空气中将含有二氧化碳,会造成测定结果偏高。

如果空气中含有一氧化碳(如火灾气体)或硫化氢,将使瓦斯测定结果偏高,为消除这一影响,应再加一个辅助吸收管,通常管内装颗粒活性炭用于消除硫化氢,装40%氧化铜和60%二氧化锰混合物用于消除一氧化碳。

在严重缺氧地点(如密封区或火区)。气体成分变化大,用光学瓦斯检定器测定时,仪器测定结果将比实际浓度大得多,此时应采取气样,用化学分析的方法测定瓦斯浓度。

高原地点空气密度小、气压低,使用时应对仪器进行相应的调整,或根据当地测定地点的温度和大气压力计算校正系数,进行测定结果的校正。

②光学瓦斯检定器零点漂移的原因和预防

用光学瓦斯检定器测定瓦斯时发生零点漂移(跑正或跑负),会使测定结果不准确,主要原因和预防方法如下:

仪器空气室内空气不新鲜。预防办法是不得连班使用同一个检定器;因连续使用会使盘形管里的空气不新鲜,起不到盘形管的作用。

对零地点与测定地点温度和气压差别大。预防办法是尽量在靠近测定地点的标高相差不大、温度相近的进风巷内对零。

瓦斯室内气路不通畅。预防办法是经常检查气路，发现堵塞及时修理。

③当温度和气压变化较大时，需要校正已测得的瓦斯或二氧化碳浓度值

光学瓦斯检定器，是在20 ℃、1个标准大气压力条件下标定刻度的。当被测定地点空气湿度和绝对压力与标定刻度时的温度和绝对压力相差较大时，应该对测值进行校正。校正的方法是将已测得的瓦斯或二氧化碳浓度值乘以校正系数K_1，校正系数K_1按下式计算：

$$K_1 = 345.8T/P \tag{1-1}$$

式中 T——测定地点绝对温度，K；

P——测定地点的大气压力，Pa。

例如：若在温度为27 ℃、大气压力为866 45 Pa的测定地点测得的瓦斯浓度系数为2.0%，则按照公式计算，由于$T = 273 + 27 = 300$K，得$K_1 = 1.2$，真实的瓦斯浓度应为2.4%。

二、分组实作任务单

1. 编制简单的瓦斯检查报表。

2. 对某一现场实测的瓦斯报表进行会审。

任务1.1.2 传感器的安装使用与瓦斯监控系统的维护

一、学习型工作任务

（一）阅读理解

1. 煤矿安全集中监测系统的组成

(1)组成

煤矿安全监测监控系统，是应煤矿生产自动化和管理现代化的要求，为了确保安全、高效生产，在携带式检测仪器、半固定式、固定式检测装置的基础上应用遥测、遥控技术及电子计算机的开发而发展起来的多种现代技术装置组成的系统。一般由以下四部分组成：

①传感器

传感器是将非电量的变化转换成电量变化的装置。对传感器的要求主要考虑其精度、灵敏度、变换特性的直线性、可靠性、频率响应、输出电压以及在恶劣条件下能否正常工作等因素。

传感器作为安全监测系统组成部分中的重要环节，将被检测的非电量信息转换成电信号，主要依赖于构成传感器的传感元件的物理、化学效应和物理原理来实现的。随着传感器材料和物理、化学效应的开发和应用，传感器的种类越来越多。为了便于研究、开发和选用，有必要对传感器进行分类，其分类的方法有：

按传感器的性质来分，可分为参量式传感器和发生式传感器两类。

参量式传感器又称无源传感器，这类传感器把各种被测物理量的变化转换成为电路参数的变化，即电阻、电感、电容的变化。这种传感器必须外加电源才有能量输出，如用于测量甲烷浓度的热催化原理传感器。

发生器式传感器又称有源传感器，这类传感器工作时不需外加电源，因为它本身就是一种电能发生器，可以直接将被测非电量变换为电动势，如热电式传感器、压电式传感器、光电式传感器等。

按传感器输出信号的性质来分，可分为模拟量传感器和数字量传感器两类。模拟量传感器输出的是与被测非电量成一定关系的连续电信号。如需要与计算机配合或进行数字显示

时,必需通过模/数转换环节;数字传感器输出的是与被测非电量构成一定关系的离散电脉冲信号。

按传感器的工作原理来分,可分为电阻式传感器、电容式传感器、电感式传感器、压电式传感器、光电式传感器、磁电式传感器等。

按传感器的检测用途来分,可分为温度传感器、流量传感器、湿度传感器、位移传感器、速度传感器、加速度传感器、化学成分传感器、生物信息传感器等。

目前国内使用的煤矿安全监测监控系统所配用的传感器主要有瓦斯(CH_4)传感器、风速传感器、负压传感器、温度传感器、一氧化碳传感器等检测环境参数的传感器及机组位置、煤仓煤位、设备开停、风门开关等工况参数传感器两大类。

②井下分站的任务是,一方面对传感器送来的信号进行处理,使其转换成便于传输的信号送至地面中心站;另一方面将地面中心站发来的指令或从传感器送来的应由分站处理的有关信号送至指定的执行部件,以完成预定的处理任务;给传感器供电也是任务之一。对分站的要求是,应有足够的容量,地面中心站有故障时能够独立工作,有一起的数据储存功能以及体积小,重量轻,具有防爆性。

③地面中心站

目前地面中心站多采用微机对各分站传输来的信号集中进行采集和处理,在中心站内一般配备有计算机、打印机、屏幕显示、控制台、模拟盘及与计算机联结的接口部分,可集中连续监测、监控井下环境及生产设备的工况。

④信道

信道是指传输信息的媒质或通道,如架空明线、电缆、射频波束、流星余迹、人造卫星等。煤矿安全监测系统大多采用通信电缆作为信道,也有借用井下电话线作信道的。有时为了研究方便,将发送端和接收端的一部分,如将调制器、解调器等划归信道考虑。评价信道一般可从传输信号的可靠性、一对芯线可传输的信息量、传输信息的速率(单位时间内传输的信息量)及传输距离等几方面来考虑。

上述井下分站和地面中心站,均由信息传输,信息处理及电源三个主要部分组成。

(2)结构

煤矿安全监测监控系统中传感器、井下分站和地面中心站之间通过信道联结成的通信网络有以下三种基本形式:

①星状结构

形状结构是地面中心站与传感器一一对应传输,每个传感器采集的信息,经一对专用的芯线送至地面中心站选行处理和显示。

②树状结构

树状结构是传感器与分站呈星形结构联结,各分站将传感器传送来的信息经处理后,通过公用通信电缆传输给地面中心站。国产的煤矿安全监控系统多采用这种结构,其优点是使用的电缆较少,管理维修方便。

③环路结构

环路结构是中心站不与各分站直接连接,而是环路内的各分站(最多16个)中只有一个分站与中心站用电缆连接,该分站再用电缆与另一分站连接,以此类推。每个分站均有一个传输移位寄存器,各分站的传输移位寄存器由“数据下”芯线连接形成环路来传输信息。每一个分站内的传输移位寄存器可以连接到环路内，也可被旁路断掉，环路可以延伸也可将分站关闭。中心站需要知道那一个分站的工作，是通过每个分站内的一个识别信号发生器来完成的。

2. 一般要求

高瓦斯矿井、煤（岩）与瓦斯突出矿井，必须装备矿井安全监控系统。没有装备矿井安全监控系统的矿井的煤巷、半煤岩巷和有瓦斯涌出的岩巷的掘进工作面，必须装备甲烷风电闭锁装置或甲烷断电仪和风电闭锁装置。没有装备矿井安全监控系统的无瓦斯涌出的岩巷掘进工作面，必须装备风电闭锁装置。没有装备矿井安全监控系统的矿井的采煤工作面，必须装备甲烷断电仪。

采区设计、采掘作业规程和安全技术措施，必须对安全监控设备的种类、数量和位置，信号电缆和电源电缆的敷设，控制区域等作出明确规定，并绘制布置图。

煤矿安全监控设备之间必须使用专用阻燃电缆或光缆连接，严禁与调度电话电缆或动力电缆等共用。

防爆型煤矿安全监控设备之间的输入、输出信号必须为本质安全型信号。

安全监控设备必须具有故障闭锁功能：当与闭锁控制有关的设备未投入正常运行或故障时，必须切断该监控设备所监控区域的全部非本质安全型电气设备的电源并闭锁；当与闭锁控制有关的设备工作正常并稳定运行后，自动解锁。

矿井安全监控系统必须具备甲烷断电仪和甲烷风电闭锁装置的全部功能；当主机或系统电缆发生故障时，系统必须保证甲烷断电仪和甲烷风电闭锁装置的全部功能；当电网停电后，系统必须保证正常工作时间不小于 2 h；系统必须具有防雷电保护功能；系统必须具有断电状态和馈电状态监测、报警、显示、存储和打印报表功能；中心站主机应不少于 2 台，1 台备用。

煤矿必须按矿用产品安全标志证书规定的型号选择监控系统的传感器、断电控制器等关联设备，严禁对不同系统间的设备进行置换。

原国有重点煤矿必须实现矿务局（公司）所属高瓦斯和煤与瓦斯突出矿井的安全监控系统联网；国有地方和乡镇煤矿必须实现县（市）范围内高瓦斯和煤与瓦斯突出矿井安全监控系统联网。

矿长、矿技术负责人、爆破工、采掘区队长、通风区队长、工程技术人员、班长、流动电钳工、安全监测工下井时，必须携带便携式甲烷检测报警仪或数字式甲烷检测报警矿灯。瓦斯检查工下井时必须携带便携式甲烷检测报警仪和光学甲烷检测仪。

煤矿采掘工、打眼工、在回风流工作的工人下井时宜携带数字式甲烷检测报警矿灯或甲烷报警矿灯。

3. 设计与安装

（1）一般规定

煤矿编制采区设计、采掘作业规程和安全技术措施时，必须对安全监控设备的种类、数量和位置，信号电缆和电源电缆的敷设，断电区域等作出明确规定，并绘制布置图和断电控制图。

隔爆兼本质安全型防爆电源宜设置在采区变电所，严禁设置在下列区域：①断电范围内；②低瓦斯和高瓦斯矿井的采煤工作面和回风巷内；③煤与瓦斯突出矿井的采煤工作面、进风巷和回风巷；④掘进工作面内；⑤采用串联通风的被串采煤工作面、进风巷和回风巷；⑥采用串联通风的被串掘进巷道内。

安全监控设备之间必须使用专用阻燃电缆连接，严禁与调度电话电线和动力电缆等共用。

井下分站应设置在便于人员观察、调试、检验及支护良好、无滴水、无杂物的进风巷道或硐室中，安设时应垫支架，或吊挂在巷道中，使其距巷道底板不小于300 mm。

安全监控设备的供电电源必须取自被控开关的电源侧，严禁接在被控开关的负荷侧。宜为井下安全监控设备提供专用供电电源。

安装断电控制时，必须根据断电范围要求，提供断电条件，并接通井下电源及控制线。断电控制器与被控开关之间必须正确接线，具体方法由煤矿技术负责人审定。

与安全监控设备关联的电气设备、电源线和控制线在改线或拆除时，必须与安全监控管理部门共同处理。检修与安全监控设备关联的电气设备，需要监控设备停止运行时，必须经矿主要负责人或技术负责人同意，并制定安全措施后方可进行。

模拟量传感器应设置在能正确反映被测物理量的位置；开关量传感器应设置在能正确反映被监测状态的位置；声光报警器应设置在经常有人工作便于观察的地点。

(2)井下安装前准备

①安装设计

设计内容包括文字说明，矿井和采区采掘面平面布置图和供电系统图。在平面图上应注明传感器、报警箱、主机、专用开关应安设的位置及电缆敷设路线。在供电系统图上标明监测仪的供电电源开关和被控电源开关应在系统中的位置，并说明每台仪器的报警、断电设置值和断电范围。

②察看现场条件

会同通风、机电人员察看现场实际条件，落实仪器实际安设地点、电缆敷设标准、仪器供电电源的选取、电压等级的选用、回控开关的选择等。察看现场条件、传输线路、线路质量等是否符合设计标准。

③制定安装计划及措施

施工管理人员根据现场实际条件和安装仪器数量多少，负责制定安装计划。要组织人员准备好合格的仪器、不同规格的电缆、电缆吊挂需用的材料、专用开关等；同时制定好仪器搬运及安装过程的注意事项，人员分工，井下停送电地点、时间，以及有关施工安全措施等。

④配制瓦斯校准气样

瓦斯校准气样的配制应采用煤炭工业技术监督主管部门确认的装置和方法制备瓦斯与空气的混合气体，不确定度应小于5%。制备所用的原料气应选用浓度不低于99.9%的高纯瓦斯气体。

(3)安装前检查与调试

①直观检查

防爆性能应符合要求，防爆标志明显；仪器内、外螺钉和垫圈齐全完整；密封圈与所用电缆配套；隔爆面的粗糙度、间隙符合隔爆设备的要求，隔爆面上的机械伤痕不超过规定，隔爆外壳无变形或损坏现象；不用的进出嘴用2 mm厚的钢板堵上。

光报警显示灯、指示灯、电位器保护盖和其他部件齐全无损坏，电位器灵活可靠。

仪器电源变压器的变换接头位置应与使用地点的电源电压等级一致。配用的熔丝(管)应符合仪器要求。

插入式连接的插件应接触良好，焊点无虚焊、开焊、漏焊现象。

②技术指标和功能测试试验

试验前检查仪器指示仪表的机械零点是否有偏差，发现偏差要用螺丝刀调到指针在零的位置。然后对主机、传感器、声光报警箱、接收机、记录仪等各部件实际需要进行接线。接完后，要检查接线是否正确，无问题后待送电试验。送电前，要用电压表检查电压是否与仪器使用一致，确认无误后送电。先将仪器本身开关置于开或通的位置，仪器通电预热，待稳定后，进行主要技术指标和功能试验。

传感器本质安全电源试验

用电流表检测传感器短路电流值，用电压表检测传感器最大电压值，其短路电流和开路电压值均符合本质安全电源的规定。有双重安全保护电路要分别进行测定，双重电路都要符合本质安全的要求。对向传感器供给非本质安全电源的仪器，如有线路断线保护继电器时，要试验线路断开时保护继电器动作是否可靠，并用电压表测量继电器动作时的电压值。如用断电继电器接点切断其他非本质安全电源的仪器，要做是否能切断电源的试验。

通气试验

通气试验要使用气体流量计，因各种传感器不同，对通气量的要求也不同。在校对试验时，通入气体的流量一定要控制在仪器规定的数量值内。各种仪器校对时通气流量值见说明书。试验方法如下：

a. 指示与跟踪试验

一是按照仪器规定气流量通入新鲜空气，调整仪器零点电位器，使仪器指示（显示）为零；二是通入标准浓度的瓦斯气样，调整仪器指示（显示）精度电位器，使仪器指示（显示）在标准气样的浓度。三是跟踪可与通气校对同时进行，调整到指示（显示）一致。但必须注意：接收机的灵敏度电位器必须调到刚好接收到仪器送来信号的位置，如果调整位置不当，可能出现各路间互相干扰或接收不到信号等现象。

b. 线性试验。井上试验时除有校对的瓦斯标准气样外，还应配备浓度为0.5%，1.0%，1.5%，2.5%，3.0%等多种瓦斯标准气样，根据需要随时选用。做线性试验一般要选3种以上浓度的气样，按照顺序通入观察仪器指示（显示）情况，如出现的差值不超过仪器规定的误差范围，即认为合格。

c. 报警、断电、停测（间歇）功能测试。由于仪器种类不同，报警、断电点的设置方式也不同，多数仪器采用调节电位器的方法设置，少数仪器要靠改动内部接线设置。无论哪种试验，其误差值不应超过出厂时的技术规定。试验断电功能时，要用一只测量电阻的电表分别接在断电继电器的常开和常闭接触点上，检查通断是否灵敏可靠。

（4）井下安装

①井上部分

井上部分主要包括计算机系统，安装环境良好，不间断电源，专用机房，有一定防尘措施，温度保持在10～35 ℃，避免高温、强烈振动、强烈电磁干扰。单独稳定的供电，有接地要求和避雷器要求。按照说明书要求连接好各种电缆。接好电缆后可以送电检验，首先用测试软件设备进行测试后才能连接井下设备。

②井下部分

传输电缆应与动力电缆至少保持30 cm距离，入井的传输电缆应采取严格措施与井上其他电源隔离，保证与其他室内电缆有一定距离。

③井下设备安装

按照设计线路和位置敷设和悬挂传感器、主机设备。无论电气闭锁或断电控制，其主要对象是电气开关。井下分站或传感器供电电压尽量选用127 V或36 V。

④监测仪主机安装

监测仪器主机安装地点的选择要从多方面考虑，要安设在供电方便，与声光报警箱、传感器之间的距离不能超过仪器规定的地方，更主要的是与被控断电开关的距离不宜太远，主机的安设地点必须选择在具备上述条件的入风巷道里或机电设备硐室内，安设位置要选择在支护设备上或安设在高度为300 mm以上的专用台架上。若安设在回风巷道中，当回风流中的瓦斯浓度达到0.5%时必须自动切断本机电源。

⑤声光报警箱安设

对独立的声光报警箱，原则上要求安设在多数作业人员能听到声或看到光的地方，与监测主机的距离不超过仪器规定。声光报警箱悬挂在支护良好、无淋水、距离棚梁300～400 mm处。对于非本质安全供电的声光报警箱，要求安设在当瓦斯浓度达到规定的断电值时能自动切断声光报警箱电源的地方。

⑥电缆的敷设

电缆分为传输电缆（指敷设在井下主干线、干线、支线，为地面遥测信号用的多芯通信电缆）和仪器电缆（指仪器主机与传感器、声光报警箱、回控开关、供电开关连接的电源）。电缆敷设规定：

a. 必须悬挂整齐，悬挂高度距离棚梁150～200 mm为宜，通车巷道的电缆悬挂高度应使矿车、机车及其他机械不能碰撞。

b. 平巷或倾斜井巷内电缆悬挂点的间距不得超过3 m，立井不得超过6 m。

c. 对水平巷道或倾角30°以下的井巷中悬挂电缆时，用木材或其他材料制成的电缆吊钩固定在巷道一侧；立井井筒或倾角30°以上的井巷悬挂电缆时，要使用夹子或其他夹持装置，夹持装置应能承担电缆重量，并不得损坏电缆。

d. 电缆悬挂后应无拖地、压埋和浸入水中的现象。

e. 水平巷道或倾斜巷道中悬挂应有适当的弛度，当某处受意外重力时，电缆能自由伸缩或坠落。

f. 监测电缆应与动力电缆分挂在巷道两侧，如在一侧时，必须敷设在动力电缆上方，并做到与高压电缆间保持100 mm、与低压电缆间保持50 mm以上的距离，电缆不得悬挂在水管、风管、瓦斯管、风筒上，同侧时，必须挂在其上方300 mm以上处。

g. 监测仪器使用的电缆，在巷道拐弯或每隔一定距离处，要有一标志牌，上面注明规格、型号、长度、起止地点及服务的设备名称，以便识别。

⑦安装注意事项

a. 设备搬运或安装时要轻拿轻放，防止剧烈振动和冲击。

b. 敷设电缆时要有适当的驰度，要求能在外力压挂时自由坠落。电缆悬挂高度应大于矿车和运输机的高度，并位于人行道一侧。

c. 电缆之间、电缆与其他设备连接处，必须使用与电气性能相符的接线盒。电缆不得与水管或其他导体接触。

d. 电缆进线嘴连接要牢固、密封要良好，密封圈直径和厚度要合适，电缆与密封圈之间不得包扎其他物品。电缆护套应伸入器壁内5～15 mm。线嘴压线板对电缆的压缩量不超过电缆外径的10%。接线应整齐、无毛刺,芯线裸露处距长爪或平垫圈不大于5 mm,腔内连线松紧适当。

e. 传感器或井下分站的安设位置要符合有关规定。安装完毕,在详细检查所用接线、确认合格无误后,方可送电。井下分站预热15 min后进行调整,一切功能正常后,接入报警和断电控制并检验其可靠性,然后与井上联机并检验调整跟踪精度。

f. 主机安装在醒目位置,高度以1.5 m为宜。

4. 煤矿安全监控系统及联网信息处理

(1)地面中心站的装备

煤矿安全监控系统的主机及系统联网主机必须双机或多机备份,24 h不间断运行。当工作主机发生故障时,备份主机应在5 min内投入工作。

中心站应双回路供电并配备不小于2 h在线式不间断电源,中心站设备应有可靠的接地装置和防雷装置,联网主机应装备防火墙等网络安全设备,中心站应使用录音电话。煤矿安全监控系统主机或显示终端应设置在矿调度室内。

(2)煤矿安全监控系统信息处理

地面中心站值班应设置在矿调度室或通风区专用房间,实行24 h值班制度。值班人员应认真监视监视器所显示的各种信息,详细记录系统各部分的运行状态,接收上一级网络中心下达的指令并及时进行处理,填写运行日志,打印安全监控日报表,报矿主要负责人和技术负责人审阅。

系统发出报警、断电、馈电异常信息时,中心站值班人员必须立即通知矿井调度部门,查明原因,并按规定程序及时报上一级网络中心。处理结果应记录备案。

调度值班人员接到报警、断电信息后,应立即向矿值班领导汇报,矿值班领导按规定指挥现场人员停止工作,断电时撤出人员。处理过程应记录备案。

当系统显示井下某一区域瓦斯超限并有可能波及其他区域时,矿井有关人员应按瓦斯事故应急预案手动遥控切断瓦斯可能波及区域的电源。

(3)联网信息的处理

煤矿安全监控系统联网实行分级管理。国有重点煤矿必须向矿务局(公司)安全监控网络中心上传实时监控数据,国有地方和乡镇煤矿必须向县(市)安全监控网络中心上传实时监控数据。网络中心对煤矿安全监控系统的运行进行监督和指导。

网络中心必须24 h有人值班。值班人员应认真监视监控数据,核对煤矿上传的隐患处理情况,填写运行日志,打印报警信息日报表,报值班领导审阅。发现异常情况要详细查询,按规定进行处理。

网络中心值班人员发现煤矿瓦斯超限报警、馈电状态异常情况等必须立即通知煤矿核查情况,按应急预案进行处理。

煤矿安全监控系统中心站值班人员接到网络中心发出的报警处理指令后,要立即处理落实,并将处理结果向网络中心反馈。

网络中心值班人员发现煤矿安全监控系统通讯中断或出现无记录情况,必须查明原因,并根据具体情况下达处理意见,处理情况记录备案,上报值班领导。网络中心每月应对瓦斯超限情况进行汇总分析。

(4)机房值班管理

地面值班人员必须取得特种作业资格证,严格执行交接班制度和填报签名制度。

交接班内容包括:设备运行情况和故障处理结果,井下传感器工作状况、断电地点和次数,瓦斯变化异常区的详细记录,计算机的数据库资料。

上机操作:接班后,首先和通风调度取得联系,接受有关指示。对井下瓦斯变化较大的地区,要详细跟踪监视,并向通风调度汇报。应每隔 30 min 检查 1 次各种仪表的指示、机房室温、机身温度和电源、电压波动情况。应将本班的瓦斯变化情况于当天打印成报表送通风技术主管审查签字。

与井下监测员协调配合进行传感器的校正。

停电的顺序是:主机→显示器、打印机等外围设备→不间断稳压电源→配电柜电源。送电顺序是:配电柜电源→不间断稳压电源→打印机、显示器等外围设备→主机。送电前应将所有设备的电源开关置于停止位置,严禁带负荷送电。

进入机房要穿洁净的工作服、拖鞋,不得将有磁性和带静电的材料、绒线和有灰尘的物品带进机房。要经常用干燥的布擦拭设备外壳,每班用吸尘器清扫室内。

5. 管理制度与技术资料

(1)管理制度

煤矿应建立安全监控管理机构。安全监控管理机构由煤矿技术负责人领导,并应配备足够的人员。

煤矿应制定瓦斯事故应急预案、安全监控人员岗位责任制、操作规程、值班制度等规章制度。

安全监控工及检修、值班人员应经培训合格,持证上岗。

(2)账卡及报表、图纸

煤矿应建立以下账卡及报表:①安全监控设备台账;②安全监控设备故障登记表;③检修记录;④巡检记录;⑤传感器调校记录;⑥中心站运行日志;⑦安全监控日报;⑧报警断电记录月报;⑨甲烷超限断电闭锁和甲烷风电闭锁功能测试记录;⑩安全监控设备使用情况月报等。

安全监控日报应包括以下内容:①表头;②打印日期和时间;③传感器设置地点;④所测物理量名称;⑤平均值;⑥最大值及时刻;⑦报警次数;⑧累计报警时间;⑨断电次数;⑩累计断电时间;⑪馈电异常次数及时刻;⑫馈电异常累计时间等。

报警断电记录月报应包括以下内容:①表头;②打印日期和时间;③传感器设置地点;④所测物理量名称;⑤报警次数、对应时间、解除时间、累计时间;⑥断电次数、对应时间、解除时间、累计时间;⑦馈电异常次数、对应时间、解除时间、累计时间;⑧每次报警的最大值、对应时刻及平均值;⑨每次断电累计时间、断电时刻及复电时刻,平均值,最大值及时刻;⑩每次采取措施时间及采取措施内容等。

甲烷超限断电闭锁和甲烷风电闭锁功能测试记录应包括以下内容:①表头;②打印日期和时间;③传感器设置地点;④断电测试起止时间;⑤断电测试相关设备名称及编号;⑥校准气体浓度;⑦断电测试结果等。

煤矿必须绘制煤矿安全监控设置布置图和接线图以及断电控制图,并根据采掘工作的变化情况及时修改。安全监控设备布置图和接线图应标明传感器、声光报警器、断电控制器、分站、电源、中心站等设备的位置、接线、断电范围、报警值、断电值、复电值、传输电缆、供电电缆等;断电控制图应标明甲烷传感器、馈电传感器和分站的位置,断电范围,被控开关的名称和编号,被控开关的断电接点和编号。

煤矿安全监控系统和网络中心应每3个月对数据进行备份,备份的数据介质保存时间应不少于2年。图纸、技术资料的保存时间应不少于2年。

(二)传感器的安装使用与瓦斯监控系统的维护集中讲解

1. 传感器的设置

(1)设置要求

低瓦斯矿井的采煤工作面,必须在工作面设置甲烷传感器。

高瓦斯和煤(岩)与瓦斯突出矿井的采煤工作面,必须在工作面及其回风巷设置甲烷传感器,在工作面上隅角设置便携式甲烷检测报警仪。

若煤(岩)与瓦斯突出矿井采煤工作面的甲烷传感器不能控制其进风巷内全部非本质安全型电气设备,则必须在进风巷设置甲烷传感器。

采煤工作面采用串联通风时,被串工作面的进风巷必须设置甲烷传感器。

采煤机必须设置机载式甲烷断电仪或便携式甲烷检测报警仪。

非长壁式采煤工作面甲烷传感器的设置参照上述规定执行。

低瓦斯矿井的煤巷、半煤岩巷和有瓦斯涌出的岩巷掘进工作面,必须在工作面设置甲烷传感器。

高瓦斯、煤(岩)与瓦斯突出矿井的煤巷、半煤岩巷和有瓦斯涌出的岩巷掘进工作面,必须在工作面及其回风流中设置甲烷传感器。

掘进工作面采用串联通风时,必须在被串掘进工作面的局部通风机前设甲烷传感器。

掘进机必须设置机载式甲烷断电仪或便携式甲烷检测报警仪。

在回风流中的机电设备硐室的进风侧必须设置甲烷传感器。

高瓦斯矿井进风的主要运输巷道内使用架线电机车时,装煤点、瓦斯涌出巷道的下风流中必须设置甲烷传感器。

在煤(岩)与瓦斯突出矿井和瓦斯喷出区域中,进风的主要运输巷道和回风巷道内使用矿用防爆特殊型蓄电池电机车或矿用防爆型柴油机车时,蓄电池电机车必须设置车载式甲烷断电仪或便携式甲烷检测报警仪,柴油机车必须设置便携式甲烷检测报警仪。当瓦斯浓度超过0.5%时,必须停止机车运行。

瓦斯抽放泵站必须设置甲烷传感器,抽放泵输入管路中必须设置甲烷传感器。利用瓦斯时,还应在输出管路中设置甲烷传感器。

装备矿井安全监控系统的矿井,每一个采区、一翼回风巷及总回风巷的测风站应设置风速传感器,主要通风机的风硐应设置压力传感器;瓦斯抽放泵站的抽放泵吸入管路中应设置流量传感器、温度传感器和压力传感器,利用瓦斯时,还应在输出管路中设置流量传感器、温度传感器和压力传感器。

装备矿井安全监控系统开采容易自燃、自燃煤层的矿井,应设置一氧化碳传感器和温度传感器。

装备矿井安全监控系统的矿井,主要通风机、局部通风机应设置设备开停传感器,主要风门应设置风门开关传感器,被控设备开关的负荷侧应设置馈电状态传感器。

(2)甲烷传感器的报警浓度、断电浓度、复电浓度和断电范围(见表1-1)。

表1-1 甲烷传感器的报警浓度、断电浓度、复电浓度和断电范围

甲烷传感器设置地点	报警浓度	断电浓度	复电浓度	断电范围
低瓦斯和高瓦斯矿井的采煤工作面	≥1.0% CH_4	≥1.5% CH_4	<1.0% CH_4	工作面及其回风巷内全部非本质安全型电气设备
煤(岩)与瓦斯突出矿井的采煤工作面	≥1.0% CH_4	≥1.5% CH_4	<1.0% CH_4	工作面及其进、回风巷内全部非本质安全型电气设备
高瓦斯和煤(岩)与瓦斯突出矿井的采煤工作面回风巷	≥1.0% CH_4	≥1.0% CH_4	<1.0% CH_4	工作面及其回风巷内全部非本质安全型电气设备
装有矿井安全监控系统的采煤工作面回风巷	≥1.5% CH_4	≥1.5% CH_4	<1.5% CH_4	工作面及其回风巷内全部非本质安全型电气设备
专用排瓦斯巷	≥2.5% CH_4	≥2.5% CH_4	<2.5% CH_4	工作面内全部非本质安全型电气设备
煤(岩)与瓦斯突出矿井采煤工作面进风巷	≥0.5% CH_4	≥0.5% CH_4	<0.5% CH_4	进风巷内全部非本质安全型电气设备
采用串联通风的被串采煤工作面进风巷	≥0.5% CH_4	≥0.5% CH_4	<0.5% CH_4	被串采煤工作面及其进回风巷内全部非本质安全型电气设备
采煤机	≥1.0% CH_4	≥1.5% CH_4	<1.0% CH_4	采煤机电源
低瓦斯、高瓦斯、煤(岩)与瓦斯突出矿井的煤巷、半煤岩巷和有瓦斯涌出的岩巷掘进工作面	≥1.0% CH_4	≥1.5% CH_4	<1.0% CH_4	掘进巷道内全部非本质安全型电气设备
高瓦斯、煤(岩)与瓦斯突出矿井的煤巷、半煤岩巷和有瓦斯涌出的岩巷掘进工作面回风流中	≥1.0% CH_4	≥1.0% CH_4	<1.0% CH_4	掘进巷道内全部非本质安全型电气设备
采用串联通风的被串掘进工作面局部通风机前	≥0.5% CH_4	≥0.5% CH_4	<0.5% CH_4	被串掘进巷道内全部非本质安全型电气设备
掘进机	≥1.0% CH_4	≥1.5% CH_4	<1.0% CH_4	掘进机电源
回风流中机电设备硐室的进风侧	≥0.5% CH_4	≥0.5% CH_4	<0.5% CH_4	机电设备硐室内全部非本质安全型电气设备

续表

甲烷传感器设置地点	报警浓度	断电浓度	复电浓度	断电范围
高瓦斯矿井进风的主要运输巷道内使用架线电机车时的装煤点和瓦斯涌出巷道的下风流处	≥0.5% CH_4			
在煤(岩)与瓦斯突出矿井和瓦斯喷出区域中,进风的主要运输巷道内使用的矿用防爆特殊型蓄电池电机车	≥0.5% CH_4	≥0.5% CH_4	<0.5% CH_4	机车电源
在煤(岩)与瓦斯突出矿井和瓦斯喷出区域中,主要回风巷内使用的矿用防爆特殊型蓄电池电机车	≥0.5% CH_4	≥0.7% CH_4	<0.7% CH_4	机车电源
兼做回风井的装有带式输送机的井筒	≥0.5% CH_4	≥0.7% CH_4	<0.7% CH_4	井筒内全部非本质安全型电气设备
瓦斯抽放泵站室内	≥0.5% CH_4			
利用瓦斯时的瓦斯抽放泵站输出管路中	≤30% CH_4			
不利用瓦斯、采用干式抽放瓦斯设备的瓦斯抽放泵站输出管路中	≤25% CH_4			
井下临时抽放瓦斯泵站下风侧栅栏外	≥1.0% CH_4	≥1.0% CH_4	<1.0% CH_4	抽放瓦斯泵

(3)传感器的设置位置

①采煤工作面甲烷传感器的设置

长壁采煤工作面甲烷传感器必须按图 1-3 设置。U 形通风方式在上隅角设置便携式瓦斯检测报警仪,工作面设置甲烷传感器 T_1,工作面回风巷设置甲烷传感器 T_2;若煤与瓦斯突出矿井的甲烷传感器 T_1 不能控制采煤工作面进风巷内全部非本质安全型电气设备,则在进风巷设置甲烷传感器 T_3;矿井采煤工作面采用串联通风时,被串工作面的进风巷设置甲烷传感器 T_4,如图 1-3(a)所示。Z 形、Y 形、H 形和 W 形通风方式的采煤工作面甲烷传感器的设置参照上述规定执行,如图 1-3(b)~图 1-3(e)所示。

采用两条巷道回风的采煤工作面甲烷传感器必须按照图 1-4 设置。甲烷传感器 T_0,T_1 和 T_2 设置同图 1-3(a);在第二条回风巷设置甲烷传感器 T_5,T_6。采用三条回风巷道回风的采煤

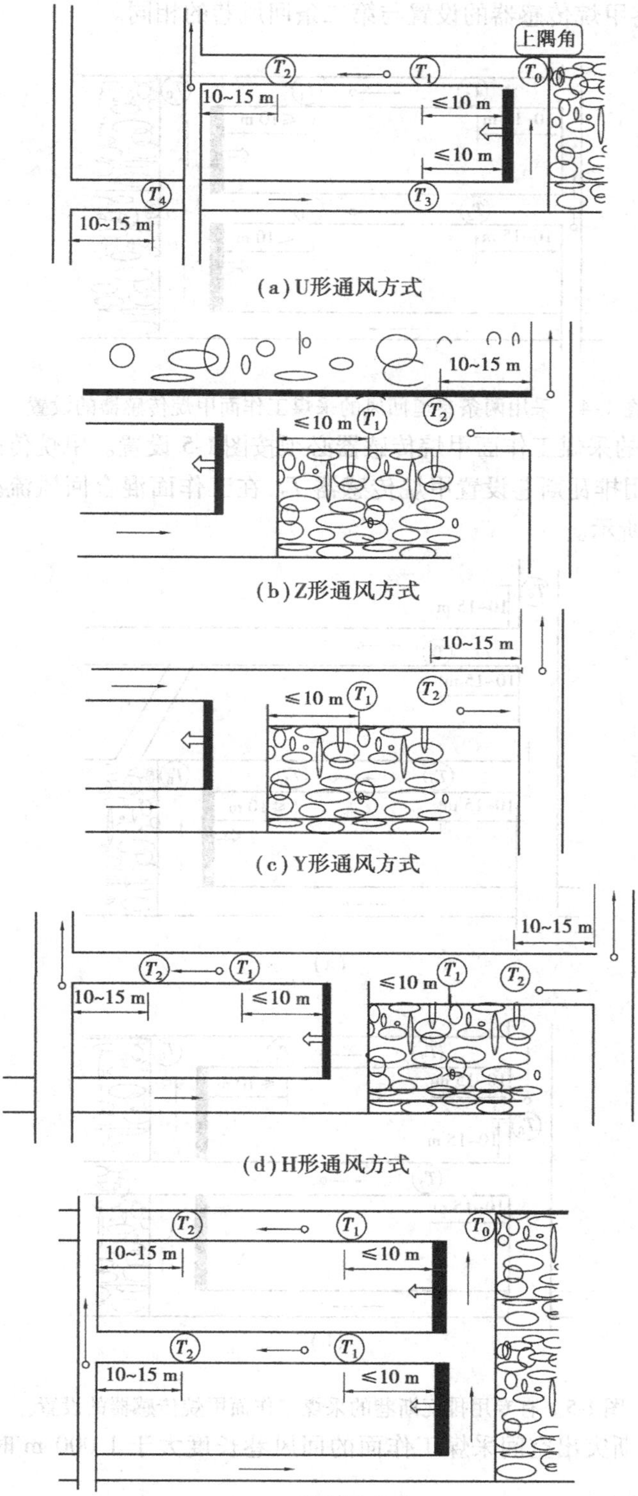

(a) U形通风方式

(b) Z形通风方式

(c) Y形通风方式

(d) H形通风方式

(e) W形通风方式

图1-3 采掘工作面甲烷传感器的设置

工作面,第三条回风巷甲烷传感器的设置与第二条回风巷的相同。

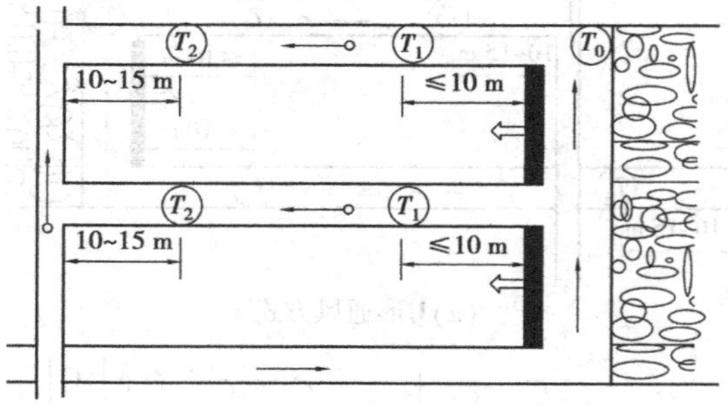

图 1-4　采用两条巷道回风的采煤工作面甲烷传感器的设置

在专用排瓦斯巷的采煤工作面甲烷传感器必须按图 1-5 设置。甲烷传感器 T_0、T_1 和 T_2 设置同图 1-3(a);在专用排瓦斯巷设置甲烷传感器 T_7,在工作面混合回风流处设置甲烷传感器 T_8,如图 1-5(a)、(b)所示。

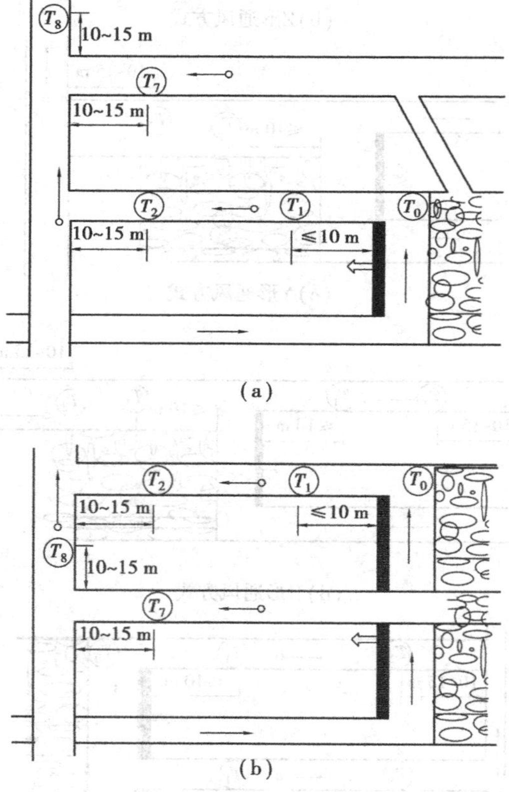

图 1-5　有专用排瓦斯巷的采煤工作面甲烷传感器的设置

高瓦斯和煤与瓦斯突出空间采煤工作面的回风巷长度大于 1 000 m 时,必须在回风巷中部增设甲烷传感器。

采煤机必须设置机载式甲烷断电仪或便携式甲烷检测报警仪。

非长壁式采煤工作面甲烷传感器的设置参照上述规定执行,即在上隅角设置甲烷传感器

T_0 或便携式瓦斯检测报警仪，在工作面及其回风巷各设置1个甲烷传感器。

②掘进工作面甲烷传感器的设置

煤巷、半煤岩巷和有瓦斯涌出岩巷的掘进工作面甲烷传感器必须按照图1-6设置，并实现瓦斯风电闭锁。在工作面混合风流处设置甲烷传感器 T_1，在工作面回风流中设置甲烷传感器 T_2；采用串联通风的掘进工作面，必须在被串联工作面局部通风机前设置掘进工作面进风流甲烷传感器 T_3。

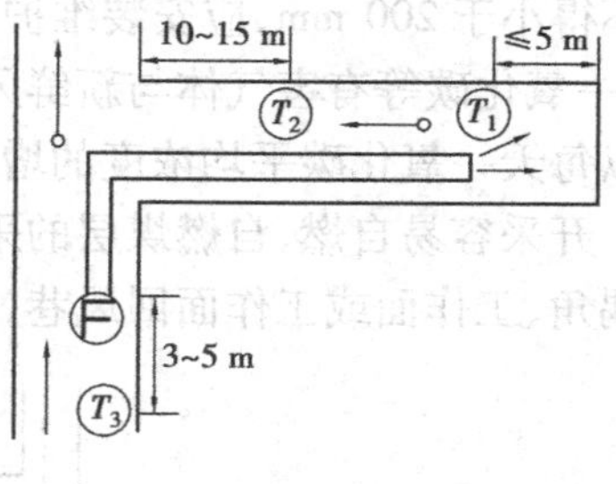

图1-6　掘进工作面甲烷传感器的设置

高瓦斯和煤与瓦斯突出矿井双巷掘进甲烷传感器必须按图1-7设置。甲烷传感器 T_1 和 T_2 的设置同图1-6；在工作面混合回风流处设置甲烷传感器 T_3。

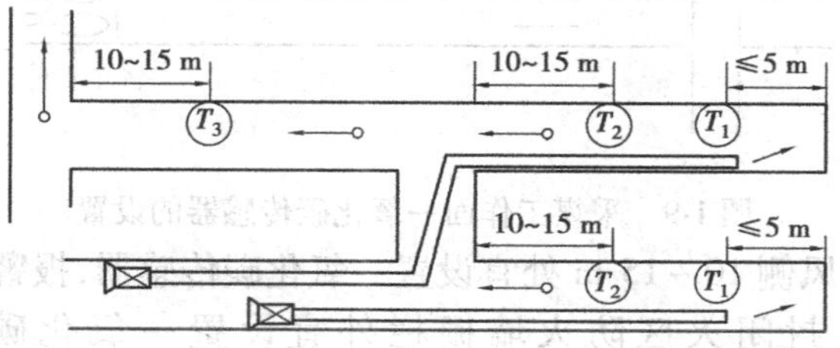

图1-7　双巷掘进工作面甲烷传感器的设置

掘进机监测的甲烷传感器的要求同前。

③其他地点甲烷传感器的设置

采区回风巷、一翼回风巷、总回风巷测风站应设置甲烷传感器。

设在回风流中的机电硐室进风侧的甲烷传感器，如图1-8所示。

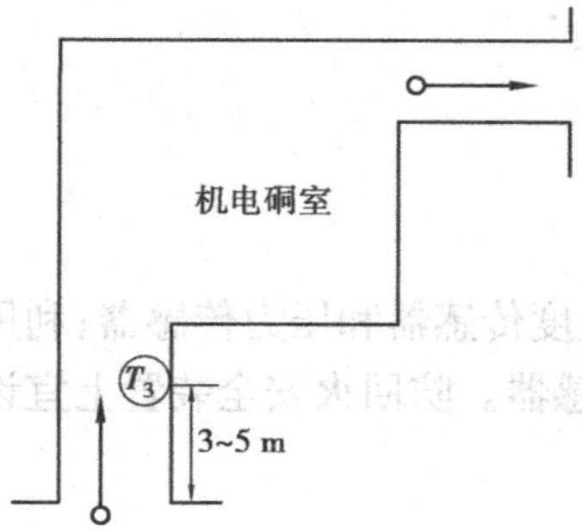

图1-8　在回风流中的机电硐室甲烷传感器的设置

电机车监测的甲烷传感器的设置要求同前。

兼做回风井的装有带式输送机的井筒内必须设置甲烷传感器。

采区回风巷、一翼回风巷及总回风巷道内临时施工的电气设备上风侧10～15 m处应设置甲烷传感器。

井下煤仓、地面进煤厂煤仓上方应设置甲烷传感器。

封闭的地面选煤厂机房内上方应设置甲烷传感器。

封闭的带式输送机地面走廊上方应设置甲烷传感器。

④瓦斯抽放泵站甲烷传感器的设置：

地面瓦斯抽放泵站内必须在室内设置甲烷传感器。

井下临时瓦斯抽放泵站下风侧栅栏外必须设置甲烷传感器。

瓦斯抽放泵甲烷传感器的设置要求同前。

(4)其他传感器的设置

①一氧化碳传感器的设置

自然发火矿井应设置一氧化碳传感器。一氧化碳传感器除用作环境监测外，还用于自然发火预测。一氧化碳传感器应垂直悬挂巷道上方，距离顶板（顶梁）不得大于300 mm，距离巷壁不得小于200 mm，应安装维护方便，不影响行人和行车。一氧化碳传感器应设置在风流稳定、一氧化碳等有害气体与新鲜风流混合均匀的位置。一氧化碳传感器用于自然发火预测时，应以每天一氧化碳平均浓度的增量变化为依据。

开采容易自燃、自燃煤层的采煤工作面必须至少设置一个一氧化碳传感器，地点可设置在上隅角、工作面或工作面回风巷，报警浓度为0.002 4% CO，如图1-9所示。

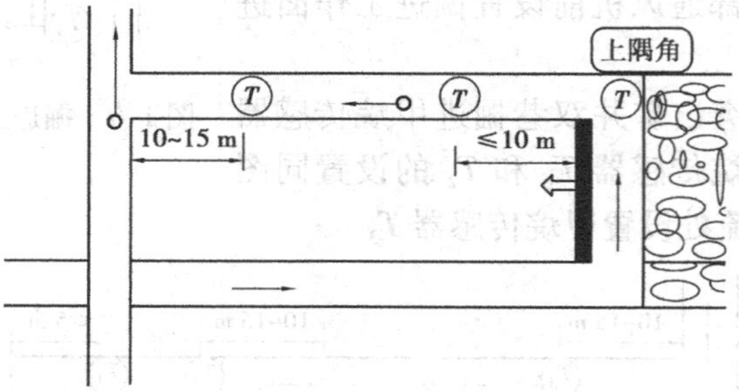

图1-9　采煤工作面一氧化碳传感器的设置

带式输送机滚筒下风侧10~15 m处宜设置一氧化碳传感器，报警浓度为0.002 4% CO。

自然发火观测点、封闭火区防火墙栅栏外宜设置一氧化碳传感器，报警浓度为0.002 4% CO。

开采容易自燃、自燃煤层的矿井，采区回风巷、一翼回风巷、总回风巷应设置一氧化碳传感器，报警浓度为0.002 4% CO。

②风速传感器的设置

采区回风巷、一翼回风巷、总回风巷的测风站应设置风速传感器。风速传感器应设置在巷道前后10 m内无分支风流、无拐弯、无障碍，断面无变化、能准确计算风量的地点。当风速低于或超过《煤矿安全规程》的规定值时，应发出声、光报警信号。

③风压传感器的设置

主要通风机的风硐内应设置风压传感器。

④瓦斯抽放管路中其他传感器的设置

瓦斯抽放泵站的抽放泵输入管路中宜设置流量传感器、温度传感器和压力传感器；利用瓦斯时，应在输出管路中设置流量传感器、温度传感器和压力传感器。防回火安全装置上宜设置压差传感器。

⑤烟雾传感器的设置

带式输送机滚筒下风侧10~15 m处应设置烟雾传感器。

⑥温度传感器的设置

温度传感器应垂直悬挂，距顶板（顶梁）不得大于300 mm，距巷壁不得小于200 mm，并应安装维护方便，不影响行人和行车。

开采容易自燃、自燃煤层及地温高的矿井采煤工作面应设置温度传感器。温度传感器的报警值为30 ℃。如图1-10所示。

机电硐室内应设置温度传感器，报警值为34 ℃。

⑦开关量传感器的设置

主要通风机、局部通风机必须设置设备开停传感器(图1-11)。

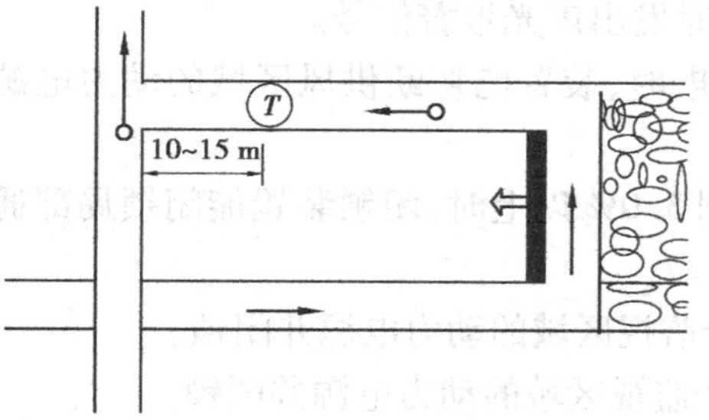

图1-10　采煤工作面温度传感器的设置

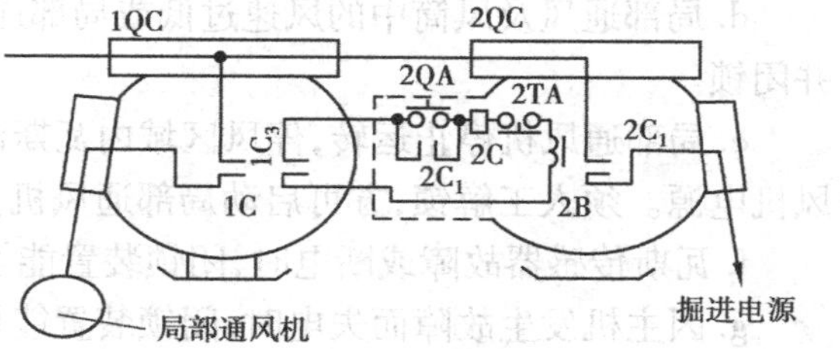

图1-11　局部通风机风电闭锁示意图

矿井和采区主要进回风巷道中的主要风门必须设置风门开关传感器。当两道风门同时打开时发出声光报警信号。

掘进工作面局部通风机的风筒末端宜设置风速传感器。

为监测被控设备瓦斯超限是否断电,被控开关的负荷侧必须设置馈电传感器。

(5)三专两闭锁安装

《煤矿安全规程》第一百五十八条“高瓦斯矿井、煤(岩)与瓦斯突出矿井,必须装备矿井安全监控系统。没有装备矿井安全监控系统的矿井的煤巷、半煤巷和有瓦斯涌出的岩巷的掘进工作面,必须装备瓦斯风电闭锁装置或瓦斯断电仪和风电闭锁装置。没有装备矿井安全监控系统的无瓦斯涌出的岩巷掘进工作面,必须装备风电闭锁装置。没有装备矿井安全监控系统的矿井采煤工作面,必须装备甲烷断电仪”的规定,局部通风机和掘进工作面的电气设备,必须装有风电闭锁装置。

①风电闭锁

风电闭锁,又称风电联锁,要求在局部通风机停止运转时,能立即切断局部通风机供风的巷道中的一切电源。其作用是防止停风或瓦斯超限的掘进工作面在送电后产生电火花,造成瓦斯燃烧或爆炸。

需要注意的是,在恢复局部通风机通风之前必须按《煤矿安全规程》的规定检查瓦斯。在局部通风机恢复送电后也不能立即接通掘进电源,而是应该先检查工作面及巷道中的瓦斯浓度。由于开动局部通风机和恢复工作面及巷道的供电之前都必须检查瓦斯,所以在采用风电闭锁时,在闭锁电路中不允许采用时间继电器来延时自动接通掘进电源,而必须人工开动局部通风机和人工恢复掘进电源。在掘进工作面使用瓦斯自动检测报警断电装置,只准人工复电。

②瓦斯电闭锁

瓦斯电闭锁是指掘进工作面中设置的瓦斯监测仪,当探测到瓦斯超过规定限度时,可自动关闭动力电源,并只有当瓦斯降低到规定限度(瓦斯浓度为1%,二氧化碳浓度为1.5%)以下时方可恢复送电的闭锁装置。

瓦斯电闭锁系统必须具有以下功能:

a.工作面或回风流中的瓦斯浓度达到1.5%或1.0%时,闭锁装置能切断掘进工作面及回风巷内的动力电源并闭锁。

b.串联通风工作面入风流中的瓦斯浓度达到0.5%时,闭锁装置能切断串联通风区域内的动力电源并闭锁。

c. 当排出掘进工作面积聚瓦斯使工作面回风流与全风压风流汇合处瓦斯浓度达到1.5%时，闭锁装置能切断回风区域内的动力电源并闭锁，同时发出声光报警信号。

d. 局部通风及风筒中的风速过低或局部通风机断电时，装置能切断供风区域的动力电源并闭锁。

e. 局部通风机停止运转，停风区域内瓦斯浓度达到3.0%以上时，闭锁装置能闭锁局部通风机电源。须人工解锁，方可启动局部通风机。

f. 瓦斯传感器故障或断电时，闭锁装置能切断整个监视区域的动力电源并闭锁。

g. 因主机发生故障而失电时，闭锁装置能切断整个监视区域的动力电源并闭锁。

h. 闭锁装置接通电源1 min内，继续闭锁相应区域内的被控设备电源。

i. 闭锁装置实现(d)~(h)功能后，如果恢复到正常通风状态或故障设备恢复正常并运行后，装置能自动解锁。

j. 必须使用专用工具方可通过闭锁装置对局部通风机进行解锁，不允许对已闭锁的动力电源进行人工解锁。

③对局部通风机供电的要求

各类矿井的高瓦斯喷出区域、高瓦斯矿井、煤(岩)与瓦斯(二氧化碳)突出矿井，其掘进工作面的局部通风机必须采用三专(专用变压器、专用开关、专用线路)供电(图1-12)；相邻的两个掘进巷道的局部通风机，可共用一套“三专”设备为其供电，也可使用两趟低压线路分别供电。但1台局部通风机不得同时向2个掘进工作面供风。

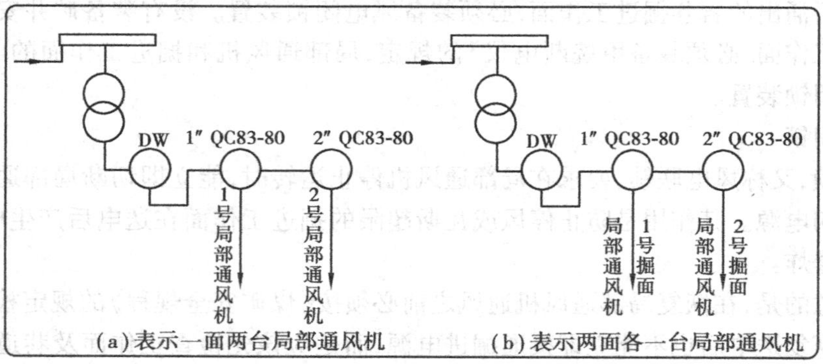

图1-12 “三专”供电系统示意图

2. 使用与维护

(1)检修机构

煤矿应建立安全监控设备检修室，负责本矿安全监控设备的安装、调校、维护和简单维修工作。未建立检修室的小型煤矿应将安全监控仪器送到检修中心进行调校和维修。

国有重点煤矿的矿务局(公司)、产煤县(市)应建立安全监控设备检修中心，负责安全监控设备的调校、维修、报废鉴定等工作，有条件的可配制甲烷校准气体，并对煤矿进行技术指导。

安全监控设备检修室宜配备甲烷传感器和测定器校验装置、稳压电源、示波器、频率计、信号发生器、万用表、流量计、声级计、甲烷校准气体、标准气体等仪器装备；安全监控设备检修中心除应配备上述仪器装备外，具备条件的宜配备甲烷标准气体配气装置、气相色谱仪或红外线分析仪等。

所有已装备矿井安全监控系统的煤矿和承担其技术维护的地区服务网点,必须配备经过专门培训并考核合格的人员来承担系统的管理和维护工作,未经培训合格的人员不准上岗作业。

(2)校准气体

配制甲烷校准气样的装备和方法必须符合MT423—1995的规定,选用纯度不低于99.9%的甲烷标准气体作原料气。配制好的甲烷校准气体应以标准气体为标准,用气相色谱仪或红外线分析仪分析定值,其不确定度应小于5%。

甲烷校准气体配气装置应放在通风良好,符合国家有关防火、防爆、压力容器安全规定的独立建筑内。配气气瓶应分室有存放,室内应使用隔爆型的照明灯具及电器设备。

高压气瓶的使用管理应符合国家有关气瓶安全管理的规定。

(3)调校

①一般规定

安全监控设备必须按产品使用说明书的要求定期调校。

安全监控设备使用前和大修后,必须按产品使用说明书的要求测试、调校合格,并在地面试运行24~48 h方能下井。

采用载体催化原理的甲烷传感器、便携式甲烷检测报警仪、甲烷检测报警矿灯等,每隔10天必须使用校准气体和空气样,按产品使用说明书的要求调校一次。调校时,应先在新鲜空气中或使用空气样调校零点,使仪器显示值为零,再通入浓度为1%~2% CH_4 的甲烷校准气体,调整仪器的显示值与校准气体浓度一致,气样流量应符合产品使用说明书的要求。

井下使用的分站,传感器、声光报警器、断电控制器及电缆等由所在区域的区队长、班组长负责使用和管理。

除甲烷载体催化原理以外的其他气体监控设备应采用空气样和标准气样按产品说明书进行调校。风速传感器选用经过标定的风速计调校。温度传感器选用经过标定的温度计调校。其他传感器和便携式检测仪器也应按使用说明书要求定期调校。

安全监控设备的调校包括零点、显示值、报警点、断电点、复电点、控制逻辑等。

每隔10天必须对甲烷超限断电闭锁和甲烷风电闭锁功能进行测试。

煤矿安全监控系统的分站、传感器等装置在井下连续运行6~12个月,必须升井检修。

②低浓度传感器调试

低浓度传感器调试步骤如下:

连接电源、电池及输出线。通以24 V直流电,预热5 min。

向低浓度传感器通入不含瓦斯的新鲜空气,此时关闭高浓度传感器气路。

用数字式万用表的200 mV电压挡检查低浓度参考电压,其值应为50 mV以内,超、差时调节其电位器以满足要求。

此时数字显示0.0±0.1,超、差时应调节主机面板上的调零电位器。

用20 mA电流挡检查低浓度输出,应为(1.00±0.13)mA,超、差时调节低浓度输出的预置电位器。

更换气样,通入瓦斯浓度为1%的气样。

用2 V电压挡检查参考电压应为(1 000±100)mV,超、差时调节低浓度灵敏度电位器。

数字显示应为1.0±0.1,超、差时调节主机面板上的增益电位器。

检查输出电流应为(2.33 ±0.13)mA,超、差时调节低浓度输出增益电位器。

气样的瓦斯浓度为1%时,主机面板上的绿色指示灯熄灭,红色报警灯闪光,超、差时调节报警点电位器。

用浓度为2%,3%的瓦斯气样调节的步骤同上。其显示值与输出值如下:

2%瓦斯气样,显示2.0 ±0.1,输出(3.67 ±0.20)mA。

3%瓦斯气样,显示3.0 ±0.1,输出(5.00 ±0.20)mA。

再次向气路通以新鲜空气,校核数字显示与恒流输出是否符合要求。

③高浓度传感器调试

高浓度传感器调试步骤如下:

同时向低浓度和高浓度传感器通入浓度为4%的瓦斯气样,当数字显示上升到3.2或更高一些时突然熄灭,而报警红灯继续闪亮,此时高浓度传感器投入工作。

用2 V电压挡检查高浓度参考电压,其值应为(480 ±50)mV以内,超差时调节高浓度传感器电位器,使其满足要求。

用20 mA电流挡检查高浓度输出,应为(1.52 ±0.13)mA,超差时调节高浓度输出的预置电位器。

将气样浓度换为10%瓦斯,并关闭通往低浓度传感器的气路,以节约气样。

用2 V电压挡检查高浓度参考电压应为(1 200 ±100)mV以内,超差时调节高浓度灵敏度电位器。

检查输出电流应为(2.33 ±0.13)mA,否则调节高浓度输出增益电位器。

气样浓度更换为20%瓦斯、30%瓦斯时,其调节步骤同上,参考电压及输出电流为:

20%瓦斯,参考电压(2 400 ±150)mV,输出电流(3.67 ±0.20)mA。

30%瓦斯,参考电压(3 600 ±150)mV,输出电流(5 ±0.20)mA。

同时向低、高浓度传感器通入瓦斯2%气样,使传感器恢复到低浓度工作状态。在低浓度传感器工作时,高浓度传感器通过限流电阻获得一个预置电流,约30 mA,此电流可预热元件,供检查调节高浓度电桥零点用。

④工作转换点校核

工作转换点校核步骤如下:

同时向低、高浓度传感器通入4%的瓦斯气样,流量控制在100 L/min。一般在数字显示为3.2~3.5,低浓度输出电流为(5.20~5.70)mA时,发生翻转。

将通入气路的气样更换为1%瓦斯,在瓦斯浓度下降过程中,一般当数字显示为2.0~2.2,低浓度输出电流为(3.67~3.90)mA时发生翻转。

地面调试完毕后,通电7天观察整机的稳定性。

(4)维护

①一般规定

井下安全监测工必须24 h值班,每天检查煤矿安全监控系统及电缆的运行情况。使用便携式甲烷检测报警仪与甲烷传感器进行对照,并将记录和检查结果报地面中心站值班员。当两者读数误差大于允许误差时,先以读数较大者为依据,采取安全措施,并必须在8 h内将两种仪器调准。

下井管理人员发现便携式甲烷检测报警仪与甲烷传感器读数误差大于允许误差时,应立即通知安全监控部门进行处理。

安装在采煤机、掘进机和电机车上的机(车)载断电仪,由司机负责监护,并应经常检查清扫,每天使用便携式甲烷检测报警仪与甲烷传感器进行对照,当两者读数误差大于允许误差时,先以读数最大者为依据,采取安全措施,并立即通知安全监测工,在8 h内将两种仪器调准。

炮采工作面设置的甲烷传感器在爆破前应移动到安全位置,爆破后应及时恢复设置到正确位置。对需要经常移动的传感器、声光报警器、断电控制器及电缆等,由采掘班组长负责按规定移动,严禁擅自停用。

井下使用的分站,传感器、声光报警器、断电控制器及电缆等由所在区域的区队长、班组长负责使用和管理。

传感器经过调校检测误差仍超过规定值时,必须立即更换;安全监控设备发生故障时,必须及时处理,在更换和故障处理期间必须采用人工监测等安全措施,并填写故障记录。

低浓度甲烷传感器经大于4%的CH_4的甲烷冲击后,应及时进行调校或更换。

电网停电后,备用电源不能保证设备连续工作1 h时,应及时进行调校或更换。

使用中的传感器应经常擦拭,清除外表积尘,保持清洁。采掘工作面的传感器应每天除尘;传感器应保持干燥,避免洒水淋湿;维护、移动传感器应避免摔打碰撞。

②地面检修

地面检修前准备:

应备有必要的工具、仪器、仪表,并备有设备说明书和图纸。按规定准备好检修时所需要的各种电源、连接线,将仪表通电预热,并调整好测量类型和量程。

隔爆检查的步骤是:

按GB 3836.1—2000《爆炸性环境用防爆电气设备通用要求》检查设备的防爆情况。检查防爆壳内外有无锈皮脱落、油漆脱落及锈蚀严重现象,要求应无此类现象。清除设备内腔的粉尘和杂物。

检查接线腔和内部电器元件及连接线,要求应完好齐全,各连接插件接触良好,各紧固件应齐全、完整、可靠,同一部位的螺母、螺栓规格应一致。

检查设备绝缘程度。水平放置兆欧表,表线一端接机壳金属裸露处,另一端接机内接线柱,匀速摇动表柄,若读数为无限大(∞)表明绝缘合格。

接通电源,对照电路原理图测量电路中各点的电位,判断故障点,排除故障。

通电测试各项性能指标的内容包括:

新开箱或检修完毕的设备要通电烤机,经48 h通电后分三个阶段进行调试:

粗调。对设备的主要性能做大致的调整和观察;

精调。对设备的各项技术指标进行调试、观察和测试;

检验。严格按照设备出厂的各项技术指标进行检验,如发现问题则按前面的方法处理,通电要从问题处理完后重新开始计算。

烤机完毕,拆除电源等外连接线,盖上机盖,作好记录,入库备用。

③井下维护

a. 日常维护

在给传感器送气前,应先观察设备的运行情况,检查设备的基本工作条件,应反复校正报警点和断电点。送气前要进行跟踪校正，应在与井上取得联系后，用偏调法在测量量程内从小到大、从大到小反复偏调几次，尽量减小跟踪误差。首先用空气气样对设备校零，再通入校准气样校正精度，锁好各电位器。给传感器送气时，要用气体流量计控制气流速度，保证送气平稳。

定期更换传感器里的防尘装置，清扫气室内的污物。当载体催化元件活性下降时，如调正精度电位器，其测量指示值仍低于实际的瓦斯浓度值，传感器要上井检修。

设备在井下运行半年后，要上井进行全面检修。

b. 瓦斯传感器更换

瓦斯传感器的悬挂位置符合规定，并如实填写瓦斯传感器管理牌板。更换后，与地面联系，看信号是否正常传输，一切正常，探头更换完成。如不正常，应立即处理，直至信号传输正常为止。要与瓦检工的光学仪器和随身携带的标准光学瓦检仪器一起进行比较，看是否在误差范围内，如果误差大，重新调校。

更换完毕后，填写“瓦斯传感器更换记录”。

c. 断电实验

断电实验要严格执行规定，确保断电浓度、复电浓度及断电范围的正确，确保断电装置灵敏可靠，如存在问题，及时解决或通知限期整改。

每一探头的实验时间不得少于 2 min。实验完毕后，按规定填写“断电实验报告、断电实验卡”。

d. 排除故障时应注意以下问题：

应首先检查设备电源是否有电。可用替换电路板的方法，逐步查找故障。应一人工作，一人监护。严禁带电作业。并认真填写故障处理记录表。

一般故障的排除不超过 8 h；重大故障的处理不得超过 24 h。故障排除期间，应通知有关部门，采取相应安全措施，确保工作面的安全生产。故障排查结束后，清理现场并填写“故障处理记录”。

④瓦斯传感器与主机维护

已经投入正常使用的仪器，必须对仪器的准确性进行经常性的检查，一般每周检查一次。对于使用稳定的仪器，间隔时间可长一点。检查的内容包括：稳流值、报警点和断电点、零点和指示精度。检查时可在传感器处通以不同浓度的气体，在主机处观察仪器的报警点、零点和指示。若仪器的误差不超过允许值的 70% 时，可以不重新调整。每次检查或调整的结果应作记录。

要经常清除仪器上的煤尘，特别是瓦斯传感器吸收剂盒上的煤尘，防止煤尘堵塞通气孔，影响瓦斯进入瓦斯传感器气室。

定期清洗和更换瓦斯传感器里的粉末冶金隔爆网和泡沫塑料防尘垫，清扫气室中的污物。

仪器长期使用，载体催化元件的活性要下降，当精度电位器调到头，而主机指示仍低于实际的瓦斯浓度而又无其他故障时，需要更换载体催化元件。更换时应停电，更换后的元件必须经 48 h 通电运行，合格后方可下井。

仪器运行半年后，可将井下部分送到地面进行全面清扫、擦拭、烘干。

仪器发生故障，在井下无法处理时，应立即换上备用设备，并将故障设备撤回地面检修。

⑤瓦斯传感器与主机修理

由于仪器较复杂，故障是多种多样的，现将常见的和可能发生的故障现象及排除方法简介如下。

电源接通后,各常明灯和安全灯不亮,其原因有:

a.电源线断开,保险丝管烧坏。

b.电源开关断线或接触不良。

c.变压器断线或出头未焊接上。

d.30线排插接触不良。

保险丝管换上后又烧断,其原因有;

a.电源变压器击穿,短路或机内有关接线短路。

b.整流线路中滤波电容击穿。

c.桥式整流线路中,整流管内部有短路现象。

仪器通电后,故障指示灯——黄灯亮,其原因有:

a.瓦斯传感器供电电缆断开。

b.瓦斯传感器供电线与输出线接反了,供电线未接上。

c.瓦斯传感器电缆太长或稳流源输出电流调得太大。

d.100电路板和插座之间接触不良。

e.100电路板上的BG101或BG102被击穿。

f.取样电阻R117虚焊或断线。

仪器通电工作后,主机表针指负。其原因有:

a.传感器零点电位器或主机辅助零点电位器位置不恰当。

b.差放零点电位器位置不合适。

c.电压叠加线路中WS301位置不当。

d.稳流源输出电流和载体催化元件的工作电流不符。

e.瓦斯传感器输出线或供电线的正负极接反了。

f.瓦斯传感器上白元件被烧断。

调测稳流开关K003,电表指零,其原因有:

a.100电路板有故障,输出线无电流。

b.继电器J301的触点接触不良或出头有虚焊。

c.K003没接触上,或簧片损坏。

调测稳流开关K003,主机表针打负,其原因有:

a.稳流源输出负载太轻。

b.调整管BG101和BG102损坏或引出线断开。

c.调稳流电位器WS001位置不当,使输出电流太小。

d.比较放大管BG103,BG104,BG105有损坏。

仪器通电后,主机表针始终指零,调辅助零点电位器和差放零点电位器都不起作用,其原因有:

a.差放调整管BG201损坏。

b.差放管BG203损坏。

c.差放级二次交流电流未接上。

主机指示到报警浓度时不报警,其原因有:

a. 报警电位器 WS005 松动,位置不合适,或接线有断线处。
b. 报警电子开关线路有故障。
c. 报警继电器未动作或接点接触不良。
d. 声光信号箱接线错误或有故障。
e. 红灯亮,喇叭无声是喇叭断线或 800 电路板间隙振荡器停振。

主机指示与实际瓦斯浓度不符,其原因有:
a. 精度电位器 WS111 位置不当。
b. 瓦斯传感器黑元件活性下降太大或失效。
c. 差分管 BG203 的放大倍数下降太大。
d. 瓦斯传感器里粉末冶金砂罩被堵。

主机指示正常,但无载波输出,或载波频率漂移太大,其原因有:
a. 无载波输出大多是振荡管 BG601 损坏。功率放大管 BG603 连接线断线或损坏,500 电路板有故障。
b. 排插接触不良,其他连接线有虚焊或断线处。
c. 频率漂移太大是 BG602 损坏。

主机已正常,而接收机指针偏负,其原因有:
a. 传输线断线或接错。
b. 500 或 600 电路板有故障,无经调制的载波信号。
c. 接收机灵敏度电位器位置不当。
d. 320 电路板有故障。
e. 接收机零点电位器位置不当。

主机指针晃动,其原因有:
a. 瓦斯传感器供电电缆有接触不良的接头。
b. 瓦斯传感器接线柱,主机接线板上的稳流源输出接线柱接触不良。

主机电表指针低频抖动,其原因有:
a. 三极管 BG501 损坏。
b. 电容 C305 损坏。

接收机指针晃动,其原因有:
a. 接收机灵敏度电位器位置不当。
b. 接收机稳压源出故障。
c. 单稳工作不正常。
d. 线路虚焊,排插接触不良。
e. 振荡管点 G601 或调整管 BG502 和 BG503 有虚焊现象。

接收机跟踪不上,其原因有:
a. 接收机精度电位器位置不适当。
b. 单稳定时元件不合适。
c. 单稳线路 BG204 性能变坏。

接收机指示到报警浓度时不报警,其原因有:
a. 接收机报警电位器位置不合适。

b. 报警线路故障。

c. 公用声响单元有故障或有断线。

电话机里有滴、滴、滴的声响，其原因有：

a. 低通滤波器未接上，波段开关 KB002 没有拨到对应的接收单元上。

b. 低通滤波器损坏。

记录仪跟踪不上，其原因有：

a. 接收单元后板上的记录仪精度调整电位器位置不当。

b. 记录仪的接线有虚连现象。

c. 记录仪本身出了故障。

瓦斯浓度超限时，仪器不能断电，其原因有：

a. 断电电位器 WS006 松动，位置不当。

b. 标准稳压管 D308 损坏。

c. 断电开关线路故障。

d. 主机面板调断电开关 K002 有故障。

⑥低浓度瓦斯传感器与主机指标

测量范围：0 ~ 4% CH_4

测量误差：

测量范围为 0 ~ 1% CH_4 时，误差为 ±0.1% CH_4；

测量范围为 1% ~ 2% CH_4 时，误差为 ±0.2% CH_4；

测量范围为 2% ~ 4% CH_4 时，误差为 ±0.3% CH_4；

接收机跟踪指示误差：

测量范围为 0 ~ 2% CH_4 时，误差为 ±0.1% CH_4；

测量范围为 2% ~ 4% CH_4 时，误差为 ±0.15% CH_4；

报警范围及误差：

报警范围在 0.5% ~ 4% CH_4 任意可调。当环境温度变化不大于 ±10 ℃时，其误差不大于 ±0.1% CH_4。

报警方式和效果：

主机，防空警报声。扬声器最大输出功率不小于 5 W。

红色信号。额定功率为 5 W。

接收机，蜂鸣器声。扬声器输出功率不小于 50 mW。

红色信号。额定功率为 0.63W。

警报解除方式：

自动——当瓦斯浓度低于警报点 0.10% 时，主机和接收机自动解除警报。

手动——接收机声响可人工解除。

断电范围及误差：

断电范围在 0.5% ~ 4% CH_4 内任意可调。当环境温度变化不大于 ±10 ℃时，其误差不超过 ±0.15% CH_4。

断电后重新送电的甲烷浓度：

当瓦斯浓度低于断电点 0.15% CH_4 时，可以重新送电，触点负荷直流 28 V × 5 A，交流

115 V×5 A,均为无感负载。

传感器反应时间:在静止风流中反应时间不大于60 s,在风速为3 m/s的风流中反应时间不大于30 s。

系统巡检时间不超过30 s,控制执行时间不超过30 s。

传感器至分站的传输距离不小于1 km,中心站到最远测点的距离不小于10 km,系统误差不大于1 km。

系统时分制监测系统的误码率不大于10%。

发送机输出功率不小于500 mW。

载波频率17 kHz,20.5 kHz,25 kHz,30 kHz,36 kHz。

载波频率飘移不大于±0.5%。

载波波形失真度小于1.5%。

接收机灵敏度不劣于50 mV。

接收机选择性不小于30 dB(输入信号偏离标频±5%时)。

仪器使用电源

主机:36 V,127 V或380 V。

接收机:200 V。

允许电压波动范围:-20% ~ +15%额定电压。

仪器消耗功率

主机不大于50 VA。

接收机不大于30 VA。

仪器使用环境温度和湿度:

主机,0~35 ℃,相对湿度98%以内。

接收机,0~40 ℃,相对湿度85%以内。

⑦瓦斯传感器调校作业标准

a. 作业前准备

准备好调校工具、仪器、仪表、气样。

环境要求:温度15~35 ℃,湿度<85%,大气压86~106 kPa,周围应无影响调校的干扰气体。

调校用标准气体和设备的检查:标准气样的标准值为1%,1.5%,2%,3%,标准气样的不确定度≤5%,清洁空气中残留瓦斯(包括其他干扰气体)的含量应低于0.03%,检查减压阀和流量是否符合标准要求,检查与仪器配套使用的扩散罩,检查供电电源是否符合标准要求。

b. 作业

外观及通电检查

外观完好,结构完整。仪器各调节旋钮应能正常调节。通电检查时,表现的动作部件应能正常动作,显示部分应有相应显示。通电稳定20 min。

仪器调校

零点校准。通入新鲜空气,让仪器稳定后,调准仪器零点。

示值标准。通入1%的标气,待仪器示值稳定后调节灵敏度电位器进行调校,确保误差不超过范围;通入新鲜空气,检查回零情况;再通入1%标气,观察示值是否在误差范围内;重复检查三次，如有一次不合格，重复；再分别用1.5%，2%，3%的标气进行调试，如误差超范围，则重复通入1%气体重新开始调校，直至符合要求。

调校结束，清理作业现场，填写瓦斯传感器调校记录和瓦斯传感器通电记录。

(5)便携式检测仪器

便携式甲烷检测报警仪和甲烷报警矿灯等检测仪器应设专职人员负责充电、收发及维护。每班要清理隔爆罩上的煤尘，下井前必须检查便携式甲烷检测报警仪和甲烷检测报警矿灯的零点和电压值，不符合要求的禁止发放使用。

使用便携式甲烷检测报警仪和甲烷报警矿灯等检测仪器时要严格按照产品说明书进行操作，严禁擅自调校和拆开仪器。

(6)备件

矿井应配传感器、分站等安全监控设备备件，备用数量不少于应配备数量的20%。

(7)报废

安全监控设备符合下列情况之一者，应当报废：

——设备老化、技术落后或超过规定使用年限的；

——通过修理，虽能恢复性能和技术指标，但一次修理费用超过原价80%以上的；

——严重失爆不能修复的；

——遭受意外灾害，损坏严重，无法修复的；

——不符合国家规定及行业标准规定应淘汰的。

二、分组实作任务单

1. 设计一个工作面的煤矿安全集中监测系统。
2. 在模拟矿井模拟安装传感器。

复习题与习题

1. 瓦斯爆炸的条件有哪些？
2. 瓦斯检查的目的是什么？
3. 瓦斯检查的内容有哪些？
4. 传感器的安装使用要求主要有哪些？

单元1.2 矿井瓦斯等级的鉴定

“矿井瓦斯等级的鉴定”单元是单元一能力的提高，还是本情境课程其他单元的基础。通过该单元的学习训练，要求学生掌握瓦斯等级鉴定的方法，能够对矿井进行瓦斯等级的鉴定。

拟实现的教学目标：

1. 能力目标

通过本单元的训练能够掌握矿井瓦斯等级鉴定的方法，鉴定过程的控制，对数据结果的分析处理，以及瓦斯等级的确定标准。

2. 知识目标

经过本单元过程训练学生能够掌握瓦斯的涌出形式、瓦斯相对涌出量和绝对涌出量的含义、能分析影响瓦斯涌出量的因素。

3. 素质目标

通过矿井瓦斯等级鉴定，训练学生的动手操作以及工作组织管理能力；培养学生严谨的工作态度，认真细致的从严精神。

任务 1.2.1 矿井瓦斯等级的鉴定准备

一、学习型工作任务

（一）阅读理解

1. 瓦斯涌出

（1）瓦斯涌出量

矿井瓦斯涌出量是指矿井在建设和生产过程中涌进采掘空间及巷道的瓦斯体积。瓦斯涌出量大小的表示方式有绝对瓦斯涌出量和相对瓦斯涌出量两种。

绝对瓦斯涌出量是指矿井在单位时间内涌出的瓦斯量，单位为 m^3/d 或 m^3/min。它与风量、瓦斯年度的关系为：

$$Q_{CH_4} = Q_{风} \cdot C \tag{1-2}$$

式中 Q_{CH_4}——绝对瓦斯涌出量，m^3/min；

$Q_{风}$——瓦斯涌出地区的风量，m^3/min；

C——风流中的瓦斯体积浓度，即风流中瓦斯体积与风流总体积的百分比。

相对瓦斯涌出量是指矿井在正常生产条件下，平均日产一吨煤同期所涌出的瓦斯量，单位为 m^3/t。

$$q_{CH_4} = 1\,440 Q_{CH_4}/T \tag{1-3}$$

式中 q_{CH_4}——相对瓦斯涌出量，m^3/t；

Q_{CH_4}——瓦斯涌出地区的风量，m^3/min；

T——产煤量，t/d。

（2）影响瓦斯涌出的因素

决定于自然因素和开采技术因素的综合影响。

自然因素：煤层和围岩的瓦斯含量和地面大气压变化。

开采技术因素：开采规模——产量与瓦斯涌出量的关系复杂、开采顺序与回采方法（先开采，大；回采率低，大）、生产工艺（初期大，呈指数下降）、风量变化（单一煤层，随风量而增减）、采区通风系统、采空区的密闭质量等。

（3）矿井瓦斯涌出来源分析

按划分目的的不同，对矿井瓦斯来源有三种划分方式：

按水平、翼、采区来进行划分，作为风量分配的依据之一；按掘进区、回采区和已采区来划分，它是日常治理瓦斯工作的基础；按开采区、邻近区划分，它是采煤工作面治理瓦斯工作的基础。

表 1-2 为矿井瓦斯来源分析表：

表1-2 矿井瓦斯来源分析表

矿井名称	全矿瓦斯涌出量	回采区		掘进区		采空区		抽放	
		涌出量	占全矿	涌出量	占全矿	涌出量	占全矿	涌出量	占全矿
	m^3/min	m^3/min	%	m^3/min	%	m^3/min	%	m^3/min	%

2. 矿井瓦斯等级

矿井瓦斯等级是矿井瓦斯量大小和安全程度的基本标志。矿井生产过程中，根据不同的瓦斯等级选用相应的机电设备，采取相应的通风瓦斯管理制度，以保障安全生产，并做到经济合理。《煤矿安全规程》规定，"一个矿井中只要有一个煤(岩)层发现瓦斯，该矿井即为瓦斯矿井。瓦斯矿井必须依照矿井瓦斯等级进行管理。"

(1)矿井瓦斯等级及其划分标准

矿井瓦斯等级

世界主要产煤国家对瓦斯矿井划分的等级，不尽相同。如德国将瓦斯矿井分为6个级别，波兰分为5级，印度和日本分为3级和2级，美国只是将煤矿分为瓦斯矿井和非瓦斯矿井而对瓦斯矿井不再分级。

我国在20世纪50—60年代一直沿用前苏联的矿井瓦斯等级划分方法，将瓦斯矿井划分为4个等级，即一级、二级、三级和超级。其中超级瓦斯矿井包括瓦斯喷出和有煤与瓦斯突出的矿井。80年代以来，将一级、二级瓦斯矿井合并为低瓦斯矿井；将三级和超级瓦斯矿井中的非突出矿井合并为高瓦斯矿井；将具有煤(岩)与瓦斯(二氧化碳)突出危险的矿井列为突出矿井。即共分为低、高、突三个级别。

矿井瓦斯等级划分标准

一般说来，世界产煤国家大多采用矿井相对瓦斯涌出量(m^3/t)作为矿井瓦斯等级划分的标准，也有的将矿井回风流中的瓦斯浓度作为划分标准(如英国)，或附加这一标准(如印度)。我国在2001年以前也是采用矿井相对瓦斯涌出量作为矿井瓦斯等级划分的标准。

相对瓦斯涌出量(m^3/t)与矿井实际生产原煤的数量有着直接关系，仅仅采用这一单个指标划分矿井瓦斯等级，不能全面地反映出矿井瓦斯涌出量的真实大小和灾害程度。即绝对瓦斯涌出量很小、相对瓦斯涌出量较大的矿井可能被定为高瓦斯矿井；而绝对瓦斯涌出量很大、相对瓦斯涌出量较小的矿井可能被定为低瓦斯矿井。如，绝对瓦斯涌出量仅为3.0 m^3/min时的15万t/a以下的小型煤矿的相对瓦斯涌出量都大于10 m^3/t，都应划分为高瓦斯矿井；而绝对瓦斯涌出量为40 m^3/min时，产量在210万t/a以上的较大型矿井的相对瓦斯涌出量都小于10 m^3/t，都应划分为低瓦斯矿井。显然，这样划分是不合理的。因此，在2001年颁发和2006年和2009年修订的《煤矿安全规程》中，对高瓦斯矿井的划分标准，增加了绝对瓦斯涌出量大于40 m^3/min的条件，将矿井瓦斯等级，根据矿井相对瓦斯涌出量、矿井绝对瓦斯涌出量和瓦斯涌出形式划分为：低瓦斯矿井、高瓦斯矿井和煤(岩)与瓦斯(二氧化碳)突出矿井。

另外，《煤矿安全规程》第一百三十四条规定，在低瓦斯矿井中，如果相对瓦斯涌出量大于10 m^3/t或有瓦斯喷出的个别区域(采区或工作面)为高瓦斯区，该区应按高瓦斯矿井管理。

(2)矿井瓦斯等级划分

矿井瓦斯等级,根据矿井相对瓦斯涌出量、矿井绝对瓦斯涌出量和瓦斯涌出形式划分为:

低瓦斯矿井:矿井相对瓦斯涌出量小于或等于 10 m^3/t 且矿井绝对瓦斯涌出量小于或等于 40 m^3/min。

高瓦斯矿井:矿井相对瓦斯涌出量大于 10 m^3/t 或矿井绝对瓦斯涌出量大于 40 m^3/min。

煤(岩)与瓦斯(二氧化碳)突出矿井。

矿井在采掘过程中,只要发生过一次煤(岩)与瓦斯突出,该矿井即为突出矿井,发生突出的煤层即为突出煤层。

(3)矿井瓦斯等级鉴定

《煤矿安全规程》规定每年必须对矿井进行瓦斯等级和二氧化碳涌出量的鉴定工作,报省(自治区、直辖市)负责煤炭行业管理的部门审批,并报省级煤矿安全监察机构备案。上报时应包括开采煤层最短发火期和自燃倾向性、煤尘爆炸性的鉴定结果。新矿井设计文件中,应有各煤层的瓦斯含量资料。

矿井瓦斯等级鉴定是矿井瓦斯防治工作的基础。借助于矿井瓦斯等级鉴定工作,可以较全面地了解矿井瓦斯的涌出情况,包括各工作区域的涌出和各班涌出的不均衡程度。

①矿井瓦斯等级鉴定要求

矿井瓦斯等级鉴定以自然井为单位。

生产矿井和正在建设的矿井必须每年进行矿井瓦斯等级鉴定。确因矿井长期停产等特殊原因没能进行等级鉴定的矿井,应经省级煤炭行业主管部门批准后,按上年度瓦斯等级确定。

煤与瓦斯突出矿井在矿井瓦斯等级鉴定期间,虽不再进行突出的鉴定,但仍必须按照矿井瓦斯等级鉴定工作内容进行测算工作。

矿井在设计前,设计单位根据地质勘探部门提供的煤层瓦斯含量等资料预测的瓦斯涌出量和邻近生产矿井的瓦斯涌出量资料,预测矿井瓦斯等级,作为计算风量和设计的依据。生产矿井和正在建设的矿井根据实际测定的瓦斯涌出量和瓦斯涌出形式鉴定矿井瓦斯等级,同时还必须进行矿井二氧化碳涌出量的测定工作,作为核定和调整风量的依据之一。

②鉴定方法

矿井瓦斯等级鉴定工作一般按以下步骤进行。

a. 准备工作

组织准备

A. 成立以矿技术负责人为组长,有通风、安监、救护等部门人员参加的瓦斯等级鉴定小组;

B. 按矿井范围进行分区、分工,指定专人在测定日、测定地点进行测定工作,准确计算和做好记录。

C. 编制瓦斯等级鉴定工作的注意事项和安全措施。

物质准备

A. 准备好鉴定工作所需的各种仪器、仪表和图表,包括瓦斯检定器、风表、秒表、皮尺等,以及有关记录表格、图、纸、笔等。

B. 对所用的瓦斯检定器、风表等仪器,必须预先进行检验和校正,以保证所测数据准确可靠和做好记录。

C. 做好鉴定月份内,全矿井和各区域的原煤产量、瓦斯抽放量的统计工作。

b. 选择测定站(点)

根据矿井范围和采掘工作面的分布情况,预先选择好测定站的位置,做好标志和测量好断面,并加以编号。

测定站选择的原则是,要能真实反映该矿井、各煤层、各水平、各区域(各翼、各采区、各工作面)的回风量和瓦斯涌出状况。因此,测定站的具体位置应结合矿井生产系统和通风系统的具体情况进行确定。一般在矿井的总回风道、各独立通风区域的回风道、矿井一翼、各煤层、各水平、各采区和各采煤工作面的回风道内,选择合适地点设立测定点。考虑到瓦斯来源和为分析瓦斯涌出状况提供依据,各掘进工作面的回风道也应设立测定点。

测定站应尽量选择原有的测风站,如果附近无测风站,可选取断面规整、无杂物堆积的一段平直巷道作为测定点;但绝对不要选在涡流和严重漏风的地点。

测定站(点)前后10 m巷道内不应有障碍物或拐弯、断面扩大或缩小;测定点要布置在风流分叉或与其他风流汇合前15~30 m的地方。

c. 井下测定

矿井瓦斯等级鉴定工作要在正常生产条件下进行(被鉴定的矿井、煤层、一翼、水平或采区的回采产量应不低于该地区总产量的60%)。按每一自然矿井、煤层、一翼、水平和采区,分别测定、计算月平均日产煤1 t的瓦斯涌出量,即相对瓦斯涌出量(m^3/t)和绝对瓦斯涌出量(m^3/min),并取其中最大值来确定矿井瓦斯等级。

根据当地气候条件,鉴定时间应选择在瓦斯涌出量较大的一个月份进行,一般在7、8月。在鉴定月份的月初、月中、月末各选择一天作为鉴定日(如5、15、25日);鉴定日的原煤生产和通风状况必须保持正常。在每一个鉴定日内,还要分早、中、晚三个班次分别进行测定工作。四班工作制的矿井,测定工作应在四个班次内进行。且每次测定工作都应在本班生产进入正常后进行。

每次测定的主要内容包括各测点的风量、空气温度、瓦斯与二氧化碳的浓度等。为确保测定资料准确,测定方法和测定次数要符合操作规程,每一个参数每个班次必须测定3次,取其平均值作为本班次的测定结果。每次测定结果都要记入记录表内。

测定内容还同时应测定和统计瓦斯抽放量和月产煤量。如果进风流中含有瓦斯或二氧化碳时,还应在进风流中测风量、瓦斯(或二氧化碳)浓度。进、回风流的瓦斯(或二氧化碳)涌出量之差,就是鉴定地区的风排瓦斯(或二氧化碳)量。抽放瓦斯的矿井,测定风排瓦斯量的同时,在相应的地区还要测定瓦斯抽放量。瓦斯涌出量应包括抽出的瓦斯量和风排瓦斯量。

确定矿井瓦斯等级时,按每一自然矿井、煤层、翼、水平和各采区分别计算相对瓦斯涌出量和绝对瓦斯涌出量。所以测点应布置在每一通风系统的主要通风机的风硐、各水平、各煤层和各采区的进、回风道测风站内。如无测风站,可选取断面规整并无杂物堆积的一段平直巷道做测点。

每一测定班的测定时间应选在生产正常时刻,并尽可能在同一时刻进行测定工作。

③测定资料整理

a. 测定基础数据的整理和记录

每一测点所测定的瓦斯和二氧化碳的基础数据,汇总填表,进风流有瓦斯时应增加进风巷的测点数据。绝对瓦斯涌出总量按下式计算。

$$Q_{CH_4} = Q_{CH_4抽} + Q_{CH_4排} \tag{1-4}$$

式中 Q_{CH_4}——绝对瓦斯(或二氧化碳)涌出总量,m^3/min;

$Q_{CH_4抽}$——抽放瓦斯(或二氧化碳)纯量,m^3/min;

$Q_{CH_4排}$——三班(或四班)平均风排瓦斯(或二氧化碳)量,m^3/min。

b. 测定结果汇总与记录

整理完测定基础数据后,应汇总、整理出矿井测定结果报告表,并参照附件3格式填写,按矿井、翼、水平、煤层和采区分行填写。

矿井绝对瓦斯涌出量应包括各通风系统风排瓦斯量和各抽放系统的瓦斯抽放量,绝对瓦斯涌出量取鉴定月的上、中、下三旬进行测定的三天中最大一天的绝对瓦斯涌出量。

在鉴定月的上、中、下三旬进行测定的三天中,以最大一天的绝对瓦斯涌出量来计算平均每产煤1 t的瓦斯涌出量(相对瓦斯涌出量)。相对瓦斯涌出量($q_{相}$)按下式计算:

$$q_{CH_4} = 1\ 440 \times q_{max}/T \tag{1-5}$$

式中 q_{CH_4}——相对瓦斯(或二氧化碳)涌出量,m^3/t;

q_{max}——最大一天的绝对瓦斯涌出量,m^3/min;

T——月平均日产煤量 t/d。

c. 矿井瓦斯等级鉴定计算公式

矿井、煤层、一翼、水平或采区的测定基础表,按甲烷和二氧化碳测定基础数据进行计算。

每个工作班的甲烷(或二氧化碳)绝对涌出量应按下式计算:

第一工作班甲烷(或二氧化碳)绝对涌出量(1)=第一工作班测定的风量×第一工作班测定的甲烷(或二氧化碳)浓度/100,m^3/min。

第二工作班涌出量(2)=第二工作班测定的风量×第二工作班测定的甲烷(或二氧化碳)浓度/100,m^3/min。

第三工作班涌出量(3)=第三工作班测定的风量×第三工作班测定的甲烷(或二氧化碳)浓度/100,m^3/min。

三班平均涌出量=[(1)+(2)+(3)]/3,m^3/min。

四班工作制的矿井,甲烷与二氧化碳的测定计算均应按四班工作制。

计算煤层、一翼、水平或采区的甲烷或二氧化碳涌出量时,均就扣除相应的进风风流中的甲烷量和二氧化碳量。

在鉴定月的上、中、下三旬进行测定的3天中,以最大一天的涌出量来计算平均产煤1吨的相对涌出量:

相对瓦斯涌出量=1 440×三旬中最大一天的甲烷涌出总量 m^3/t

相对 CO_2 涌出量=1 440×三旬中最大一天的 CO_2 涌出总量 m^3/t

④鉴定报告

矿井瓦斯等级鉴定报告应采用统一的表格格式,鉴定报告应包括以下主要内容:

a. 瓦斯和二氧化碳测定基础表,详见表1-3:

表1-3 瓦斯和二氧化碳测定基础数据表

单位：

测点名称	气体名称	组别	日期	第一班			第二班			第三班			三班平均涌出量 m^3/min	抽采瓦斯量 m^3/min	涌出总量 m^3/min	月工作天数/d	月产煤量/t	说明
				风量 m^3/min	浓度/%	涌出量 m^3/min	风量 m^3/min	浓度/%	涌出量 m^3/min	风量 m^3/min	浓度/%	涌出量 m^3/min						
				(1)	(2)	(3)	(4)	(5)	(6)	(7)	(8)	(9)	(10)	(11)	(12)	(13)	(14)	(15)
一井北翼总回风	甲烷																	
一井北翼总回风	二氧化碳																	

b. 矿井瓦斯等级鉴定报告表，详见表1-4；

表1-4 矿井瓦斯等级鉴定报告表

矿井、煤层、一翼、水平、采区、名称	气体名称	三旬中最大一天的涌出量 m^3/min			月实际工作日数/d	月产煤量/t	月平均日产量 t/d	相对涌出量 m^3/t	绝对涌出量 m^3/min	矿井瓦斯等级	上年度瓦斯等级	上年度最大相对涌出量 m^3/t	说明
		(1)	(2)	(3)	(4)	(5)	(6)	(7)		(8)	(9)	(10)	
	甲烷												
	二氧化碳												
	甲烷												
	二氧化碳												
	甲烷												
	二氧化碳												
	甲烷												
	二氧化碳												
	甲烷												
	二氧化碳												

矿长：　　矿技术负责人：　　测定部门负责人：　　制表人：　　时间：

c. 矿井通风系统图，并标明鉴定工作的测定地点、相关数据、主要通风机参数和采掘工作面的位置等；

d. 上年度煤与瓦斯突出记录卡片，详见表1-5；

表1-5　煤与瓦斯突出记录卡片

区县(公司)　　　　　　矿井

<table>
<tr><td colspan="3">突出日期</td><td colspan="3">年 月 日 时</td><td>地 点</td><td></td><td rowspan="9">发生动力现象后的主要特征</td><td>孔洞形状轴线与水平面之夹角</td><td></td></tr>
<tr><td>标高</td><td></td><td>巷道类型</td><td></td><td>突出类型</td><td></td><td>距地表垂深/m</td><td></td><td>喷出煤量和岩石量</td><td></td></tr>
<tr><td colspan="4">突出地点通风系统示意图(注距离尺寸)</td><td colspan="4">突出处煤层剖面图(注比例尺)煤层顶板岩层柱状图</td><td>煤喷出距离和堆积坡度</td><td></td></tr>
<tr><td rowspan="2">煤层特征</td><td>名称</td><td></td><td>倾角(度)</td><td></td><td rowspan="2">邻近层开采情况</td><td>上部</td><td></td><td>喷出煤的粒度和分选情况</td><td></td></tr>
<tr><td>厚度/m</td><td></td><td>硬度</td><td></td><td>下部</td><td></td><td>突出地点附近围岩和煤层破碎情况</td><td></td></tr>
<tr><td colspan="4">地质构造的叙述(断层、褶曲、厚度、倾角及其变化)</td><td colspan="4"></td><td>动力效应</td><td></td></tr>
<tr><td colspan="3">支护形式</td><td></td><td colspan="3">棚间距离/m</td><td></td><td rowspan="2">突出前瓦斯压力和突出后瓦斯涌出情况</td><td rowspan="2"></td></tr>
<tr><td colspan="3">控顶距离/m</td><td></td><td colspan="3">有效风量/($m^3 \cdot min^{-1}$)</td><td></td></tr>
<tr><td colspan="3">正常瓦斯浓度/%</td><td></td><td colspan="3">绝对瓦斯量/($m^3 \cdot min^{-1}$)</td><td></td><td>其他</td><td></td></tr>
<tr><td colspan="4">突出前作业工序和使用工具</td><td colspan="4"></td><td colspan="2">突出孔洞及煤堆积情况(注比例尺)</td><td></td></tr>
<tr><td colspan="4" rowspan="2">突出前所采取的措施(附图)</td><td colspan="4" rowspan="2"></td><td colspan="2">现场见证人(姓名、职务)</td><td></td></tr>
<tr><td colspan="2">伤亡情况</td><td></td></tr>
<tr><td colspan="4">突出预兆</td><td colspan="4"></td><td colspan="2">主要经验教训</td><td></td></tr>
<tr><td colspan="4" rowspan="2">突出前及突出当时发生过程的描述</td><td rowspan="2"></td><td colspan="2">防突负责人</td><td>通风队长</td><td colspan="2">矿技术负责人</td><td>矿长</td></tr>
<tr><td colspan="2"></td><td></td><td colspan="2"></td><td></td></tr>
<tr><td></td><td></td><td></td><td></td><td></td><td></td><td></td><td></td><td></td><td></td><td></td></tr>
</table>

矿长：　　　　矿技术负责人：　　　　填表人：　　　　　　　　时 间：　　年　　月　　日

注：突出预兆：煤体内声响、煤的层理紊乱情况、打钻时顶夹钻和喷孔情况、煤硬度变化、掉渣及煤面外移情况、煤光泽变化、工作面瓦斯涌出变化情况。

e. 开采煤层自燃倾向性和最短发火期、煤尘爆炸性的鉴定结果表；

f. 上年度矿井瓦斯、煤尘、火灾事故报告书，详见表1-6；

表1-6　矿井瓦斯、煤尘、火灾事故报告书

区县　　　　　矿(公司)　　　　井

<table>
<tr><td>事故地点</td><td colspan="4"></td><td>事故时间</td><td colspan="2">年　月　日　时　分</td></tr>
<tr><td rowspan="4">事故区域概况</td><td colspan="2">巷道和采掘工作面布置情况</td><td colspan="5"></td></tr>
<tr><td colspan="2">井下供电系统及采区机电设备分布情况</td><td colspan="5"></td></tr>
<tr><td colspan="2">矿井和采区通风系统及通风参数等</td><td colspan="5"></td></tr>
<tr><td colspan="2">矿井防尘系统、防灭火设施分布情况</td><td colspan="5"></td></tr>
<tr><td>事故经过</td><td colspan="7"></td></tr>
<tr><td rowspan="4">事故造成的损失</td><td rowspan="2">人员伤亡</td><td>亡</td><td>名</td><td rowspan="2">封闭采面个数</td><td rowspan="2">个</td><td rowspan="2">影响生产时间</td><td rowspan="2">小时</td></tr>
<tr><td>伤</td><td>名</td></tr>
<tr><td rowspan="2">设备及金属支架(柱)损失</td><td>设备</td><td>台</td><td rowspan="2">冻结煤量</td><td rowspan="2">千吨</td><td rowspan="2">直接经济损失</td><td rowspan="2">万元</td></tr>
<tr><td>金属支架(柱)</td><td>架(根)</td></tr>
<tr><td>事故原因及教训</td><td colspan="7"></td></tr>
<tr><td>灾区有关情况</td><td colspan="7">附事故现场示意图</td></tr>
<tr><td>今后措施</td><td colspan="7"></td></tr>
<tr><td></td><td></td><td></td><td></td><td></td><td></td><td></td><td></td></tr>
</table>

填表单位：　　　　填表单位负责人：　　填表人：　　时间：　　年　　月　　日

注：事故经过、原因、教训及今后措施可以另加附页。

g. 鉴定月中地面和井下的气温、气压和空气温度等气象条件观测记录；

h. 矿井基本情况、鉴定月生产是否正常、瓦斯来源分析及处理对策措施等资料说明。

(二)矿井瓦斯等级鉴定集中讲解

1. 矿井瓦斯等级鉴定的报批

鉴定瓦斯等级的矿井，要聘请具备瓦斯等级鉴定资质的中介机构进行鉴定，并将必备材料上报给上级直接管辖单位(矿务局、集团公司、县煤炭工业局等)，直接管辖单位应根据鉴定结果，并结合产量水平、生产区域和地质构造等因素，提出矿井瓦斯等级的鉴定意见，连同有关资料报省(自治区、直辖市)负责煤炭行业管理的部门审批，并报省级煤矿安全监察机构备案。

报批资料应包括：

矿井瓦斯和二氧化碳测定基础资料表；

矿井瓦斯和二氧化碳测定测算表；

矿井瓦斯等级鉴定和二氧化碳测定结果报告表；

标有鉴定工作测定地点的矿井通风系统图，矿井上年度发生内、外因火灾记录表；

煤层自然发火倾向性鉴定、煤尘爆炸性鉴定报告；

上年度发生瓦斯（二氧化碳）喷出、煤（岩）与瓦斯（二氧化碳）突出记录表；

其他有关情况说明，如鉴定期间生产是否正常和瓦斯来源及其影响因素分析等。

2. 矿井瓦斯等级鉴定注意事项与要求

（1）各矿井每年必须进行一次瓦斯等级和二氧化碳涌出量的鉴定工作，报省（自治区、直辖市）负责煤炭行业管理的部门审批，并报省级煤矿安全监察机构备案。

（2）矿井瓦斯等级鉴定应以独立生产井为单位进行。

（3）应选择在矿井正常生产条件下瓦斯涌出量最大的月份进行；在计算瓦斯涌出量时应取其最大值，并应包括抽放的瓦斯量。

（4）在进行矿井瓦斯等级鉴定期间，要采集煤样由具有资质的单位或部门进行煤层自燃倾向性等级鉴定和煤尘爆炸性鉴定。

（5）鉴定月份中，地面和井下的空气温度、湿度和气压等气象条件也应观测、记录，以备参考。

（6）若二氧化碳鉴定的结果与瓦斯等级不同，则在矿井配风时应以高者为准，而安全管理则以瓦斯为准。

（7）煤与瓦斯突出矿井，在矿井瓦斯等级鉴定期间，虽然不再进行突出鉴定，但必须按照矿井瓦斯等级鉴定和二氧化碳测定的内容进行测算。

（8）经等级鉴定为低瓦斯矿井中，相对瓦斯涌出量大于 10 m^3/t 或有瓦斯喷出的个别区域（采区或工作面）为高瓦斯区域，该区应按高瓦斯矿井或防治瓦斯喷出的有关规定管理；但在下一年度矿井瓦斯等级鉴定时，该地点的瓦斯涌出量下降到 10 m^3/t 以下或喷出现象已经消失，则该区域可以不再按高瓦斯矿井或防治喷出规定管理。

（9）在矿井瓦斯等级鉴定期间，正在建设中的矿井也应进行瓦斯涌出量的测定。如若测定结果，特别是在煤层揭开后的实际瓦斯涌出量超过原设计确定的矿井瓦斯等级时，应提出修改矿井瓦斯等级的专门报告，报原设计审批单位批准。

二、分组实作任务单

对给定矿井瓦斯等级鉴定报告进行会审。

任务 1.2.2　矿井瓦斯等级的鉴定实测

一、实做型工作任务

1. 集中布置
2. 分组指导
3. 总结

二、任务单

模拟鉴定模拟矿井瓦斯等级并编制标准的瓦斯等级鉴定报告。

复习题与习题

1. 瓦斯相对涌出量和绝对涌出量的区别?
2. 瓦斯等级分级标准?
3. 影响瓦斯涌出量的因素?
4. 瓦斯等级鉴定时间及内容?

单元1.3 排放瓦斯方法

"排放瓦斯方法"单元是本情境课程其他单元技术和"局部通风机通风方法"的综合应用。通过该单元的学习训练,要求学生熟悉煤矿瓦斯爆炸的原因和防治措施,能够使用局部通风措施排放局部积聚瓦斯。

拟实现的教学目标:

1. 能力目标

会结合实际编制排放(盲巷)瓦斯的安全措施;能使用局部通风措施组织实施安全地排放局部积聚瓦斯;能提出及时处理瓦斯超限的完整建议和矿井瓦斯防治的初步方案;会选择适当的方法控制排放风流;能对排放效果进行评价。

2. 知识目标

能够熟练陈述煤矿瓦斯爆炸的防治措施,熟悉瓦斯爆炸的原因,概述排放瓦斯的各种方法和具体步骤,了解瓦斯排放和分级管理的有关规定,熟悉排放瓦斯安全措施的内容和格式。

3. 素质目标

通过排放瓦斯措施的编写和实施,训练学生系统全面的分析能力和综合概括能力;通过事故案例,增强学生安全意识、责任意识和使命感。

任务1.3.1 排放盲巷瓦斯安全措施的编制

一、学习型工作任务

(一)阅读理解

局部通风机因故停止运转而造成巷道内瓦斯积聚等现象时有发生。为防止瓦斯灾害事故,必须及时、安全地排出这些积存瓦斯。在2004—2009年版修订的《煤矿安全规程》中,将排放瓦斯分为两个级别分别排放,以区别对待。

排放瓦斯是矿井瓦斯管理工作的重要内容之一。在排放瓦斯时,尤其是在排放浓度超过3%、接近爆炸下限浓度的积存瓦斯时,一定要小心谨慎。必须制定针对该地点的专门的安全排放措施,并严格执行,严禁"一风吹"。否则,必将导致重大瓦斯事故。1977年2月24日9时18分,江西丰城坪湖煤矿2107掘进面停风11 h后排放瓦斯,无措施,"一风吹",回风侧既不撤人也没断电,排出的高浓度瓦斯流经被串联的219采煤工作面的溜子道时,正遇上一电工检查接线盒产生电火花而引起瓦斯爆炸,死亡114人。1988年8月5日10时10分,甘肃陇南地区西坡煤矿二号掘进上山与采空区打通，瓦斯浓度达10%以上，排放瓦斯无措施，不停电，不撤人，随意启动局部通风机“一风吹”，一工人在回风巷拆卸矿灯引爆了排出的瓦斯，死亡45人。1987年12月9日，安徽淮南矿务局潘一矿1241掘进面排放瓦斯，回风侧不撤人、不断电，也不控制排出的瓦斯量和浓度，违章开动回风流中的齿轮绞车产生摩擦火花引爆排出的瓦斯，造成44人死亡的特大事故。为防止排放瓦斯引发瓦斯燃爆事故，《规程》规定在排放瓦斯过程中，风流混合处的瓦斯浓度不得超过1.5%，并且回风系统内必须停电撤人，其他地点的停电撤人范围应在措施中明确规定。

1. 瓦斯排放相关规定

(1)排放瓦斯的情形

①矿井因停电和检修，主要通风机停止运转或通风系统遭到破坏以后，在恢复通风前必须排放瓦斯，并且必须有排除瓦斯的安全措施。

②局部通风机因故停止运转，恢复通风前必须首先检查瓦斯。停风区中瓦斯浓度超过1.0%或二氧化碳浓度超过1.5%，最高瓦斯浓度和二氧化碳浓度不超过3.0%时，必须采取安全措施，控制风流排放瓦斯；停风区中瓦斯浓度或二氧化碳浓度超过3.0%时，必须制定安全排放瓦斯专门措施，报矿技术负责人批准。

③恢复已封闭的停工区或采掘工作接近这些地点时，必须事先排除其中积聚的瓦斯。排除瓦斯工作必须制定专门的安全技术措施。

停风区的瓦斯排放分为以下两个级别：

一级排放：停风区中瓦斯浓度超过1%但不超过3%时，必须采取安全措施，控制风流排放瓦斯。因为停风区内需要排放的瓦斯量并不大，认真采取控制风流措施，完全可以做到安全排放，所以，一般情况下不必制定专门排放瓦斯的安全措施，但必须有瓦检、安监、电工等有关人员在场，并采取控制风流措施。

二级排放：停风区中瓦斯浓度超过3%时，必须制定安全排放瓦斯措施，并报矿技术负责人批准。

(2)排放瓦斯的要求

①需要编制排放瓦斯安全措施时，必须根据不同地点的不同情况制定有针对性的措施。严禁使用“通用”措施，更不准几个地点共用一个措施。批准的瓦斯排放措施，必须由有关部门负责贯彻，责任落实到人，凡参加审查、贯彻、实施的人员，都必须签字备查。

②排放瓦斯前，必须检查局部通风机及其开关地点附近10 m以内风流中的瓦斯浓度，其浓度都不超过0.5%时，方可人工开动局部通风机向独头巷道送入有限的风量，逐步排放积聚的瓦斯；同时，还必须使独头巷道排出的风流与全风压风流混合处的瓦斯和二氧化碳浓度都不超过1.5%。

③排放瓦斯时，应有瓦斯检查人员在独头巷道回风流与全风压风流混合处，经常检查瓦斯，当瓦斯浓度达到1.5%时，应指挥调节风量人员，减少向独头巷道送入的风量，可保独头巷道排出的瓦斯在全风压风流混合处的瓦斯和二氧化碳浓度不超限。

④排放瓦斯时，严禁局部通风机发生循环风。

⑤排放瓦斯时，独头巷道的回风系统内(包括受排放瓦斯风流影响的硐室、巷道和被排放瓦斯风流切断安全出口的采掘工作面等)必须切断电源、撤出人员；还应派出警戒人员，禁止一切人员通行。

⑥二级排放瓦斯工作,必须由救护队负责实施,安监部门现场监督,矿山救护队在现场值班。

⑦排放瓦斯后,经检查证实,整个独头巷道内风流中的瓦斯浓度不超过1%、氧气浓度不低于20%和二氧化碳浓度不超过1.5%,且稳定30 min后瓦斯浓度没有变化时,才可以恢复局部通风机的正常通风。

⑧两个串联工作面排放瓦斯时,必须严格遵守排放顺序,严禁同时排放。首先应从进风方向第一台局部通风机开始排放,只有第一台局部通风机供风巷道排放瓦斯结束后,后一台局部通风机方可送电,依此类推。排放瓦斯风流所经过的分区内必须撤出人员、切断所有电源。

⑨独头巷道恢复正常通风后,必须由电工对独头巷道内的电气设备进行检查,证实完好后,方可人工恢复局部通风机供风的巷道中的一切电气设备的电源。

2. 控制瓦斯排放浓度的方法

在排放瓦斯过程中,为了使排出的瓦斯与全风压风流混合处的瓦斯浓度不超过1.5%,一般是采用限制送入独头巷道中风量的办法,来控制排放风流中的瓦斯浓度。

目前,大多数矿井主要采用以下几种方法:

(1)"智能型排放瓦斯器"排放法

利用高速变频原理,调节局部通风机的转速和风量,改变排放瓦斯巷出口高浓度瓦斯的混合风流流量,使回风巷混合处的瓦斯浓度按排放瓦斯措施所规定的限制进行排放,从而实现自动、安全可靠地排放瓦斯。

(2)增阻限量法

增阻限量法的实质就是增加局部通风机的工作风阻,以限制局部通风机的风量,达到控制排放瓦斯的目的。主要方法有2种操作方法,一是在局部通风机入风口用木板阻挡;二是在风机出风侧用绳子捆绑。

风筒增阻排放法

即在局部通风机排风侧的风筒上捆上绳索,通过收紧或放松绳索来控制局部通风机的排风量。

风机外增阻排放法

即在启动局部通风机前用木板将局部通风机进风处挡住一部分,根据需要逐渐拉开木板来控制局部通风机的风量。

(3)分风限量法

分风限量法的实质是控制进入瓦斯积聚巷道的风量,只让局部通风机的部分风流通过风筒进入独头巷道进行瓦斯排放,局部通风机的其余风流则同全风压风流一起稀释排放出来的瓦斯。主要有2种操作方法:一是在风机出风侧与全风压汇合处设"三通",通过调节"三通"的开启程度来控制进入独头巷道的风量;另一种是将风筒在风机出风口断开,调节对口位置以控制送入独头巷道的风量。

错开风筒接头调风排放法

即把风筒接头断开,改变风筒接头对合空隙的大小,调节送入巷道的风量。

"卸压三通"调风排放法

即在局部通风机排风侧的第一节风筒上设置"卸压三通",用绳索(或滑阀)控制"三通"卸压口的大小,以调节送入巷道的风量。

卸压三通调风排放法,具有制作简便、易于操作和安全实用等优点,现简介如下。

①卸压三通的制作与安设,如图 1-13 所示

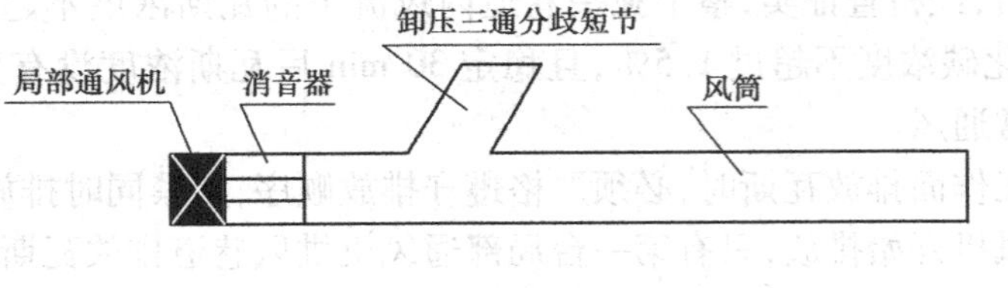

图 1-13 卸压三通排放瓦斯示意图

②应用方法

a. 平时将三通分支(短节)用绳子捆死,不得漏风。

b. 启动局部通风机排放瓦斯之前,先将三通分支(短节)放开,启动局部通风机检查有无循环风,确认无循环风后,开始排放瓦斯。

c. 当局部通风机开启后,大部分风量经三通分支(短节)的一端进入安设局部通风机的巷道内,很少一部分风量通过风筒送往独头巷道,因此不会造成排出瓦斯浓度超限(为做到绝对把握,可将三通至独头巷道的一端风筒用绳子稍稍捆住使其断面缩小,然后根据需要逐渐放大,直至全部放开)。

d. 排放瓦斯过程中,负责瓦斯检查人员必须与调风人员密切配合:根据排出的瓦斯与全风压风流混合处瓦斯浓度的变化,指挥调风人员控制三通分支卸压口的大小;在确保混合后的风流瓦斯浓度不超过 1.5% 的情况下,可慢慢缩小三通分支的断面,待全部捆紧分支后,送往独头巷道的风量以达最高值。

e. 当全风压风流混合处的瓦斯含量较长时间稳定在规定的安全浓度时,证明独头巷道内的积存瓦斯已排放完毕。

③注意事项

a. 掘进巷道停风时间较长,瓦斯浓度超过 3%(由外向里逐段检查,当瓦斯浓度超过 3% 时立即退出,停止检查)时,必须编制针对性的排放瓦斯措施,并经矿技术负责人(总工程师)批准。

b. 排放瓦斯前,必须首先检查局部通风机及其开关附近 10 m 内风流瓦斯浓度不超过 0.5% 时,方可人工启动局部通风机向巷道送入有限的风量,逐渐排放积聚的瓦斯;同时,还必须使独头巷道中排出的瓦斯与全风压风流混合处的瓦斯不得超过 1.5%。

c. 排放瓦斯时,在回风汇合均匀处应设 2 个以上瓦斯检查点,以便控制排放浓度:一般检查人员应站在新鲜风流中用光学瓦斯检定器配长胶管伸向回风一侧进行检查(或用瓦斯检测报警仪吊挂在测点监视,有条件的矿井还可以将瓦斯传感器移到测点监视),当瓦斯浓度超过 1.5% 时,指挥调节风量人员减少向独头巷道送入的风量,确保独头巷道排出的瓦斯在全风压风流混合处的瓦斯浓度不超规定。

d. 排放瓦斯时,严禁局部通风机产生循环风。一旦产生循环风,立即停止局部通风机运转,消除循环风后再启动局部通风机。

e. 排放瓦斯时,独头巷道的回风系统内(排放瓦斯风流经过的路线)必须切断一切电源,撤出所有人员。

f. 采用卸压三通排放瓦斯时,不得将三通分支和三通至独头巷道一侧的风筒同时用绳子

捆死,以防烧坏局部通风机。

g. 排放后,经检查证实,整个独头巷道内风流中的瓦斯浓度不超过1%,氧气浓度不低于20%,且稳定30 min后瓦斯浓度没有变化时,可以恢复局部通风机的正常通风。

h. 巷道恢复正常通风后,必须由电工对巷道中的电气设备进行检查,证实完好后,方可人工恢复局部通风机供风巷道中的一切电气设备的电源。

另外,“卸压三通”还可用于接设风筒:在工作面向前掘进,风筒出风口距工作面超过规定距离需要接设风筒时,可采用卸压三通分支放出部分风量,减小风筒内的风压,以便于接设风筒。

(4)逐段排放法

逐段排放法是指在独头巷道内将风筒断开,将独头巷道内积存的瓦斯由外向里逐段排放出来。

上述各类控制排放瓦斯的方法各有优缺点:分风限量法缺点也在于风量不易根据全风压混合处的瓦斯浓度来准确控制,实际操作时容易出现风量过小而影响排放速度,风量过大又增加了排出的瓦斯量,使全风压混合处瓦斯浓度超限。增阻限风法缺点是风机处于高风阻状态下启动并运行,易处于不稳定状态,且风量控制不易把握,易损坏通风机,故此法不宜采用。逐段排放法的缺点在于排放瓦斯人员处于浊风中,操作不当就会存在不安全隐患。若排放人员有一定的工作经验,能严格控制排放量,安全问题是能解决的,此方法的优点在于风机吸入的风量全部用于排放并稀释瓦斯,所以在停风区内积聚的瓦斯浓度高且全风压风量又不太大时,采用逐段排放比较好。

此外,在启封积聚瓦斯巷道的密闭时,可以先对密闭墙进行瓦斯抽放,抽放后再启封密闭并排放瓦斯、恢复通风,避免密闭内排除大量的积聚瓦斯,缩短排放时间,提高排放瓦斯的安全性。

矿井可装备根据回风瓦斯浓度传感器与风机联锁来控制风机风量装备排放瓦斯,实现自动控制,杜绝人为失误。目前条件下,矿井排放瓦斯时,可在排放瓦斯回风流与全风压汇合处安瓦斯传感器,人为调节风量控制排放风流中的瓦斯浓度。

3. 排放瓦斯的有关参数计算

掘进巷道停风后,其内部积存的瓦斯量、瓦斯浓度、排放时最大供风量、最大排放量和最短的排放时间都很有必要在排放前制定的安全技术措施中计算出来,这样一是有利于管理及排放瓦斯人员在实际操作时做到心中有数,二是有利于妥善安排停电撤人区域内各部门的工作。严格地讲,井下条件复杂,相关计算与实际情况未必完全相符,执行时应根据实际情况灵活调整,以下计算方法可供大家参考。

(1)独头巷道停风区内积存的瓦斯量计算

$$V_{CH_4} = V \cdot C \tag{1-6}$$

式中 V_{CH_4}——独头巷道内积存的瓦斯量,m^3;

V——独头巷道的体积,m^3/min;

C——独头巷道内瓦斯浓度,min;

独头巷道内瓦斯分布是不均匀的,为保证安全,应按从大的原则取值。有瓦斯监测探头的,应按最大探头浓度计算排放量;密闭巷道应安设取样管测浓度,以取样浓度计算排放瓦斯量。

(2)单位时间最大排放量

$$M = Q_0(1.5 - C_0)/100 \tag{1-7}$$

式中 M——从独头巷道中每分钟最多允许排出的瓦斯量,m^3/min;

Q_0——全风压汇合处通风巷道中风量,m^3/min;

C_0——排放瓦斯前全风压汇合处通风巷道风流中携带的 CH_4 浓度,%。

(3)单位时间最大供风量

$$Q_{max} = M \times 100/C = Q_0(1.5 - C_0)/C \tag{1-8}$$

式中 Q_{max}——允许往独头巷道内供风量的最大值,m^3/min;

C——独头巷道内平均 CH_4 浓度,%。

(4)瓦斯排放时间

由 $V_{CH_4} + KQ_{CH_4}T = MT$ 知:

$$T = V_{CH_4}/(M - KQ_{CH_4}) \tag{1-9}$$

式中 T——排放独头巷道中瓦斯所需要的时间,min;

Q_{CH_4}——独头巷道瓦斯涌出量,m^3/min;

K——独头巷道瓦斯涌出不均衡系统。

严格讲,排放瓦斯时间 T 应根据实际操作时再定,以上计算是按最大排放量来推算的,实际操作时,排放瓦斯风流同全风压混合处的 CH_4 浓度不可能恒为 1.5%,另外还应考虑,瓦斯排放完后,必须等 30 min,确证无异常变化后,方可恢复正常供风与生产,故实际排放时间可参考本矿过去的经验值。

4. 排放瓦斯时停电、撤人的范围及警戒的设置

井下排放瓦斯时,为防止发生瓦斯爆炸,一是要严格控制排放瓦斯风流中 CH_4 的浓度;二是要坚决杜绝排放瓦斯风流流经线路上一切火源,故必须确定停电撤人范围;三是一旦发生事故,为最大限度地减少人员伤亡并防止人员误入危险区,一定要明确撤人范围。

对于如下图 1-14 所示的角联风网,假如正常通风时期各分支风流方向如图中箭头所示,分支 6 为独头巷道,内部积存了大量 CH_4 需要排放,AB 分支 5 属角联巷道,风向为 $A \to B$,排放瓦斯时,排放瓦斯风流通过分支 2 进入回风系统而不会进入分支 5,但当 1、2、3、4 四条分支的风阻有变化时,角联分支 5 的风量及风流方向均有可能发生变化,排放瓦斯风流就有可能由 B 点进入,侵蚀分支 5,通过 A 点再侵蚀分支 4(若忽略局部通风机作用,只要 $\frac{R_1}{R_2} > \frac{R_3}{R_4}$,(图 1-14 中,设置分支阻力分别为 R_1、R_2、R_3、R_4)就会使分支 5 的风流方向变为 $B \to A$),可以设想,一旦分支 2 不畅通,或分支 4 的风门在排放瓦斯时突然被打开,排放瓦斯风流都可能侵蚀分支 5 和分支 4。这样就会出现一个问题,分支 5 和分支 4 平时本身不属于分支 6 的回风系统,但当条件发生变化时,又有可能变为回风系统,在制定排放瓦斯措施时,分支 5 和分支 4 是否该停电撤人?在实际操作时就存在对“独头巷道回风系统”这一概念的不同理解。

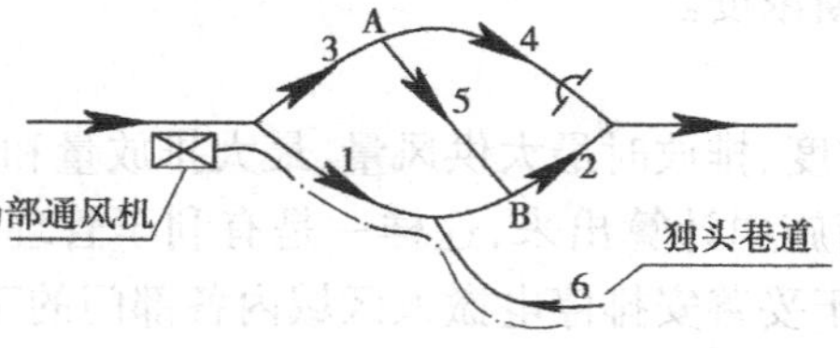

图 1-14 角联巷道瓦斯排放系统示意图

由于煤矿井下通风系统较复杂,井巷通风参数发生暂时或长时间的变化后(如风门开闭、

井巷有效通风断面发生变化引起风阻变化、局部通风机运转状态发生变化,主要通风机及其附属装置发生变化等),通风系统中各分支的风量、风向都可能变化,虽然要强调通风系统的稳定性和可靠性,但做到任何条件下都不出问题,很有难度。故凡是受排放瓦斯影响的硐室、巷道和被排放瓦斯风流切断安全出口的采掘工作面,都必须撤人停止作业,指定警戒人员在相应的位置禁止其他人员进入。排放瓦斯流经巷道内的电气设备必须指定专人在采区变电所和配电点两处同时切断电源,并设警示牌和设专人看管。

若按此规定,上图中分支5和分支4都必须撤人停止作业,相应的电气设备必须停电。但现场对此规定的理解也存在一些差异,一是对"切断安全出口"这一概念的理解,在多远距离内属于切断安全出口。有些矿把凡是处于排放瓦斯巷道回风侧的采掘工作面定为被切断安全出口的采掘工作面,而处于入风侧的采掘工作面不属于此列。有些矿,如淮南矿务局潘一煤矿,对实行分区通风的各采区,以采区为界,在一个采区中,只要有排放瓦斯工作,该采区内所有采掘工作面都必须撤人停止作业,这样做的安全系数更大。

(二)瓦斯排放技术措施编制集中讲解

瓦斯排放技术措施编制要求

(1)矿井瓦斯排放实行分级管理

矿井凡因局部通风机临时停止运转,时间不超过30 min,停风区中瓦斯浓度超过1%,但最高瓦斯浓度不超过3%时,恢复正常通风前,矿必须制定瓦斯排放安全措施,由当班瓦斯检查员、班组长现场负责,实行就地瓦斯排放工作。

矿井凡因停电或检修,造成主要通风机或局部通风机停止运转,造成停风区瓦斯浓度最高达到3%(含启封密闭的独头盲巷)时,恢复正常通风前,每个停风区或启封的独头盲巷,必须单独编制瓦斯排放安全措施,由救护队按救护战斗条例有关规定,佩机执行瓦斯排放工作。

排放措施由矿技术负责人(总工程师)审批。

(2)瓦斯浓度3%以下就地瓦斯排放安全技术规定

就地瓦斯排放安全措施,必须明确现场排放人员职责、控制排放的办法、警戒范围、瓦斯传感器的位置等安全规定。

就地瓦斯排放前,必须经请示矿调度值班负责人同意后,由当班瓦斯检查员、班组长现场负责,并由通风科(区、队)长或通风技术员指挥,按安全措施的有关规定执行就地瓦斯排放工作。

就地瓦斯排放完毕,恢复正常通风后,经瓦斯检查证实排放区内最高瓦斯浓度在1%以下,由当班瓦斯检查员及时向矿调度室汇报。

(3)瓦斯浓度3%以上救护队执行瓦斯排放安全技术规定

瓦斯排放安全技术管理规定

①矿井因停电或检修,主要通风机或局部通风机停止运转,造成停风区瓦斯浓度最高达到3%(含启封密闭的独头盲巷)时,恢复通风前,必须制定排除瓦斯、恢复通风和送电的安全措施,并严格执行。

②每个停风区或启封的独头盲巷瓦斯排放安全措施的编制,必须计算停风区中的瓦斯排放量,排放时间,控制限量排放的方法。通讯电话,排放瓦斯的流经路线和方向,警戒范围,监测探头的安设位置,流经区域内的各种电气设备停送电等安全措施的有关规定。并绘制排放风流流经区域完整系统图,标明人员搜索路线、撤人站岗点位置等要求。

③瓦斯排放必须坚持限量排放，严禁"一风吹"。即在局部通风机排风侧的风筒上捆上绳索，收紧或放松绳索控制局部通风机的排风量；或者在局部通风机排风侧第一节风筒上设"三通"，以调节送入独头巷道中的风量来控制排放风流中的瓦斯浓度。严禁采用间断点动局部通风机、错开风筒、局部通风机入风侧调节板增阻等不安全限量排放措施。

④排放瓦斯时，排出的回风流与全风压风流混合处必须悬挂甲烷传感器报警探头。排放瓦斯过程中，由现场负责人随时观察监测主机瓦斯浓度变化情况，确保排出的瓦斯与全风压风流混合处的瓦斯浓度不得超过1.5%。每次排放瓦斯后，排放期间全负压口的监测曲线与排放措施在矿通风部门一并存档。

⑤受瓦斯排放影响的区域和被排放瓦斯风流切断安全出口的采掘工作面，必须撤人停止作业，设置警标，指定警戒人员的位置，禁止人员进入。排放瓦斯风流流经巷道内的电气设备，必须指定专人在采区变电所和配电点两处同时切断电源，并设置警标和派专人看管。

⑥排放瓦斯工作结束后，指定救护队员检查瓦斯，证实整个排放区域内风流瓦斯浓度不超过1%，风流稳定30分钟后，方可恢复正常通风。

⑦恢复正常通风后，瓦斯浓度不超过1%时，由电工对巷道中的供电系统，电气设备以及断电闭锁装置进行检查，证实供电系统及一切设备完好，方可按有关规定恢复电气设备的电源。

⑧瓦斯排放严格执行"五不排"管理制度。即无措施不排、措施未贯彻落实不排、人员不齐不排、责任不清不排、现场无人指挥不排的制度。

(4)排放瓦斯安全措施的编制

排放瓦斯的安全技术措施，应由通风部门负责编制，生产、机电、安监等部门审签，

矿技术负责人(总工程师)批准。

排放瓦斯安全措施应包括以下主要内容：

①排放瓦斯的具体地点与时间安排。

②计算排放瓦斯量，预计排放所需时间。

③明确风流混合处的瓦斯浓度，制定控制送入独头巷道风量的方法，严禁"一风吹"。

④明确排放出的瓦斯所流经的路线，标明通风设施、电气设备的位置。

⑤明确撤人范围，指定警戒人员位置。

⑥明确停电范围和停电地点及断、复电的执行人。

⑦明确必须检查瓦斯的地点和复电时的瓦斯浓度。

⑧明确排放瓦斯的负责人和参加人员名单及各自担负的责任。

⑨必须附有排放瓦斯示意图，通风设施、机电设备、风流经过路线、警戒人员及瓦斯传感器的位置等，都应在图上标明，不能遗漏，做到图文齐全、清楚、准确。

(5)瓦斯排放组织管理规定

参加瓦斯排放的有关人员，由矿技术负责人(总工程师)确定。瓦斯排放工作的组织领导和现场指挥，地面由技术负责人(矿总工程师或安全副总)负责指挥，井下由通风区或安全部门的负责人现场指挥。

全矿井或一翼停电，造成主要通风机或局部通风机停止运转，瓦斯排放应采用严格的瓦斯排放安全措施。执行瓦斯排放安全措施时，矿技术负责人(总工程师)必须在调度室负责指挥，明确排放次序，落实责任。

瓦斯排放安全措施，由技术负责人（矿总工程师）负责组织有关部门负责人会同制定，并经矿技术负责人（总工程师）批准执行。批准的瓦斯排放安全措施，必须由矿技术负责人（总工程师）指派专人负责贯彻学习，并签字备查。

瓦斯排放安全措施，由矿安全监察部门负责监督实施。排放工作中，必须有安监人员现场把关。发现措施不落实，违章排放瓦斯，安监人员有权立即制止，并有权参与事故追查处理。

煤矿井下排放瓦斯本身是一种消除隐患的安全措施，但执行不好也会出问题。为做好这一工作，关键要做好以下几点：第一，要正确选择排放瓦斯流回风线路，必要时应对通风系统作适当调整，使排放瓦斯风流尽量沿最短的线路进入总回风系统，避免切断其他硐室和采掘工作面的安全出口，并保证系统的稳定性和可靠性；第二，必须严格控制排放浓度，确保排放瓦斯风流同全风压混合处风流中 CH_4 浓度不超过1.5%，并保证不发生循环风；第三，对于停电撤人的范围，一定要适当增加安全系数，对于可能影响也可能不影响的区域，一定要划为停电撤人的范围内，这样可有效预防因失爆引起的瓦斯爆炸，另一方面是一旦出现事故，能尽可能减少人员伤亡；第四，要加强现场监督和管理，各部门相关人员要相互配合，保证措施现场执行到位。

二、实作任务单

结合模拟矿井的条件，编制排放瓦斯安全措施。

复习题与习题

1. 煤矿瓦斯爆炸的原因有哪些？
2. 瓦斯排放的目的是什么？
3. 瓦斯排放安全措施的内容有哪些？

单元1.4 区域防突

使学生掌握矿井瓦斯突出基本概念和突出机理、煤与瓦斯突出四位一体防治体系、煤与瓦斯突出的防治措施、煤与瓦斯突出事故的处理等煤与瓦斯突出防治与处理措施。

拟实现的教学目标：

1. 能力目标

会使用对瓦斯突出区域划分，会测各种突出预测指标，会对突出煤层预测。

2. 知识目标

能够陈述瓦斯突出机理，熟悉瓦斯突出条件，概述预防瓦斯突出总体措施，了解井下区域防突的有关规定，熟悉防突的基本内容。

3. 素质目标

通过实测各种突出预测指标，训练检测煤层突出等级；通过实际操作训练，培养学生一丝不苟的从严精神。

任务1.4.1　瓦斯突出及防治概述

一、学习型工作任务

(一)阅读理解

1. 煤与瓦斯突出综合防治的内容

(1)概述

煤矿地下采掘过程中,在很短时间(数分钟)内,从煤(岩)壁内部向采掘工作面空间突然喷出大量煤(岩)和瓦斯(甲烷、二氧化碳)的现象,称为煤(岩)与瓦斯突出,简称突出。它是一种伴有声响和猛烈力能效应的动力现象。它能摧毁井巷设施,破坏通风系统,使井巷充满瓦斯与煤粉,造成人员窒息,煤流埋人,甚至引起火灾和瓦斯爆炸事故。因此,突出既是极其复杂的矿井瓦斯动力现象,又是煤矿井下严重的自然灾害。

1834 年 3 月 22 日,法国鲁阿尔煤田伊萨克矿井在急倾斜厚煤层平巷掘进工作面发生了世界上第一次有记载的突出。支架工在架棚子时,发现工作面煤壁外移,三个工人立即撤离,巷道煤尘弥漫,一人被煤流埋没死亡,一人窒息牺牲,一人幸免于难,突出煤炭充满 13 m 长的巷道,煤粉散落长度 15 m,迎头支架倾倒。

1879 年 4 月 17 日,比利时的阿格拉波 2 号井,向上掘进 580 ~ 610 m 水平之间联络眼时,发生了当时在世界上第一次猛烈的突出。突出强度 420 t 煤,瓦斯 50 万 m^3 以上。最初瓦斯喷出量 2 000 m^3/min 以上。瓦斯逆风流从提升井冲至地面,距该井口 23 m 处调车房附近的火炉引燃了瓦斯,火焰在井口上高达 50 m,井口建筑物烧成一片废墟,2 小时后火焰将熄灭时,又连续发生 7 次瓦斯爆炸(每隔 7 分钟一次),井下 209 人,死亡 121 人,地面 3 人烧死,11 人烧伤。

迄今为止,世界各主要产煤国家都发生过煤和瓦斯突出现象。世界上最大的一次煤与瓦斯突出发生在 1969 年 7 月 13 日前苏联加加林矿,在 710 m 水平主石门揭穿厚仅 1.03 m 煤层时,发生了这次突出,突出煤 14 000 t,瓦斯 25 万 m^3。

我国有文字记载的第一次煤与瓦斯突出是 1950 年吉林省辽源矿务局富国西二坑,在垂深 280 m 巷掘进时突出。到 1979 年末已有 205 处矿井共发生了 7 765 次突出。最大一次突出强度为 12 780 t,喷出瓦斯 140 万 m^3,它是 1975 年 8 月 8 日在原天府矿务局三汇坝一矿主平硐放震动炮揭穿 6 号煤层时发生的。我国突出的气体,除甘肃原窑街矿务局三矿与吉林营城煤矿五井是 CO_2 外,其余多为以 CH_4 为主的烃类气体,而且这些绝大多数突出是发生在掘进工作面,其中以石门揭穿煤层的突出强度为最大。

突出的固体物主要是煤炭,有时伴有岩石。从 20 世纪 50 年代起,世界上不少矿井开采深度已超过 700 m(目前国内距离地表最深的当属天府矿业公司三汇三矿,采深接近 1 200 m),砂岩与瓦斯(二氧化碳)突出频繁发生,例如前苏联已发生砂岩-瓦斯突出 3 293 次,最大一次突出砂岩 2 372 t。我国吉林省营城煤矿五井,在距地表垂深 439 m,于 1975 年 6 月 13 日在全岩掘进的平巷工作面,突出砂岩 1 005 t,CO_2 达 11 000 m^3。

(2)煤与瓦斯突出的分类及其特征

①按突出现象的力学特征分类

a. 煤与瓦斯(沼气或二氧化碳)突出(简称突出)

发动突出的主要因素是地应力和瓦斯压力的联合作用,通常以地应力作用为主,瓦斯压力作用为辅,重力不起决定作用,实现突出的基本能源是煤内积蓄的高压瓦斯能。因此,突出现象的基本特征是：

突出的固体物具有气体搬运的特征，颗粒呈分选性堆积；煤、岩被瓦斯流运至远处，随巷道拐弯，向上抛至一定高度；煤堆积坡度小于煤的自然安息角。

突出的固体物具有被高压气体粉碎的特征。大量的极细的微尘是突出时煤被高压瓦斯膨胀粉碎的结果；有时突出物被捣固压实，需要用镐来清理。

突出时有大量瓦斯（甲院或二氧化碳）喷出，瓦斯逆风流前进，一百吨以下的中型突出，瓦斯逆流为数十米；一千吨以下的大型突出，瓦斯逆流为几百米；超过千吨的特大型突出，瓦斯逆流达千米以上，能严重破坏矿井通风系统与设施。

突出孔洞口小肚大，呈梨形、倒瓶形。其轴线往往沿煤层倾斜向上伸延或与倾向线成不大的夹角，长数米至数十米，有时看不到孔洞，被位移的煤或碎煤所填充。

b.煤突然压出并涌出大量瓦斯（简称压出）

发动与实现煤压出的主要因素是受采动影响所产生的地应力，瓦斯压力与煤的重力是次要的因素。压出的基本能源是煤层所积蓄的弹性能。因此，压出的基本特征是：

压出固体物按弹性能释放的方向堆积，即压出的煤堆积在原来位置的对面，或在煤自重的参与下偏向铅垂方向；煤堆积坡度一般小于自然安息角。

压出的煤呈大小不同的碎块，杂乱无章，有时煤整体位移，向外鼓出。

压出时有大量瓦斯涌出，有时从裂缝喷出瓦斯，但极少见到瓦斯逆流现象。

压出时往往出现楔形、缝形或袋形孔洞，口大肚子小，外宽内窄，深度一般为数米，不少压出实例没有孔洞。

压出可推走设备，折断支架。

c.煤突然倾出并涌出大量瓦斯（简称倾出）

发动倾出的主要因素是地应力，即结构松软、饱含瓦斯、内聚力小的煤，在较高的地应力作用下，突然破坏，失去平衡，为其位能的释放创造了条件。实现突然倾出的主要力是失稳煤体的自身重力。因此，倾出的基本特征是：

倾出的煤按重力方向堆积，即堆积在原来位置的下方。煤堆积的坡度等于自然安息角。倾出的煤呈大小不同的碎块，杂乱无章。倾出时伴随大量瓦斯涌出，但一般无瓦斯逆流现象。倾出一般都有规则的孔洞，呈舌形、梨形、袋形等口小腔大形状，孔洞轴线沿煤层倾斜方向伸延，其倾角大45°，位于原集中应力带内，孔洞的深度数米至数十米。

这三类动力现象的发动力都以地应力为主，所以它们的预兆相似，对震动以及引起应力集中的因素都非常敏感。在应力集中地带、地质构造带、松软煤带等都易发生这三类动力现象。凡能使地应力得到缓和和衰减的措施（例如开采解放层等）都可以减弱甚至消除它们的发生。但是实现这三类动力现象的基本能源不同，根据动力现象的力学特征，一般不难区分它们，从而采取不同措施，“对症下药”。在突出危险煤层内，瓦斯、地应力、煤的重力是同时存在的，而且前两者又相辅相成（实验证明地应力增大区，瓦斯压力增大；瓦斯含量高，瓦斯压力增大地区，地应力也因此增大），所以具体的地质、采矿条件不同，这些力的显现也不一样，这样，可能发生不同类型的动力现象，也可能由某一类导致另一类动力现象。实际上也会遇到不易准确划分的中间类型或混合类型。例如同时具有倾出和压出的某些特征，这时，就要仔细观察，抓住现象的主导因素和特征，作出判断。显然预防措施也应针对这个主要因素。突出的瓦斯量比突出煤所含的瓦斯量大很多，表明多余的瓦斯来自突出孔周围的卸压煤体。

②按突出的强度进行分类

突出强度是指每次突出现象抛出的煤(岩)数量(以 t 为单位)和涌出的瓦斯量(以 m^3 为单位)。由于瓦斯量的计量较难,暂以煤(岩)数量作为划分强度的主要依据。据此,可分为:

a. 小型突出:强度小于 100 t;

b. 中型突山:强度 100(含 100)t 至 500 t;

c. 大型突出:强度 500(含 500)t 至 1 000 t;

d. 特大型突出:强度等于或大于 1 000 t。

③按煤层或区域突出危险程度的分类

实践证明,各煤层与煤层内各区域的突出危险程度是不同的。为了满足安全生产管理上的需要,应对矿井和煤层或区域的突出危险程度进行分类。

(3)突出的特点与实例

各类突出,由于它们的类型不同,发生与发展的边界条件与内部条件也不一样,即地应力、瓦斯压力、瓦斯含量在空间与时间上的分布以及煤体的稳定性不同,这些影响突出发生与发展的因素的变化,造成各自突出的特点。从一些矿区各类采掘工作面突出统计,最有利于突出发生与发展的地点是在石门中。

下面按采掘工作面类型,对其突出特点及影响因素进行简要分析。

①石门

石门揭穿煤层的突出,以放炮揭盖时最为常见。延期突出虽然次数较少,但对安全的威胁较大。这类突出大多发生在煤结构不均质的地质构造带内,爆破没有炸出规定的断面,形成了不稳定的力的平衡条件。过煤门发生的突出与揭盖时的突出相似,它所揭开的是煤层内部一个一个的小分层,而这些不同的小分层突出的危险性与条件也是不同的。

石门突出的特点是强度大,造成的破坏性也强,在整个揭穿煤层过程中都存在突出危险,甚至揭穿同一煤层时发生两次突出。由于石门突出的强度大,瓦斯逆流可达数千米,可以构成整个矿井的危险环境,所以必须认真防范,严格管理。

实例:重庆市能源投资集团公司南桐矿业公司鱼田堡矿 150 水平主要运输石门,自顶板方向揭穿 4 号煤层。该处距地表垂深 325 m,煤层倾角 30°,煤厚 2.4 m,煤层松软,顶板正常,底板有小错动。揭煤前测得瓦斯压力 716 kPa(表压力),因为打测压钻时钻孔曾突出 1 t 粉煤,所以测得的瓦斯压力值偏低,以后在同一水平相邻区测得瓦斯压力为 2 256 kPa。石门工作面距 4 号煤层 2 m 时,曾听到十多次声响。第一次放震动炮揭开煤层时,突出煤粉 86 t,岩石 20 t,瓦斯约 4 500 m^3(见图 1-15)。

瓦斯浓度正常后,恢复煤门掘进。在第二次突出前一个班发现煤炭变暗,层理紊乱,煤壁往巷道空间鼓动,有煤流出,工作面发冷。当放底帮炮破 4 号煤层底板时,又发生第二次突出,突出煤粉 1 473 t,岩石 80 m^3(见图 1-16),瓦斯逆流,冲出进风立井井口到地面。

从该例可知,突出发生在地应力较大(垂深达 325 m),瓦斯压力较高,煤强度低,煤结构遭搓皱破坏,层理紊乱的地点。这两次突出都是由放炮引起,说明爆破的深揭作用与震动作用有利于诱导突出。在放炮瞬间,地应力突然重新分布,不仅使煤体受到附加的动载荷作用,而且新暴露煤壁内的地应力梯度,瓦斯压力梯度,煤强度降低等都达到较高的数值。由于围岩的透气性比煤层小得多,石门揭开煤层前,煤层内的瓦斯未经排放,保存着原始的高压状态。在煤岩交界面两侧,岩石的力学性质相差悬殊,这种岩性的差异造成变形的突变(即变形不连续),

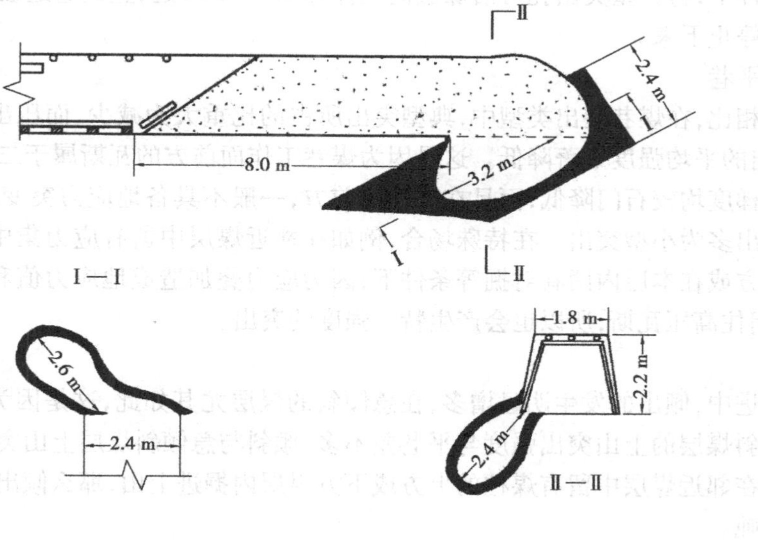

图 1-15 南桐鱼田堡矿主要运输石门自煤层顶板揭穿煤层突出图

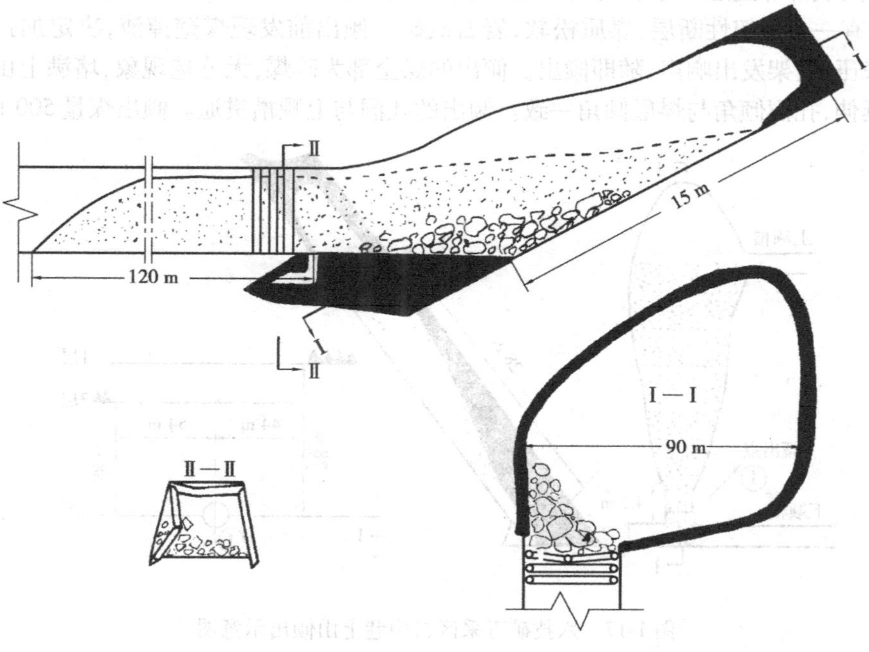

图 1-16 第二次突出图

因为应力是靠变形来传递的，这样就形成煤岩交界面两侧的应力突变（应力不连续）。当放炮揭开煤层的瞬间，煤体内地应力状态突然改变，一方面煤壁内的地应力梯度可以达到很高的数值，在煤岩交界应力突变处此值更高，另一方面新暴露煤壁由原来三向受力状态变为二向受力，其强度大减，如果它承受不住这个高地应力的冲击和高压瓦斯的膨胀作用，就可能触发突出。从瓦斯流动场来看，石门揭开煤层一部分厚度时，煤层内瓦斯流动属径向流动，其瓦斯压力梯度最高，此时有利于突出的发动与发展。由于煤自重的参与，所以突出孔多向上方伸延。

在有利的条件下，特大型突出孔可沿煤层向上伸延40～60 m远，直到巷道被抛出的煤堵死时，突出才逐渐停止下来。

②煤层平巷

与石门相比，在煤巷突出类型中，典型突出所占的比重大为减少，而压出与倾出所占的比重增加，突出的平均强度显著降低。这是因为煤巷工作面前方的瓦斯属于二维流动，瓦斯压力与瓦斯压力梯度均较石门降低，而且在工作面前方，一般不具备地应力突变的煤岩交界面，所以发生的突出多为小型突出。在特殊场合，例如在邻近煤层中留有应力集中系数很高的煤柱的上方或下方或在本层内两巷对掘等条件下，因为应力叠加造成地应力值和地应力梯度都很高，能够封闭住高压瓦斯，所以也会产生特大强度的突出。

③上山

上山掘进中，倾出的发生明显增多，在急倾斜的煤层尤其如此，这是因为煤的自重参与的缘故。缓倾斜煤层的上山突出强度与平巷差不多，倾斜与急倾斜煤层上山突出强度，一般比平巷小。如果在邻近煤层中留有煤柱的上方或下方煤层内掘进上山，那么倾出的强度大大增加，可达到数百吨。

实例：原六枝矿务局六技矿五采区二中巷上山倾出。该上山沿7号煤层掘进，煤层倾角55°，煤厚4 m。其上部邻近层1号、3号煤层已采，但留有煤柱，突出点正位于这个煤柱的下方，见图1-17。附近有一个压扭性断层，煤质松软，岩石破碎。倾出前发现煤壁掉渣，决定加强支护。支架时煤层来压，支架发出响声，随即倾出。倾出的煤全部为碎煤，无分选现象，堵满上山。孔洞沿倾斜向上延伸，孔洞倾角与煤层倾角一致。倾出的孔洞与上顺槽贯通。倾出煤量500 t。

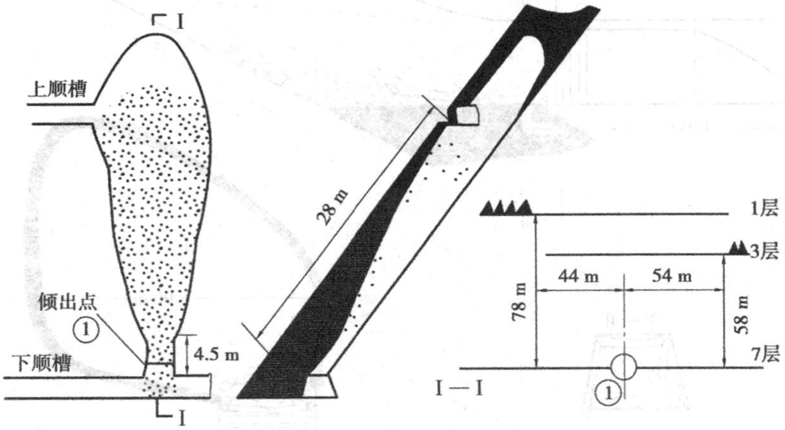

图1-17　六技矿五采区二中巷上山倾出示意图

④下山

下山掘进突出只见到两种类型，即典型突出与压出。重力在下山表现为突出的阻力，所以一般见不到倾出。下山突出的平均强度与平巷差不多。因为下山掘进所占的比重很小，重力又阻止突出，所以突出的次数也最少。典型的下山突出一般也看不到孔洞。

实例：原天府矿务局磨心坡矿峰区沿9号煤层掘进临时斜井，向下掘至距地表374 m深处时发生突出，突出煤炭121 t，沼气11万 m^3。见图1-18。煤层倾角59°。斜井掘进坡度30°。煤层厚度4.5 m，地质构造正常。突出前发现煤变软，层理紊乱，顶板裂缝有丝丝声，有“冷气”

喷出，临突出前手镐落煤时听到类似跑车的轰轰声音，紧跟着一声巨响而突出。煤抛出17 m远，最上面5 m为煤粉，再下4 m为直径小于25 mm的碎煤，再下35 m为直径50 mm的块煤，最下面2 m为70～100 m的大块煤，紧接着有3 m长破裂而完整的位移煤。突出后22小时仍听到工作面有连续巨响，同时从底板涌出含有硫化氢的水。

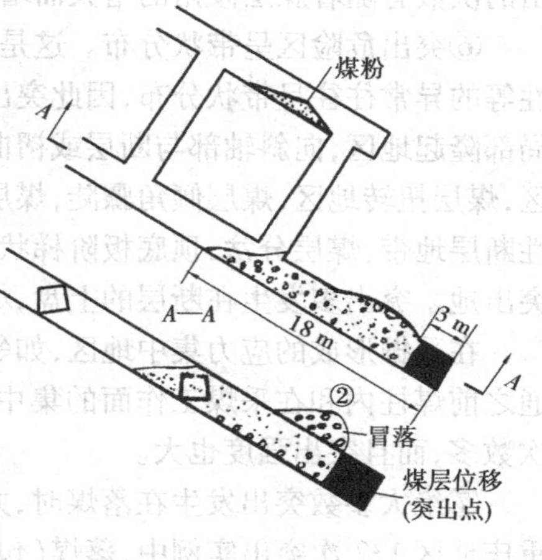

图1-18　原天府南井峰区9号层临时斜井突出

⑤采煤工作面

我国大多数突出统计资料指出，在急倾斜的回采工作面很少发生突出现象。这是因为后退式回采工作面在回采之前煤层的瓦斯得到一定程度的排放，地应力也相应降低以及急倾斜工作面地压较小等缘故。但是在缓斜和近水平煤层，回采工作面突出次数较倾斜煤层明显增多。缓倾斜回采工作面的突山大多数为压出类型，顷出与典型突出都少见。这与我国普遍采用的采煤方法有关：后退式采煤法在回采之前，煤体内相当数量的瓦斯已被排放掉，瓦斯因素在突出中的作用大大减弱；全部陷落法工作面，地压显现比较活跃，周期来压、放顶不及时以及悬顶过大等都可能诱发压山。回采工作面突出的平均强度不大，但是由于工作面工作人员较多，对人身安全及生产的影响是很大的。

回采工作面突出表现出明显的区域性，即突出往往集中发生在为数不多的几个采区内。这些区内地质构造异常（向斜轴部区、向斜与另组一断层或泪曲的交汇区、小断层群区、顶底板凸起凹陷群区、向斜轴部复合局部隆起区、火成岩侵入区、煤厚、倾角突然变化区等）或存在地应力异常（地质构造应力集中区，煤柱上下集中应力区等）。可以根据这些特点来预报突出危险。

（4）突出发生的一般规律

根据我国重庆、北票、红卫、焦作、六枝、阳泉等矿区的资料，突出发生的条件与特征有如下规律：

①突出发生在一定深度上。随着深度增加，突出的危险性增加，这表现为突出次数增多、突出强度增大、突出煤层数增加，突出危险区域扩大。

②突出次数和强度，随着煤层厚度特别是软分层的厚度的增加而增多。突出最严重的煤层一般都是最厚的主采煤层。

③突出的气体主要是甲烷，个别突出气体是二氧化碳。突出危险煤层开采时的相对瓦斯量都在10 m^3/t以上，即突出发生在高瓦斯矿井内。同一煤层，其瓦斯压力越高，突出危险性越大；不同煤层，其瓦斯压力与突出危险性之间无直接关系，这是因为决定突出与否、突出强弱除瓦斯因素以外，还与地应力、煤结构强度等因素有关。发生突出的瓦斯压力一般要在500 kPa以上。

④突出煤层的特点是煤的力学强度低、变化大；透气性差（透气系数小于10 $m^2/MPa \cdot d$）；瓦斯放散速度高；湿度小，层理紊乱，遭地质构造力严重破坏的“构造煤”。

⑤煤自重的影响。由上前方往巷道内的突出占大多数，由下方向巷道的突出是极少数，突

出的次数有随着煤层倾角的增大而增加的趋势。

⑥突出危险区呈带状分布。这是因为地应力、瓦斯压力、煤的力学强度和结构、煤的透气性等的异常往往呈带状分布,因此突出与地质构造有密切关系。向斜的轴部地区,向斜构造中局部隆起地区,向斜轴部与断层或褶曲交会地区,火成岩侵入形成的变质煤与非变质煤交混地区,煤层扭转地区,煤层倾角骤陡,煤层走向拐弯,煤厚异常,特别是软的分层变厚,压性、压扭性断层地带,煤层分岔,顶底板阶梯状凸起地区等都是突出点密集地区,也是大型甚至特大型突出地。突出多发生在断层的上盘,尽管断层下盘也有少数突出实例。

在采掘形成的应力集中地区,如邻近层的煤柱上下、相向采掘接近区、巷道开口或两巷贯通之前煤柱内和在采煤工作面的集中应力带内掘进巷道(上山)等,其危险性剧增,不仅突出次数多,而且突出强度也大。

⑦绝大多数突出发生在落煤时,尤其在爆破时。突出的危险性因对煤体震动而增加,例如重庆地区 132 次突出实例中,落煤(包括放炮、水力冲刷、风镐与手搞落煤,打钻孔)时突出 124 次,占 95%,其中放炮诱导突出作用最强,因为它既有“深揭”作用,又有较大的“震动”作用。其平均突出强度最大,达 321 t,突出次数也最多,达 44 次。此外,水力冲刷突出 2 次,平均强度 130 t;风镐落煤突出 33 次,平均强度 57 t;手镐落煤突出 34 次,平均强度 35.4 t;打钻突出 11 次,平均强度 25.1 t;其他突出 8 次(例如支架作业等),平均强度最小,仅 14.6 t。

⑧大多数突出都有预兆,它主要表现在三个方面。

地压显现方面的预兆:煤炮声,支架声响,煤岩开裂,掉碴,底鼓,岩煤自行剥落,煤壁颤动,钻孔变形,垮孔顶钻,夹钻杆,钻机过负荷等;

瓦斯涌出方面的预兆:瓦斯涌出异常,瓦斯浓度忽大忽小,煤尘增大,气温、气味异常,打钻喷瓦斯、喷煤、哨声、风声、蜂鸣声等;

煤层结构与构造方面的预兆:层理紊乱,煤强度松软或不均匀,煤暗淡无光泽,煤厚增大,倾角变陡,挤压褶曲,波状隆起,煤体干燥,顶底版阶梯凸起,断层等。

⑨突出危险性随着硬而厚的困岩(硅质灰岩、砂岩等)存在而增高。

(5)煤与瓦斯突出的机理

解释突出原因和突出过程的理论称为突出机理。突出是个很复杂的动力现象,至今已提出许多假说,概括起来有三大类:第一类是瓦斯作用说。认为煤内存储的瓦斯在突出中起着主要的积极作用;第二类是地应力说。认为突出主要是地应力作用的结果;第二类是综合说。认为突出是地应力、瓦斯压力和煤的结构性能综合作用的结果,国内外大多数学者拥护综合说。

突出经历四个阶段:第一,准备阶段,在此阶段,突出煤体经历着能量积聚(例如形成地应力集中,其弹性潜能增加;孔隙压缩,使瓦斯压缩潜能提高等)或阻力降低过程(例如落煤工序使煤体三向受压状态转为两向甚至单向受力状态,煤的强度骤然下降等),并且显现有声的与无声的各种突出预兆;第二,突出发动(激发)阶段。在该阶段,极限应力状态的部分煤体突然破碎卸压,发山巨响和冲击,使瓦斯作用在突然破裂煤体上的推力向巷道自由方向顿时增加几倍至十几倍,膨胀瓦斯流开始形成,大量吸附瓦斯进入解吸过程,加强了流速;第三,煤和瓦斯抛出阶段。在这个阶段中,破碎的煤在高速瓦斯流中呈悬浮状态流动,这些煤在煤内外瓦斯压力差的作用下被破碎成更小粒度,撞击与摩擦也加大了煤的粉化程度,煤的粉化又增加吸附瓦斯的解吸作用,增强了瓦斯风暴的搬运力。与此同时,随着破碎煤被抛出和瓦斯的快速喷出,突出孔壁内的地应力,与瓦斯压力分布进一步发生变比,煤体瓦斯排放,瓦斯压力下降,致使地应力变化。导致破碎区连续地向煤体深部扩展,构成后续的气体和破碎煤组成的混合流;第四,突出停止阶段,当突出孔发展到一定程度时,由于堆积的突出物的堵塞和地压分布满足了成拱静力平衡条件,导致突出停止。但这时,煤的突出虽然停止了,而从突出孔周围卸压区与突出煤炭中涌出瓦斯的过程并没有完全停止,异常的瓦斯涌出还要持续相当长的时间。这就造成了突出的瓦斯量大大超过煤的瓦斯含量的现象。有的突出实例可以观察到上述突出过程几次重复,形成突出煤岩轮回性堆积的现象。

地应力、瓦斯压力和煤的结构性能在各个阶段中起的作用是不同的。在一般情况下,突出煤体最初破碎的主导力是地应力(包括地层的重力、地质构造应力、煤吸附瓦斯的附加应力以及附加的采动集中应力等),因为它的大小通常比瓦斯压力高几倍以上;实现煤和瓦斯突出(指典型的突出)的主要能源是煤内所含的高压瓦斯能。对典型突出实例的统计数据进行计算得出,在突出过程中瓦斯提供的能量比地应力的弹性能高5倍以上。压出和倾出煤体在最初破碎的主导力也是地应力。在极少数突出实例中也看到瓦斯压力发动突出的现象,这需要很大的瓦斯压力梯度。

突出危险煤的重要结构特征是揉皱破伴结构即所谓构造煤,它的力学强度低(坚固性系数通常小于0.5),放散瓦斯速度高以及透气性差(透气系数小于10 $m^2/MPa^2 \cdot d$)。煤是多孔隙介质,对地应力很敏感,地应力增加时,透气性锐减,可以形成危险的瓦斯压力梯度。

地应力在突出过程中的主要作用有二:一是使煤体发生最初的变形、位移和破碎;二是影响煤体内部孔隙裂隙结构的闭合程度,控制着瓦斯的流动和解吸。当煤体突然破碎时,伴随着卸压过程,新旧裂隙连通起来并处于开放状态,顿时显现卸压增流效应,形成可以携带破碎煤的高速瓦斯流。

瓦斯在突出过程中的主要作用是:①在较高的瓦斯压力梯度(在模型上2 000 kPa/cm)下可以单独发动突出,在自然条件下由于有地应力的配合,可以不需要这样高的瓦斯压力梯度就可以破坏煤体发动突出;②它是实现突出的主要因素,这不仅表现在是它提供了主要能源,而且由于瓦斯流不断地把破碎的煤炭及时运走,从而保持着突出孔壁存在着一个较高的地应力梯度和瓦斯压力梯度,使突出孔壁的破碎过程可能连续地向煤体深部扩展,形成强度猛烈的突出。就这个意义上说,突出的继续或者终止,将决定于突出孔壁破碎煤炭被运走的程度,由于煤质、地应力和瓦斯压力分布的不均匀性,以及突出孔外流动阻力的变化,突出的速度显示出脉冲变化特征。当突出孔被突出物堵死时,突出孔壁瓦斯压力梯度骤降,可能导致突出终止。

2. 预防煤与瓦斯突出的主要措施

近百年来,世界各国在防治突出方面虽进行了大量的工作,但到目前为止,对各种地质、开采条件下突出发生的规律还没有完全掌握,也未能完全杜绝突出发生。对煤矿生产来看,防治突出的任务有两个方面:一是防止突出发生,或减小突出的频率和强度;二是避免突出造成人身伤亡事故。

就防治突出措施的发展来看,可概括为三个发展阶段。第一个阶段为以安全防护措施为主的阶段,其主要措施是震动性爆破,即在人员远离工作面的条件下,放震动炮诱导突出,以保证人身安全。在20世纪50年代以前,世界各国广泛应用这一措施。例如,法国在1922—1930年期间,仅在法国南部的卡尔矿区,用震动性爆破诱导发生了700次煤与二氧化碳突出,突出总煤量达16万t,未发生突出人身伤亡事故。第二阶段为普遍采用防治突出技术措施的阶段,即在石门揭开突出煤层,以及在突出煤层的采掘工作面,普遍采用防突措施,如开采保护层、超前钻孔、松动爆破等。该阶段大致从 20 世纪 50 年代开始，除采用防突措施外，仍辅助采用安全防护措施。第三阶段为综合措施阶段，其主要特点是在综合措施中加入了突出危险性预测、防突措施效果检验与降低突出危险的采掘方法和工艺等 3 个环节，使防突工作更加有的放矢，防突措施效果进一步提高。

前苏联顿巴斯煤田在 1950—1985 年期间，开采深度增加了 420 m，突出煤层数增加了 5.2 倍。然而，每年意外的突出(不含震动爆破诱导的突出，它是在人们有准备并撤至安全地点的条件下发生的)由 60 ~66 次减为 10 余次，几乎减少了 90%；突出层采煤百万吨的突出次数由 55.9 次减为 0.5 次，即减小了 99%；突出层每开采百万平方米面积的突出次数由 42 次减为 0.5次，即减少了 98.8%。包括震动爆破诱导突出在内的总次数也有明显下降，1985 年与 1950 年相比，从突出层每采煤百万吨的突出次数由 118.6 次减为 7.1 次，即减少了 94%；从突出层每采煤百万平方米面积的突出次数由 89.1 次减为 8 次，即减小了 91%，前苏联的其他煤田，每年只突出几次。

(1)防突措施编制计划

突出矿井必须根据矿井生产采掘计划，结合区域预测所划分的突出危险区和无突出危险区，制定出矿井的年度、季度、月份防治突出计划。其目的是将防突工作纳入矿井的正常生产计划中，以便加强对防治突出工作的管理；除此之外，也可根据采掘计划的安排，结合区域预测结果，事先预测将被开采的采区煤层的突出危险程度，提前做好防治突出措施的编制和人力物力的安排；同时，还可以根据突出危险性程度，将采区或工作面事先按轻重缓急作出安排，使防突工作有序不紊，最大限度地减少突出对生产的影响。

防治突出措施计划的主要内容应包括生产建设的施工与作业地点、地质构筑及煤层赋存状况、瓦斯基本参数、施工方法及工程量、防突措施的具体工艺与要求以及所需设备、设施等。

(2)综合防突措施

开采突出煤层时必须采取综合防治突出措施。这是根据我国 50 多年防治煤与瓦斯突出的理论与实践总结提出的。

煤与瓦斯突出具有突发性，难以完全掌握，在目前的技术水平下还不能做到遏制它的发生。就目前的技术和现实情况，要做好防治突出工作，首先要摸清楚它的发生的地区、范围，再采取必要的防治措施，以改变发生突出所必备的基本条件，使其不发生或降低其突出强度，并采取必要的安全措施，以保证施工人员的安全。因而防治煤与瓦斯突出工作已不是单一的技术措施，而是一套完整的综合性的防治突出的系统工程，所以在开采突出煤层时，必须采取“四位一体”的综合防突措施，即：《煤矿安全规程》中第一百七十七条规定了突出危险性预测、防治突出措施、防治突出措施的效果检验、安全防护措施等“四位一体”综合防突措施。

然而，在《煤与瓦斯突出防治技术手册》(李间铭主编)中提出了综合防治突出措施包含了下列五项内容，因而也可以称之为“五位一体”措施，即：突出危险性预测；防治突出措施；防治突出措施的效果检验；发生突出时的安全防护措施；降低突出危险的采掘方法和工艺。

突出危险性预测是防突综合措施的第一个环节。预测的目的是确定有突出危险的区域和地点，以便使防突措施的执行更加有的放矢。国内外多年来开采突出煤层的实践表明，突出呈区域分布。在突出煤层开采过程中，只有很少的区域(大致占整个开采区域的 5% ~10%)或区段才发生突出，前苏联在预测出的无突出危险带采掘时，由于不采取防突措施，煤产量和巷道掘进速度可提高 25% ~30%，并可节约大量工程费用。因此，不论是否有突出危险，在突出煤层采掘过程中普遍采用防突措施，这在技术上是不合理的，在经济上是不合算的。这样执行的结果使防突工作带有一定的盲目性，且由于在原本无突出危险的区域和地点采用了防突措施，必将导致人力和财力的浪费，又大大减缓了采掘进度。随着防突科学技术的发展，突出预测已逐渐从试验研究阶段进入实用阶段。我国1988年颁布的第一部《防治煤与瓦斯突出细则》以及2009年修订成为部门规章的《防治煤与瓦斯突出规定》(国家安监总局第19号令)，普遍要求在各突出矿井开展突出预测工作。我国现用的区域和工作面突出危险性预测方法见本书任务1.4.2。

防治突出措施是防突综合措施的第二个环节，它是防止发生突出事故的第一防线，即防止突出发生。防突措施仅在预测有突出危险的区域和区段应用。防治突出措施是国内外防突工作的重点，数十年来，在我国各突出矿区试验研究成功了多种防突措施。

防突措施的效果检验是防突综合措施的第三个环节，目的是在措施执行后检验预测指标是否降低到突出危险值以下，以保证防突措施的防突效果。实践表明，各种防突措施，特别是局部防突措施，尽管经科学试验证实防突是有效的，但在生产实践中推广应用后，都无不例外地发生过突出。即使在同一突出煤层，该措施在一些区域是有效的，但在另一些区段则无效。措施失效的原因在于井下条件的复杂性，如煤层赋存条件变化、地质构造条件变化以及采掘工艺方式变化等。根据对南桐、松藻、天府、中梁山和北票五个局1986年发生突出事例的分析表明，当年共发生突出338次，其中81次是在执行防突措施后发生的，占突出总次数的24%。前苏联在1981—1985年期间，共计发生突出240次(爆破诱发的突出未计算在内)，其中58次(占24%)是在采取措施的情况下发生的。在这58次突出中，有21次是在安全防护措施即防突综合措施的第四个环节发生的。安全防护措施是防止发生突出事故的第二道防线，它的目的在于突出预测失误或防突措施失效发生突出时，避免人身伤亡事故。我国煤与瓦斯突出已发生1.4万余次，但突出造成的人身伤亡事故仅是极少数，主要是因为采取了安全防护措施(震动性爆破和远距离爆破等)。

目前的发展倾向是建立三级生命保障系统：

①采掘工作面应急生命保障系统，主要有自救器及压风自救装置，在不同工艺过程时人员的安全距离，机械设备的远距离控制等。

②采区待救生命保障系统，主要是开掘避难硐室或救护硐室。

③井底车场常设生命保障系统，装备有救护器材及医疗设备，并有专人值班。

三级生命保障系统的建立，可增强矿井抗灾能力，控制突出引起的重大恶性事故的发生。

合理的采掘方法和工艺，对减少突出事故也很重要。虽然煤层的突出危险性决定于煤层的自然条件(原始应力状态、瓦斯压力、煤结构等)，但不同的采掘方法和工艺，可以降低或增高煤层的突出危险性。合理的采掘方法和工艺应符合：

①对开采方法的基本要求是减少应力集中，即所选择的开采方法应当规定不留煤柱，煤层没有向外凸出地段，禁止相向采煤等。

②开拓单一煤层或煤层群时，主要巷道应布置在没有突出危险的岩层或煤层中。

③在开采单一厚煤层时，第一分层的开采厚度应尽量小，同时还应采用相应的防突措施。其余分层可按无突出危险煤层进行开采，其开采厚度可以稍大些。

④应尽可能使采煤工作面保持直线。

⑤当分成区段开采时，区段之间的超前距离应当尽量小，或者相反，大致使相邻区段工作

面前方的支承压力不致叠加。

⑥在各类采煤方法中,长壁采煤法突出频率最低,应尽可能采用。

⑦尽可能采用远距离控制的机械进行无人采煤,如刨煤机和浅截式机组等。

⑧在工作面附近的卸压带中采煤,在煤层中采掘时,巷道工作面前方煤体中应力重新分布,工作面附近煤体发生破坏,在工作面附近形成自然的卸压带和瓦斯排放带。理论研究和开采突出危险层的经验证明,在自然卸压带和瓦斯排放带内采煤时不发生突出。

⑨在各类顶板管理方法中,充填法与冒落法相比,工作面卸压带长度增加1倍以上,最大相对应力集中系数减少一半,应力梯度减少5/6。采用充填法,可以造成煤层边缘部分突出危险性降低或消除的条件。因而,对以压出类型为主的突出煤层,应优先选择充填法管理顶板。

综合防治突出措施按图1-19的程序实施。

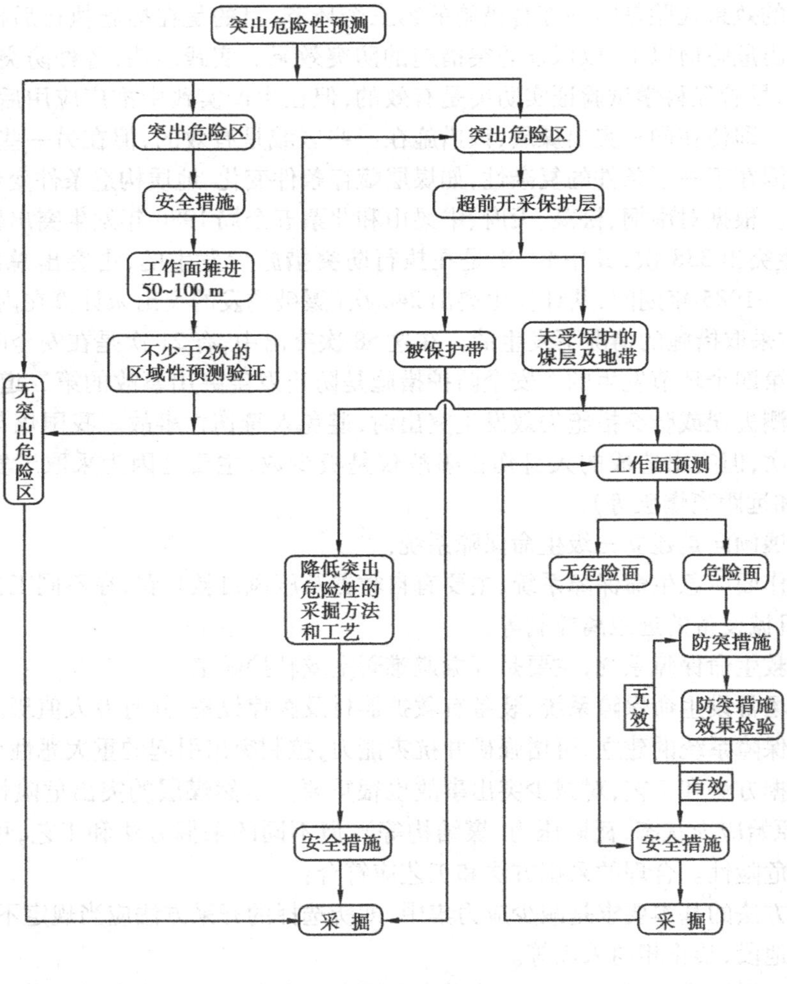

图1-19　综合防治突出措施实施程序图

首先通过区域预测把突出危险煤层划分为突出危险区和无突出危险区,最后通过工作面突出危险性预测把工作面划分为突出危险和无突出危险工作面。只有在预测为突出危险的工作面才采用防治突出措施,且在措施执行后进行防突效果检验。在突出煤层的突出威胁区,仅采用安全防护措施，但应根据煤层的突出危险程度，采掘工作面每推进30～100 m，应用工作面突出危险性预测方法连续进行不少于2次的验证性预测，其中任何1次验证为有突出危险时，该区域即改划为突出危险区。

按图1-19执行综合措施有以下优点：

a. 使防突措施更加有的放矢。仅仅在突出煤层突出危险区中的突出危险工作面，才采取防突措施，克服了防突措施应用的盲目性。在预测无突出危险的工作面，用工作面预测来代替防突措施，这将大大缩小突出煤层开采时防突措施的使用范围，从而使突出煤层采掘速度提高。

b. 提高措施的防突有效性。由图1-19看出，在防突措施执行后，要进行措施效果检验，检验结果如无效，则采取补充防突措施，直至有效为止，这就大大提高了防突措施的可靠性。

c. 提高突出矿井的经济效益。由于在突出威胁区不采用防突措施，在无突出危险工作面用较简单易行的工作面突出危险性预测，代替了消耗大量人力、财力的局部防突措施，这就节省了大量的防突措施费用。采用综合防突措施可提高突出煤层采掘速度，提高煤产量，能显著提高突出矿井的经济效益。

（二）集中讲解瓦斯突出及防治概述

煤与瓦斯突出防治措施分类

（1）制定防突措施的基本原则

煤与瓦斯突出是煤矿动力现象之一，基于当前对突出的理论认识，煤层（包括围岩）中地应力和瓦斯压力是突出的主要原动力，煤层是受力体，是破碎和抛出的对象。采掘工艺条件是突出发生的外部诱导因素。基于这种认识，制定防止突出措施，可归结为以下几个基本原则：

①部分卸除煤层区域或采掘工作面前方煤体的应力，使煤体卸压并将集中应力区推移至煤体深部；

②部分排放煤层区域或采掘工作面前方煤体中的瓦斯，降低瓦斯压力，减少工作面前方煤体中的瓦斯压力梯度；

③增大工作面附近煤体的承载能力，提高煤体稳定性，如金属骨架、超前支护和注浆加固煤体等；

④改变煤体的性质，使其不易于突出，如煤层注水湿润后，煤体弹性减小，塑性增大，煤的瓦斯放散初速度降低，使突出不易发生；

⑤改变采掘工艺条件，使采掘工作面前方煤体应力和瓦斯压力状态平缓变化，达到工作面本身可自我卸压和排放瓦斯，如在工作面附近的卸压带中采煤、水平分层开采、刨煤机和浅截深机组采煤、间歇作业等，皆属此类。

应当指出，上述前两个原则（卸压和排放瓦斯）是减小发生突出的原动力，是釜底抽薪的办法，因此，它是国内外绝大多数防突措施制定的主要依据。诸如开采保护层、预抽瓦斯、超前钻孔、水力冲孔和冲刷、松动爆破等。上述第三个原则是增大媒体对发生突出的阻力，实践表明，通过增大媒体稳定性的办法来防治小型突出，特别是倾出类型的突出是有效的，但对大型突出起不到防治目的。按上述第五个原则制定防突措施是最理想的，因为它只是改变采掘工艺，而不需要专门的防突措施。但实践表明，改变采掘工艺往往只是减小突出频率，不能完全杜绝突出的发生，而有些工艺（如间歇作业）还大大减缓了掘进速度。

(2)防治突出措施分类

防治突出措施一般分为两类:区域性防突措施和局部防突措施。根据局部防突措施的应用巷道类别,可将局部措施分为石门揭煤措施、煤巷措施和采煤工作面措施等。

区域性防突措施的目的是消除煤层某一较大区域(如一个采区)的突出危险性。属于该类措施的有开采保护层、大面积预抽煤层瓦斯和煤层注水等措施。区域性防突措施的优点是在突出煤层开采前,预先采取防突措施,措施施工与突出危险区的采掘作业互不干扰,且其防突效果一般优于局部防突措施,故在采用防突措施时,应先选用区域性防突措施。

局部防突措施的作用在于工作面前方小范围煤体丧失突出危险性。局部防突措施仅在预测有突出危险的采掘工作面应用。属于该类措施的有超前钻孔、松动爆破、水力冲孔、金属骨架等。

在图 1-20 上表示了防突措施分类框图,该图中包括了国内外煤矿中应用的主要防突措施。

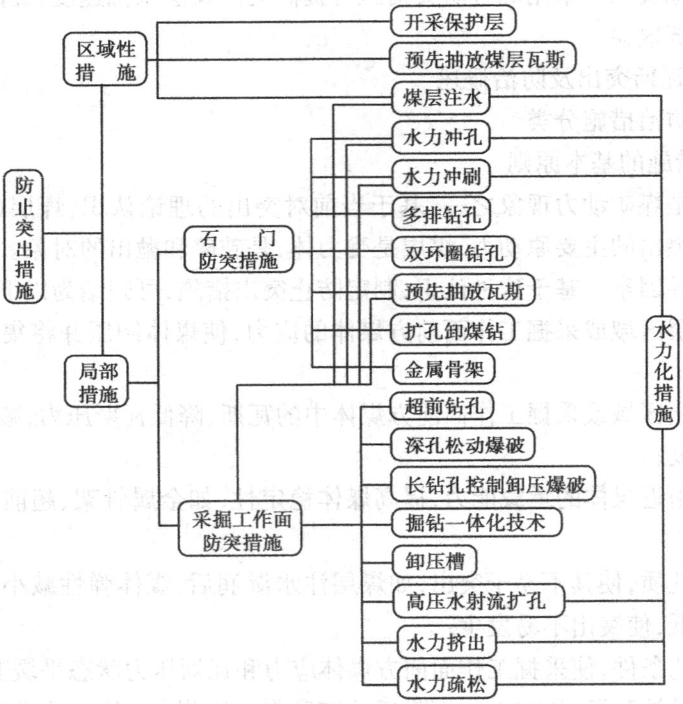

图 1-20　防突措施分类框图

此外,还有按措施实施的动力分类,把水力冲孔、水力冲刷、煤层注水、水力疏松、高压水射流扩孔和水力挤出等列为水利化措施。其中长钻孔煤层注水湿润、水力疏松、水力挤出、水力冲刷,在前苏联各突出矿井得到广泛的应用。

卸压槽是前苏联在 20 世纪 70 年代下半期研究的新防突措施确定,卸压槽形成后,只要在工作面前方形成的卸压和排放瓦斯带的深度等于采煤深度与最小超前距离之和,就可以防止突出。由于卸压槽是对煤层不间断地作用,与传统措施对煤层的间断作用相比,可以起到更均匀地卸压和排放瓦斯作用。

二、分工实作任务单

编制模拟矿井四位一体综合防治措施。

任务1.4.2 煤层突出危险性的预测

一、学习型工作任务

(一)阅读理解

1.煤与瓦斯突出预测分类

进行煤与瓦斯突出预测,不仅能指导科学地应用防突措施、减少防突措施工程量,而且由于对工作面突出危险性进行不间断地检查,还能保证突出层作业人员的人身安全。因此,突出预测具有重大的实际意义。

突出预测没有一个统一的分类,前苏联按预测的时间和范围分成三类:区域性预测、局部预测和日常预测。

区域性预测的对象是新井田、新水平,即在井筒和巷道揭露煤层前进行,预先给出该井田、水平、煤层突出危险性的评价,应在地质勘探期间进行,预测依据地质勘探钻孔所获得的地质和地球物理资料。

局部预测的对象是查明正在开采和准备开采煤层的实际突出危险性,预测依据煤层的矿山地质条件及对其性质的综合研究结果。

日常预测的对象是采掘工作面,预测工作要随采掘工作面的推进而经常进行,贯穿于采掘循环之中,其任务有三个:

第一、预先确定采掘工作是否进入突出危险带,以便采取防突措施;

第二、在突出危险带采掘时,对工作面突出危险性进行不间断检查,发现突出危险来临时及时撤出人员;

第三、确定工作面是否走出突出危险带。

预测依据是对煤层近工作面部分应力变形状态和瓦斯动力参数的测定研究结果,并结合突出预兆进行预测。

煤层突出预测的方法和指标很多,各国不尽相同,各主要突出矿区也不一样。我国突出预测分为区域性预测和工作面预测两类。

(1)区域性预测

区域性预测的任务是确定井田煤层和煤层区域的突出危险性,相当于前苏联的区域性预测和局部预测。区域性预测的依据是查明突出区域性特征,即各区域的突出主要因素(地应力、瓦斯和煤的物理力学性质)与突出危险性之间的联系。

区域性预测主要预测煤层和煤层区域危险性。区域预测应在地质勘探、新井建设、新水平开拓和新采区开拓或准备时进行;也可以在开采过程中进行区域预测。

根据区域预测结果一般划分为:

①突出危险区。区内工作面进行采掘时,应进行工作面预测。经预测后可划分为突出危险工作面和无突出危险工作面。划分为突出危险工作面的要采取“四位一体”措施。

②突出威胁区。区内采掘工作面每推进30~100 m,应用工作面预测方法连续进行不少于两次的预测验证。其中任何一次验证有突出危险性,该区域改划为突出危险区。连续两次

预测验证都为无突出危险时，该区仍为突出威胁区。

③无突出危险区。可不采取防突措施。无突出危险区域确定，要有可靠的预测资料，确切掌握煤层突出危险区域分布规律，经矿总工程师划定不同区域突出危险程度，经矿务局（矿业公司）总工程师批准后，方可确认为无突出危险区。

《防治煤与瓦斯突出规定》第 33 条去掉了突出威胁区这一划分，考虑了对于预测的无危险区采取比原来的突出威胁区更严格的验证程序。

（2）工作面预测

工作面预测，也称日常预测。其任务是确定工作面附近煤体的突出危险性，即该工作面继续向前推进时，有无突出危险。工作面预测是依据上述三个因素在工作面前方的分布状态及其随工作面推进的变化。

主要是指石门和立、斜井揭煤工作面，煤巷掘进工作面和采煤工作面的危险性预测。工作面预测应在工作面推进中进行。

根据工作面预测结果一般划分为：

①突出危险工作面。进行采掘作业时，必须采取“四位一体”综合防突措施。即先进行采掘工作面预测，然后采取防治突出措施，再按照工作面预测的方法进行效果检验，其检验指标都在该煤层突出危险临界值以下时，方可认为所采取的措施有效，确认为无突出危险后，还要采取安全防护措施，才能进行采掘作业。每执行一次防治突出措施作业循环（预测、措施、检验、保护、采掘作业）后，须重复进行上述循环，来推进工作面前进。

②无突出危险工作面。突出煤层采掘工作面，经连续两次工作面预测为无突出危险时，可视该工作面为无突出危险。但工作面仍要进行工作面预测和采取安全防护措施。

2. 煤与瓦斯突出危险区域性预测

区域性预测在地质勘探、新井建设和新水平开拓时进行。

在地质勘探单位提供的井田地质报告中，应提供确定煤层突出危险性的基础资料。基础资料包括煤层赋存条件及其稳定性、煤的结构破坏类型及工作分析、煤层围岩性质及厚度、地质构造、煤层瓦斯含量、煤层瓦斯压力、煤层瓦斯成分、煤的瓦斯放散初速度指标 ΔP、煤的坚固性系数 f、水文地质情况和火成岩侵入形态及分布等。

区域性预测有如下几种方法。

（1）单项指标法

采用煤的破坏类型、瓦斯放散初速度 ΔP、煤的坚固性系数 f 和煤层瓦斯压力 P 作为预测指标，各种指标的突出危险临界值应根据实测资料确定，无实测资料可参考表 1-7、表 1-8 所列数据。只有全部指标达到或超过其临界值时方可划为突出煤层。

（2）按照煤的变质程度

根据顿巴斯煤田 1970—1978 年期间的开采实践，煤层的突出危险程度与其挥发分之间是密切相关的，突出频率 ν（突出次数与突出危险矿井层数之比值）与煤的变质程度 V_{daf} 之间有下列的经验关系：

$$\nu = -0.54V_{\mathrm{daf}}^2 + 2.13V_{\mathrm{daf}} \tag{1-10}$$

$$R = 0.93$$

式中 R——相关系数。

按照变质程度突出危险矿井层的分布见表1-11。

表1-7 预测突出危险性单项指标

煤层突出危险性	破坏类型	瓦斯放散初速度指标 ΔP	煤的坚固性系数 f	煤层瓦斯压力 P/MPa
突出危险	Ⅲ、Ⅳ、Ⅴ	≥10	≤0.5	≥0.74
无突出危险	Ⅱ、Ⅰ	< 10	> 0.5	< 0.74

表1-8 煤的破坏类型特征

破坏类型	光泽	构造与结构特征	节理性质	节理面性质	断口性质	强度
Ⅰ类（非破坏煤）	亮与半亮	层状构造、块状构造，条带清晰明显	一组或二、三组节理，节理系统发达，有次序	有充填物（方解石等），次生面少，节理、劈理面平整	参差阶状、贝状、波浪状	坚硬，用手难掰开
Ⅱ类（破坏煤）	亮与半亮	1. 尚未失去层状，较有次序； 2. 条带明显，有时扭曲，有错动； 3. 不规则块状，多棱角； 4. 有挤压特征	次生节理面多且不规则，与原生节理构成网状节理	节理面有擦痕、滑痕，节理平整易掰开	参差多角	用手极易剥成块，中等硬度
Ⅲ类（强烈破坏煤）	半亮与半暗	1. 弯曲呈透镜构造； 2. 小片状构造； 3. 细小碎块，层理较紊乱，元次序	节理不清，系统不发达，次生节理密度大	有大量擦痕	参差及粒状	用手捻成粉末，松软
Ⅳ类（粉碎煤）	暗淡	粒状或由小颗粒胶结成天然煤团	成粉块状，节理失去意义		粒状	用于捻成粉末，偶尔较硬
Ⅴ类（全粉煤）	暗淡	1. 土状结构，似土质煤 2. 如断层泥状			土状	易捻成粉末，疏松

表1-9 突出危险矿井层按变质程度分布

挥发分/%	36% ~40	27 ~35	18 ~26	9 ~17	<9
矿井层总数	431	337	268	216	392
突出危险矿井层数	18	67	96	72	18
突出危险矿井层数占矿井层总数的百分比/%	4.2	19.9	35.8	33.3	4.6

在烟煤的挥发分 $V_{daf}>40\%$ 和无烟煤的比电阻对数值 $\lg\rho<3.5$ 时无突出危险，这说明低变质程度（$V_{daf}=36\%\sim40\%$）的烟煤及高变质的无烟煤（$\lg\rho=3.5$），突出危险程度小，中等变质（$V_{daf}=10\%\sim20\%$）的烟煤，突出危险程度最高（参见图1-21）。突出危险性之所以成这种抛物线分布形式，取决于煤变质过程中煤的分子结构及一系列物理的重大变化。

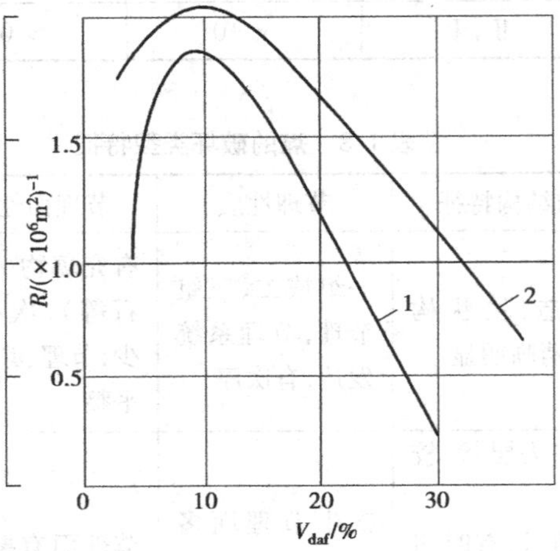

图1-21　煤与瓦斯突出强度 ϕ 与挥发分 V_{daf} 的关系

1—突出密度；2—突出强度

（3）按照煤的变形特征

前苏联斯柯钦斯基矿业研究所研究了突出危险煤层和非危险煤层的变形特征，发现煤的变形特征与煤的变质程度之间有很好的线性关系（参加图1-22、图1-23）。

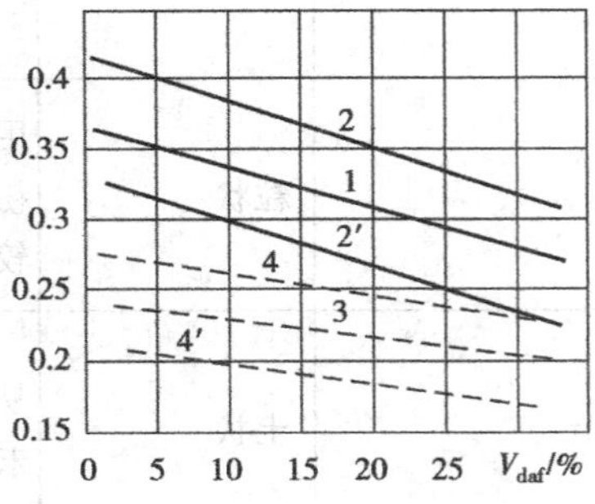

图1-22　煤的剪切模量 G 与变质程度 V_{daf} 的关系

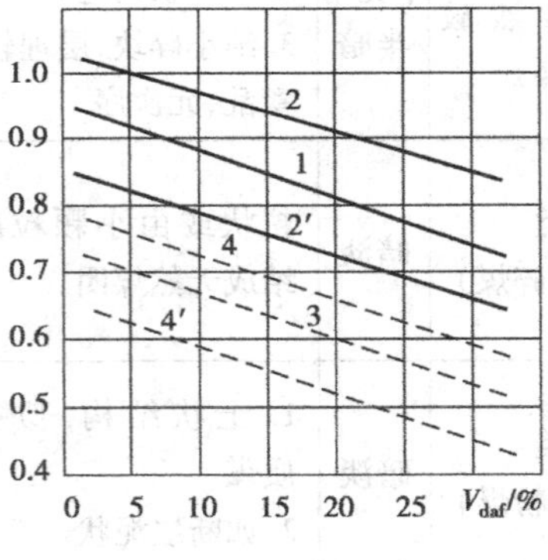

图1-23　煤的弹性模量 E 与变质程度 V_{daf} 的关系

1—突出危险煤层；2和2′—突出煤层的置信区间；

3—非突出危险煤层　4和4′—非突出危险煤层的置信区间

对于突出危险煤层：

$$G=(0.355-0.002V_{daf})\times10^{9} \tag{1-11}$$

$$R=0.609$$

$$E = (0.942 - 0.006V_{daf}) \times 10^9 \quad (1\text{-}12)$$

$$R = 0.624$$

对于非突出危险煤层：

$$G = (0.240 - 0.001V_{daf}) \times 10^9 \quad (1\text{-}13)$$

$$R = 0.609$$

$$E = (0.719 - 0.006V_{daf}) \times 10^9 \quad (1\text{-}14)$$

$$R = 0.85$$

式中　G——剪切模量，Pa；

E——弹性模量，Pa；

R——相关系数。

根据变形特征值评价煤层突出危险性时，可以采用非突出危险煤层剪切模量和弹性模量的上置信区间的回归方程：

$$G = (0.270 - 0.001V_{daf}) \times 10^9 \quad (1\text{-}15)$$

$$E = (0.790 - 0.006V_{daf}) \times 10^9 \quad (1\text{-}16)$$

只要煤的剪切模量和弹性模量位于非突出危险煤层的上置信区间之上的，均属于有突出危险（见下图1-24）。

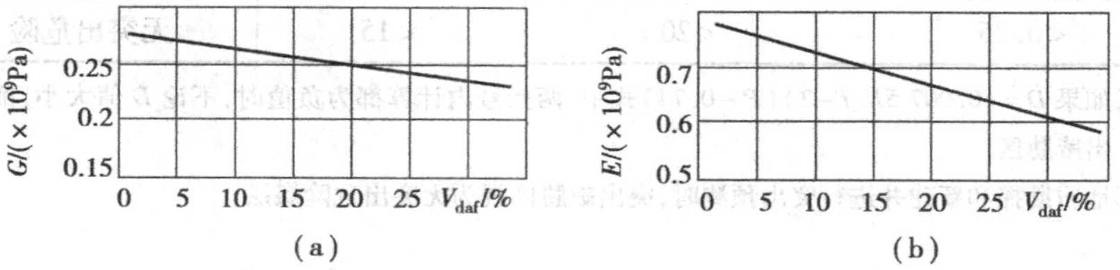

图1-24　根据煤的剪切模量G（(a)图）和弹性模量E（(b)图）来确定煤层突出危险性

(4)综合指标D与K法

综合指标，是指将多项单项指标综合考虑，经理论分析、实验室实验和实践证明建立起来的数学表达式。

如综合指标D，是考虑煤层埋藏深度、煤坚固程度、瓦斯压力建立起来的数学模型；综合指标K是考虑瓦斯含量、煤的微观结构和力学性质建立起来的数学模型。

煤炭科学院总院抚顺研究院、北票矿务局与红卫矿提出用综合指标D与K来预测煤层的突出危险性，其临界值参照表1-10所列数值。

$$D = \left(0.0075\frac{H}{f} - 3\right)(p - 0.74) \quad (1\text{-}17)$$

式中　D——综合指标之一；

H——煤层开采深度，m；

P——煤层瓦斯压力，MPa；

f——煤层软分层的平均坚固性系数，用落锤法测定。如打钻所取煤样的粒度达不到测试f值所要求的粒度标准（10～15 mm）时，可取粒度为1～3 mm煤样进行f值测定，所得结果按下式进行换算。

当$f_{1\sim3} \leqslant 0.25$时：

$$f = f_{1\sim3} \tag{1-18}$$

当$f_{1\sim3} > 0.25$时：

$$f = 1.57f_{1\sim3} - 0.14 \tag{1-19}$$

式中　$f_{1\sim3}$——用粒度为1～3 mm煤样测出的煤坚固性系数值。

$$K = \Delta P/f \tag{1-20}$$

式中　K——综合指标之一；

ΔP——煤层软分层的瓦斯放散初速度指标。

当$K \geqslant 15$时煤层有突出危险，$K < 15$时煤层无突出危险。

D，K临界值，原则上应根据本矿区实测和其他因素综合确定，无实测资料，可参照表1-10所列的临界值确定区域突出的危险性。

表1-10　综合指标预测煤层区域突出危险性的临界值指标

煤层突出危险性综合指标			突出危险性
D	K		
	无烟煤	其他煤种	
≥0.25	≥20	≥15	突出危险
<0.25	<20	<15	无突出危险

注：①如果$D=(0.0075H/f-3)(P-0.74)$式中，两括号内计算都为负值时，不论D值大小，都为突出威胁区。

②地质勘探和新建井进行突出预测时，突出威胁区视为无突出危险煤层。

采用综合指标法对煤层进行区域预测时，应符合下列要求：

①在岩石工作面向突出煤层至少打两个测压孔，测定瓦斯压力(p)，取其最大值；

②在打测压孔过程中，每米煤钻孔采取一个煤样，测定煤的坚固性系数(f)，将两个测压孔所测得的坚固性系数最小值加以平均，作为该煤层平均坚固性系数；

③将坚固性系数最小的两个煤样混合后，测定煤的瓦斯放散初速度指标(Δp)；

④测定后，填写综合指标法预测区域突出危险性报告表。

俄罗斯斯科钦斯基矿业研究院提出用综合指标B作为预测指标，B按下式计算：

$$B = \frac{X - X_{OCT}^{V_{daf}}}{X_{cp}}(R + 2.2M) = 1.2C + 0.002H + 0.36f \tag{1-21}$$

式中　X——煤层瓦斯含量，m^3/t；

X_{OCT}——该种煤的残余瓦斯含量，m^3/t；

X_{cp}——该种煤的平均瓦斯含量，m^3/t；

V_{daf}——煤的挥发分，%；

M——煤层厚度，m；

C——以分层数目表示的煤层复杂程度；

H——煤层埋藏深度，m；

f_n——围岩特性，MPa；

R——通过煤的破坏性表示的煤层强度,mm。

$$R = \frac{6}{\sum_{i-1}^{8} m_i} \sum_{i=1}^{8} \frac{m_i}{d_i} \tag{1-22}$$

式中 m_i——i 粒度的煤粒质量;

d_i——i 粒度的煤粒直径。

(5)地质构造指标法

煤与瓦斯突出与地质构造有明显关系,这是实践证明的。但是,由于煤与瓦斯突出机理比较复杂,各地区、矿区、矿地质构造又有很大不同性,做出准确的定量判断很困难。

我国研究煤与瓦斯突出的机构,摸索出一整套方法,通过地质构造进行预测,虽不能做出准确预测,但在作为定性判断,还是很有参考价值的。

①倾角标准差:用煤层倾角变化,反映局部槽曲发育情况。α 越大越危险。

$$\alpha = \sqrt{\frac{1}{n-1}\sum_{i=1}^{n}(x_i - \bar{x})^2} \tag{1-23}$$

式中 α——倾角标准差;

x_i——每一测量点的倾角;

$\bar{x}$——统计地区平均倾角;

n——测量点数。

②变形系数:用煤层相对变形大小,判断突出可能性。越大越危险。

$$k_B = \frac{L' - L}{L} \tag{1-24}$$

式中 K_B——变形系数;

L'——剖面中煤层(顶)底板上两点实际长度;

L——两点的水平变形长度。

③小断层密度:用单位面积或长度内的小断层个数,判断突出危险性。越大越危险。

④煤厚标准差:用煤的厚度变化,判断突出危险性。越大越危险。

$$H_m = \sqrt{\frac{1}{n-1}\sum_{i=1}^{n}(H_{mi} - \bar{H}_m)^2} \tag{1-25}$$

式中 H_m——煤厚标准差;

H_{mi}——某一测点煤厚;

$\bar{H}_m$——统计区域内平均煤厚;

n——观测点数。

⑤煤厚变异系数 C_r:用煤厚变化幅度,判断突出危险性。

$$C_r = \frac{H_m}{\bar{H}_m} \tag{1-26}$$

⑥煤层揉皱系数:用煤层被揉皱情况,判断突出危险性。

$$K_{10} = \frac{0.5h_2 + h_{3\sim4}}{M} \tag{1-27}$$

式中 K_{10}——揉皱系数;

h_2——二类结构煤厚度；

$h_{3\sim4}$——三、四类结构煤厚度和；

M——煤层总厚度。

此外，湖南省煤研所提出用煤层围岩指标 R^5（5 m 含砂岩率）、地质构造指标 K_f、煤质指标 K_d（$K_d = 0.09\Delta P - 1.62f^2$）和瓦斯压力 p 进行综合判断，各指标的临界值见表 1-11。

表 1-11　地质指标临界值

R^5	K_f	K_d	p/MPa	危险性
> 0.7	≤0.25	< 1	≤0.4	无危险
0.45 ~ 0.7	0.25 ~ 0.75	1 ~ 1.5	0.4 ~ 1	过渡性
< 0.45	≥0.75	≥1.5	≥1	危险

（6）瓦斯地质统计法

该法的实质是根据已开采区域突出点分布与地质构造（包括褶皱、断层、煤层赋存条件变化、火成岩侵入等）的关系，然后结合未开采区的地质构造条件来大致预测突出可能发生的范围。不同矿区控制突出的地质构造因素是不同的，某些矿区的突出主要受断层控制，另一些矿区则主要受褶皱或煤层厚度变化控制。因此，各矿区可根据已采区域主要控制突出的地质构造因素，来预测未采区域的突出危险性。

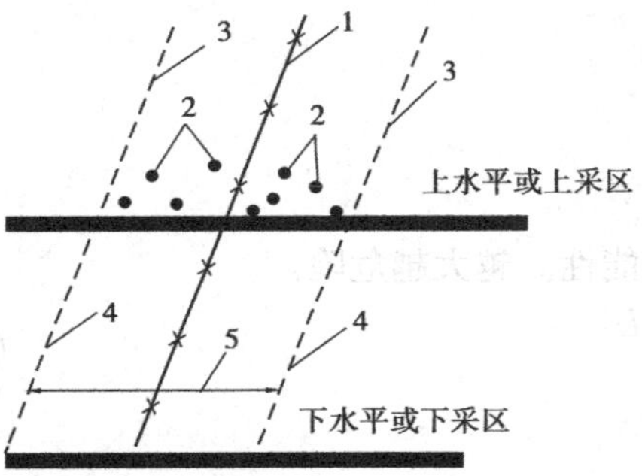

图 1-25　瓦斯地质法区域预测示意图

1—断层；2—突出点；

3—上水平突出点距断层最远距离线；

4—上水平或下采区突出点在断层线最远距离；

5—推测突出危险区

瓦斯地质统计法是根据已开采区域的煤层赋存和地质构造情况以及突出分布律，划分出突出危险区、突出威胁区。

突出危险区应符合下列条件：

①上水平发生过一次突出的区域，下水平的垂直对应区域应预测为突出危险区；

②根据上水平突出点分布、地质构造情况、突出点距断层最远距离线情况，结合上水平地质构造分布，推测下水平或下采区的突出危险性情况（图 1-25）；

③未划定的其他区域，除瓦斯风化带确定为无突出危险区域外，应当根据煤层瓦斯压力进行预测，也可用煤层瓦斯含量进行预测。

（7）多因素综合预测法

为了进一步用好综合指标，在"九五"期间，煤科总院抚顺研究院与平顶山煤业集团有限公司合作，在预测区域范围内利用地质动力区划方法，测定出岩体原始应力，并推测出应力分布状态，测定出瓦斯压力的大小和分布状态，测定煤的瓦斯压力的大小和分布状态。在此基础上，以始突深度、瓦斯压力、煤的突出危险性综合指标为主要区分指标，以煤层变异系数、泥岩厚度、砂岩厚度、含砂率、软煤厚度作为辅助区分指标，来研究探讨这些指标与区域突出危险性的关系，预测煤层的区域突出危险性，图 1-26 所示。

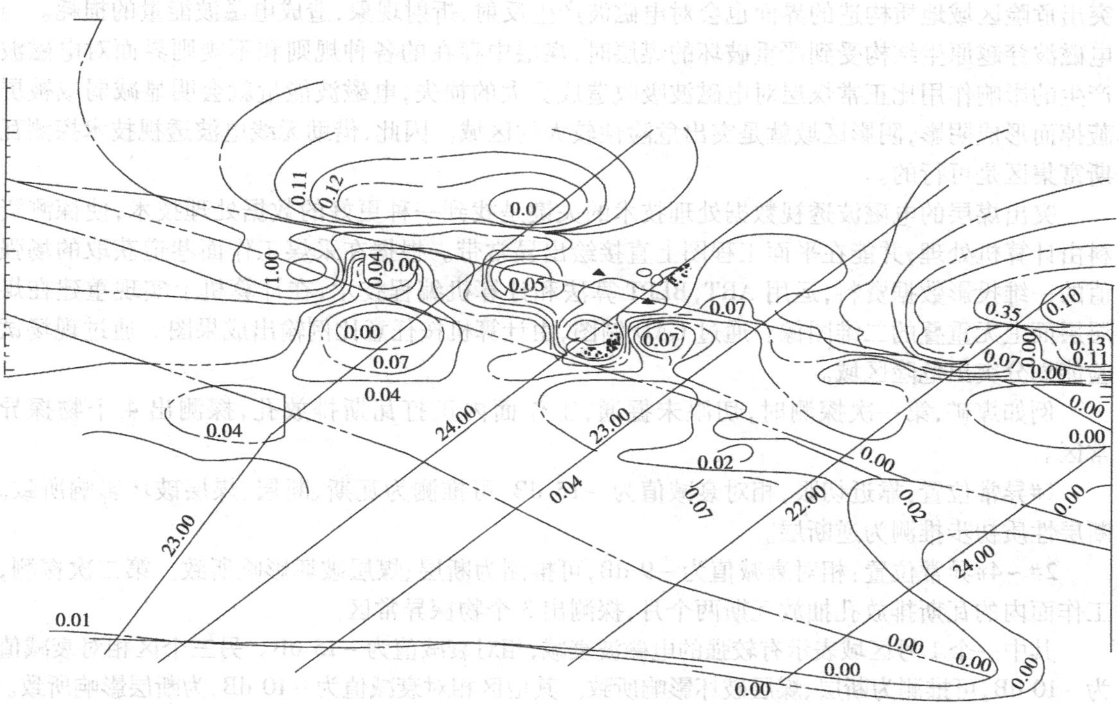

图1-26　综合法区域预测煤层瓦斯突出危险分布图

该方法在平顶山十矿进行了应用，预测不突出的准确率为100%。在预测的突出危险区内将原来的每前进3.5 m预测一次降为每50 m进行一次检验性预测；减少了预测预报和防突工程费用90%以上，提高掘进速度50%。

(8)物探法预测突出构造带与突出危险区

煤炭科学研究总院重庆研究院研究的BQT-E型突出煤层电磁波透视系统，由便携式井下WKT-E型无线电波坑道透视仪、WKT-Z型钻孔透视探头和数据系统组成。其特点是：非接触测量方式，操作简单，费用低，无需辅助工程、探测精度高，探测仪的有效探测距离达300 m以上。

探测精度为：在厚度为2 m以下的煤层中能分辨落差大于二分之一煤层厚度的断层，在厚度为2 m以上的煤层中能分辨落差大于1.5 m的断层；分辨平面分布直径大于20 m范围的软分层、冲刷带、煤层厚度变化等地质小构造；探测各种地质小构造精度为75%以上，丢失率小于5%；能划分出无突出危险区的面积占总预测面积的50%以上，采掘速度提高25%。其发射机全部集成化、数字化，能耗下降14%，输出功率提高30%，增大了透视距离，接收、发射机解决了同机多频道的问题，提高了探测精度，研究出全汉化用户控制平台的CT，CAD资料处理系统，建立特殊的计算方法，提高了解释精度。

突出煤层与非突出煤层的物理性质不同，电阻率也不同，煤层的电阻率越低，电磁波衰减越厉害，电磁波穿过煤层后损失越厉害。煤与瓦斯突出区域、区段的地质构造复杂，煤层破坏比较严重，根据全国电测井资料收集总结，未遭到破坏煤层的电阻率平均为1 500～5 000 Ω·m，靠近断层破坏带则下降到100～500 Ω·m，在其他构造破坏带的电阻率也大大低于未破坏带，可见突出危险区域对电磁波能量的吸收作用大，电磁波衰减系数就大。同时，突出危险区域地质构造的界面也会对电磁波产生反射、折射现象，造成电磁波能量的损耗。当电磁波穿越原生结构受到严重破坏的煤层时，煤层中存在的各种规则和不规则界面对电磁波产生的影响作用比正常煤层对电磁波吸收造成更大的损失，电磁波能量就会明显减弱或被屏蔽掉而形成阴影，阴影区域就是突出危险性较大的区域。因此，借助无线电波透视技术探测瓦斯富集区是可行的。

突出煤层的电磁波透视数据处理技术的关键是找到一种更好的数据处理技术，使探测资料由计算机处理，并能在平面工程图上直接绘出异常带。根据在采煤工作面巷道获取的场强值的一维投影数据资料，运用 ART，BLPT 算法和计算机编程技术，在计算机上实现重建在煤层层面上无重叠的二维图像。通过 CAD 制图，由计算机按任意比例输出成果图。通过现场试验能划分突出危险区域。

例如煤矿，第一次探测时，切眼未掘通，工作面内正打瓦斯排放孔，探测出 4 个物探异常区。

1#异常位置：靠近切眼，相对衰减值为 -15 dB，可推测为瓦斯、断层、煤层破坏影响所致。断层性质初步推测为逆断层。

2#~4#异常位置：相对衰减值为 -9 dB，可推测为断层、煤层破坏影响所致。第二次探测，工作面内的瓦斯排放孔抽放瓦斯两个月，探测出 3 个物探异常区。

其中一个 1 号区域表示有较强的电磁波衰减，相对衰减值为 -15 dB。另三个区相对衰减值为 -10 dB，可推测为断层、煤层破坏影响所致。其他区相对衰减值为 -10 dB，为断层影响所致。

（二）煤层突出危险性的预测集中讲解

1. 煤与瓦斯突出工作面预测

工作面突出危险性预测，也称局部预测。它主要是对石门揭煤、煤巷掘进工作面和采煤工作面的危险性进行预测。

局部预测指标主要有：钻孔钻屑量（S）、瓦斯解吸指标（Δh_2 或 K_1）、钻孔瓦斯涌出初速度（q）、R 值及钻屑温度、煤体温度、煤层瓦斯涌出量等。最常用的指标有：S，Δh_2 或 K_1，q，R。

下面分别介绍石门揭煤工作面、煤巷掘进工作面和采煤工作面的突出危险性预测方法。

（1）石门揭煤突出危险性预测

石门揭煤工作面可采用综合指标法、钻屑瓦斯解吸指标法或经过实验证实有效的其他方法预测突出危险性。

①综合指标法

采用该法时，在石门向煤层至少打 2 个测压孔，测定煤层瓦斯压力，并在打钻过程中采样，测定煤的坚固性系数 f 和瓦斯放散初速度 ΔP，按下列综合指标进行预测。

a. 综合指标 Π_o

$$\Pi_o = 10P_{\max} - 14f_{\min}^2 \tag{1-28}$$

式中 $P_{\max}$——该深度煤层最大瓦斯压力，MPa；

$f_{\min}$——软分层煤的坚固性系数最小值。

该综合指标用于库兹巴斯煤田，当 $\Pi_o \geqslant 0$ 时，揭煤认为是危险的。

b. 综合指标 Π_e

$$\Pi_e = \Delta P_w - \frac{194}{(P_{\max})^{2/3}} + f_{\min}^3 \tag{1-29}$$

式中 ΔP_w——具有最小坚固系数 $f_{\min}$ 处的考虑水分时煤的瓦斯放散初速度。

$$\Delta P_w = (1.39 - 0.871g_w)\Delta P \qquad (1\text{-}30)$$

式中　g_w——最软煤分层的自然水分；

ΔP——不考虑水分时煤的瓦斯放散初速度。

该指标用于卡拉干达煤田，当 $\Pi_e \geqslant 10.5$ 时，揭煤处煤层有突出危险。

c. 综合指标 D 和 K

用公式(1-16)和式(1-13)求出综合指标 D 和 K，最后按表1-10确定石门揭煤的突出危险性。

②钻屑瓦斯解吸指标法

钻孔瓦斯解吸指标是反应瓦斯压力、瓦斯含量和煤层特征的一个指标。当煤层瓦斯压力大，瓦斯含量高，煤层吸附瓦斯能力强时，更容易突出。但直接测定煤层这种瓦斯解吸能力又很困难。人们通过研究，采用试验模拟方法，间接进行测量，提出了 Δh_2 或 K_1 概念。

在石门工作面距煤层最小垂距为 3 ~ 10 m 时，利用探明煤层赋存条件和瓦斯情况的钻孔或至少打两个直径为 50 ~ 75 mm 的预测钻孔，在其钻进煤层时，用 1 ~ 3 mm 的筛子筛分钻屑，测定其瓦斯解吸指标 Δh_2 或 K_1。

a. 原理和工艺

瓦斯解吸指标 Δh_2：

该指标为煤炭科学研究总院抚顺研究院研究提出的，为了测定解吸指标 Δh_2，设计了 MD-1 型解吸指标测定仪。打钻孔或炮眼时，从煤钻屑中取出固定粒度(1 ~ 3)mm 和一定质量(100 g)的煤样，经暴露了 3 min 后，向某一体积空间解吸瓦斯，用该空间压力的变化(即 Δh_2)来表征煤样解吸出的瓦斯量。

试验证明，煤的破坏类型越高，则煤的解吸速度越大(图1-27)；突出危险区煤样的瓦斯解吸量，远比无突出危险区大(图1-28)。

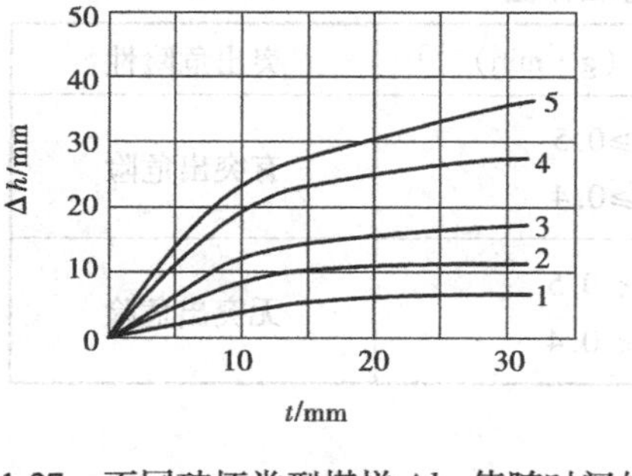

图1-27　不同破坏类型煤样 Δh_2 值随时间的变化曲线(煤样粒度 1 ~ 3 mm，充瓦斯压力 0.2 MPa)

1、2、3、4、5——分别为Ⅰ、Ⅱ、Ⅲ、Ⅳ、Ⅴ类煤样

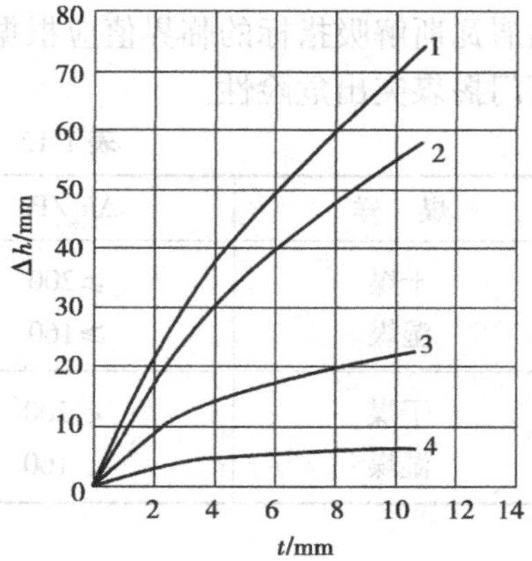

图1-28　炮眼煤样 Δh_2 值随时间变化曲线

1. 北票台吉立井550 m东1/2石门9层(突出)
2. 北票冠山三井 −330 m东1/2石门10层(突出)
3. 北票台吉四井 −370 m东1石门5A层(非突出)
4. 北票台吉四井 −370 m东2石门10层(非突出)

瓦斯解吸指标 K_1：

该指标为煤炭科学研究总院重庆分院研制提出的。从国内外许多学者研究钻屑瓦斯解吸规律的关系中,选用了计算较为方便的方程进行计算。

K_1 是煤样从煤体脱落暴露后,第1分钟内,每克煤的累积瓦斯解吸量。它的理论依据是:

$$K_1 = \frac{Q + W_1}{\sqrt{t_1 + t_2 + t_3}} \tag{1-31}$$

式中 Q——煤样解吸测定开始后,t 分钟时,每克煤样累积瓦斯解吸量,mL/g;

W_1——解吸测定开始前,煤样在暴露时间内损失的瓦斯解吸量,mL/g;

t_1——取样到启动仪器时间,min;

t_2——解吸测定时间,min;

t_3——煤样从煤体脱落到钻孔口时间(一般取0.1 L,L为钻孔长度,m)。

由于式中有两个未知数,K_1 和 W_1,需要用作图法或试算法获得。

钻屑瓦斯解吸指标的突出临界值,应根据实测数据确定;如无实测数据可参照《防治煤与瓦斯突出规定》的有关要求参见表1-12值进行判断。

现场测试表明,用式(1-31)描述的钻屑瓦斯解吸特征,其相关系数平均为 $R=0.98$,在现场使用应有很高的精度。

在式(1-31)中,判断煤层危险程度的重要参数是瓦斯解吸特征 K_1 值,当 $t_1+t_2+t_3=1$ 时,$K_1=Q$,也即 K_1 值就等于煤体暴露后第一分钟内每克钻屑的瓦斯解吸量。K_1 值的大小与煤层中瓦斯含量有关,也与煤的破坏类型有关,因此,它能较好地反映煤层的突出危险性。从南桐煤田鱼田堡煤矿4号层掘进180 m的煤巷的连续观察中可以看出,当掘至煤层厚度处,尤其是接近突出地区时,K_1 值变大,通过突出点后,K_1 值有逐渐下降,两者具有很好的正相关性。

b. 钻屑指标的临界值

钻屑瓦斯解吸指标的临界值应根据现场实际测定数据确定。如无实测数据,可按表1-14确定石门揭煤突出危险性。

表1-12　钻屑瓦斯解吸指标临界值

煤　样	Δh_2/Pa	K_1/[mL·(g·min)$^{-1}$]	突出危险性
干煤	≥200	≥0.5	有突出危险
湿煤	≥160	≥0.4	
干煤	<200	<0.5	无突出危险
湿煤	<160	<0.4	

c. 测定仪表

MD-2型煤钻屑瓦斯解吸仪。该仪器为煤科总院抚顺研究院研制,仪器由水柱计、解吸室、煤样罐、三通活塞和两通活塞组成。另配有1 mm和3 mm的取样小筛子1套、秒表1块。仪器主体为一整块有机玻璃,外形尺寸为270 mm×120 mm×34 mm,质量为0.8 kg。

ATY型突出预测仪。该仪器为本安型,由煤科总院重庆研究院研制,能自动测定钻屑瓦斯解吸指标 K_1 值。仪器由煤样罐及主机两部分组成,主机带有单片微机系统,具有测量、数据处理、记忆、显示及报警等功能,其原理方框图见图1-29。

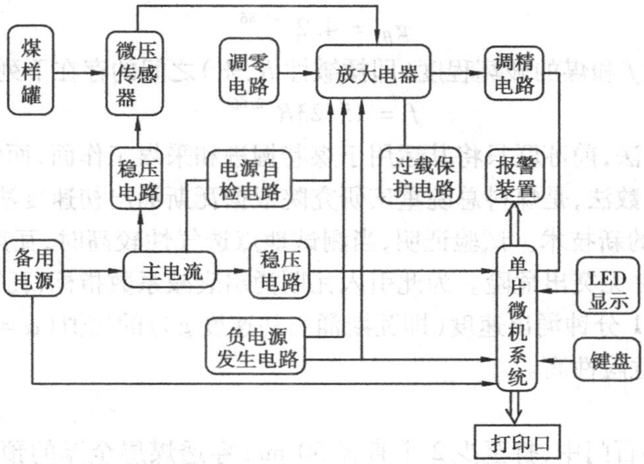

图1-29　ATY主机系统原理方框图

仪器仪表主要技术参数如下：

测量范围(Pa)	88～130 kPa
测量精度(%)	+1.5～－1.5(满刻度)
分辨率(Pa)	10
电池额定电压(V)	7.2
微机容量,程序储存器(K)	8
随机有取器(K)	2
采样速度(次/min)	2
显示方式	6位LED显示
供电方式	CNY-IfAh×6
工作时间(h)	8
存储数据(组)	20
主机外形尺寸(mm)	225×155×70
主机质量(kg)	1.5

WTC瓦斯突出参数仪。它是一种便携式矿用本质安全型仪器,仪器主要用于测定煤与瓦斯突出预测预报参数,测定的所有数据都可存储、显示、打印。仪器具有测量数据永久记忆保存、背光液晶显示、中文菜单提示操作、电池电量和实时时钟显示等功能。

仪器主要用于测定钻屑瓦斯解吸指标K_1值。仪器具有功能强、体积小、重量轻、操作简单、性能可靠、防潮防尘性能好等优点,是目前煤矿常用防止瓦斯灾害的一种先进设备。

③钻孔瓦斯涌出初速度结合瓦斯涌出衰减系数

a. 原理

钻孔瓦斯涌出初速度是评价突出危险性的综合指标,它反映了决定煤层突出危险性的全部因素。钻孔瓦斯涌出初速度预测法是前苏联运用最广泛的日常预测方法,已被正式列入前苏联《煤、岩石和瓦斯突出危险煤层安全开采规程》。

瓦斯涌出初速度综合地反映了煤层的破坏程度、瓦斯压力和瓦斯含量、煤体的应力状态及透气性。根据前苏联研究，瓦斯涌出初速度 g_H 与煤的坚固性系数 f 之间存在下列关系：

$$g_H = 4.2f^{-1.86} \tag{1-32}$$

煤的坚固性系数 f 和煤的破坏程度(即揉皱性 R,%)之间的存在下列关系：

$$f = 15.23R^{-2.66} \tag{1-33}$$

瓦斯涌出初速度法，前苏联只将其运用于煤巷掘进和采煤工作面，而钻孔瓦斯涌出初速度结合瓦斯涌出衰减系数法，是煤科总院重庆研究院根据瓦斯涌出初速度法的基本原理，在“八五”攻关项目中研制的新技术。试验证明，当测试地点透气性较高时，瓦斯涌出初速度值也能达到较高的数值，但并无突出危险。为此引入瓦斯涌出衰减系数指标，瓦斯涌出衰减系数为第5分钟涌出速度与第1分钟涌出速度(即瓦斯涌出初速度 g_H)的比值($\alpha = g_5/g_H$)，比值小说明煤体透气性小，突出危险性高。

b. 工艺

距煤层3 m以外石门中，打至少2个直径50 mm穿透煤层全厚的预测钻孔，见煤点在石门周界外1.5 m处，然后用充气胶囊封孔，胶囊前端处在钻孔见煤点处，贯穿煤层全厚的这段钻孔即为测量室。对于复合煤层，当分层间岩层厚度超过1 m时，对每分层分别进行预测；当分层间夹层厚度小于1 m时，预测全部分层。

封孔应在打钻结束后马上进行，充气压力为0.5 MPa，从打钻结束到开始测量的时间不应超过5 min。封孔后测定第1分钟的瓦斯涌出初速度 g_H，第2分钟测定解吸瓦斯压力，如果 g_H 值超过预定的工作指标，还需要测定第5分钟钻孔涌出速度，以便算出瓦斯涌出衰减系数 α ($\alpha = g_5/g_H$)。

c. 临界值

临界值应根据现场实测数据确定。如无实测数据，可按表1-13和表1-14确定突出危险性。

表1-13　正常带石门揭煤危险临界值

g_H/[L·(min·m)$^{-1}$]	P_d/MPa	$\alpha = g_5/g_H$	突出危险性
< 5	< 0.07	> 0.75	无危险
20 > g_5 ≥5	≥0.07		无危险
20 > g_5 ≥5	≥0.07	≤0.75	有危险
≥20	≥0.25		有危险

表1-14　地质构造带石门揭煤危险临界值

g_H/[L·(min·m)$^{-1}$]	P_d/MPa	$\alpha = g_5/g_H$	突出危险性
< 2	< 0.03		无危险
≥2	≥0.03		有危险

(2)煤巷突出危险性预测

①钻孔瓦斯涌出初速度法

用该法进行煤巷突出危险性预测时，应在距离巷道两帮0.5 m处，各打1个平行于巷道掘进方向、直径42 mm、深3.5 m的钻孔。用充气胶囊封孔器封孔，封孔后测量室长度为0.5 m。用TWY型突出危险预报仪或其他型号的瞬间流量计测定钻孔瓦斯涌出初速度，从打钻结束到开始测量的时间不应超过2 min。

根据前苏联马凯耶夫煤矿安全研究所在顿巴斯各个区不同的地质和采矿技术条件下进行的测定,查明了在非突出危险带和突出危险带钻孔瓦斯涌出初速度和煤的力学性质变化的一般规律,在危险煤层中可能划分三个带,即非突出危险带、过渡带和突出危险带,每个带具有各自的规律和特性。

a. 非突出危险带

走向长度由数十米到数百米,甚至上千米,在这个带中瓦斯涌出初速度、煤的力学性质和煤层厚度的变化是稳定的。

在这个带中,瓦斯涌出初速度小于5 L/min。瓦斯涌出初速度低的原因是,煤的破坏程度不高或排放了瓦斯。

b. 过渡带

在非危险带和突出危险带之间是煤层性质逐渐变化的地带。不同煤层过渡带的长度不相同,一般为0~40 m。在过渡带中煤的有效孔隙率增加,煤的坚固性系数减小,瓦斯涌出初速度比非突出危险带增加几十到几百倍。

在工作面进入突出危险带时的煤层参数的变化如下:

$$g_H = 2.12 + 0.13L + 0.11L^2 \tag{1-34}$$

$$R = 0.65 \pm 0.04$$

$$f = \exp(0.2 + 0.03L - 0.08L^2) \tag{1-35}$$

$$R = 0.90 \pm 0.02$$

$$P_3 = \exp(1.19 - 0.025L + 0.002L^2) \tag{1-36}$$

$$R = \pm 0.08$$

式中 L——工作面进入突出危险带的距离,m;

f——煤的坚固性系数;

P_3——煤的有效孔隙率;

R——相关系数。

在工作面离开突出危险带过渡带煤层性质具有以下的一般规律:煤的有效孔隙率降低,坚固性系数增大,瓦斯涌出初速度降低到非常非危险带的值。在过渡带尽管观察到瓦斯涌出初速度和煤的力学性质向异常方面逐渐变化,但是还不发生突出。

c. 突出危险带

突出危险带在不同煤层其长度也不同,变化在10~100 m之间。在这个带中煤的坚固性系数降低了50%~83%,为0.2~0.7,煤层厚度变化15%~80%,瓦斯涌出初速度跳跃式地变化,有时可比过渡带低57%~67%。

突出危险临界值应根据现场实测数据确定。如无实测值,可按表1-15确定突出危险性。

表1-15 煤巷钻孔瓦斯涌出初速度临界值

煤的挥发分 V_{daf}/%	5~15	15~20	20~30	>30
g_H/[L·(min·m)$^{-1}$]	5.0	4.5	4.0	4.5

煤科总院重庆研究院在煤矿现场试验,提出采用钻孔瓦斯涌出衰减系数作辅助预测指标,

可提高可靠性。钻孔瓦斯涌出衰减系数的临界值 $\alpha \leqslant 0.65$，只有当 g_H 值和 α 值同时达到危险临界值时，才能判断有突出危险。钻孔瓦斯涌出初速度法按表 1-16 确定突出危险性。

表 1-16　煤巷钻孔瓦斯涌出初速度法临界值

$g_H/[\mathrm{L\cdot(min\cdot m)^{-1}}]$	$\alpha = g_5/g_H$	突出危险性
$g_H < g_{Hk}$	$\alpha > \alpha_k$	无突出危险性
$g_H \geqslant g_{Hk}$	$\alpha \leqslant \alpha_k$	有突出危险性

②钻孔瓦斯涌出初速度结合钻屑量综合指标（R 值）法

a. 原理

这种预测方法是综合性的，它同时考虑了工作面的应力状态、物理力学性质、瓦斯含量，即考虑了决定突出危险的主要因素。

钻孔的钻屑量 S（L/m）计算如下：

$$S = S_1 + S_2 + S_3 \tag{1-37}$$

式中　S_1——根据钻孔直径计算的钻屑量；

S_2——由于瓦斯能量释放造成的钻屑量；

S_3——由于地压能量释放造成的钻屑量。

在钻孔直径 42 mm 时，如考虑到煤的松散系数（$\sigma = 1.3$）则 $S_1 = 1.8$ L/m，并且沿钻孔长度是一个常数。

钻头进入高应力状态下的煤体时，由于瓦斯压力的作用使煤体破碎。根据前苏联研究计算，在危险带 $S_2 \geqslant 0.5$ L/m，在非危险带 $S_2 = 0$。

在地压作用下钻孔发生变形，因而钻杆不断研磨煤体，产生 S_3。对于弗拉基米洛夫斯基煤层的条件计算和实测的结果分别为：危险带 $S_{3算} = 8.8$ L/m，$S_{3测} = 15.8$ L/m；非危险带 $S_{3算} = 2.0$ L/m，$S_{3测} = 1.9$ L/m。

在突出危险带中，在钻孔壁变形的同时发生冒落，煤的破坏愈高，打钻延续时间愈长，含瓦斯愈多，煤冒落愈厉害，这就是突出危险带钻屑量高的原因。

钻屑量主要考虑了煤层的强度性质和应力状态，而瓦斯涌出初速度则主要考虑了瓦斯因素，因此，把钻屑量与瓦斯涌出初速度结合在一起来预测突出危险性是合适的。

b. 工艺

采用该方法预测时，要求在工作面打 2 个直径 42 mm、深 5.5 ~ 6.5 m 的钻孔。钻孔打在软分层中，一个钻孔位于巷道工作面中部并平行于掘进方向，另一个钻孔的终孔点应位于巷道轮廓线外 1.5 m 处。

钻孔每打 1 m 测定一次钻孔瓦斯涌出初速度和钻屑量，测定钻孔瓦斯涌出初速度时，测量室长度为 1 m。钻进每米钻孔的时间不应超过 2 min，且测量瓦斯初速度应在每米钻孔打完后 2 min 进行。

根据沿孔深测出的最大瓦斯涌出初速度和最大钻屑量计算综合指标 R 值：

$$R = (S_{\max} - 1.8)(i_{\max} - 4) \tag{1-38}$$

式中　$S_{\max}$——每个钻孔沿孔深最大钻屑量，L/m；

$i_{\max}$——每个钻孔沿孔深最大瓦斯涌出初速度，L/(min·m)。

c. 临界值

各矿临界值应根据实测资料确定，无实测资料时取 $R_k = 6$，当实测值 $R \geqslant R_k$ 时，预测有突出危险。

③钻屑指标法

采用该法预测时，在工作面打 2 个（倾斜和急倾斜煤层）或 3 个（缓倾斜煤层）直径42 mm、长 6 ~ 10 m 的钻孔，也可以根据各矿措施规定钻孔个数、倾角和长度。钻孔每打 1 m 测定钻屑量 1 次，每打 2 m 测 1 次钻屑解吸指标。根据每个钻孔沿孔深每米的最大钻屑量解吸指标 K_1 或 Δh_2，预测工作面突出危险性。

各项指标的危险临界值根据现场实测资料确定，如无实测资料，按表 1-17 确定突出危险性。

表 1-17　钻屑指标法危险临界值

S_{max}		K_1	Δh_2	突出危险性
kg/m	L/m	mL/(g · min)$^{1/2}$	Pa	
≥6	≥5.4	≥0.5	≥200	有突出危险
< 6	< 5.4	< 0.5	< 200	无突出危险

④其他方法

a. 煤体温度

该方法的原理是，工作面前方煤体温度的变化特征决定于煤体应力变形状态和瓦斯动力状态。不但煤卸压会降低煤体温度，煤体排放瓦斯（包括瓦斯解吸、绝热膨胀和渗透）同样会降低煤体温度。有两种测温方法来评价煤层的突出危险性：一是测量从每段炮眼采集的钻屑的温度；二是测量工作面新暴露面的温度。

在煤体中钻进时，离孔口 L 深处的钻屑温度为：

$$T = T_1 + \Delta T_1 + \Delta T_2 - \Delta T_3 \tag{1-39}$$

式中　T_1——离孔口 L 深度的煤体温度，K；

ΔT_1——煤被钻头破碎成煤屑状态时的温度变化，K；

ΔT_2——钻屑输送到孔口的温度变化，K；

ΔT_3——钻屑解吸瓦斯后的温度变化，K。

根据前苏联研究资料，突出危险带钻屑的温度比保护带低 1 ~ 3 ℃。从工作面向煤体深部温度变化的规律是，从工作面向支撑压力带上升方向，当支撑压力达到最大值后再向煤体深部（弹性应力带）温度逐渐下降。通常随工作面突出危险性的减小，工作面煤体温度也变小。

b. V_{30}特征值

所谓 V_{30}特征值，是爆破后前 30 min 内的瓦斯涌出量（m^3）与崩落煤量（t）的比值，单位为 m^3/t。对不同煤层的 V_{30}值统计分析表明，在无瓦斯突出危险的煤层，这些值的分布非常接近于正态分布，中值位于可解吸瓦斯含量的 10% ~ 17% 附近；一旦值达到可解吸瓦斯含量的 40%，就有瓦斯突出的可能；达到可解吸瓦斯含量的 60%，就存在瓦斯突出危险。

c. 解吸指数 K_t

d. 煤层瓦斯中氡浓度

e. 声发射预测(微震声响预测)

f. 电磁辐射法

(3)采煤工作面突出危险性预测

采煤工作面突出危险性预测按下列步骤进行:

①沿采煤工作面每隔 10 ~ 15 m 布置一个预测钻孔,钻孔深度根据工作面的条件而定,但不得小于 3.5 m;

②可采用煤巷掘进工作面突出危险性预测的方法,如钻孔瓦斯涌出初速度法、R 值指标法、钻屑量指标法等;

③当预测为无突出危险工作面时,每预测循环应留有 2 m 超前距(或根据各矿具体规定预留超前距)。

2. 防止突出预测规定

(1)突出危险区划定

突出煤层经区域预测后可划分为突出危险区和无突出危险区。经开拓前区域预测为无突出危险区的煤层进行新水平、新采区开拓,准备过程中的所有揭煤作业应当采取局部综合防突措施;经开拓后区域预测或者区域措施效果检验后为无突出危险区的煤层进行揭煤和采掘作业时,必须采用工作面预测方法进行区域验证。在采用工作面预测方法进行预测验证时,如果只进行一次,有可能因检测仪表的误差、人为操作或分析的误差出现错误判断,很不保险,特别是划为无突出危险时更应慎重,所以要进行连续 2 次预测验证。如果有一次预测指标达到有突出危险则说明该区域发生突出的可能性很大,为了避免突出造成损失,为保险起见,将该区域划为突出危险区。这样做虽然影响一些采掘成本和速度,但安全可靠,造成灾害损失小。目前,人们对突出机理认识还不清,预测手段(包括仪器仪表、预测预报指标及其临界值)不十分过关。至于为什么要每推进 30 ~ 100 m 就要预测验证,这是从现场实际工作中汇总的经验数据,而且其影响因素较多,难以提出某一个具体的临界数据,各矿只有根据本矿的具体条件经汇集总结而定。

(2)防治突出预测的规定。

在突出危险区内进行采掘工作,按规定必须采用预测、执行防治突出措施、措施效果检验,措施效果检验有效后,方能采取安全防护措施施工。

每一次工作面预测循环有两种情况:

①预测为突出危险工作面时,其工作程序包括执行防突措施、措施效果检验,措施效果检验有效后采区安全防护措施施工,并留有 5 m 的预测超前距的情况下,再进行下一次工作面预测。若下一次预测循环预测无突出危险工作面时,为了确保安全,必须再重复进行一次措施循环后,再进行工作面预测确认为无突出危险工作面后,方可将突出危险工作面改为无突出危险工作面。

②当工作面预测为无突出工作面时,其工作程序包括安全防护措施施工,在保留有为保证预测人员工作安全的 2 m 安全屏障(预测超前距的)条件下,再进行下一次工作面预测循环。

工作面预测的范围小,仅在预测钻孔孔深控制的范围内,对预测孔孔长控制范围之外煤层的突出危险性因没有取得判断资料是无法确定的,为了保证在突出危险区内进行采掘工作的安全,在保证工作安全的安全屏障保护下,必须连续不断进行预测。

在进行工作面预测时,由于仪器仪表存在误差,人员操作上会有不当,加之人们在主观判断上也可能有失误,为了确保安全,避免因人为因素或仪表的偶然误差而导致突出预测的失误,引发突出事故,只有在连续2次工作面预测皆为无突出危险时,突出危险工作面才能改判为无突出危险工作面。

二、分组实作任务单

编制模拟矿井煤层突出危险性的检测报告。

任务1.4.3 区域防突措施

一、学习型工作任务

(一)阅读理解

区域防突措施是指在突出煤层进行采掘前,对突出煤层较大范围采取的防突措施,包括开采保护层和预抽煤层瓦斯2类。

1. 开采保护层

(1)概述

开采保护层是各国采用的防治突出的主要区域性措施。所谓保护层,一般是指在突出矿井的煤层群中首先进行开采的非突出危险煤层。开采保护层后,对有突出危险的煤层产生保护作用,使之消除或减少突出危险性,达到防止煤和瓦斯突出的目的。

根据保护层的位置不同,可分为上保护层和下保护层2种方式。位于被保护层上部的叫上保护层,反之叫下保护层。

根据保护层与突出层之间的垂直距离(h)不同可分为近距离、中距离和远距离保护层。

近距离保护层:$h \leqslant 10$ m;

中距离保护层:10 m $< h >$ 50 m;

远距离保护层:$h \geqslant 50$ m。

在选择保护层时,应优先选择上保护层,没有条件时,也可选择下保护层,但在开采下保护层时,不得破坏被保护层的开采条件。

开采下保护层时,上部被保护层不致破坏的最小层间距要用公式(1-40)、(1-41)确定。

当$\alpha \leqslant 60°$时:

$$h_{\min} \geqslant KM \cos \alpha \tag{1-40}$$

当$\alpha > 60°$时:

$$h_{\min} \geqslant KM \cos \alpha/2 \tag{1-41}$$

式中 $h_{\min}$——允许采用的最小层间距,m;

M——保护层开采厚度,m;

α——煤层倾角,(°);

K——取决于煤层厚度和顶板管理方法的系数。采用充填法管理顶板时,$K=4$;采用全部冒落法开采薄和中厚煤层时,$K=6$;采用掩护支架开采厚煤层时,全部冒落法且从上水平大量掉落岩石时,$K=8$;采用走向长壁开采厚煤层,或用掩护支架开采厚煤层,顶板冒落、而上水平岩石掉落受到阻碍时,$K=10$。

(2)保护层采动作用基本规律

开采保护层后,在地层中形成一定的采空空间,周围的岩层和煤层便向形成的采空空间移动和变形,从而引起地应力重新分布,并在采空区上方形成自然冒落拱,使压力传递给采空区以外的岩层,也即保护层对其周围的岩层和煤层产生采动影响。

由于采动影响,煤层、岩层局部卸压,产生膨胀变形,原有的天然裂缝(构造的、内在的)和大孔隙张开,并形成了新裂缝(外生的)。由此增加了煤、岩体的渗透能力和透气性,提高了瓦斯解吸能力与排放强度。

①走向方向

采动作用下,被保护层的应力变形状态及瓦斯动力参数发生重大变化。从国内各矿采集资料得出,尽管条件(开采深度、保护层位置、开采采长等)不同,但被保护层的应力变形状态和瓦斯动力参数的变化在空间上是基本一致的,大体上遵循同一变化规律,这种规律可以通过沿走向划分的四个带来说明。

这四个带是(见图1-30):

正常应力带(瓦斯自然涌出带);

集中应力带或支撑压力带(瓦斯涌出减少带);

保护带或卸压带(瓦斯涌出活跃带);

应力恢复带(瓦斯涌出衰减带)。

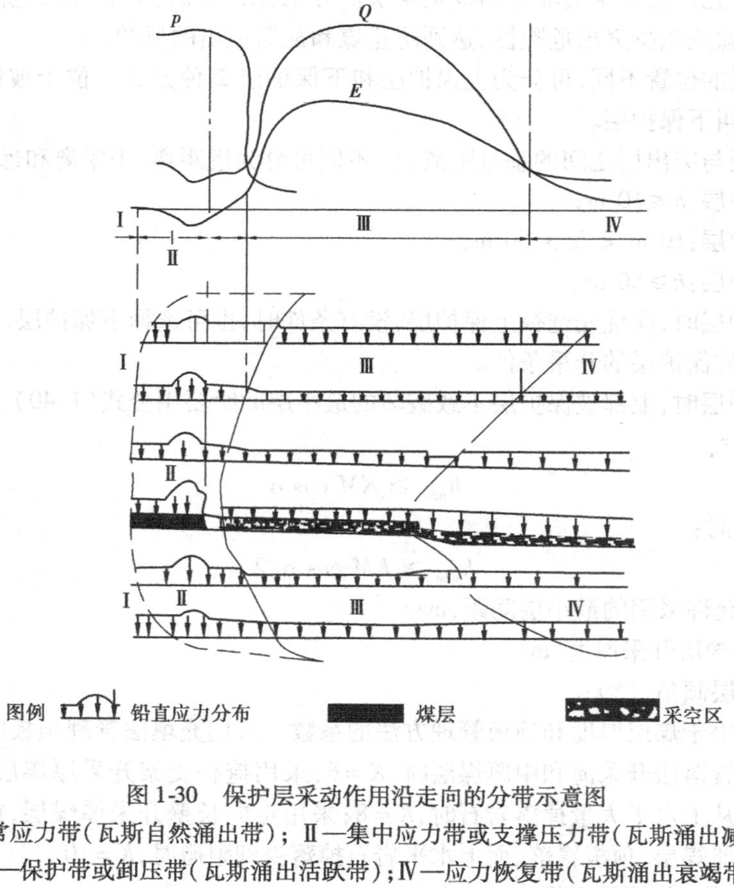

图1-30　保护层采动作用沿走向的分带示意图

Ⅰ—正常应力带(瓦斯自然涌出带);Ⅱ—集中应力带或支撑压力带(瓦斯涌出减少带);

Ⅲ—保护带或卸压带(瓦斯涌出活跃带);Ⅳ—应力恢复带(瓦斯涌出衰竭带)

E—煤层变形曲线;p—瓦斯压力曲线;Q—瓦斯流量曲线

每个带的有关参数值与具体的地质开采条件有关。

现将各个带的特性及有关参数值阐述如下。

a. 正常应力带(瓦斯自然涌出带)

正常应力带一般分布在保护层采煤工作面前方40~50 m远处。此带内的岩层未受采动影响,承受正常压力,当不考虑构造应力时,其应力值为$\sigma=\gamma H$(岩石的平均重率与埋藏深度之积)。瓦斯动力参数保持其原始数值。

钻孔瓦斯涌出量按负指数规律自然衰减。

b. 集中应力带或支撑压力带(瓦斯涌出减少带)

此带一般分布在保护层采煤工作面前方50 m至后方20 m处,其长度取决于开采深度、工作面长度、开采层厚度及其倾角等。最大支撑压力点的位置一般位于保护层工作面前方2~30 m处,且大多数在工作面前方10 m的范围内,与其对应的最大压缩变形值为0.1‰~3.33‰。

应力集中系数值与层间垂距有关。根据在南桐、北票煤田的考察资料,在层间垂距小于25 m时,应力集中系数$K=2\sim3$。潘一矿13-1煤层的相似材料模拟试验研究表明(图1-31),随着离开采层间垂距增大,应力集中程度逐渐降低,即应力集中系数逐渐减小而应力集中范围却逐渐扩大。

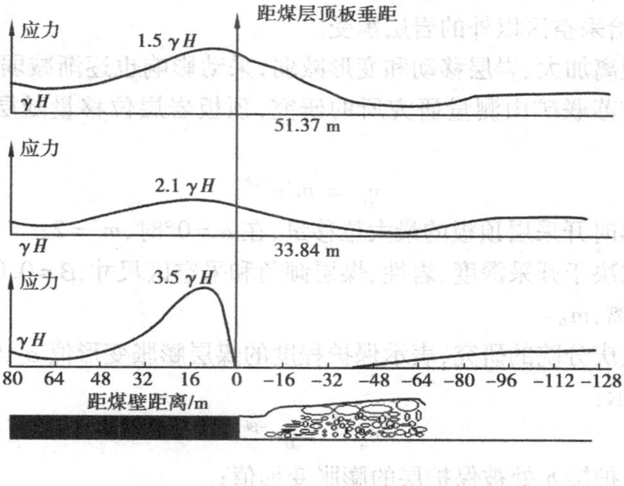

图1-31 开采层上方应力分布曲线

在应力集中带里,由于集中应力的作用,煤体的裂缝和孔隙封闭、收缩,透气性降低,这就使得本来就不大的瓦斯流量更趋减小,但过了最大支撑压力点后,应力逐渐变小,瓦斯流量也就逐渐增大。

c. 充分卸压带

尽管从保护层采煤工作面后方0~20 m或有时甚至从保护层采煤工作面前方就已出现卸压现象,但是,根据大多数卸压过程出现在保护层工作面后方的事实,并且为了在卸压带工作安全起见,我们仍把出现急剧卸压的那点算作卸压带的初始点。这一点通常位于工作面后方5~20 m处(为层间垂距0.25~0.8倍),最大卸压点(最大膨胀变形点)位于工作面后方20~130 m处,卸压速度逐渐减小,直到应力恢复带为止,仍保持着显著卸压状态。

在卸压带内,由于压力已传递给此带以外的岩层承受,煤层承受的压力不断减小,即产生卸压作用,煤体产生膨胀变形,透气性增加,同时瓦斯加剧解吸,流量不断增加并达到最大值,瓦斯压力急剧下降。

通常,被保护层发生卸压后,钻孔瓦斯流量随之增加。由于卸压现象可能出现在保护层工作面前方,因此,钻孔瓦斯涌出开始增大的过程可超前于保护层采煤工作面。随着保护层工作面的推进,钻孔瓦斯流量不断增加并达到最大值,由于在钻孔影响范围内的瓦斯来源不断减少,钻孔瓦斯流量又逐渐下降。最大瓦斯流量点的位置与层间距有关,根据前苏联斯柯钦斯基矿业研究所的资料,在 $h = 10 \sim 60$ m 时,最大瓦斯流量点到保护层采煤工作面的距离(L_{max})与层间垂距(h)成正比,有 $L_{max} = 7.45 + 0.732h$。

由于此带中瓦斯涌出活跃,所以在此带中最宜于钻孔抽放瓦斯。

d. 应力恢复带(瓦斯涌出衰竭带)

位于保护层采煤工作面后方较远处,它的位置与层间垂距有关。此时,保护层采空区内冒落岩石逐渐被压实,处于此地带的煤层及岩层重新承受支撑压力,但应力值已小于原始应力值,煤层仍保留一定的膨胀变形,因瓦斯经过长期的自然排放或人工抽放,已处于衰竭状态,失去抽放价值。

②垂直煤层方向

开采保护层后,开采层周围的岩层和煤层向采空区方向移动变形,在采空区上方形成自然冒落拱,压力则传递给采空区以外的岩层承受。

随着离开采层距离加大、岩层移动和变形减弱,采动影响也逐渐减弱,其规律一般按负指数曲线变化。根据前苏联矿山测量研究所的研究,顶板岩层位移量随层间距离衰减可用式1-42表示:

$$\eta_0 = m' e^{-\beta h} \tag{1-42}$$

式中 m'——在冒落时开采层顶板的最大位移量,在 $\alpha = 0°$ 时,$m' = 2$;

β——系数,取决于开采深度、岩性、煤层倾角和采空区尺寸,$\beta = 0.002\,5 \sim 0.007\,4$;

h——层间距离,m。

根据煤科总院重庆分院的研究,表示保护程度的煤层膨胀变形值 ε_e 与层间距离的关系可用指数方程 1-43 表示:

$$\varepsilon_e = \varepsilon_{e0} e^{-\beta h} \tag{1-43}$$

式中 ε_e——距离保护层 h 处被保护层的膨胀变形值;

ε_{e0}——最大膨胀变形值;

β——取决于开采深度及层间岩性的系数。

对于中梁山南矿 $\varepsilon_{e0} = 6.68 \times 10^{-3}$,$\beta = -0.067$;对于南桐煤矿 $\varepsilon_{e0} = 63.92 \times 10^{-3}$,$\beta = -0.383\,3$。

在采空区直接影响范围内,突出层卸压后出现膨胀变形,在煤层和岩层内,原有的天然裂缝和大孔隙扩大,并产生新的裂缝,使保护层和岩层的透气性增大数十至数万倍。这些裂隙中有部分是垂直层面的,在离保护层一定距离内,这些裂隙能彼此贯通,直至与保护层采空区沟通,提供了被保护层解吸瓦斯涌向保护层采空区的通道。

突出层的卸压也为瓦斯解吸和排放创造了条件。为此,提高了瓦斯的排放能力,瓦斯的不断涌出引起瓦斯压力下降,并一直降到残余瓦斯压力值。

根据保护层周围岩层和煤层的移动强度(即其卸压程度),在保护层垂直层面方向可划分

三个带(表1-18):

表1-18　保护层顶底板方向分带

序号	带	距保护层距离 h/m		裂缝特性	瓦斯排放特性	残余瓦斯压力 p_c/MPa	保护层与被保护层瓦斯涌出量比值	
		下保护层	上保护层				下保护层	上保护层
Ⅰ	混乱移动带	≤10	≤10	形成层间纵横交错的互相沟通的裂缝系统	瓦斯顺层间裂缝充分排放至保护层	0～0.2	7.2	3.85～4.3
Ⅱ	岩石完整性被破坏的移动带	10～50	10～30	有一些裂缝沟通层间岩层,具有一定的阻力	瓦斯顺层间裂缝排放至保护层	$f(h)$	2.5	1.5
Ⅲ	岩层弯曲带(弹塑性变形带)	50～80	30～40	无沟通层间的裂缝,形成离层空洞与层内裂缝	瓦斯沿被保护层层内裂缝排放,不涌向保护层	$F(P_o+L)$		

a.岩石混乱移动带(冒落带)。距保护层距离 $h \leqslant 10$ m,形成层间距纵横交错的互相沟通的大裂缝系统,处于该带内的突出层,其瓦斯可得到充分排放,残余瓦斯压力值一般为0～0.2 MPa,此值与层间距离、原始瓦斯压力均无关。在这个带中,采上保护层时保护层的瓦斯涌出量是被保护层的3.85～4.3倍,采下保护层时为7.2倍。

b.岩石完整性被破坏的移动带。距保护层距离:下保护层为10～50 m,上保护层为10～30 m。层间岩石中仍形成垂直层面与保护层相互沟通的裂缝,处于此带的突出层,其瓦斯仍可通过层间裂缝得到排放,层间距离越大,排放程度越差。在此带内,保护层的瓦斯涌出量是被保护层的1.2～2.5倍。此带内的残余瓦斯压力值只取决于层间垂距,而与原始瓦斯应力无关。

c.岩石弯曲带(弹塑性变形带)。距保护层距离:下保护层为50～80 m,上保护层为30～40 m,在此带内被保护层形成离层空洞与层内裂缝,在层间距中央能形成与保护层沟通的裂缝。瓦斯不能通过层间距裂缝排放,处于此带内的突出层,解吸瓦斯积聚在离层空洞(约0.5倍层间距),即膨胀速度加快时,被保护层的瓦斯压力才开始缓慢下降。因此,卸压带内被保护层的瓦斯压力下降与瓦斯排放条件(时间、方式)有关,残余瓦斯压力不是一个定值,在不同的地点、时间,数值不相同,它不但取决于原始瓦斯压力值,而且还取决于排放的条件(有无人工抽放、与抽放孔的距离等)。

(3)保护作用机理

①开采保护层防止突出原理

国内外的考察资料证明,保护层开采后,被保护层的应力变形状态、煤结构和瓦斯动力参数都将发生显著的变化。在时间上,卸压作用是最先出现的,卸压过程甚至有时在保护层工作面前方10～20 m处开始。一般在工作面后方膨胀变形速度加快时,瓦斯动力参数才发生变化，因此，参数变化次序可表述如下：

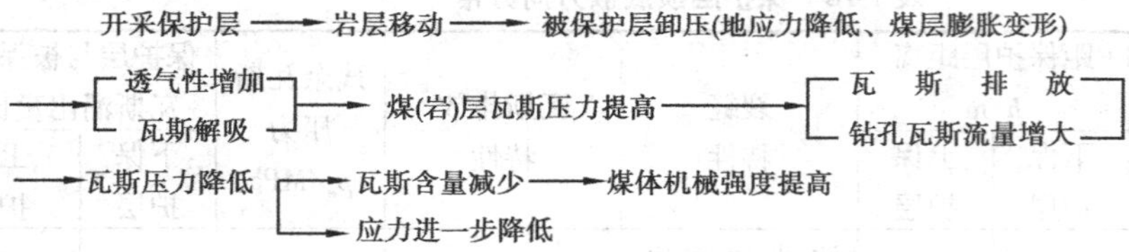

其防止煤和瓦斯突出的原理可用图 1-32 表示。

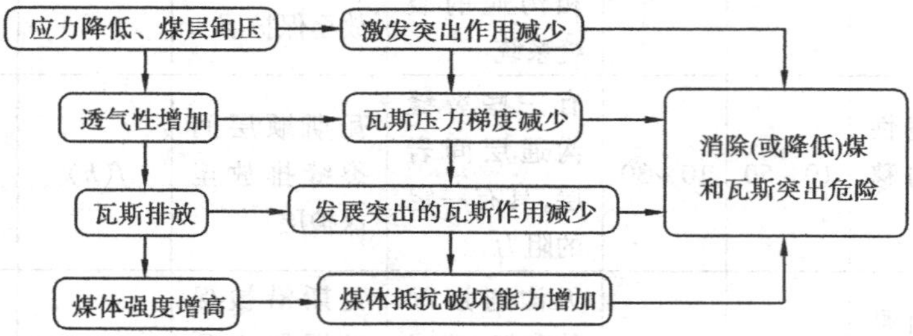

图 1-32　开采保护层防止煤和瓦斯突出原理图

从以上分析表明，尽管保护层的保护作用是卸压和排放瓦斯的综合作用结果，但卸压作用是引起其他因素变化的依据，卸压是首要的、起决定性的。因此，只要突出层受到一定的卸压作用，煤体结构、瓦斯动力参数便发生如上顺序的变化。在层间距离较远（但要在有效层间垂距范围内）、中间有坚硬岩层的情况下，突出煤层的卸压、煤层及其围岩透气性的增加是无疑的，只是瓦斯自然排放困难一些，但从前两个因素的变化来讲，都是有利于消除突出危险性的。

因此，退一步讲，即使不能完全消除突出危险性，也会有所降低，而决不会增加。

②抽放瓦斯的作用

在我国的生产实践中，已把开采保护层结合抽放瓦斯作为一项综合性措施来运用。但是，在不同的条件下，抽放瓦斯的作用是不相同的。

在层间垂距小于 30 ~ 50 m，层间没有较厚的硬岩层的情况下，突出层卸压后，大量瓦斯将通过层间裂缝涌向保护层的开采空间，从而引起瓦斯超限，在开采近距离保护层时，采区瓦斯涌出量可达 15 m^3/min 以上。由于保护层薄，这样大的瓦斯量是难以用现有的通风方法来稀释的，尤其在开采近距离上保护层时，还可能发生采空区底板突然鼓起，并伴随大量瓦斯涌出。

可见，在这时抽放保护层的卸压瓦斯是为了保护层回风巷瓦斯不超限和不发生底板突然鼓起，以保证保护层的安全生产。

层间垂距虽小于 30 ~ 50 m，但层间有较厚的硬岩层，瓦斯自然排放条件差，残余瓦斯压力高。为了加速与扩大保护作用，应配合抽放瓦斯。

当层间垂距大于 30 ~ 50 m 时，卸压程度减弱，瓦斯自然排放条件差，残余瓦斯压力增高，保护作用随之减弱。在离保护层某一距离处，卸压程度少到仅仅依靠应力降低不足以消除突出危险，此时为了防止突出必须配合抽放瓦斯。

另一方面，由于瓦斯排放可导致应力进一步降低，对卸压作用起到补充作用，从而达到综合防治突出的目的。

研究表明，开采保护层结合抽放瓦斯，不仅可使保护作用影响范围增加 1.4 ~ 1.6 倍，而且可以大大增加被保护层的瓦斯排放程度(煤层原始瓦斯含量及残余瓦斯含量之差与原始瓦斯含量的比值)。

③保护作用机理

在保护层先行开采后,开采层周围的岩层和煤层向采空区方向移动、变形,其范围由岩层卸压角和移动角所限制。岩层经过不断移动,使得地应力发生重新分布,在采空区上方形成自然冒落拱,压力则传递给采空区以外的岩层承受。这样,就对开采层周围的煤层(包括突出煤层在内)和岩层产生采动影响,突出煤层的瓦斯动力参数将发生重大变化。随着离开采层距离的加大、岩层移动和变形减弱,采动影响也逐渐减弱,其规律一般按指数曲线变化。在采空区岩层移动直接影响范围内,地应力(包括地质构造应力)降低,突出层卸压,在垂直煤层层面方向呈现膨胀变形,由此,在煤层和岩层内不仅产生出新的裂缝,而且原有裂缝也有所扩大,这就使得煤层透气性增大数十到数百倍。在采空区的影响带之外为增压带。

保护层开采后,保护层与被保护层之间的部分岩层裂缝是垂直层面的,离保护层一定距离内,这些裂缝能彼此贯通,直至与保护层采空区连通,提供了解吸瓦斯涌向保护层采空区的通道。

突出层卸压也为瓦斯解吸和排放创造了条件。因此,提高了瓦斯的排放能力,瓦斯的不断涌出引起瓦斯压力不断下降,并一直降到残余瓦斯压力值。如果层间垂距小于10 m时(混乱移动带),瓦斯可得到充分排放,残余瓦斯压力值为0~0.2 MPa。如果层间垂距为10~50 m(移动带),瓦斯可通过层间裂缝从保护层采空区涌出,瓦斯压力能很快降到残余瓦斯压力值,这时,残余瓦斯压力值只取决于层间垂距,而与原始瓦斯压力值无关。但是在层间垂距较大,尤其层间有阻挡瓦斯排放的一定厚度的硬岩石时,残余瓦斯压力值就不是定值,它不仅与层间垂距有关,还与原始瓦斯压力和瓦斯排放条件(有无人工抽放、与抽放孔的距离等)有关。

由于卸压作用是引起其他因素变化的依据,因此,在保护作用中,卸压作用是首要的,起决定性的。但在层间垂距较大时,由于卸压强度较小,而瓦斯的排放作用不应忽视,因此应结合人工抽放瓦斯,可加速并扩大保护作用。

开采保护层并结合抽放瓦斯时,突出层的应力变形状态、瓦斯动力参数和力学性质变化后,不能恢复到原有的状态,即保护作用是一个不可逆的过程,此时保护作用不会随时间延长而消失。

④突出矿井开采煤层群的规定

开采了保护层后,保护层顶底板岩石(包括被保护的突出煤层)会发生剧烈的膨胀变形,使煤层中的原始应力降低,煤体发生膨胀变形,煤的孔隙率增加,裂隙增加,会使煤层的透气性大幅度提高;为瓦斯流动提供良好的条件。在煤层瓦斯压力的作用下,被保护煤层中的瓦斯会通过突出危险煤层顶底板岩石裂隙,不断地流向保护层的开采空间,使被保护煤层的瓦斯压力不断地降低,吸附瓦斯迅速解吸为游离瓦斯,成为供给流动瓦斯的不间断的气源,导致被保护煤层瓦斯含量不断降低,同时使煤层强度与稳定性也有所增加,上述一系列的变化,会使被保护煤层逐渐失去发生突出时所需的必要条件,可避免发生大面积突出;同时,采用保护层防治煤与瓦斯突出要比采用局部防治突出的成本低得多,且安全性和可靠程度都较局部措施好。所以,国内外开采煤层群的突出矿井都广泛应用开采保护层作为防突首选措施。

当保护层开采后,在被保护的突出煤层中就出现了受到保护的区域和没有受到保护的区域。所谓受到保护,即该区域内因保护层的开采地质采矿因素发生了变化,瓦斯含量和压力降低，煤体强度增强，失去了发生突出所需要的条件，不存在突出的危险性，同非突出层已无两样，所以在保护区域内进行采掘工作可按无突出危险区从事作业。相反，在非保护区域内，由于煤层的各种地质采矿因素均未发生变化，发生突出的必需条件仍然存在，有发生突出的危险性，因而，在非保护区域内从事采掘工作必须采取综合防突措施，避免突出事故发生造成损失。有的矿区（井）多次出现突出事故，有深刻的教训。

⑤选择保护层应遵循的原则

突出矿井开采煤层群时，选用距被保护突出层最近，开采后顶、底岩石发生移动或冒落不破坏被保护的突出煤层开采条件的无突出危险煤层，作为保护层先于突出煤层开采最为理想。在我国突出矿井现在很难找到这样理想的保护层，随着采掘深度增加，作为保护层开采的无突出危险煤层也逐渐转变成突出危险煤层，有些突出矿井不得不对突出危险程度较小的突出煤层先行开采。这种在没有不突出的保护层可选时，选用突出危险较小的煤层作为保护层开采，也是一种选择。这是因为开采保护层要比采用局部防突措施的安全性和可靠性高，防突的成本也要低得多。有的矿井为保证突出煤层的安全开采，在无可选取作保护层的煤层先行开采时，在突出煤层的底板中开凿一层岩层，或把不可采的极薄煤层作为保护层开采。

选择保护层应遵循以下基本原则：

①首先选无突出危险的煤层作为保护层。煤层群中几个煤层都可作为保护层时，应根据安全可靠、技术先进、经济合理等综合分析确定；

②煤层群中都有突出危险时，应选择突出危险程度最小的煤层作为保护层，但在此保护层进行采掘作业时，必须采取防突措施。

③选择保护层时，应遵循“先上后下”原则，选择下保护层时，不得破坏被保护层的开采条件。

(4)保护范围的确定

开采保护层后，保护层对其周围的岩层及煤层产生采动影响，并在其中的一定范围内出现保护作用，在该范围内突出煤层的应力变形状态和瓦斯动力参数发生重大变化，由此而丧失或降低突出危险性，对于这样的范围我们称之为保护范围。

①概述

保护层的走向保护范围是根据对保护层开采后被保护层内充分卸压效果进行大量的测定而确定的。保护层在开采过程中，随着工作面前进，在被保护的突出危险煤层中的应力、瓦斯压力和煤的物理机械性能都在不断地发生变化，并以煤的弹性变形、瓦斯压力变化、钻孔瓦斯量变化、温度和透气性等形式反映出来。其变化的规律表现为，在工作面前方 30 m 以外，为正常压力地带，受采掘影响较小，30 m 以内为集中压力区（若采用突出危险程度较小的煤层做保护层时，不应在此范围内掘进巷道，若掘进巷道，必须采取防治突出措施），而在工作面后方 2 倍于层间距的范围内被保护的突出煤层中的地应力、瓦斯压力及其物理机械性能都能发生剧烈的变化，距工作面越远，其变化程度越弱。在 2 倍层间距以及更远的地区，各种变化趋于稳定，被保护层中的瓦斯压力一般都降低到 1 MPa 以下，瓦斯流量达到极大值，膨胀变形达到极大值并趋于稳定，保护效果已十分充分，突出的基本要素已经减弱或消除，在此范围内布置掘进巷道，从理论上与实践中都证实是安全的。所以为了充分利用保护层的保护效果，保证被保护层的掘进工作面的作业安全，保护层工作面必须超前于被保护层掘进工作面，且超前距离不得小于其层间距的 2 倍，且不得小于 30 m。

②保护作用的有效层间垂距

开采保护层后，开采层周围的岩层和煤层向采空区方向移动、变形，根据卸压程度的大小，在垂直保护层层面方向可划分三个带：Ⅰ.岩石混乱移动带（冒落带）；Ⅱ.岩层完整性破坏的移动带；Ⅲ.岩层弯曲带（弹塑性变形带）。因此，在不配合人工抽放瓦斯时，保护作用的有效层间垂距实际上就是第Ⅲ带的边界到保护层的层间垂距，在抽放瓦斯时，有效层间垂距可扩大。在我国，综合各种因素，在现有开采深度（$H \geqslant 550$ m）和采煤工作面长度（$\alpha \leqslant 120$ m）的条件下，保护作用的有效垂距规定见表1-19，如果经过专门的考察，则根据考察结果具体确定。

表1-19　保护层与被保护层有效间距（单位：米）

煤层类别	未抽放瓦斯		结合抽放瓦斯	
	下保护层	上保护层	下保护层	上保护层
急倾斜	< 50	< 40	< 80	< 60
缓倾斜和倾斜	< 80	< 30	< 100	< 50

表1-20　保护作用的有效层间垂距

开采深度 H/m	采煤工作面长度 α/m															
	下保护层 S_1'								上保护层 S_2'							
	50	75	100	125	150	175	200	250	50	75	100	125	150	200	250
300	70	100	125	148	172	190	205	220	56	67	76	83	87	90	92
400	58	85	112	134	155	170	182	194	40	50	58	66	71	74	76
500	50	75	100	120	142	154	164	174	29	39	49	56	62	66	68
600	45	67	90	109	126	138	146	155	24	34	43	49	55	59	61
800	33	54	73	90	103	117	127	135	21	29	36	41	45	49	50
1 000	27	41	57	71	88	100	114	122	18	25	32	36	41	44	45
1 200	24	37	50	63	80	92	104	113	16	23	30	32	37	40	41

如果开采条件与以上不符，则要按下列方式确定保护层的有效垂距。

下保护层的最大有效层间垂距：

$$S_1 = S_1' \cdot \beta_1 \cdot \beta_2 \tag{1-44}$$

上保护层的最大有效层间垂距：

$$S_2 = S_2' \cdot \beta_1 \cdot \beta_2 \tag{1-45}$$

式中　S_1'，S_2'——分别为下、上保护层的理论最大有效层间垂距，m（参见表1-20数据）；

β_1——保护层有效厚度影响系数，$\beta_1 = KrM/M_o$，但不大于1，其中，Kr为顶板管理方法影响系数，水力充填时为0.35，其他充填方法时为0.45，在木垛支撑顶板时为0.7，全部冒落法管理顶板或顶板缓慢下沉时为1；M为保护层开采厚度，m；M_o为按图1-33确定的保护层临界厚度，m；

β_2——考虑层间岩层中砂岩百分含量η的系数。即：

$$\beta_2 = 1 - 0.4\eta/100 \tag{1-46}$$

假如对采煤工作面长度大于 80 m 的保护层,按本法计算得的 $S_1 > 20$ m 时,则应取 $S_2 = 20$ m。

③保护层沿走向的最小超前距离

如上所述,因为被保护层的最大膨胀变形是充分卸压的标志,应该用最大膨胀变形沿走向的分布来确定最小超前距。

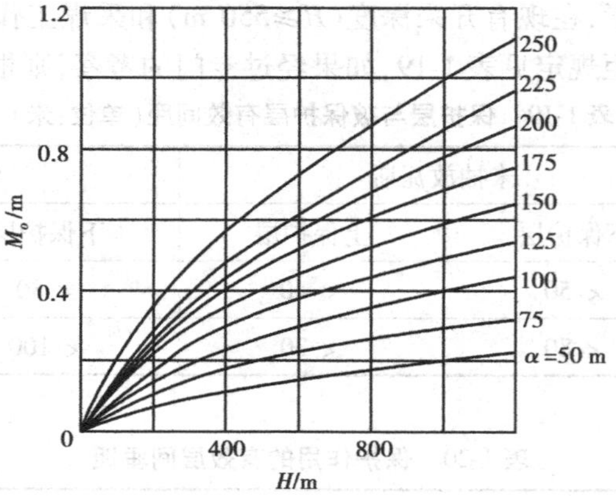

图 1-33 确定保护层临界厚度 M_o 的曲线图

α—采煤工作面长度,如果 $\alpha > 0.3H$,则取 $\alpha = 0.3H$,但不大于 250 m

根据国内外资料得出,当层间垂距大于 10 m 时,绝大多数的最大膨胀变形点和最大瓦斯流量点处于 $L/h = 0.8 \sim 1.7$ 的范围内,圈定这些特征点的边界线与层面的夹角大致为 30 度;当层间垂距小于 10 m 时,所有的最大膨胀变形点和最大瓦斯流量点均处在 $L \leqslant 40$ m 范围内,此时 $L/h > 2$(L 为保护层采煤工作面沿走向的超前距离,h 为层间垂距)。

由此,根据保护层最大膨胀变形点和最大瓦斯流量点沿走向的分布,并预留一定的抽放时间,保护层采煤工作面的超前距离应为层间垂距 2 倍,且不得小于 30 m。实践证实了上述超前距离是正确的。

④保护范围划定

保护范围划定也即是保护层始采线、采止线处的超前距离确定。

a. 保护层走向保护范围。如保护层采煤工作面停产超过 3 个月,且卸压比较充分,该采煤工作面始采线和终采线对被保护层走向的保护范围可按卸压角 56°~60°划定,如图 1-34。

b. 保护层沿倾斜方向的保护范围。沿倾斜方向的保护范围,可按卸压角划定,卸压角的数值与煤层倾角、开采深度、地质岩性、地面下沉角有关。卸压角的大小应采用实测数据,如无实测数据,可采用下列办法确定。如图 1-35 所示。

下保护层卸压角可按下式计算:

$$\delta_1 = 180° - (\alpha + Q_o + 10°) \tag{1-47}$$

$$\delta_2 = \alpha + Q_o - 10° \tag{1-48}$$

式中 α——煤的倾角;

Q_o——最大下沉角,可从地表移动站测得。

在大多数煤层的赋存条件下,即 $\alpha < 70°$时,根据国内外现场观测资料,Q_o 可用下列公式求得,即:

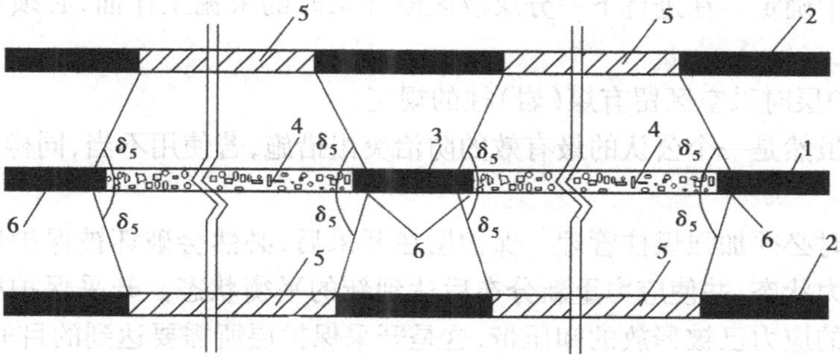

图 1-34 保护层工作面始采线、采止线、煤柱影响范围

1—保护层;2—被保护层;3—煤柱;4—采空区;5—被保护范围;6—始采线、终采线

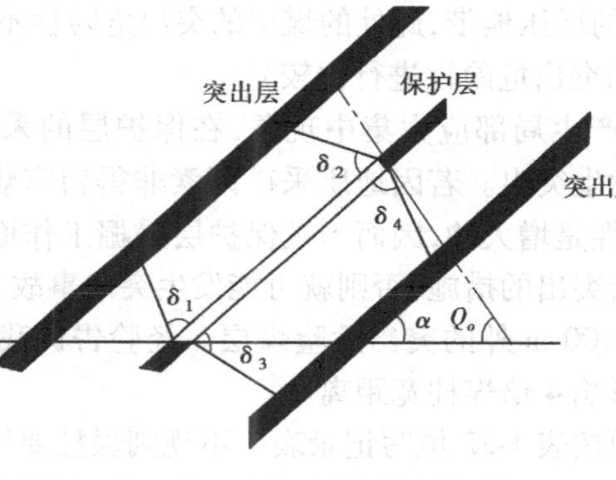

图 1-35 沿倾斜保护范围

$$Q_o = 90° - 0.68\alpha \tag{1-49}$$

在没有最大下沉角资料情况下,卸压角可按表 1-21 选取。

表 1-21 保护层沿倾斜的卸压角

煤层倾角 α/(°)	卸压角(°)			
	δ_1	δ_2	δ_3	δ_4
	80	80	75	75
10	77	83	75	75
20	73	87	75	75
30	69	90	77	70
40	65	90	80	70
50	70	90	80	70
60	72	90	80	70
70	72	90	80	70
80	73	90	78	75
90	75	80	75	80

(5)开采突出危险的厚煤层,当上一分层或区段开采后,可对下一分层或区段起到卸压和保护作用。但其保护范围及有关参数,应根据煤层倾角、分层开采的厚度、工作面参数等因素,

从实际考察结果中确定。在进行下一分层或区段开采时的采掘工作面,必须布置在被保护的范围内。

(6)开采保护层时采空区留有煤(岩)柱的规定。

开采保护层虽然是一个公认的最有效的防治突出措施,若使用不当,同样也容易发生重大伤亡事故。

开采保护层时必须加强煤柱管理。保护层在开采后,必然会破坏被保护层及其顶底板岩石中的原有的应力状态,并使应力重新分布后达到新的平衡状态。开采保护层后在被保护层中造成了大面积的应力已被释放的卸压带,这是开采保护层所需要达到的目的,但事物总是矛盾的,产生卸压带的同时必然会在有支撑能力的煤柱上出现应力集中现象,形成新的应力集中带,尤其是在保护层开采过程中,由于客观原因不得不在保护层的采空区留有煤柱时,所造成的安全危害极大,当被保护层采掘工作面进入该煤柱影响范围区时,此处不但未曾卸压,还是一个由于应力集中而形成的增压地带,此处的煤层的突出危险性不但没有降低,反而有所增加(与该突出煤层正常地带的突出危险性进行比较)。

为了防止被保护层中产生局部应力集中现象,在保护层的采空区中不允许留有煤(岩)柱,以免开采被保护层时发生突出。若因地质采矿因素非得留有煤(岩)柱不可,由于煤(岩)柱影响范围内的突出危险性是增大的,因而当被保护层采掘工作面进入该柱影响区进行采掘工作时,必须采用综合防治突出的措施,否则就可能发生突出事故。

煤柱的影响可传播到100 m外的突出危险煤层。经验告诉我们,煤柱在底板方向影响3倍煤柱宽距离,顶板方向影响4倍煤柱宽距离。

非留煤柱不可时,必须按表1-22填写记录表。不规则煤柱要按最外缘轮廓线确定保护范围,被保护层掘进工作面施工时,还要注意瓦斯变化,及时修改保护范围。

表1-22 保护层采空区遗留煤柱记录表

采区名称	保护层名称	保护层遗留煤柱			煤柱影响突出煤层煤量/t	煤柱绘制人	矿总工程师
		遗留时期	尺寸/m				
			沿走向	沿倾向			

(7)开采保护层时防治瓦斯的规定。

开采保护层时同时抽放被保护层中的瓦斯的原因有以下两个方面:

Ⅰ.开采保护层时同时抽放被保护层中的瓦斯的原因

①保护层开采后,被保护层的卸压瓦斯在瓦斯压力的作用下,会通过顶底板卸压后由于岩石膨胀变形所形成的裂缝流向保护层的采掘空间,造成保护层回风系统中瓦斯浓度严重超限或局部聚集,难以用通风的方法解决;尤其当开采近距离保护层时,保护层工作面从开切眼快速推进到保护层与被保护层层间距2倍左右时,由于被保护层得到了充分的卸压,大量的吸附瓦斯经解吸变为游离瓦斯,这时若顶底板岩石还未形成大量的裂缝为瓦斯提供流动所需的畅通的通道,则在瓦斯压力和地应力的双重作用下,会发生突出底鼓或冒顶现象,并伴随着大量瓦斯突然涌出,容易发生人员伤亡。

②瓦斯是发生突出的主要因素之一,如将其从突出煤层中排除,无疑对防止或降低煤与瓦斯突出对生产的危害是有益的。另外,当保护层与被保护层层间距较远时,保护层的卸压作用会有所降低,这时为了增强保护效果,采用强化抽放瓦斯工作就是一种较好的选择。

所以在开采保护层时,为了降低瓦斯聚集对通风的压力、防止瓦斯突然涌出和提高保护效果,在开采保护层时都应强化抽放被保护层中的瓦斯。

Ⅱ.开采保护层应值得注意的几项工作

第一,开采保护层厚度等于或小于0.5 m时,必须检验实际保护效果,对被保护层有关突出预测参数进行检验,如果保护效果不好,开采被保护层时,还必须采取防突措施。

第二,开采近距离保护层时,必须严防保护层误穿突出煤层和防止突出煤层卸压瓦斯突然涌入保护层采掘工作面。

第三,首次开采保护层时,必须进行保护效果及范围的详细考察,积累经验,确定有效的保护范围参数。

第四,有坚硬的岩石夹层,对被保护层不起屏蔽作用。

第五,开采保护层后,岩层和煤层的移动与变形在很长一段时间是在延续,不能恢复到原始应力和瓦斯状态。经验证明,近、中距离保护区保护作用可达6~12年,远距离保护区也达2年以上。

第六,对于极薄保护层存在进度慢、工效低、成本高、劳动条件差等问题,可采用钻孔卸压法代替极薄保护层。

卸压法即是在近距离极薄煤层的上保护层的某条巷道中,沿倾斜方向打平行的,间距不大的大直径钻孔,有意形成宽度不大的煤柱,由于钻孔间煤柱上的集中应力作用及突出层瓦斯压力的作用,在煤柱的层面方向产生拉应力(指向钻孔),将煤柱破坏,形成一个连续卸压空间,从而达到防突作用。

实验证明:钻孔直径应大于0.3 m,孔间距应小于0.8~1.1 m,层间距小于10 m,方可使用此法。

2.预抽煤层瓦斯

抽放煤层瓦斯可以减少煤层瓦斯含量,降低瓦斯压力,增大煤层硬度,是防治煤与瓦斯突出区域性措施之一。

突出煤层的透气性比较小,一般都在10 $m^2/(MPa^2\cdot d)$以下,属于难抽放的煤层,要想通过预抽瓦斯取得满意的工业气流,几乎是不可能的。因此,在突出煤层中从事抽放的目的主要是降低煤层中的瓦斯含量和缓和煤体应力状态,从而防止煤与瓦斯突出。因而,使用预抽煤层瓦斯防止突出措施的技术关键是能否将突出煤层中的瓦斯抽放出来,使煤层中的瓦斯含量下降到该矿始突深度时的瓦斯含量。

(1)抽放瓦斯方法

抽放瓦斯可采用本层、邻近层预抽,边抽边采,保护层抽放等方法。

预抽:指煤层未采动前,预先对煤层瓦斯进行抽放。对于单一煤层、无保护层的透气性较好的煤层,要首先考虑预抽瓦斯作为防治煤与瓦斯突出的措施。

边抽边采:指对煤层透气不好,预抽困难的煤层,要考虑边采(掘)边抽方法。边采边抽方法很多,如邻近层边采边抽、本层边采边抽、边掘边抽、采空区抽放等,每种方法又有很多形式,各矿要根据煤层赋存状态,摸索采取最合适的方法。

保护层瓦斯抽放:指对保护层中瓦斯及被保护层溢出来瓦斯进行抽放。保护层瓦斯抽放可减少被保护煤层瓦斯自然涌出量,降低瓦斯压力,有效地扩大保护层作用,在客观上起到了加大有效保护距离 1.4~1.6 倍。

(2)抽放煤层瓦斯有效性指标

①煤层抽放瓦斯后,被保护层残余瓦斯含量应小于该煤层始突深度的原始煤层瓦斯含量。

②被保护煤层瓦斯抽放率应大于 25%。

$$\text{瓦斯抽放率} = \frac{\text{抽放量} + \text{自然排放量} + \text{钻孔喷出量等}}{\text{瓦斯储量}} \geqslant 25\%$$

有效性指标,最好根据实测检验确定,无实测数据可参考上列指标。

③在瓦斯抽放煤层,进行采掘作业时,仍要按照前述方法进行预测预报,检验抽放效果。

④对没有达到上述抽放指标区域,进行采掘工作时,还必须采取局部防突措施。

(3)抽放煤层瓦斯有关技术要求

①采用钻孔抽放的,钻孔应控制整个被保护区域并均匀布孔。

②在未受保护煤层中,掘瓦斯抽放巷、钻场、打钻时,要采取防治瓦斯突出措施。

③瓦斯抽放钻孔必须封堵严密。穿层孔封孔深度应不小于 3 m,沿层孔封孔深度应不小于 5 m,钻孔负压不小于 13 kPa,并使负压波动范围尽可能小。

④瓦斯抽放巷可布置在顶板、底板、上下顺巷道中间某位置;钻孔抽放应尽量多布置钻场、钻孔;钻孔要打到冒落带的上方裂隙中。

⑤采空区抽放有多种形式,可上下顺巷道埋管抽放,也可专门留瓦斯道埋管抽放等;边掘边抽可直接在巷道中打钻,也可设钻场打钻抽放;不论是那种打钻方式,最重要的是钻孔要布置合适,打钻到位,直到把瓦斯抽出来为标准。

⑥抽放瓦斯系统的基本要求是:高负压、粗管路、长钻孔、大管径。

(二)区域防治措施集中讨论

1. 开采保护层的作用原理。

2. 如何划分保护范围。

3. 怎样提高煤层预抽瓦斯的防突效果。

二、研讨分工任务单

对给定矿井突出煤层的开采保护层进行设计。

复习题与习题

1. 影响瓦斯突出的因素。

2. 瓦斯突出的特征和分布规律。

3. “四位一体”综合防突措施的基本内容。

4. 瓦斯突出检测的指标及内容。

5. 区域防突的相关原理。

6. 开采解放层范围及相关参数的确定。

单元1.5 局部防突

使学生掌握矿井瓦斯局部防突的基本措施、煤与瓦斯突出四位一体防治体系、煤与瓦斯突出事故的处理,防突安全的管理工作和局部防突安全技术措施的编写。

拟实现的教学目标:

1. 能力目标

会选择应用适当的局部防突措施和安全防护措施,会对防突工作进行管理,会编写局部防突安全技术措施。

2. 知识目标

熟悉各种局部防突的具体方法,掌握各安全防护措施的具体规定,掌握防突日常管理工作。

3. 素质目标

通过编写专项防突施工安全技术措施,培养学习的实际应用能力。

任务1.5.1 石门和其他岩巷揭煤防治突出措施

一、学习型工作任务

1. 一般规定

石门揭开(穿)突出煤层是突出矿井中最容易发生突出、最危险的一项作业。据全国1951—1995年的统计资料表明,石门揭开突出煤层发生的突出次数虽仅占全国总突出次数的6.4%,但其平均突出强度却为388.92 t/次,最大突出强度为12 780 t,瓦斯涌出量为140万m^3,远大于其他类型工作面的平均突出强度和危险程度,对矿井安全生产的危害极大,见表1-23。

表1-23 各种工作面平均突出强度统计表

工作面类型	石门	煤层平巷	煤层上山	煤层下山	采煤工作面	岩巷
平均突出强度/t	388.92	60.83	56.77	61.272 7	44.252 5	58.84

根据现有的安全规程要求,石门揭开煤层的爆破作业要求一次全断面揭开(穿)煤层,但多年实践表明,多数矿井很难达到上述要求。这样,爆破作业完毕后,势必留下未能完全揭开突出煤层的巷道或在巷道底部留有岩柱(俗称门坎),在处理未揭开的巷道或门坎时,将面临着巨大的突出威胁。我国发生的大型或特大型突出,绝大多数是在这种情况下发生的。因而,当石门揭开(穿)突出煤层时,应给以足够的重视。

根据规程要求,在有突出危险的新建矿井或突出矿井开拓新水平新采区第一次揭开各煤层时,必须探明揭煤地点的地质及煤层赋存状况,测定煤层瓦斯压力与瓦斯含量、煤层透气性系数等基本参数及其他与突出有关的参数,以便于了解和掌握被揭煤层的突出危险性。事先采取相应的防治措施,避免发生煤与瓦斯突出事故。

由于突出与矿井地质构造和煤层赋存状况有密切关系,因此,在确认或预先推测到的地质构造破坏带内尽量不要布置石门,如确需布置石门时,必须采取相应的强化防突措施。如果条件许可,石门应布置在被保护区内或先掘出石门揭煤地点的煤层巷道,然后再用石门贯通。

(1)石门揭煤顺序

石门揭穿突出煤层时,必须制定防突措施和编制设计,报局(矿)总工程师批准,并按下列顺序进行:

第一必须探明石门工作面与煤层相对位置;

第二揭煤地点要测定瓦斯压力或预测突出危险性;

第三预测有突出危险性时,要采取局部防突措施;

第四防突措施实施后,要进行效果检验;

第五在工作面要加强支护;

第六震动爆破揭开或穿透煤层,尽量一次穿透煤层进入顶、底板。

(2)石门揭煤专门设计

石门揭穿突出煤层前,必须编制设计,设计要具备下列主要内容:

①预测突出方法及预测钻孔布置;控制突出层位和测定煤层瓦斯压力的钻孔布置方法;

②建立安全可靠的独立通风系统及控制风流稳定措施;建井初期,矿井未形成全压通风前,石门揭穿煤层过程中,与此石门相关的其他工作面必须停止作业;放震动炮石门揭穿煤层时,与此石门通风有关地点的人员,必须撤至地面;井下全部断电;井口附地面 20 m 范围内,严禁有任何火源;

③揭穿突出危险煤层的防突措施;

④准确确定安全程度的措施;

⑤保证人员安全的安全防护措施。

(3)具体实施步骤

石门揭穿煤层的全过程的含义为石门自底(顶)板岩柱穿入煤层进入顶(底)板的全部作业过程。具体来讲,石门揭穿煤层分两个阶段:第一阶段是石门距煤层垂距 10 m 时就开始探明煤层的位置、产状、煤层的突出危险性,制定和执行防治突出措施,在经措施效果检验有效后,石门工作面掘进到距煤层垂距 1.5 ~2 m(缓倾斜 1.5 m、急倾斜 2 m)处;第二阶段是从震动爆破或远距离爆破揭煤开始,直到突出煤层全部被掘完时为止(巷道全部成型、支护全部架好)。只有上述两个阶段全部完工后,石门揭煤工作才算完成。在执行第二个阶段工作中,所有的工作包括清碴、支护、打眼爆破、落煤、巷道或设备维护与拆卸等作业都必须有防治突出的技术措施和安全防护措施,尤其是震动爆破或远距离爆破未能一次全断面揭开或揭穿煤层时更要注意,这是由于此时虽然在措施有效影响范围内煤层突出危险性已减小或消失,但这都是局部的,超出措施有效影响范围煤层的突出危险性并未得到改善,所以在石门揭煤过程未结束之前,必须时刻提高警惕性。例如,如果由于支护不及时而发生冒顶,当冒穿到措施有效影响范围之外时,就有可能引发煤与瓦斯突出;其他作业对煤体的震动也有可能诱发突出。当岩柱与煤层水平厚度较大一次震动爆破不能完全揭开时,在一些情况下,揭开煤层时往往没有发生突出,而在煤门即将过完爆破时(大都在放门坎炮时)却发生了煤与瓦斯突出。过煤门时的煤与瓦斯突出,重庆地区和湖南一些矿井中均发生过。

实践证明,石门揭穿煤层的全部作业过程,都必须采取综合防治突出措施。

石门揭穿突出煤层前要求打前探钻孔的目的是为了掌握突出煤层的赋存情况、地质构造和瓦斯情况等，为正确编制石门揭煤设计提供依据。同时也是为了避免石门因情况不明而误穿煤层造成损失。

测压或预测钻孔是为测定煤层瓦斯压力或预测煤层突出危险性服务的。钻孔布置在岩层比较完整的地方是为了测值准确，避免破碎地点测压时因漏气造成测值偏低导致事故发生。

石门掘进工作面与突出煤层之间留有足够尺寸的岩柱，是一种安全措施，是为了避免因瓦斯压力或地应力过大，岩柱抵抗不住而引发自行突出的事故发生。我国煤矿不只一次出现过岩柱抵抗力不足，出现自行突出的事故。

①探明石门(或揭煤巷道)揭煤地点地质与瓦斯状况

预计石门距煤层垂距(法线)10 m前，应打不少于2个穿透煤层全厚且进入顶(底)板内不少于0.2 m的前探钻孔，并详细记录岩心资料。

地质构造复杂与岩石破碎的地区，石门工作面掘至距煤层20 m(法线距离)之前，必须在石门断面轮廓线外5 m范围内，布置一定数量的前探钻孔(打穿煤层全厚)，以保证能确切地掌握煤层的厚度与倾角变化、地质构造和煤层瓦斯赋存状况等。

石门工作面距煤层5 m(垂距)以外，至少打2个穿透煤层全厚的测压(预测)钻孔，测定煤层瓦斯压力、煤的瓦斯放散初速度指标与坚固性系数或钻屑瓦斯解吸指标等。为准确得到煤层瓦斯压力值，测压孔应布置在岩层比较完整的地方。测压孔与前探孔不能共用时，两者见煤点之间的间距不得小于5 m。整个探煤过程钻孔布置如图1-36所示。

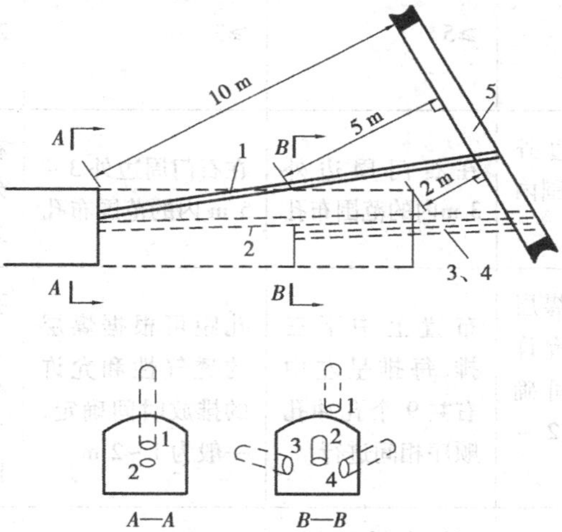

图1-36 控制突出煤层的前探钻孔布置示意图

1、2—控制煤层层位钻孔；3、4—测定瓦斯压力钻孔；5—突出危险煤层

在近距离煤层群中，层间距小于5 m或层间岩石破碎时，应测定各煤层的综合瓦斯压力。为了防止误穿煤层，在石门工作面距煤层垂距5 m时，应在石门工作面顶(底)部两侧补打3个小直径(42 mm)超前探孔，其超前距不得小于2 m。

当石门工作面距突出煤层垂距不足5 m且大于2 m时，为了防止误穿突出煤层，必须及时采取探测措施，确定突出煤层的层位，保证岩柱厚度不小于2 m(法线距离)。

揭煤前查明石门揭开煤层处的瓦斯地质情况是十分必要的，要做到心中有数并选择切实有效的防治突出措施。

应掌握的主要资料有石门工作面和被揭煤层的相对位置、煤层产状(煤层走向、倾角、厚度等)、瓦斯压力(可采用直接测压或间接测压)、煤层突出危险程度、地质构造(包括断层、褶皱、裂隙)等。

②选定可靠的防治突出措施

首先,根据实测瓦斯压力或采用工作面预测方法确定石门工作面的突出危险性。若预测为突出危险工作面,则要根据突出危险性的大小选用可靠的防治突出措施,再按综合防突措施要求揭开突出煤层。

石门工作面主要的防治突出措施有抽放瓦斯、水力冲孔、排放钻孔等。采用抽放瓦斯措施必须有足够的抽放瓦斯时间,因该措施工艺简单、效果显著,所以应用广泛;水力冲孔因设备庞大,技术条件复杂,技术要求高,一般只有在水力冲孔效果明显而其他防治突出措施效果不佳时才被采用;对于急倾斜突出危险煤层,当煤层不厚、煤质较疏松时,可选用金属骨架防突措施。各种措施的使用条件如表1-24所列。

表1-24 石门防突措施规定

类　别	抽放瓦斯	水力冲孔	排放瓦斯	金属骨架
适用条件	有足够的抽放时间(＞3个月)	打钻时有喷(喷煤、喷瓦斯)现象	有足够排放时间	石门与煤层层面的交角45度的薄及中厚煤层
实施措施时的岩层厚度/m	≥3	≥5	≥3	2～3
煤层中的控制范围	在石门周边外2～3 m的范围内布置金属孔	在石门周边外3 m内的范围布孔	在石门周边外3～5 m内的范围布孔	在巷道上部和两侧周边外0.5～1 m的范围内布金属骨架孔
钻孔间距或布孔参数	孔距可根据煤层的透气性和允许的排放时间确定,一般为2～3 m	布置上中下三排,每排呈左中右共9个孔冲孔顺序相间进行	孔距可根据煤层的透气性和允许的排放时间确定,一般为1～2 m	孔间距一般不大于0.2 m(单排孔)和0.3 m(双排孔),骨架两端在顶底板岩石孔内的长度为0.5 m以上
要求达到的效果及指标	经效果检验有效后,瓦斯压力小于0.74 MPa	石门全断面冲出的总煤量t不少于20倍煤厚度,如所冲孔冲出煤较少,应在该孔周围补冲孔	经效果检验有效后,瓦斯压力小于0.74 MPa	施工经验收后达到设计要求

注:瓦斯压力为相对压力。

③防突措施效果检验

防治突出措施执行完后,必须进行措施效果检验。若检验措施无效,应采取补救措施,或采用其他有效的防突补救措施。只有再经过措施效果检验有效后,方可采用安全防护措施揭开煤层。

④实施安全防护措施揭开煤层

在确认防治突出措施有效后,为防止发生意外,必须采用震动爆破或远距离爆破等安全防护措施揭开煤层。

2.排放钻孔(多排钻孔排放瓦斯)

作为防治煤与瓦斯突出的局部措施,如抽放瓦斯、水力冲孔、排放钻孔、水力冲刷或金属支架等,可改善或削弱诱发煤与瓦斯突出的要素,常被用于石门揭煤工作面。

抽放瓦斯与排放钻孔在防治煤与瓦斯突出作用机理方面是相同的,都是力求将突出煤层中的瓦斯含量及煤层中的应力降低到不能发动突出的安全范围内(即煤层始突深度时的煤层瓦斯含量),但短时间内达到此目的是很困难的。一般认为能排放或抽出煤层中瓦斯含量的25%以上已是相当不错。抽放瓦斯与排放钻孔的区别在于前者借助于机械产生的小于大气压力的负压,加速突出危险煤层中的瓦斯排放;而后者是靠突出煤层中的瓦斯压力,使瓦斯从钻孔周围深部煤层中不间断地流向钻孔,并通过钻孔向矿井空气中扩散。当钻孔周围煤层中瓦斯含量降低后,煤层发生的收缩变形,会改善石门工作面应力集中状态,并增加煤层的稳定性,这一切都破坏或减弱了发生突出所必需的条件,可有效地控制煤与瓦斯突出的发生。

排放钻孔措施的要求:

①在煤层透气性较好,并有足够的抽放时间时,可采用钻孔排放措施;

②排放钻孔布置到石门周界外3~5 m的煤层内;

③排放钻孔的直径为75~100 mm,钻孔间距根据实测的有效排放半径而定。一般孔底间距不大于2 m。

④在抽放钻孔控制范围内,如预测指标降到突出临界值以下,防突措施有效。

⑤对于缓倾斜厚煤层,当钻孔不能一次打穿煤层全厚时,可采取分段打钻,但第一次打钻钻孔穿煤长度不得小于15 m。进入煤层掘进时,必须留有5 m最小超前距离(掘进到煤层顶底板时不在此限)。下一次的排放钻孔参数(直径、间距、孔数)应与第一次相同。

(1)排放钻孔概述

排放钻孔是一种有效的防治突出措施,被普遍用于突出矿井石门揭开(穿)突出危险煤层。在用于石门揭开(穿)突出危险煤层时,排放钻孔被称为多排钻孔措施。其特点是:在石门轮廓线外一定范围内的煤层中,打若干排(或圈)排放瓦斯钻孔,使排放瓦斯钻孔网(密集孔)在预定的时间内尽可能地排出或抽出煤体中的瓦斯,以降低突出煤层中的瓦斯含量。

借助于煤层中的瓦斯压力梯度,排除煤层中的瓦斯称为自然排放瓦斯;借助于机械泵所造成的负压,排除煤层中的瓦斯称为抽放瓦斯。在相同抽排时间内,抽放瓦斯效果优于自然排放效果。

抽排瓦斯能使石门周边一定影响范围内的煤层瓦斯含量和瓦斯压力有较大幅度的降低,煤岩体内的应力也因此而降低或缓和,形成卸压、排放瓦斯后的安全地带。

该措施具有施工较简便、控制范围大的特点,并具有较好的防突效果。由于受应力与煤层透气性等因素的影响,排放钻孔的有效影响半径要比使用机械抽放的有效影响半径小,当钻孔直径为 75 ~ 100 mm 时，一般排放半径为 0.5 ~ 0.75 m。排放时间不能太短，一般不应少于 3 个月，否则将影响防治突出的效果。揭开煤层前，必须经措施效果检验有效后方可进行石门揭开煤层工作。

多排钻孔既适用于急倾斜、缓倾斜煤层，也适用于水平煤层；既适用于薄煤层，也适用于厚煤层；既适用于一般突出煤层，也适用于严重突出煤层。

(2)多排钻孔排放瓦斯的钻孔布置

①石门揭开煤层时的钻孔布直

当石门（斜井或竖井）工作面掘至距突出煤层 6 ~ 7 m（垂直距离）处时，应停止掘进，并在石门轮廓线外 5 ~ 7 m 的范围内，布置 2 ~ 3 排（圈）直径为 75 mm 或 100 mm 的扇形预排钻孔网，钻孔穿透煤层全厚，孔底间距为 2 m 左右。打孔顺序为先外后内，先上后下。一般先打 10 ~ 14 个孔后，将钻机前移 3 ~ 6 m，再打一排（圈）。根据煤层的突出危险程度，必要时再前进几米，再打第三排（见图 1-37，依次的Ⅰ、Ⅱ、Ⅲ位置），共计打 20 ~ 40 个钻孔，以便在石门周边外形成一个宽度为 5 ~ 8 m 左右，经卸压、排放瓦斯后的安全带。该带沿走向宽为 14 ~ 16 m，沿倾斜长为 10 ~ 12 m。

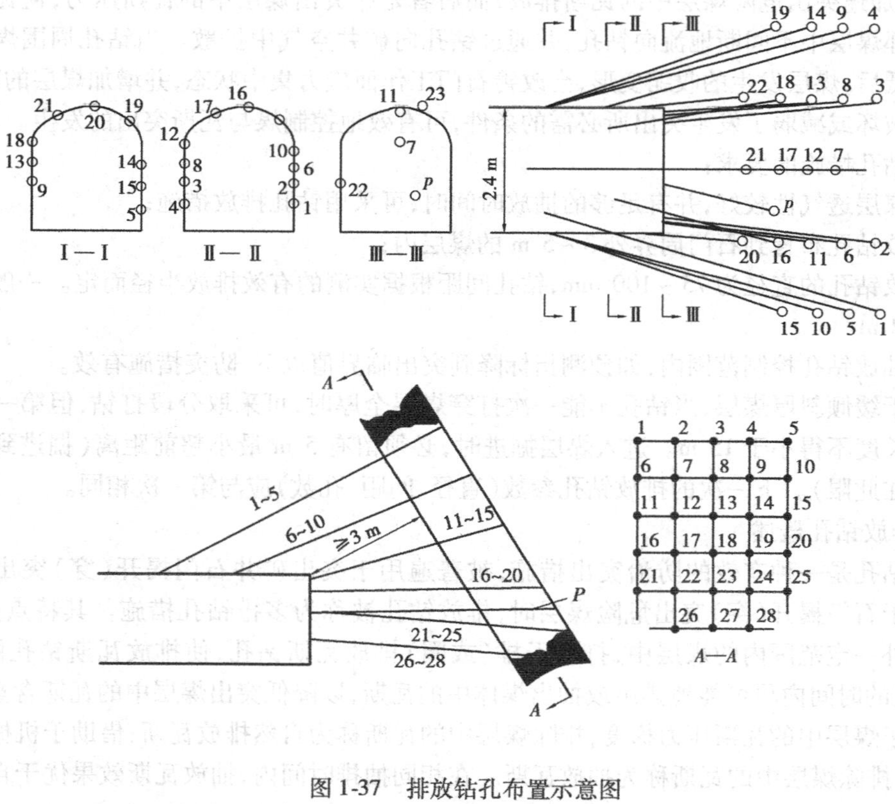

图 1-37　排放钻孔布置示意图

钻孔的孔数也可以根据石门断面的大小和石门处的地质构造及煤层的突出危险程度而定（根据打钻时钻孔喷瓦斯、煤粉的情况来判断煤层的突出危险程度）。排放瓦斯钻孔的布置，还可以根据该煤层历次石门突出实际孔洞的尺寸大小而定。在急倾斜突出煤层中，煤的自重因素影响很大，突出危险主要来自巷道的上部或中部；在缓倾斜煤层中，突出危险不仅来自巷道的上部(前方),巷道两侧和底部也会发生突出。总之,应根据各矿煤层的实际情况,适当调整布孔方式,同时在施工中孔深要到位,石门周围钻孔网内的钻孔间距要均匀。

打钻过程中遇到钻孔喷孔,就应以诱导的方式进行诱导喷孔,以扩大钻孔的影响范围,此时,应减少钻孔孔数。如不喷孔的则仍按原设计进行布孔。有条件的矿井可将钻孔接入抽放系统,以缩短排放时间和提高排放效率。实施多排钻孔排放瓦斯防治突出措施后,衡量其措施有效性指标,可采用多排钻孔排放瓦斯控制范围内的煤层残存瓦斯压力(小于0.74 MPa)或其他效果检验的方法进行检验。

②立井揭开(穿)突出危险煤层时的多排钻孔排放瓦斯的钻孔布置

立井工作面距突出煤层5 m(垂距)时,应用测定煤层瓦斯压力或其他经试验后有效的方法,确定煤层的突出危险性。当立井工作面距突出煤层2~3 m(垂距)时,开始布置排放钻孔,孔径一般为75~90 mm,排放孔要打穿突出煤层全厚,钻孔的终孔位置应在立井轮廓线外不小于2 m范围内,排放孔孔间距为1.5~2.0 m,并均匀分布。

急倾斜的突出危险煤层,当钻孔不能一次穿透突出煤层全厚时,可预先局部揭开煤层,有条件的地方还可在煤层中布置排放钻孔进行排放瓦斯。

沿井筒周边打34个直径为108 mm的排放钻孔,呈扇形布置,钻孔在井筒轮廓线外1.5 m处与煤层底板相交,见煤处的孔间距约为1 m,见图1-38。在井筒内又向煤层打直径为51 mm的排放钻孔50个。

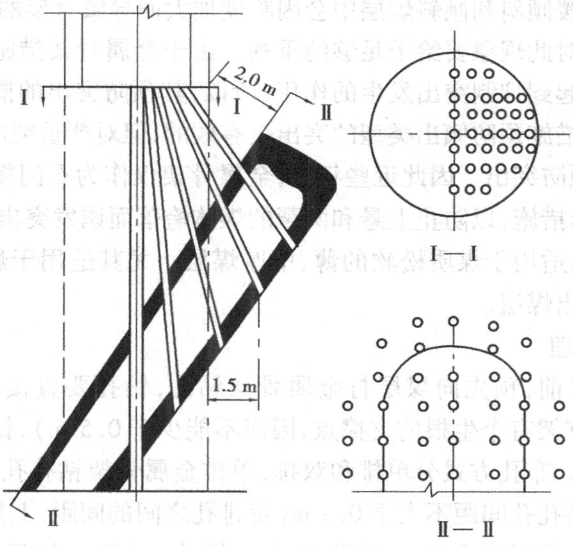

图1-38　立井揭开急倾斜突出危险煤层时排放钻孔布置图

3.预先抽放瓦斯

在透气性较小的突出危险煤层、短时间内要求揭开(穿)的煤层以及有抽放系统的突出矿井,应优先采用预先抽放瓦斯防治突出措施。此措施与排放钻孔措施的区别在于:此措施是在排放钻孔措施的基础上发展起来的,前者是采用自然排放瓦斯,而后者是借助于机械真空泵(或矿井的抽放系统)所造成的负压抽取煤层中的瓦斯,这样一来就加快了煤层排放瓦斯的速度,并增加了钻孔有效影响半径。

石门揭开(穿)突出危险煤层采用预先抽放瓦斯防治突出措施应遵守下列要求：

(1)煤层透气性较差,矿井有抽放设备或系统,并有足够的抽放时间(一般不应小于3个月)；

(2)抽放钻孔孔底应布置到石门轮廓线外3~5 m的煤层内；

(3)抽放钻孔优先选用孔径75~100 mm；

(4)抽放有效影响半径一般采用1~1.5 m；

(5)石门揭开(穿)突出煤层前必须用工作面预测方法,对措施效果进行检验,或用预抽率判断煤层预抽效果。只有措施效果检验有效后方能用安全措施揭开突出煤层。

4. 金属骨架

(1)概述

在石门(井巷)工作面揭开突出危险煤层前,为了增强煤层的稳定性,防止煤层因受自重的影响而发生垮塌诱发的突出事故,将铜管或钢轨插入预先在工作面断面周边处布置的钻孔内,其前端伸入煤层的顶(底)板岩石中,后端支撑在靠近工作面中的支架上,形成超前支护,这种防治突出的作业方式称为金属骨架。

该防突措施的主要作用是依靠金属骨架加强工作面前方煤体的稳定性。其次是通过安装金属骨架的钻孔,排放钻孔附近煤体中的一部分瓦斯及缓和煤体的应力紧张状态。

石门揭煤时,由于金属骨架的两端是支撑在煤层顶(底)板的岩石中,它需承受上悬和两帮煤体的压力,因此在缓倾斜和倾斜煤层中会因跨度加大而导致骨架的强度降低,在煤层较厚的地区采用此措施时,对此现象要给予足够的重视。由于金属骨架措施不能大量释放突出潜能,只能在一定程度上起到抑制突出发生的作用,所以,其预防突出的能力是有限的。金属骨架的实践经验表明,该措施预防倾出类型的突出是有效的,但对严重突出危险煤层仅靠金属骨架措施尚不能有效地预防突出。因此近些年来,金属骨架仅作为石门揭开突出危险煤层的一种预防突出的辅助配套措施,以防止上悬和两帮的煤体垮落而诱发突出。

金属骨架防突措施适用于煤质松软的薄、中厚煤层。尤其适用于煤层倾角大于45°及打钻不喷孔、不堵孔的突出煤层。

(2)钻孔布置与原理

在石门揭开煤层之前,预先向煤层打金属骨架钻孔,钻孔要直接打入煤层顶(底)板内0.5 m以上(为的是让支架有个生根的支撑点,因而不能少于0.5 m),钻孔布置在巷道周边轮廓线外0.5~1.0 m处。布孔方式分单排和双排,单排金属骨架钻孔孔间距不大于0.2 m(中对中),双排金属骨架钻孔孔间距不大于0.3 m(每排孔之间的间距,上排孔与下排孔的位置要互相错开)。钻孔打完后用清孔工具清除孔内的煤渣,并插入钢管(钢管直径为62.5~75 mm),钢管在巷道露出部分应用支架或混凝土碴固定,如图1-39所示,其作用机理如图1-40所示。

(3)金属骨架措施的要求

①在揭开具有软煤和软围岩的薄及中厚突出煤层时,可采用金属骨架；

②在石门上部和两侧周边0.5~1.0 m范围内布置骨架孔；

③骨架钻孔穿过煤层并进入煤层顶(底)板至少0.5 m,钻孔间距不得大于0.3 m,对于软煤要架两排金属骨架,钻孔间距应小于0.2 m；

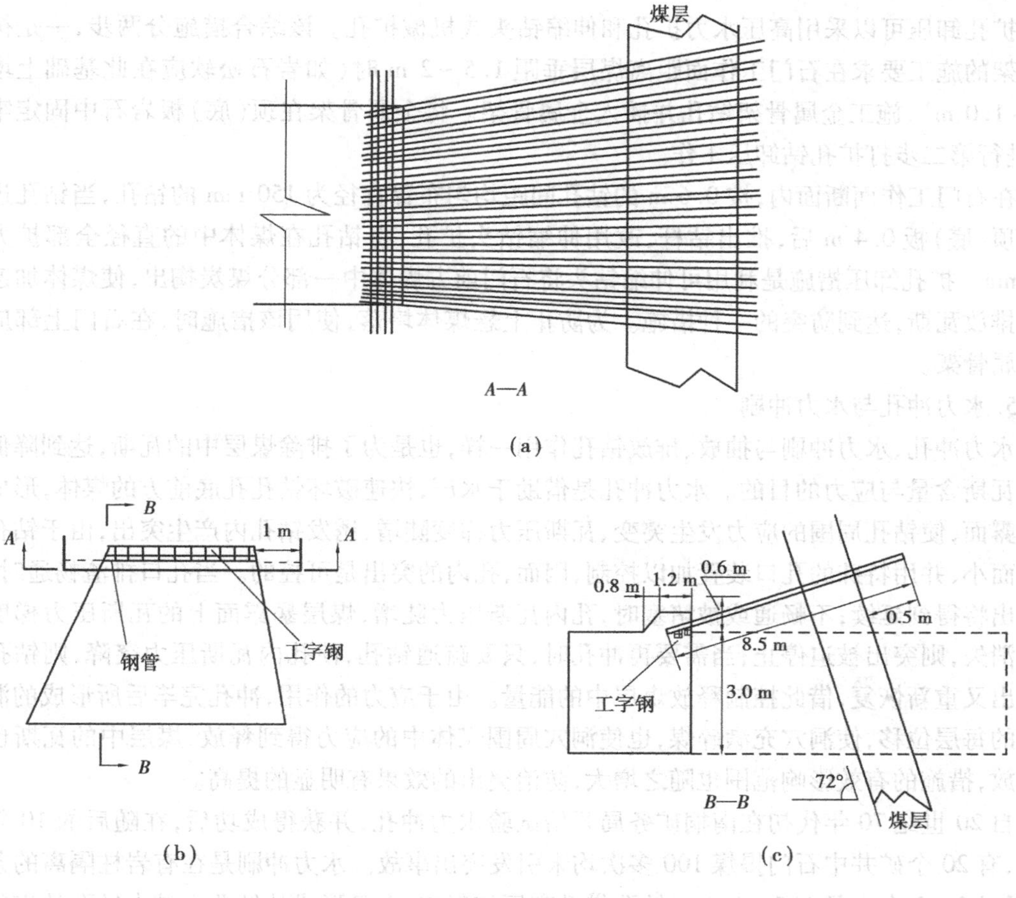

图1-39　金属骨架布置图

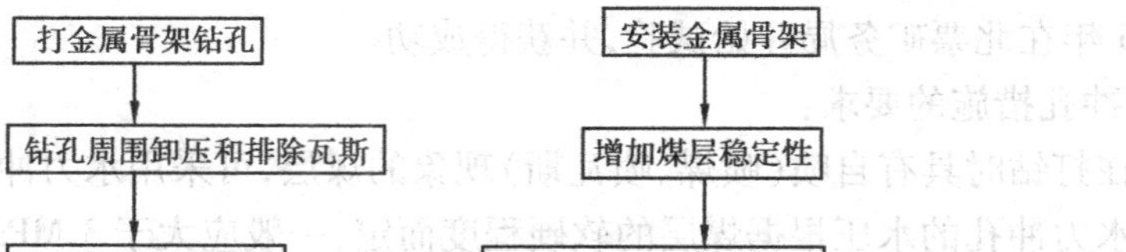

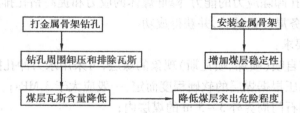

图1-40　金属骨架作用机理

④金属材料可选用8 kg/m的钢轨、型钢或直径不小于50 mm钢管，其伸出孔外端用金属框架支撑或砌入碹内；

⑤揭开煤层后，严禁拆除金属骨架；

⑥采用金属骨架防治突出措施时，应与抽放瓦斯、水力冲孔或排放钻孔等措施配合使用。

(4)扩孔钻卸煤结合金属骨架

为了克服金属骨架使用过程中存在的问题，提高石门揭煤防突效果，可以采用金属骨架和其他措施配合使用，如采用卸压钻卸压，以缓和煤体的应力紧张状态，用金属骨架增强石门上部煤体的稳定性。有时也可以采用排放或抽放煤层瓦斯的防突措施，来配合金属骨架增强防突效果。

扩孔卸压可以采用高压水力扩孔和伸缩钻头式机械扩孔。该综合措施分两步，一是按金属骨架的施工要求在石门工作面距离煤层垂距 1.5 ~2 m 时（如岩石松软应在此基础上增加 0.5 ~1.0 m)，施工金属骨架钻孔并插入金属骨架。将金属骨架在顶（底）板岩石中固定牢靠后，进行第二步打扩孔钻卸压工作。

在石门工作面断面内，按 0.6 m 的钻孔间距均匀布置直径为 150 mm 的钻孔，当钻孔进入煤层顶（底）板 0.4 m 后，推出钻杆，改用伸缩钻头扩孔，将钻孔在煤体中的直径全部扩大到 500 mm。扩孔卸压措施是利用可伸缩钻头将石门前方煤体中一部分煤炭掏出，使煤体加速卸压和排放瓦斯，达到防突的一种措施。为防止上悬煤体垮落，使用该措施时，在石门上部应架设金属骨架。

5. 水力冲孔与水力冲刷

水力冲孔、水力冲刷与抽放、排放钻孔作用一样，也是为了排除煤层中的瓦斯，达到降低煤层中瓦斯含量与应力的目的。水力冲孔是借助于水压，快速破坏钻孔孔底前方的煤体，形成新的暴露面，使钻孔周围的应力发生突变、瓦斯压力梯度陡增，诱发钻孔内产生突出，由于钻孔孔口断面小，并用特殊的孔口装置加以控制，因而，孔内的突出是可控的。当孔口排渣畅通时，孔内突出将得到延续；不畅通或被堵塞时，孔内瓦斯压力陡增，煤层暴露面上的瓦斯压力梯度降低或消失，则突出被迫停止；当需要再冲孔时，只要疏通钻孔，使孔内瓦斯压力突降，则钻孔内的突出又重新恢复，借此控制释放煤层中的能量。由于应力的作用，冲孔完毕后所形成的洞穴附近的每层位移，使洞穴充满碎煤，也使洞穴周围煤体中的应力得到释放，煤层中的瓦斯也得到释放，措施的有效影响范围也随之增大，防治突出的效果有明显的提高。

自 20 世纪 70 年代初在南桐矿务局开始试验水力冲孔，并获得成功后，在随后的 10 年时间内，有 20 个矿井中石门揭煤 100 多次均未引发突出事故。水力冲刷是在有岩柱隔离的条件下，通过 3 ~9 个直径 105 ~200 m 钻孔借助高压细射流，在已形成的钻孔内扩大钻孔的直径形成超前空洞，以提高钻孔卸除应力的能力、降低煤体的应力和提高钻孔排放效果。水力冲刷措施于 1965 年在北票矿务局开始试验，并获得成功。

水力冲孔措施的要求：

(1)在打钻时具有自喷（喷煤、喷瓦斯）现象的煤层，可采用水力冲孔措施；

(2)水力冲孔的水压根据煤层的软硬程度而定，一般应大于 3 MPa；

(3)钻孔应布置到石门周界外 3 ~5 m 的煤层内；

(4)水力冲孔的钻孔布置方式可参照图 1-41 所示，冲孔顺序为先冲对角孔再冲边上孔，最后冲中间孔；

(5)石门冲出的总煤量不得少于煤层厚度 20 倍的煤量，如果冲出的煤量较少时，应在该孔周围补孔。

二、分组实作任务单

根据给定案例编写石门和其他岩巷揭煤安全技术措施。

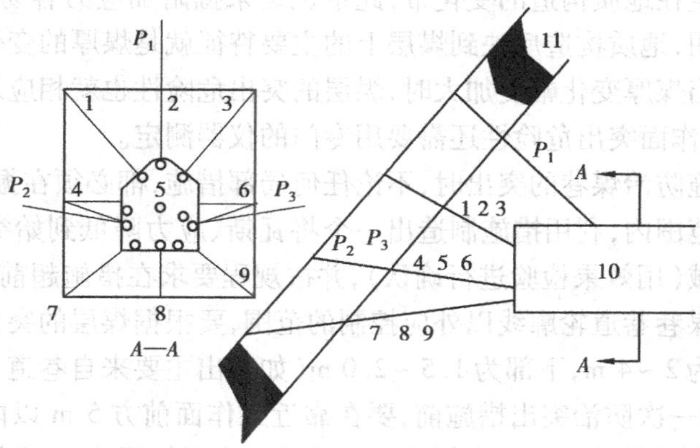

图1-41　水力冲孔钻孔布置示意图

1～9—水冲孔；P_1～P_3—瓦斯压力孔；10—巷道；11—煤层

任务1.5.2　采掘工作面防治突出措施

一、学习型工作任务

(一)阅读理解

一般规定

在突出危险区内，用工作面预测方法将采掘工作面预测为突出危险工作面时，就需要采取局部防治突出措施，消除或降低采掘工作面的突出危险性，并经措施效果检验有效后方可采用安全措施施工。所采取的局部措施包括超前钻孔、深孔松动爆破、长钻孔控制卸压爆破及其他措施等。

防治突出措施是否能达到防治突出预期的效果，取决于所采用的措施参数，通俗地讲，局部措施的防突效果是指各种局部措施的有效影响半径(范围)。有效影响半径是指所采取的防治突出措施在规定的时间内，煤层中发生突出的因素值降低到不发生突出时临界数值以下的范围，也称有效影响半径。有效影响范围随时间变化而变化，但不是直线关系，以抽放钻孔为例，在剖面图上呈抛物线状，从立体图上看，以钻孔为中心呈漏斗状。说明靠近钻孔中心，抽放效果最佳，随着半径加大，受煤层瓦斯流动阻力的影响，效果逐渐下降。这种漏斗随抽放时间增加而加大，当煤层所提供的驱动压力与流动阻力相平衡时，漏斗将趋于稳定或不再扩大。因而措施孔的间距，通常要根据生产所能提供的抽放瓦斯的时间确定。当生产给予抽放瓦斯的时间不富裕时，就必须在原选定的措施有效影响半径的基础上适当减小措施的有效影响半径，以保证措施执行后的有效性。由于煤层物理力学性质、瓦斯、地应力等因素因地而异，所以不能简单地参考其他矿井、采区的措施参数，必须测定本矿的实际数据，以确定本矿区各突出危险区中的防治煤与瓦斯突出措施的施工参数。只有在不具备实际测定条件，不能进行本矿井、本采区的措施参数测定时，才参照有关资料或邻近矿井、邻近采区的资料选定措施参数，而且在选定时根据本矿井、本采区地质、开采情况予以修定，以期达到理想的措施效果。

(1)煤巷掘进工作面的防治突出工作

突出矿井要进行采煤工作，必须在突出危险的煤层中进行掘进，掘进工作面与突出煤层频繁接触，导致煤巷突出频率要比其他类型巷道的突出频率高得多。

煤巷突出多发生在地质构造的变化带，此带也是采掘附加应力容易发生突变的地点。多年来的实践经验说明，地质构造反映到煤层上的主要特征就是煤厚的变化幅度，其中尤以软分层变化更为显著。当煤厚变化幅度加大时，煤层的突出危险性也就相应地增加，当然这仅是肉眼观测，最终确定工作面突出危险性还需要用专门的仪器测定。

当使用局部措施防治煤巷的突出时，不论任何局部措施，都必须在掘进工作面前方和巷道轮廓线以外的一定范围内，利用措施制造出一个将瓦斯、应力降低到始突深度处的瓦斯、应力水平以下的安全区域（用效果检验进行确认），并按规程要求在措施超前距不小于5 m的情况下进行掘进工作。煤巷巷道轮廓线以外应控制的范围，要根据煤层的突出危险程度而定，一般巷道上部控制范围为2～4 m，下部为1.5～2.0 m（如突出主要来自巷道上部，巷道下部也可以不控制）。在执行第一次防治突出措施前，要在靠近工作面前方5 m以内的上、下控制范围内布置一些短钻孔排放瓦斯、卸压，人为创造出必要的安全保护屏障。创造安全保护屏障的主要原因是在执行第一轮措施时，工作面前方并没有现成的安全屏障。在人为形成的安全屏障内也必须经过检验，确认安全屏障形成后，方可采取安全防护措施施工。

执行措施并经效果检验有效完成巷道施工后，需继续进行工作面预测，若预测为无突出危险工作面时，必须再进行一轮措施循环，措施循环完成后，继续进行工作面预测，只有连续两次预测为无突出危险工作面后，该工作面方可确认为无突出危险工作面。

到目前为止，还没有适用于上山掘进的防治突出措施。当煤层的倾角较大时，煤的自重便成为诱发突出的主要因素之一，因此，上山掘进除采用一般的平巷防治突出措施之外，还要采取加强支护和防止工作面煤体垮落的措施。

掘进突出煤层上山时，最好采用双上山或伪倾斜双上山掘进，每隔10 m用横川连通，当出现突出预兆时，能为施工人员提供快速的撤退通道。为此，采用双上山掘进时，只能允许其中的一个上山作业。除此之外，双上山交替施工，这样可以利用一个上山的排放瓦斯、卸压影响，掩护另一条上山，使其在较为安全的环境中工作，这样就要求双上山的间距不能过大，一般中对中的距离以不大于10 m为宜。

上山工作面与上部平巷进行贯通时，上部平巷超前上山贯通的位置不应小于5 m，爆破贯通前应通知上部平巷撤人和保持正常的通风。

上山（尤其是急倾斜上山）采用远距离爆破掘进时，应采取浅孔多循环爆破作业，以防煤体垮塌。

（2）采煤工作面防治煤与瓦斯突出

采煤工作面防治煤与瓦斯突出措施和上山防治突出措施一样，除了采用区域防治突出措施外，并没有专用的好的防治突出措施。采煤工作面的防治突出措施与煤巷掘进工作面的防治突出措施的作用原理是一致的。

采煤工作面采用局部防治突出措施，因其施工空间小、措施处理范围大，占用生产时间长，同时又受施工条件的限制，防治突出措施所产生的效果也不尽人意。

大多数采煤工作面的煤与瓦斯突出与采煤工作面顶板的周期来压有密切关系，因此在实施局部措施的同时，还要关注顶板的周期来压、顶板冒落等情况，在顶板活动期间是采煤工作面发生突出最活跃的时期。

采煤工作面所采取的局部措施有松动爆破、长钻孔卸压爆破、煤层注水、超前钻孔等，除此之外，还可以采用刨煤机、浅截深采煤机组采煤。在急倾斜煤层中，应采用正台阶或伪倾斜正台阶采煤。

(3)突出煤层的采掘工作面选用防突措施的规定

①在突出煤层掘进上山,危险性极高,世界各主要产煤国家,虽然经过多年努力,至今仍未找到满意的防治突出的方法。由于突出煤层强度小,在掘进上山时受煤层自重的影响,很容易发生垮塌,并诱发出突出,这种现象在急倾斜煤层中尤为常见;另外,在突出煤层中掘进上山,即使在发生垮塌或突出前工作人员发现了突出预兆后,由于受条件的限制,也很难迅速地撤离现场,容易导致人员伤亡,所以在突出煤层掘进上山时应首先采取能增加煤层稳定性的防突措施。但松动爆破、水力冲孔、水力疏松等防突措施会破坏煤体的稳定性,在上山掘进中应用对防突工作不利,故不应采用。

②在急倾斜突出煤层中掘进上山时,因突出煤层煤质松软,煤层倾角较大,受煤体自重的影响,容易发生由冒顶而诱发的突出。冒顶或突出出来的煤块,顺上山而下,极易将上山下部出口处堵塞,同时,会破坏通风设施,使瓦斯迅速聚集。工作人员若不能迅速撤离现场易被冒落或突出的煤埋没、砸伤或窒息而死亡。为了使工作人员在发现突出或冒落预兆时能迅速撤离工作面,在掘进急倾斜突出煤层上山没有其他更好的防治突出措施之前,采取双上山掘进、增加突出煤层掘进上山安全出口将是明智选择。

急倾斜突出煤层上山采用伪倾斜上山掘进,目的是降低煤体自重对突出或冒顶的影响,同时有利于人员撤离。但在实际工作中,效果并不明显,其原因是急倾斜煤层伪倾斜上山掘进,其采用的伪倾斜倾角度不可能小于或等于煤的自然安息角。因而为了防止冒顶、片帮,在急倾斜突出煤层掘进上山时,特别强调要加强支护。

掘进急倾斜突出煤层上山也可采用大直径钻孔先行打穿突出煤层的整个阶段高度,形成通风系统后,再刷大到所需要的断面的方式施工。在突出危险性小、煤质坚硬的煤层,可以直接打钻;但在突出危险程度高的突出煤层,由于煤质松软,受煤体自重的影响,也容易发生突出,因而在刷大成巷时必须加强支护。

③发生煤与瓦斯突出除了要具备应力、瓦斯和煤的物理力学性质自然因素之外,还要有人为的诱发煤层突然卸载的条件(采掘速度的快慢)。由于煤层中的应力从不平衡到平衡需要一定的时间周期,当回采速度增快时,在煤层中的应力还未达到新的稳定状态时回采工作面就快速进入应力不稳定的地区,容易引起突出。可以通过降低工作面的推进速度的方法来防止煤与瓦斯突出。采用刨煤机或浅截深采煤机采煤时,由于截深浅,引发煤层应力的变化速率和强度都较低,应力重新恢复平衡所需的时间周期也短,每次切割煤层时基本上都是在卸压带中工作,因而可以防止截煤时发生突出。

④急倾斜突出煤层由于煤质松软、倾角陡,受煤体自重的影响,容易发生垮塌,垮塌后将导致煤层中应力活动剧烈、瓦斯压力梯度增加,当超过其极限值时,便会发生突出。为了消除煤体自重对发生突出的影响,当开采厚度大于0.8 m的急倾斜突出危险煤层,应优先采用伪倾斜正台阶、掩护支架采煤法,这些采煤法能消除或降低煤体自重对突出的影响。理论与实践经验告诉我们,工作面凸出部分,是高应力集中的地方,也最容易生垮塌或突出,为了改善倒台阶工作面煤层受力情况,采用倒台阶采煤时应尽量加大各台阶的高度,并尽量缩小台阶宽度。

⑤突出只是一种能量的释放,并单纯地认为在突出空洞附近不会再发生突出,然而,持这种观点在生产实践中将付出沉重代价。芙蓉矿务局白胶煤矿,有一条长度近百米的巷道,连续发生多次突出,这条巷道几乎不是掘出来的,完全是突出来的。突出空洞一个接一个。虽然在

突出空洞内的应力释放了，但在突出空洞周围却又形成有新的能量集中地带；突出空洞的断面往往大于巷道断面，空洞空间也大，所以在突出空洞周围应力的集中程度要比巷道的集中程度高，突出危险程度也要大得多。通常情况下，突出强度在100 t以下，突出空洞的影响范围可达到30 m，当突出强度大于100 t时，突出空洞的影响范围可达60 m以上，所以在过突出空洞以及在其附近30 m范围内进行采掘作业时，为了防止垮塌、冒顶或片帮，防止突出，必须加强巷道支护工作，强化综合防治突出措施。

（二）采掘工作面防治突出措施集中讲解

1.超前钻孔

（1）概述

容易诱发突出而较少使用，只是在特殊的扩孔方法中使用，例如水力冲孔、水力扩孔等。在理论与实践过程中，人们认识到大直径的钻孔排放瓦斯、卸压范围都要比小孔径钻孔大得多，但问题是施工大直径的钻孔困难，突出几率相当高。从目前掌握的资料来看，直径42 mm及以上的各种直径钻孔都发生过突出，因此，在没有任何安全措施保护下进行打钻都是有危险的。另外还要提醒一下，措施执行完以后，必须进行措施效果检验，只有在措施检验有效后方可用安全措施施工。

（2）超前钻孔的影响半径、有效影响半径与钻孔直径和排放时间的关系

①概述

超前排放钻孔是突出矿井使用最多的防治突出措施，它不仅应用于各类煤巷，也应用于石门揭开煤层和采煤工作面。其良好的防治突出效果为人们所公认。但在大直径超前钻孔周围布置钻孔或扩孔时也会出现突出现象，这使人们感到十分困惑，因而对超前排放钻孔防治突出的效果提出质疑，是不是超前排放钻孔在有些突出煤层并不适用。要想弄清楚此问题，首先要知道钻孔影响半径与有效影响半径的关系。超前钻孔防治煤与瓦斯突出一般认为有两种作用：一是钻孔在煤层中成孔后，靠近孔壁周围的煤体在地应力的作用下会发生弹性恢复变形（膨胀变形），使靠近孔壁周围的煤体中形成一定范围的卸压区，这就是人们通称的钻孔卸压作用。该区的范围较小，一旦孔壁附近应力状态达到平衡稳定后，该卸压范围就不会再继续扩大，因此可以认为，应力形成的超前钻孔影响半径（卸压区范围）与时间并没有明显的关系。二是由排放瓦斯作用所形成的影响半径和有效影响半径。钻孔在煤层中成孔后，孔壁周围煤体中的游离瓦斯在瓦斯压力梯度的作用下，首先开始流动，经钻孔排入巷道中；游离瓦斯的涌出，使靠近孔壁周围煤体中的瓦斯压力下降，导致煤层中的吸附瓦斯发生解吸作用，吸附瓦斯成为游离瓦斯并参与流动，而这种瓦斯流动与解吸过程在钻孔周围不间断地进行着，且其范围随时间增长而不断地扩大，直到瓦斯压力梯度接近或不能克服其流动阻力时为止。其能扩大到的最大范围叫钻孔影响半径，但在此影响半径内，并不是所有的地点都消除了煤层的突出危险性，其中还有很大一部分煤层的瓦斯压力并没有下降到不发生煤与瓦斯突出时的安全范围内（我国规定为0.74 MPa），只有在煤层瓦斯压力小于0.74 MPa范围内的煤层才不会发生突出，此范围称为超前排放钻孔的有效影响半径。显然，有效影响半径与时间有密切的关系且小于排放影响半径。

②超前排放钻孔的卸压影响半径

超前排放（卸压）钻孔孔径一般不大于300 mm，所以其卸压影响半径一般都不是很大，且小于排放瓦斯有效影响半径。在钻孔形成的卸压范围内，由于应力降低，煤体发生膨胀变形，

透气性也会增加，必然会比较容易排除一部分煤体中的瓦斯。但在没有卸压的煤体中，虽然煤体透气性较小，但同样也能排除一部分煤体的瓦斯，所以钻孔瓦斯有效排放半径一般要大于卸压影响半径。

③钻孔的排放瓦斯有效影响半径与影响半径

钻孔的有效影响半径都是指在钻孔排放瓦斯的作用下，在规定的时间内，能够消除钻孔周围煤与瓦斯突出的范围。钻孔的排放有效影响半径可用打排放钻孔前、后测量出的煤层中的瓦斯压力、钻孔瓦斯涌出初速度(q)及 K_1 等指标的变化趋势，或借助于突出时的临界指标值进行判断得出。突出矿井一般都要进行各种直径钻孔的排放有效影响半径测定，得出符合本矿的适用数据。而影响半径则指在排放钻孔周围能够受到影响的范围，其数值要远远大于钻孔排放有效影响半径。

钻孔的排放有效影响半径和影响半径一般认为都随钻孔孔径的增大或排放时间的加长而增大，看起来似乎合乎规律。但从理论与实践都证明上述观点需要加以修正，即它们之间并不是直线关系，而是二次曲线关系。换句话说，在某一区段内，钻孔影响半径（钻孔有效影响半径）是随钻孔直径加大或排放时间的增长呈直线关系，超出此区段则呈非直线关系，随钻孔直径增加或排放时间加长呈二次曲线关系，有效影响半径与影响半径趋向于稳定且出现极大值。

(3)超前钻孔有效影响半径（范围）的测定方法

超前大直径排放钻孔的有效影响半径的测定，通常采用下述方法：

①瓦斯压力判定法

本法以煤层瓦斯压力的下降趋势来判断超前大直径钻孔的有效影响半径，其测定步骤如下：

第一，在工作面打直径42 mm、深8～10 m的测定煤层瓦斯压力的钻孔不少于2个，钻孔开口于硬煤中，而终孔于软分层中。孔底留0.3～0.5 m作为测压室，用直径为6 mm、壁厚为1 mm的紫铜管与测压室联接。除测压室外，其余全部用特制的黄泥（含水分较少的炮泥）充堵夯实，并用压力表测定煤层中的瓦斯压力。

第二，待煤层钻孔中的瓦斯压力基本趋于稳定后，在测压孔周围平行或不平行于测压钻孔，打大直径排放钻孔。应该指出的是当打完测压孔进行测压时，必须详细制订大直径钻孔测定其有效影响半径的钻孔布置方案。在打大直径钻孔时，必须详细记载大直径钻孔的位置、方位、钻孔深度与相应的测压孔中瓦斯压力的变化情况。这些都可作为判断有效排放半径的依据。

第三，在规定时间内（通常为24 h），煤层中的瓦斯压力须下降到0.74 MPa以下，如达不到上述指标，必须缩小有效排放半径，或增加排放时间。

因钻孔瓦斯压力上升到稳定值需要较长的时间，除此之外，测试又较繁琐，技术要求又较高，因此突出矿井多不进行测试。当孔径为75～120 mm时，多采用0.5～0.75 m作为设计超前排放钻孔的有效影响半径。

②用工作面预测方法来测定大直径超前钻孔的有效影响半径

随着工作面预测手段的不断完善，各国也都先后采用工作面预测手段来检查防突措施的有效性或考察各种防突措施的有效影响范围。其使用指标有钻孔瓦斯涌出初速度、钻粉解吸特征(K_1)和钻屑量等，其测定步骤如下：

第一，在煤巷工作面，沿软分层打长度为8～10 m、孔径为42 mm的钻孔，分段测定其钻屑量、钻孔瓦斯涌出初速度或 K_1 值及指标的最大值。

第二,打完考察钻孔后,在特定的时间内(通常为 24 h),在距考察钻孔周边为 0.4 m、0.7 m、1.1 m、1.4 m 处,先远后近打 4 个直径为 42 mm 的钻孔,同样利用预测预报方法求出其最大钻粉量和最大钻孔瓦斯涌出初速度或 K_1 值。

第三,使用钻孔瓦斯涌出初速度指标,当测定的钻孔瓦斯涌出初速度增大时,表明此距离已受影响,但仍有危险,必须增加排放时间或缩小影响半径。其他指标只有在指标下降到符合规程规定要求时,此考察孔距大直径钻孔的最小距离就是超前大直径钻孔的有效半径。超前大直径排放钻孔的影响范围,通常上小下大,呈卵形。

第四,使用上述规定测出的超前大直径排放钻孔的有效影响半径布置超前钻孔时,在留有 5 m 超前距的情况下,最高日掘进速度不能大于 5 m,如需得到高掘进速度,必须增加钻孔数目。

第五,钻孔的有效影响半径与钻孔的直径大小、排放时间的长短有关,呈二次曲线关系并有其极限值。因此,不能靠无限制地增加排放钻孔的直径和排放时间来提高防治突出效果,而是在合理选择排放钻孔直径与排放时间的前提下增加钻孔密度,这是提高防治突出效果的唯一途径。

第六,排放钻孔的有效影响半径要小于抽放钻孔的有效影响半径,采用影响半径时应区别对待。

(4)排放钻孔的作用机理

在煤层中打超前钻孔有两个作用,一是降低钻孔周围的煤体的应力,二是排放钻孔周围的煤体中的瓦斯,以降低煤层中的瓦斯含量,在这两部分机理的共同作用下,促使钻孔附近突出煤层的突出危险性降低或消失,达到安全采掘的目的。两种作用会互相影响,互相促进,使煤层的物理力学性质趋向不利于发生煤与瓦斯突出方向发展。钻孔的直径不可能很大,因此,超前钻孔瓦斯排放作用的好坏决定了钻孔的合理布置。

(5)排放钻孔布置

排放钻孔布置超前钻孔防治突出效果的好坏,取决于钻孔布置及其有效影响半径的选用。根据前面所述,钻孔有效影响半径分两种,一是钻孔卸压影响半径,二是瓦斯排放的有效影响半径。从应力的观点来看,钻孔的应力有效影响半径为钻孔直径的 3.36 倍。而瓦斯有效影响半径,根据一些矿井测定的资料为钻孔直径的 4 ~ 5 倍,略大于应力有效影响半径。从应力的观点出发,为了扩大钻孔的有效影响范围,应该增大钻孔的直径,但是在实施过程中,由于钻孔直径增大,施工困难,且突出危险几率增加,达不到预期效果。所以仅靠增加钻孔直径提高钻孔的防治突出效果是不可取的,超前钻孔直径一般为 60 ~ 120 mm 为宜。

煤巷超前钻孔的直径常多为 60 ~ 120 mm,当煤层为一般突出危险煤层时,应采取短钻孔布孔方式,短钻孔布孔最佳钻孔施工长度(水平投影)为 10 m。根据有效影响半径确定钻孔间距,其钻孔布置如图 1-42 所示。短孔布置的优点是在留有 5 m 措施超前距的条件下,在掘进过程中,始终处于两轮超前钻孔有效的控制范围内,安全才有保障。

在突出危险严重或有突出危险的厚煤层中进行掘进工作时,可采用的超前长钻孔布孔方式也是允许的,但钻孔布置要合理,也就是说,煤巷应始终处在钻孔控制范围内进行采掘工作,否则突出仍难以避免。因此采用长孔布置方式,就需要在所需控制的范围内均匀布置大量的钻孔,事实上突出矿井是难以做到的,导致一些突出矿井采用超前长钻孔后,还会发生突出。

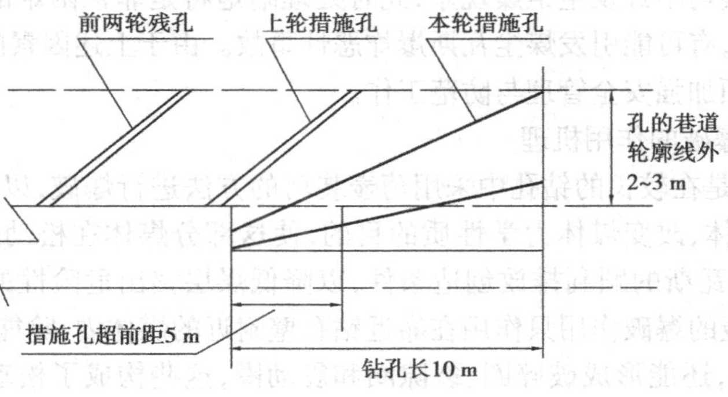

图1-42　超前钻孔布置示意图

为了解决超前长钻孔布孔过多的矛盾，有些矿井采取长、短孔分阶段混合布孔的方式，达到了较好的防治突出效果。

长、短孔分阶段混合布孔方式有两个优点，一是用长钻孔（孔长一般为20～60 m，根据钻机在突出煤层施工能力而定，排放影响半径一般取1～2 m，并常用于预抽钻孔），可预先排除工作面前方煤体中的一部分瓦斯，使煤层瓦斯含量减小，应力缓和，突出危险性降低，为第二阶段执行超前短钻孔防治突出措施的施工、防突创造了有利条件。二是超前钻孔分两个阶段完成，减少了在比较小的断面内一次布置过多的钻孔，破坏了工作面煤层的结构，导致煤体强度降低，在打钻时有诱发煤与瓦斯突出的可能性。特别应提出的是，超前长钻孔用于预先降低煤层的突出危险性，而超前短钻孔仍然是防治突出的主要手段。

（6）采煤工作面超前钻孔

我国在采煤工作面使用超前钻孔防治突出的矿井较少，其原因为在采煤工作面施工超前钻孔，一是工作量大，二是施工场地过于狭小，施工困难。根据经验，在采煤工作面的超前钻孔长度必须超出采煤工作面的应力支撑点（一般为5 m左右），所以超前钻孔的孔长一般不应小于10 m，同时还应预留5 m的措施超前距。钻孔的间距一般采用2～5 m。若达不到上述条件，防治突出的效果是难以肯定的；若达到上述条件，则走向长壁式采煤工作面月进度明显降低，这是矿井难以接受的事实，所以只有在特殊条件下才被采用。

2. 深孔松动爆破（图1-43）

松动爆破分浅孔与深孔两种，孔深小于6 m的称浅孔松动爆破，大于6 m的称深孔松动爆破。过去对松动爆破的看法不一致，认为它只起到诱导突出的作用，而不能防治突出。经过多年的研究与实践，改变了看法，认为浅孔松动爆破起诱导突出的作用，而深孔松动爆破则起防突作用。深孔松动爆破因其工艺较其他措施简便，适用于突出强度不大、煤质较硬的中小型突出矿井。

浅孔松动爆破一般应留有2 m超前距，因此其卸压范围很小。当火药在巷道的压力集中带爆破（巷道应力集中带峰值在工作面前方4～6 m处）时，产生剧烈震动促使集中应力带突然前移，导致煤层突然卸压，卸压后所产生的自由瓦斯作用在2 m的安全煤柱上，当这部分安全煤柱承受不住瓦斯的强大推力时，就会发生突出，因此采用浅孔松动爆破引起的诱导突出现象也是屡见不鲜的。使用深孔松动爆破虽然能克服上述的缺陷，但是其致命的弱点是不易打长孔，不采取特殊措施的装药方式很难装药，这样往往由于装药达不到规定的位置而起不到防突作用,或者由于装药不好发生拒爆现象,此时处理瞎炮将是非常困难的事。同时,若火药质量欠佳会引起爆燃,有可能引发煤尘瓦斯爆炸恶性事故。由于上述因素的存在,所以在使用深孔松动爆破时,必须加强安全管理与防范工作。

(1)深孔松动爆破的作用机理

深孔松动爆破是在较长的钻孔中采用药壶装药的方法进行爆破,以达到松动工作面前方爆破钻孔附近的煤体,改变煤体力学性质的目的,使这部分煤体在松动爆破的作用下产生裂隙、卸压,为煤体中瓦斯的顺利排放创造条件,以降低煤层突出危险性的一种防治突出措施。从爆破原理看,药壶的爆破作用只作用在靠近钻孔壁附近的煤体内,除能在装药段钻孔壁四周形成扩大的空腔外,还能形成破碎圈、裂隙圈和震动圈,这些构成了松动爆破的影响范围区。在压碎圈和裂隙圈所形成的影响范围内能起到卸压和排放瓦斯作用。由爆破冲击波产生的破碎圈消耗了大量的爆破能量,在没有爆破自由面条件下其作用范围较小。裂隙圈则是由应力波和爆生气体共同作用的产物,既有径向裂隙也有环状裂隙,且裂隙圈的大小决定了深孔松动爆破影响范围的大小。通常深孔松动爆破单位长度上的装药密度越大,爆破孔的径向作用范围越大。当钻孔孔径和药卷直径一定时,爆破孔影响半径与孔深和装药长度无关。但是也有人认为,这类药壶爆破实际上对防治突出的作用并不大,认为一般的高能火药爆炸所产生的爆炸压力可高达 20 GPa 以上,它远远地超过驱动钻孔壁周围煤层裂纹扩展和反抗地应力作用所需的数值,这势必造成钻孔壁被严重的压碎和由于煤体产生塑性变形在爆破孔壁周围形成残余应力区,此区被称为应力笼。压碎的煤粉会将已生成的裂纹充填,阻止了爆破钻孔周围裂纹的进一步扩展,在这种情况下,爆破孔周围只能形成非常短的孔边裂纹。所以认为深孔松动爆破不能促使煤体瓦斯排放,反而增加瓦斯流向爆破钻孔的阻力。

(2)深孔松动爆破的布孔原则(图 1-43)

使用深孔松动爆破时,必须有专门的施工设计,钻孔应布置在工作面的上方与中部,能使巷道周边 2 m 以内的范围处于深孔松动爆破的影响范围内。钻孔的数量视煤层厚度与巷道断面而定,通常爆破钻孔数应不少于 2 个。如留有 5 m 的超前距离,应从第 6 m 开始装药直到孔底。为了避开上次爆破在煤体所产生的裂隙区,防止爆破效果不佳,两次爆破之间要留有 1 m 的完好煤体,因此,火药不能装在这 1 m 的完好的煤体内,在完好煤体中的钻孔必须用炮泥堵严,其余的也必须用炮泥或河沙充填。起爆采用串并联方式。由于孔长,火药不易装入孔内,为了防止拒爆或装药达不到设计位置,通常除要求钻孔打直、孔壁要光滑外,还应用竹片或其他不燃物质,将火药捆成 1 m 长的特殊药包,以利装药。爆破设置在反向风门外,采取远距离爆破。

(3)深孔松动爆破的工艺和要求

深孔松动爆破常用的钻孔孔径为 42 mm。用许用的三级煤矿安全筒形炸药,每个药卷重 150 g,直径为 38 mm。并用瞬发电雷管启爆。采用电煤钻打爆破孔,麻花钻杆直径为 38 mm,钻头直径为 42 mm,每根钻杆长 1.0 ~ 1.5 m,钻杆采用套筒、插销或螺栓联接。

采用正向装药,为了保证起爆,孔内采用多雷管大串联一次起爆。由于在实施深孔松动爆破时,有可能造成诱导突出,因此,必须采取撤人、停电、设警戒和反向风门、远距离爆破等安全措施,并在炮烟散尽后方能进入工作面检查。

执行深孔松动爆破后,必须进行措施效果检验,经措施效果检验有效后方能施工。

①掘进工作面

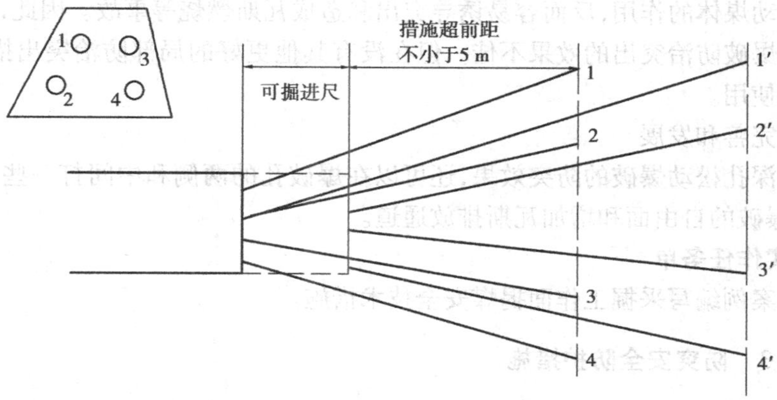

图1-43 松动爆破钻孔布置图

1～4为本次循环爆破孔;1′～4′为下次循环爆破孔

掘进工作面采用深孔松动爆破措施时,其钻孔布置方式应根据工作面煤层赋存条件和断面大小而定,通常可布置3～5个钻孔,孔长一般为8～10 m。掘进和实施深孔松动爆破时,必须保持5 m的措施超前距,措施的控制范围应包括巷道断面内和距巷道轮廓线外不小于1.5～2 m的煤体范围内。深孔松动爆破的有效影响半径应进行实测,孔间距由有效影响半径确定。

打措施孔时,要注意钻进速度,通过来回拉动钻杆来加强排粉,避免卡钻。当钻孔打完后,应该用钻杆来回拖动尽可能将钻孔中残余的煤粉排出,也可以用压风清除钻孔内的煤粉,以保证装药的顺利。

深孔松动爆破的装药长度为孔长度减去6 m左右,一般为3～5 m。装药后应装入长度不小于0.4 m的水炮泥,水炮泥外应充填长度不小于2 m的炮泥,在装药和充填炮泥时,应防止折断电雷管的脚线。通常用黄泥封孔,为了提高爆破效果,必须将炮泥填好捣实,以避免爆破时炮泥冲出钻孔而造成高温高压气体泄漏。

当掘进工作面首次采用深孔松动爆破时,在执行措施前,必须首先对工作面前方5 m内的煤体采取防突措施,为的是给执行措施的工作人员提供可靠的安全屏障,也为首次施工创造安全环境。为了提高松动爆破的效果,一是要做到布孔均匀,钻孔可以单排或双排布置,但每一循环的布孔位置要与上一循环错开,避免在同一孔位重复布孔爆破,以保证控制范围内的煤体充分卸压和排放瓦斯。二是应特别注意孔深、装药长度和封孔起始位置之间的关系,既不要在已松动范围内重复爆破,以避免破坏安全煤柱和影响爆破效果;也不要因装药长度不够而留下未松动带,形成所谓的“门坎”或“隔墙”,它会阻碍瓦斯的排放和阻碍集中应力向深部转移。

由于上山掘进工作面在爆破时更容易造成煤体垮塌,因此,通常较少采用深孔松动爆破防突措施。

②采煤工作面

松动爆破防突措施也适用于煤质较硬、围岩稳定性较好的突出煤层采煤工作面。爆破孔动爆破防突措施时,必须保证2 m以上的措施超前距离。应当指出,如果松动爆破孔深小于5 m时,爆破段正好处于采煤工作面支撑压力区中,所以防治突出效果不好,一般不建议采用此种措施,又叫作浅孔松动爆破。值得指出的是,因采煤工作面煤壁暴露面积大,若爆破孔较短,封孔长度相应减少,遇到煤层软分层厚度较大时,容易造成抵抗线不够,形成爆破漏斗,不仅不能起到松动煤体的作用,反而容易诱导突出和造成瓦斯燃烧等事故。因此,在生产实践中使用浅孔松动爆破防治突出的效果不佳。但在没有其他更好的局部防治突出措施时,它仍然在一些矿井中使用。

③措施的完善和发展

为了提高深孔松动爆破的防突效果,还可以在爆破孔的两侧和中间打一些不装药的排放钻孔,以扩大爆破的自由面和增加瓦斯排放通道。

二、分组实作任务单

根据给定案例编写采掘工作面揭煤安全技术措施。

任务1.5.3　防突安全防护措施

一、学习型工作任务

(一)阅读理解

我国现有的防治煤与瓦斯突出措施分四部分,即突出预测、执行防治突出措施、措施效果检验和安全措施施工。按理说执行了前三个阶段,应该说是比较安全可靠了。但是我们知道,由于工作人员的知识水平、工作责任心、施工水平和仪器误差等一系列的因素,难免会发生误判,这样一来,就会前功尽弃,发生事故。为此,必须设立最后的一道关口,即安全防护措施,以避免人员的伤亡。

综合防治突出措施中最后一个关口是安全防护措施。煤与瓦斯突出的机理至今仍处于假说阶段,虽然有一套行之有效的预测方法和防治突出的措施,但因形成突出的因素随机性很强,有时也难免出现一些偏差,必须有一套完整的安全防护措施,以保证工作人员的安全。安全防护措施可分为两部分:一是尽量减少工作人员在落煤时与工作面的接触时间,主要措施是远距离爆破、震动性爆破等;二是突出后工作人员应有的一套完整的生命保证系统,主要有避难硐室、隔离式自救器、压风自救装置、急救袋、反向风门与防护挡栏等。

1. 震动爆破

震动性爆破主要用于石门揭开煤层,它用于石门揭开突出危险煤层,此时,该石门工作面必须执行了防治突出措施并经措施效果检验有效后,方可用震动爆破揭开煤层;或预测石门工作面为无突出工作面时,可不采取防治突出措施,直接使用震动爆破揭开煤层;煤层厚度小于0.3 m的突出煤层,也可直接采用震动爆破揭开煤层。震动爆破的作用机理是利用火药爆炸产生的震动力,破坏石门附近的应力平衡状态,促使应力与瓦斯能量突然释放,达到诱发煤与瓦斯突出的目的。这也就是说,使用震动爆破的目的就是要诱导发生突出,若达不到此目的,煤层可能会出现下列两种情况:

一是煤层没有突出危险,不会发生突出;二是爆破能量小,未能达到激发突出所需的能量。若是第二种情况,则表明煤层中仍存在巨大的突出危险。在过去的工作实践中,这种情况是确实存在的,其表现形式是在煤层未被完全揭开进行过门坎或掘进煤门时,很容易产生强大的突出。除此之外还出现延迟突出(延期突出),这种突出的特点是在震动爆破揭开煤层后,人们认为已安全揭开煤层,在毫无提防的情况下发生突出,因此其破坏与杀伤力极强,容易造成重大人员伤亡事故。

延期突出的延迟时间可由数分钟到数天,使人们防不胜防,对付它的方法只有采取延时手段,即震动爆破后,不要立即恢复工作,让工作面的应力重新分布并逐渐趋向稳定,瓦斯也经过一段时间的排放,使靠近工作面煤层中的瓦斯含量降低,瓦斯压力梯度减小,促使煤层突出危险性降低后,再恢复工作。石门揭开煤层处要实现上述目标,工作面停止工作的时间一般不超过7天。

(1)震动爆破的作用与适用条件

震动性爆破是用于石门揭煤的一种爆破方法,它的作用是利用大量炸药的爆炸能量改变工作面附近的煤体或岩体中应力的状态,如煤层有突出危险则能诱发煤与瓦斯突出,如果煤层没有突出危险,则不会发生突出,达到安全工作的目的。它适用于经执行了防治突出措施后,并经措施效果检验有效后的石门揭开突出煤层工作,或用于石门揭开煤层厚度小于0.3 m的突出危险煤层。在技术上,要求一次全断面揭开煤层,即爆破完成后,巷道基本成形,不再进行卧底刷帮工作,但根据多年的实践经验,一般矿井不采用特殊施工方法是难以实现上述要求的。具体作用:

①震动性爆破不同于其他爆破作业,它不仅要起到落煤作用,还要利用炸药爆炸产生的强烈震动波使煤体剧烈震动,如此时煤层中的应力状态极不稳定,强烈的振动会加速它趋于稳定,若煤层已具备发生突出时的基本条件,就不可避免会诱导出煤与瓦斯突出。

震动爆破炮眼的数量与炸药的消耗量都要比正常的爆破作业高0.7~1.0倍,并采用专用的炮眼分别爆破岩石和震动煤体(煤、岩分开爆破)。由于眼多、装药量大,所以起爆工作比正常爆破作业难度大。基于震动爆破技术的复杂性、特殊性以及达不到预期效果所遗留下来后患的严重危害性,为了做好此项工作,确保生产安全,必须在采用安全防护措施前,进行专门的设计,做到心中有数,万无一失。

②震动爆破的目的之一就是要诱发突出,因而震动爆破工作面发生突出的几率很高,为了顺利将发生突出时突出的煤(岩)、瓦斯引入回风系统,避免突出的煤(岩)、瓦斯波及其他区域,避免突出的瓦斯向进风流逆流、扩大突出影响范围,甚至造成更多人员伤亡,要求震动爆破工作面必须具有独立可靠、畅通的回风系统。

震动爆破揭煤时诱发突出的瓦斯量可能很大,可能出现煤粉流,其浓度很高,已达爆炸界限,为了避免因电火花或人员作业出现的火源点燃突出的瓦斯或煤流,同时也为了避免突出后因瓦斯浓度过高造成人员窒息伤亡,震动爆破工作面的回风系统内在爆破时必须切断电源,严禁人员作业和通过。

在进风侧的巷道中设置2道坚固的反向风门以阻挡突出的煤(岩)、瓦斯向进风系统逆流,避免震动爆破时诱发的突出向进风系统中蔓延。

③震动爆破揭露突出危险煤层,既是一项技术性很强,也是非常危险的工作,稍有疏忽就可能引发事故。震动爆破揭煤不但要有一个措施得当的设计和安全措施,在实际施中还要严格按设计和安全措施施工,一丝不苟;否则就可能引发事故。所以,震动爆破必须由矿技术负责人统一指挥。

震动爆破揭煤极易出现煤与瓦斯突出,假若措施不当或组织不严密或对突出危险的判断有误,极易出现事故(如掩埋人员,引起瓦斯燃烧或爆炸),为了减少发生事故后的损失,及时进行抢险救灾,所以要在指定地点由矿山救护队值班。

④震动爆破的炮眼数量和炸药的充填量都比常规爆破的多,因此作业难度大。要想一次全部起爆,就必须保证通过每一个雷管的电流都远远大于雷管的最小起爆电流。为了减少雷管的总电阻,雷管要采用电阻较小的铜脚线雷管。雷管总延长时间规定不得大于130 ms,是

基于防止前段炸药爆炸后引起的瓦斯快速积聚因后段炸药爆炸出现火源而点燃引起瓦斯爆炸的考虑而做出的。

雷管起爆时间间隔短，爆破气浪在瓦斯还没有积聚起来之前可将其驱散，但时间间隔长了，瓦斯就可能积聚并达到爆炸界限，当后段炸药起爆时，就容易引起瓦斯爆炸。所以震动性爆破作业，严禁跳段使用雷管。

⑤假若震动爆破不能一次全断面揭穿或揭开突出煤层，则留有“门坎”（未炸掉的岩体），由于处理“门坎”时作业人员无法进行远距离操作，极易造成人员伤亡。为了避免此类事故的发生，震动爆破时必须一次揭穿或揭开煤层，金属骨架是一种超前支架，其作用是加强石门工作面上部煤体的支撑力，以减弱或防止揭穿石门过程煤与瓦斯突出。这种方法本身并未根本改变煤层应力和瓦斯状态，煤层的突出因素并未改变，突出危险性依然存在，因而若揭穿煤层后撤除或回收金属骨架煤门就会因支护不佳发生冒顶，进而诱发突出，导致事故。为防止突出事故的发生，在揭穿煤层后严禁拆除或回收金属骨架。

⑥揭开突出煤层后，在靠近石门30 m范围内掘进煤巷，由于揭开煤层不久，煤层中的瓦斯和应力还未得到充分的释放，同时还要受石门集中应力的影响，突出危险性较正常地区要大，为防止突出的发生，必须加强支护。

(2)炮眼布置和炸药量计算

多年来的实践表明，震动性爆破效果的好坏，主要取决于岩柱的确定、单位岩(煤)体炸药消耗量、煤眼数目、炮眼布置、起爆方式以及严密的安全措施。

①岩柱厚度

岩柱厚度应根据煤岩体性质、开采深度、瓦斯压力、石门断面等条件来确定，并应遵照《煤矿安全规程》的规定。缓倾斜岩柱不小于1.5 m，急倾斜不小于2 m，如岩石松软，应适当增加岩柱的厚度。岩石松软时若不增加岩柱的厚度，则会因松软岩石的力学性质很差，抵挡不住煤层中瓦斯压力所产生的推力，有可能自行揭开煤层。例如：中梁山南井1981年1月15日+280 m水平南五石门，采用常规的爆破方法进入煤层底板铝土页岩后，在无人作业的情况下，产生突出，突出煤量900 t，瓦斯5万m^3，堵塞巷道30 m。事后经测量，其岩柱厚度不足2 m。

缓倾斜或倾斜煤层条件下，石门从底板方向揭开煤层时，为了避免揭开煤层后巷道底部残留“门坎”，可先卧底并将工作面刷成斜面；若石门从顶板方向揭开煤层时，巷道断面上半部做成台阶状，再进行打眼爆破，以利于全断面揭开突出煤层。

②炮眼数目(N)

震动爆破的炮眼数目一般为正常掘进爆破炮眼数目的2～3倍，岩柱在2～2.5 m以下时，可采用楔形掏槽爆破，并可用北票经验公式计算炮眼数目。

$$N = 5.5 \times \sqrt{S} \times \sqrt[3]{f^2} \tag{1-50}$$

式中 N——炮眼数目，个；

S——石门断面面积，m^2；

F——岩石的坚固性系数。

当岩柱大于2.5～3 m时，可用75 mm、300 mm直径直眼空心掏槽爆破，其密度一般是在0.2～0.25 m^2内布置一个炮眼。

③炮眼布置原则

a. 小直径炮眼、岩眼与煤眼分别装药爆破，岩眼孔底应距煤层0.2 m，最好不打穿煤层，已打穿的应作上记号，装药前必须充填炮泥0.2 m后方可装药。

b. 煤层的炮眼应打穿煤层全厚，煤层厚度大于2 m时，煤层炮眼应打穿煤层不小于2 m，深孔爆破不受此限制。

c. 炮眼布置是决定爆破效果的关键。在设计炮眼时，顶部炮眼密度稍稀，下部稍密；两侧密度稍密，中间稍稀，岩眼与煤眼交替排列。

d. 大直径直眼空心掏槽，深孔全断面一次爆破，炮眼在工作面一般应均匀分布，仅底排眼可稍密。煤眼和岩眼分别装药，在煤岩交界处，至少要用0.2 m的炮泥隔开。

e. 采用浅孔时每孔炮眼通常只装一个雷管；深孔时（孔深大于2～3 m），为保证起爆需要装2个同段同型号的雷管；深孔大直径空心掏槽全断面一次爆破时，需装2个以上的雷管。

一般采用单列三组楔形掏槽炮眼（图1-44）和双列三组模形掏槽（图1-45）的炮眼两种布置方式。单列三组模形掏槽炮眼布置一般用于煤层厚度1 m以下的中硬岩石。煤层厚度大于1 m时需要采用双列三组楔形掏槽炮眼布置。但炮眼布置的优点是炮眼的最小抵抗线小，岩石所受的夹制力也小，能直接起到爆破煤岩的作用，因而爆破效果较好。但炮眼较多，施工较复杂。

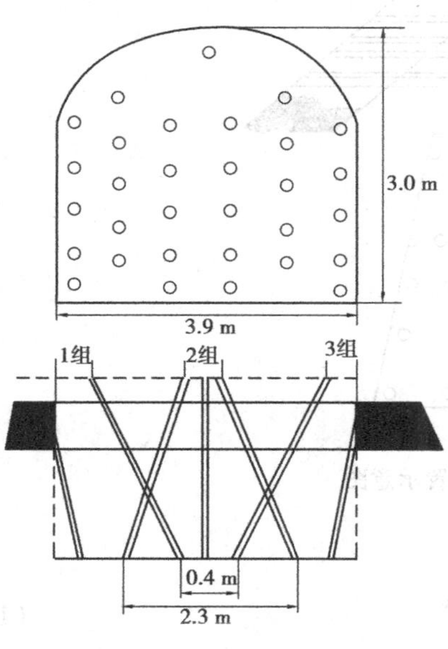

图1-44　单列三组楔形掏槽眼布置

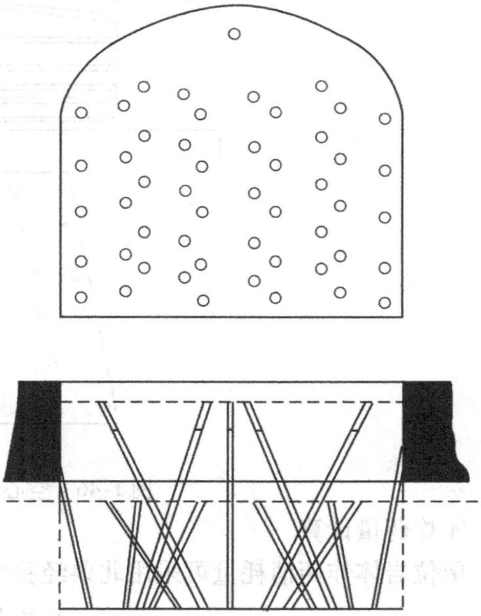

图1-45　双列三组楔形掏槽的炮眼

这两种楔形掏槽，若在缓倾斜煤层中使用，每次揭煤深度仅2 m左右。由于石门揭煤前要求留一定的安全岩柱，防止高压瓦斯冲破岩柱造成事故。这样就不可能一次全断面揭开煤层，不得不留下煤岩门坎，特别在缓倾斜条件下，按预留的最小岩柱1.5 m计算，巷道底板岩柱可长达6～13 m，这就要多次爆破才能揭开煤层，在缓倾斜煤层中施工，每一次爆破均需按震动性爆破的安全措施停电、撤人的要求进行，对生产影响很大，花费的时间很长。特别是当第一次爆破揭露煤层后，随后各次施工的作业人员在无安全屏障保护的条件下作业，有很大的危险性，作业过程中始终提心吊胆。

在倾斜和急倾斜煤层中，采用挑顶卧底、刷斜面的方法效果较好。在缓倾斜煤层，为缩小煤岩门坎的长度和减少爆破次数，在较松软破碎岩层斜面下作业也很不安全。松藻和南桐等矿区的矿井，用钻机打直眼空心掏槽孔作自由面，深孔全断面一次爆破揭开煤层，经过完善和改进及近二十年来的实践，取得了较好的效果（如图1-46所示）。

直眼掏槽孔是用钻机钻一个或多个空心孔作为自由面，以缩短最小抵抗线，如图1-46所示。岩柱小于5 m的工作面钻进一个直径150～200 mm的中心掏槽孔（不装药，作自由面）；若岩柱为5～10 m时，可打两个直径300 mm的大孔。中心大孔须穿透煤层，位置靠巷道下部，一般在巷高的三分之一处爆破效果较好。掏槽眼布置在中心空心掏槽孔的周围，与中心孔帮距250 mm左右，全部穿透煤层，孔直径为42～75 mm，它最先起爆，用以扩大中心孔。爆破后形成直径1 m的掏槽孔。两帮帮眼孔直径为42～75 mm，顶眼间距600 mm，见煤即可，偏角2°左右。眼底间距500 mm左右，打水平孔，距巷底150 mm，全部打透煤层，最后起爆，起到抛渣作用。辅助眼全部为水平平行孔，孔直径为42～75 mm，尽可能均匀布孔，间隔穿煤。其整个断面穿煤炮眼的数量应控制在总数的二分之一左右，要求保持孔孔平行，防止割孔。

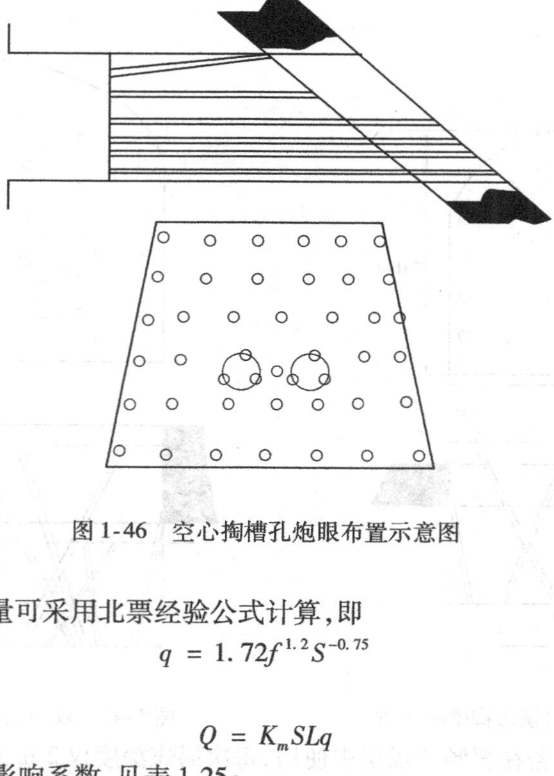

图1-46　空心掏槽孔炮眼布置示意图

④炸药量计算

单位岩体炸药消耗量可采用北票经验公式计算，即

$$q = 1.72 f^{1.2} S^{-0.75} \tag{1-51}$$

炸药消耗总量为

$$Q = K_m S L q \tag{1-52}$$

式中　K_m——煤层厚度影响系数，见表1-25；

S——巷道断面面积，m^2；

L——爆破进尺（岩柱与煤柱之和），m。

表1-25 煤层厚度影响系数 K_m

巷道断面 S/m²	煤层厚度/m		
	0.4 ~0.5	0.6 ~1.0	> 1.0
< 8	0.95	0.95	0.85
> 8	1.0	0.95	0.9

⑤连线与起爆方式

目前广泛采用晶体管电容起爆器,连线方式应根据起爆器性能确定,即根据起爆器的输出电压与电流来选择,目的是使每发雷管都能得到充足的起爆电流。通常采用串并联方式,其电流计算如下:

$$I=\frac{V}{R_l+\frac{n}{c}(R_0+R_k)} \tag{1-53}$$

式中 V——起搏器实际输出电压(铭牌电压乘以0.7),V;

R_l——爆破母线电阻,Ω,$R_e=0.25\pi e\rho l d^{-2}$;

L——爆破母线长度,m;

ρ——母线电阻率,Ω·mm²/m(铜线0.017,铝线0.03);

d——母线直径,mm;

n——每组串联雷管数目,个;

c——并联组数;

R_o——雷管电阻值,Ω;

R_k——雷管脚线连接电阻,Ω,脚线用砂纸擦光亮牢固连接后,一般接触 R_k 为0.1 ~ 0.15 Ω。

计算出的电流值应远远小于起爆器所能提供的工作电流。

爆破时,在一次起爆时,各雷管中要求通过相同的电流值,以免由于各管之间因电流分配不均而造成拒爆事故。同时,爆破母线电阻值 R_1 应远远小于雷管连接后的总电阻 $n(R_o+R_k)/c$,使起爆器产生的能量电流尽可能全部作用在雷管上。当 $R_1>n(R_o+R_k)/c$ 时,就会发生局部起爆,为震动性爆破增加了危险因素。

震动爆破应采用大容量爆破器,常用的有 MFB-50/100 型、MFB-100 型、MFB-200 型起爆器和 CBF 程控闭锁发爆器。CBF 程控闭锁发爆器,除能远距离1 000 ~1 600 m 起爆100 发雷管外,还具有瓦斯监测、报警、超限闭锁等功能,特别适用于远距离震动性爆破。

(3)震动爆破的技术与组织措施

①震动爆破揭开煤层时的技术措施

a. 震动爆破必须编制专门设计,规定出打眼参数,爆破参数,通风系统,爆破地点,撤人、警戒和停电范围,避灾路线等。

b. 应避免在地质构造复杂的地点(断层和褶皱)或应力集中带布置石门。

c. 石门揭开煤层时,应有独立通风系统,确保回风流畅通,风量一般不得小于300 m³/min。

d. 爆破地点应设在远离石门工作面的新鲜风流中,其距离应根据煤层突出危险程度的大小而定，即设在发生突出后不容易受到瓦斯波及的地方。地点的选择要保证人员的安全，若估计突出强度大，可能造成逆流，则可在地面起爆。

e. 人员撤退的范围应根据突出可能波及的范围而定。在通风系统畅通，突出强度估计不大时，可撤退一个采区或井田一翼，否则需全部撤到地面。

f. 对震动性爆破使用的炸药和雷管应事先严格检查，雷管的电阻差应在 0.2 Ω 范围内，雷管应采用铜芯脚线雷管。为了防止前段炸药爆炸后引起的瓦斯快速积聚并导致后段炸药爆炸点燃火源的瓦斯爆炸，除需要将炮眼塞满炮泥外，雷管总延长时间不得大于 130 ms，并严禁跳段使用。

g. 为防止突出时的瓦斯逆流进入新鲜风流，应在石门的入风侧设立牢固的反向风门，并在工作面附近设立挡栏，以降低煤与瓦斯突出强度。

h. 震动性爆破只准一次装药，一次爆破。打眼与爆破不得平行作业，炮眼必须全部填满炮泥，严禁使用无炮泥爆破和全部以水炮泥代替炮泥爆破。

i. 爆破前应将工作面不装药的钻孔用黄泥堵塞（用大孔掏槽式震动爆破时不堵黄泥）。

j. 爆破后清理工作面应加强支护。

②震动爆破揭开煤层时的组织措施

由于震动性爆破技术的复杂性、特殊性以及达不到预期效果所遗留下来的后患的严重危害性，因此，必须有严密的组织措施，以保证震动爆破的顺利实施。组织措施应包括以下内容：

a. 要成立震动性爆破领导小组，由矿总工程师任组长，统一指挥，统一下达各种指令。

b. 由专人负责检查炸药、雷管的质量，不合格的一律不得使用。

c. 爆破前，现场指挥人员要对该工作面进行全面检查（炮眼布置、深度、装药量、炮泥充填、联线方式、通风系统、瓦斯浓度、支护情况、爆破撤人地点等），确定没有问题后，由现场指挥人员和施工负责人双方在爆破卡片上签字。

d. 爆破当班，救护队派一小队人员参加值班工作。爆破前应到工作面进行安全检查，爆破半小时后到工作面探险检查，若发现异常情况或有突出迹象时，由爆破指挥人员决定去现场的检查时间，如无突出，可根据计划恢复生产。

e. 震动爆破后若发生突出，应立即报矿调度室和爆破指挥人员，并根据突出情况，执行救灾措施，按设计恢复通风，清理突出物。

f. 爆破应一次全断面揭开突出煤层。如未能一次揭开煤层全厚，在掘进剩余部分时，必须另行编制防突措施。

g. 震动爆破的有关资料应作详细记录，以备总结和分析。震动爆破在我国突出预测方法没有推广应用之前，使用的比较普遍，但应用好的事例并不多见。因为其工序复杂、技术条件要求又高，多半都未能一次全断面将煤层揭开，还引发了多次石门大突出事故，尤其是未能一次全断面揭开煤层时容易发生的延期突出，给善后处理工作增加了困难。自从推广应用工作面预测方法之后，石门经执行防治突出措施并经措施效果检验有效后，才允许采用远距离爆破或震动性爆破的方法揭开煤层，使石门揭开煤层的工艺大为简化。

震动爆破最主要的目的是诱导突出，当由于技术或煤层内在的原因，未能诱导出突出时，此时工作面仍有 50% 以上发生突出的可能性。此时，由于巷道四周煤层中的应力稳定状态被火药震动冲击波所破坏，其能量有个释放、稳定的过程。此过程缓慢进行，则突出不会发生，若快速释放则可发生延迟突出，这种突出是在没有人为的扰动情况下产生的，也是在震动爆破后人们认为不会发生突出时产生的，因此，对人员的伤害极大，延迟时间可从数分钟到数天，最长的记录为一个星期。因此，建议在执行完震动爆破后，工作面至少要休息一个星期，使应力稳定、瓦斯排放，以防延期突出对人们的伤害。

2. 远距离爆破

理论分析与生产实践都表明，在落煤过程中最容易发生煤与瓦斯突出。如落煤过程有人员在场，发生突出最容易造成人员的伤亡。为此，在突出煤层中进行采掘工作时，为了减少人员伤亡，最好采用远距离爆破落煤。

远距离爆破的主要目的是在爆破时，工作人员远离爆破作业地点，突出物和突出时发生的瓦斯逆流波及不到起爆地点，以确保工作人员的安全。因此，起爆地点必须设在进风侧反向风门外的全负压新鲜风流中，距爆破工作面越远越好，一般在距300 m的新鲜风流中（起爆地点必须具有生命保障系统）。在使用松动爆破时，起爆地点一般在距爆破工作面的地点不得少于800 m的新鲜风流中，同时起爆地点应设有生命保障系统。在生产实践中证明此措施十分有效，可以有效地避免人员的伤亡。

远距离爆破必须和安全设施配合使用，如反向风门、避难硐室、压风自救装置、压缩氧自救器等。起爆地点一般距工作面300 m以上（根据煤层的突出危险程度适当增加远距离爆破距离）或在有压风自救装置的爆破地点或避难硐室内。在使用远距离爆破时，要严格遵守《煤矿安全规程》、《防治煤与瓦斯突出细则》中其他的有关规定。

（二）防突安全防护措施集中讲解

1. 挡栏设施

震动爆破用于石门揭开煤层，容易诱导出大强度的煤与瓦斯突出，为了降低其突出强度，减少突出对生产的危害，一些矿井采用了挡栏的措施。挡栏可用金属、矸石或木垛等材料构成。金属挡栏是由槽钢排列构成的方格框架，框架中槽钢的间隔为0.4 m，槽钢彼此用卡环固定，使用时在迎工作面的框架上，再铺上网眼为20 mm×20 mm的金属网，然后用木支柱将框架撑成45°的斜面。一组挡栏通常有两架组成，其间距为6～8 m，距工作面的距离可根据预计的突出强度在设计中确定。对于突出危险性较大的煤层采用特别的金属挡栏，其结构如图1-47所示。对于突出危险性较小的煤层可采用碎石堆或木垛挡栏，如图1-48所示。

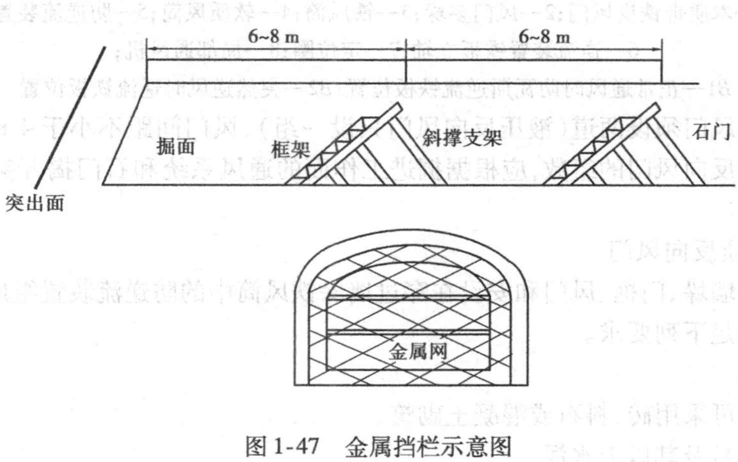

图1-47　金属挡栏示意图

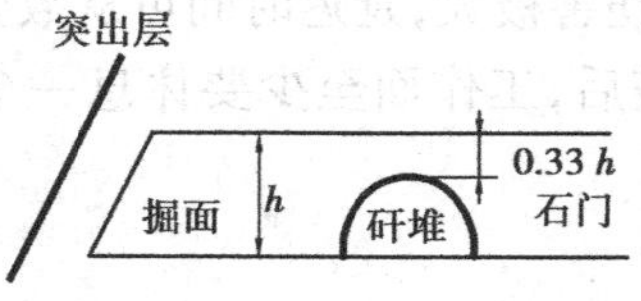

图 1-48　矸石堆和木垛挡栏示意图

2. 反向风门

反向风门是防止突出时瓦斯逆流进入进风道而设置的通风设施。因其风门是反向开启，故称为反向风门。平时反向风门呈开启状态，只有在爆破时才被关闭，爆破后，由矿山救护队或有关人员进入检查时进行开启，并把它固定于开启状态。反向风门根据其构造分为两种：一为普通木质反向风门，二为液压反向风门。

反向风门安设在掘进工作面的进风侧，在突出时强制突出的瓦斯进入回风系统，如图1-49所示。

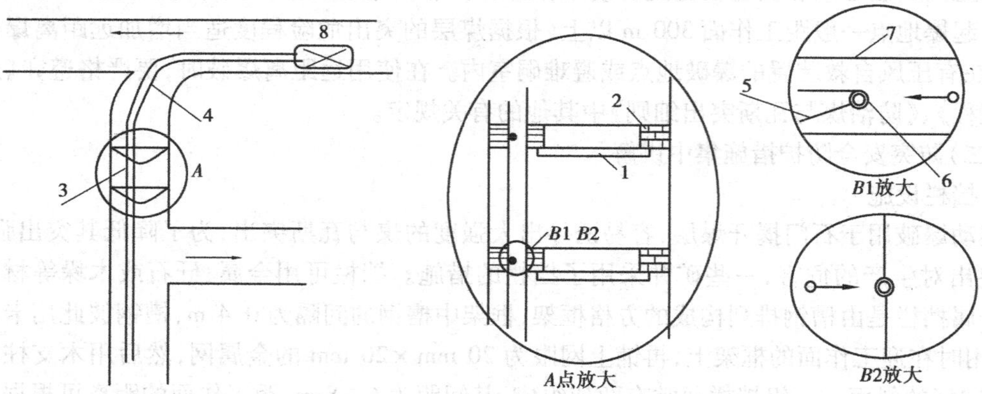

图 1-49　反向风门和防逆流装置

1—木质带铁皮风门；2—风门多垛；3—铁风筒；4—软质风筒；5—防逆流装置；

6—逆流装置铁板立轴；7—定位圈；8—局部通风机；

*B*1—正常通风时防瓦斯逆流铁板位置；*B*2—突然逆风时逆流铁板位置

每一组反向风门须设两道（液压反向风门只设一组），风门间距不小于 4 m。反向风门距工作面的距离和反向风门的组数，应根据掘进工作面的通风系统和石门揭开突出煤层时预计的突出强度确定。

(1)普通木质反向风门

反向风门由墙垛、门框、风门和安设在穿过墙垛铁风筒中的防逆流装置组成。普通木质反向风门构筑应满足下列要求。

①材料要求

a. 风门墙垛可采用砖、料石或混凝土砌筑。

b. 采用 400 号及其以上水泥。

c. 采用中等粒度或较大粒度的河沙。

d. 采用矿井生产用水不得含有油脂等杂物。

②风门墙垛要求

a. 墙垛厚度不得小于 1 m。

b. 嵌入巷道周边实体煤(岩)的深度:煤巷不得小于 0.5 m,岩巷不得小于 0.2 m。对于松散煤岩体的巷道,必须加入钢筋对周边进行锚固。

c. 要预留管、缆、线、风筒孔。不准在墙垛做好后,在墙垛上打孔破坏墙垛。暂时不用的孔洞,可在防逆流方向一端用木塞堵塞。对通过门垛的风筒,设有隔断装置,在发生逆流时防瓦斯逆流铁板可及时隔断风筒,防止逆流。

d. 砌筑沙浆配合比如表 1-26 所示。

表 1-26　砌筑沙浆配合比表

材料		单位	沙浆设计标号(R_{2s})/10′ Pa	
			200	150
			材料用量	
水泥标号/10^5 Pa	500	kg	583	438
	400	kg		547
河沙		m^3	1.07	1.07
水		m^3	0.3	0.3

e. 砖缝、料石缝砌筑时要灌满沙浆,不准有空缝、重缝。

f. 养护期不少于 7 天。

③门框、门扇材料要求

a. 采用坚实的木质结构。

b. 门框厚度不小于 150 mm。

c. 门板厚度不小于 50 mm。

d. 筋带材料为扁钢(宽×厚为 80 mm×10 mm),角钢为 8~5 号(采用边厚 7 mm)或槽钢为 8 号。

④门框、门扇建造要求

a. 门框在建造墙垛时预埋,要与墙体结合牢固。

b. 门扇木板采用纵向槽接,且不透光。

c. 每扇门扇至少设 2 组筋带,每组筋带为扁钢和角钢或槽钢组成。

d. 连接门扇和门框的铰链必须牢固,宜采用直径 20 mm 的圆钢。

e. 风门必须用木方或混凝土现浇设置底坎。

f. 每组防突风门必须设置两道及其以上,两道风门之间的距离不得小于 4 m。

(2)液压反向风门

当发生大型和特大型突出时,其突出产生的冲击波往往可破坏木质反向风门和其他通风设施,造成瓦斯逆流并波及其他区域,扩大了突出带来的人员伤亡等严重后果。如 1986 年 2 月 8 日六枝矿务局大用矿 1377 煤巷掘进爆破引起突出,突出煤量 2 000 t,涌出瓦斯 42 万 m^3。突出冲击波将该巷在距突出点 300 m 外设置的两道反向风门破坏,造成瓦斯逆流并波及整个东翼采区的采掘工作面,致使80人受伤,2人死亡。又如1988年10月16日南桐矿务局鱼田堡煤矿在3区+20石门揭4号煤层时发生强度为8 765 t的突出,涌出瓦斯201万 m^3,突出冲击波将设在该区的两组风门(正、反向风门各4道)破坏,致使该区15人死亡。类似这样的事故较多,因此,应采用液压反向风门。液压反向风门是钢结构的反向风门,它是由平面支撑圆拱形钢结构风门和液压泵两部分组成每组风门只安设一道。

液压反向风门需要专门的设计,煤炭科学研究总院重庆分院对液压反向风门进行了专门的研究,并研制出平面支撑圆拱型钢结构液压反向风门,它用活页安装在门垛上,反向风门与工作油缸连接,通过组合一体式液压泵站提供动力,开启风门。风门墙垛用料石或混凝土砌筑,其厚度不小于3 m。

3. 自救器

煤与瓦斯突出具有突发性,因此突出矿井随时随地都有发生突出的可能,当突出强度较大时,不但危及突出工作面工作人员的生命安全,还会波及其他采区甚至全矿井,为了降低人员的伤亡,突出矿井必须装备可靠的个人生命保障装备与系统。个人装备由各种型号的自救器组成,生命保障系统包括安装在工作地点、爆破地点、避难硐室的压缩空气自救系统。自救器根据《煤矿安全规程》的相关规定,突出矿井的每一个入井人员必须随身携带隔离式(压缩氧和化学氧)自救器。

目前突出矿井中的隔离式自救器,根据其工作原理可分为压缩氧、化学氧和压缩空气三种类型的自救器。

(1)化学氧隔离式自救器

化学氧隔离式自救器的工作原理是在一个闭路循环系统中,佩戴人员呼出的气体经吸气间通过呼吸软管进入自救装置的再生罐中,呼出气体中的二氧化碳与水蒸气与装入罐中的生氧剂接触,发生化学变化,产生氧气进入储气囊中。佩戴人员吸气时,储气囊中含有氧气的气体再经吸气阀、呼吸软管进入面具中。

采用粒状的过氧化钾(KO_2)另加5%的苛性钠作生氧剂,并用铜作为催化剂。生氧药品放在再生罐中,再生罐是由里面镀铜的铁皮制成的。为了防止药品产生粘结,药品分数层装入再生罐中,层间用铜网隔开,并在再生罐的顶部和底部装入玻璃纤维滤网,以防止生氧剂进入呼吸管道系统和人的呼吸器官。

隔离式自救器在启动初期,往往会出现氧气供应不足的问题。为了解决此问题,在再生罐中还附有快速启动装置,当打开外壳上盖时,快速启动装置启动,再生罐中的硫酸和启动药块快速反应,迅速放出大量氧气供人员使用。

我国生产的AZG-40型隔离式自救器均属于这种类型。

(2)压缩氧自救器

以压缩氧(或压缩空气)提供氧气的隔离式自救器都自带高压氧气瓶,其中充有20 MPa以上的纯氧(或空气)。自救器还带有装有二氧化碳吸收剂(一般采用石灰)与干燥剂的再生罐,以净化佩戴者呼出的废气。

我国生产的AYG-45型属于压缩氧隔离式自救器。

(3)压缩空气自救器

压缩空气自救装置是一种固定在生产场所附近的固定自救装置,它的气源来自于生产动力系统——压缩空气管路系统。

4. 避难硐室

(1)概述

为了防止突出时大量涌出的瓦斯和煤炭的危害,设置避难硐室很有必要,我国《煤矿安全规程》第170条对设置避难硐室作了明确规定。

在采掘工作面附近和起爆地点,有条件的矿井也需设置避难硐室,避难硐室距采掘工作面的距离,应根据具体条件确定。考虑到掘进工作面的断面与突出强度要比石门小,因此,避难硐室距工作面的距离多小于200 m。

(2)避难硐室的技术要求

①避难所设在采掘工作面附近和爆破员操作爆破的地点,避难所的数量及其距采掘工作面的距离应根据具体条件确定。

②避难所必须设置向外开启的隔离门,室内净高不得低于2 m,长度和宽度应根据同时避难的最多人数确定,但每人使用面积不得少于0.5 m^2。避难所内的支护必须保持良好,并设有与矿(井)调度室直通的电话。

③避难所内必须设有供给空气的设施,每人供风量不得少于0.3 m^3/mim。如果用压缩空气供风时,应有减压装置和带有阀门控制的呼吸嘴。

④避难所内应根据避难的最多人数,配备足够数量的隔离式自救器。避难硐室分为临时性的木结构和可移动的金属结构两种。

临时的避难硐室用木棚支护,断面5 m^2,长3.75 m,高2 m,木棚间距0.6 m,天棚和帮要用木板背好,避难硐室硐口要浇灌混凝土(嵌入岩石中的槽深不小于0.5 m)。木制的门框宽0.7 m,高1.8 m。门用厚5 mm的木板制成,并用钢制的十字架将它加固。门框周边都包有胶皮,以保证隔离门关闭后的严密性,门上还要附有自动开关装置。接入避难硐室的压风管路,应设置压风净化装置,将管路中的油蒸气消除。避难硐室可同时容纳7个人避难,还应配置氧气瓶供气装置,以供压缩空气骤停时救急用。

为了节约时间和减少建筑避难硐室时的材料消耗,也可采用移动式的金属结构避难硐室。

避难硐室由3个单元组成:门户单元、再生单元和中间单元,它们可以有不同的组合,每个单元又由一些单独的金属构件组成。压风管路上装有启动阀门,它在避难人员进入单元地板时才开启。在压缩空气骤然停止期间,避难硐室依靠再生装置创造生存环境。再生装置由喷嘴、充满二氧化碳化学吸收剂和还原药剂的药筒、氧气瓶、减压阀和高压管组成。氧气瓶中的氧气通过减压阀和高压管进入喷嘴后供给硐室使用。氧气以很高的速度通过喷嘴,在还原药筒中造成负压,把硐室中的空气吸进还原药筒,硐室中的空气因此而得到净化。

二、分组实作任务单

编制震动放炮安全防护的主要措施。

复习题与习题

1. 被揭煤层位置的确定。
2. 钻孔参数的确定。
3. 防治措施内容。

4. 采掘工作面防突的各种方法。
5. 采掘工作面钻孔参数的确定。
6. 防治措施内容。
7. 安全防护的主要内容。
8. 安全防护中的相关规定。
9. 安全防护措施在现场的使用。

单元1.6 瓦斯抽放

使学生掌握瓦斯抽放的方法、瓦斯抽放系统的布设、瓦斯抽放钻孔参数的确定，瓦斯抽放的管理工作和瓦斯抽放设计措施的编写。

拟实现的教学目标：

1. 能力目标

会选择瓦斯抽放的方法，会进行抽放系统的安装、使用与管理，会确定瓦斯抽放钻孔参数，能对瓦斯抽放工作进行管理，会进行瓦斯抽放设计。

2. 知识目标

熟悉各种抽放方法，熟悉各种抽放系统管路的设计，掌握瓦斯抽放钻孔参数的确定方法，熟悉增加瓦斯抽放效果的方法，熟悉瓦斯日常管理工作。

3. 素质目标

通过编写瓦斯抽放设计及安全技术措施，培养学习的知识应用能力。

任务1.6.1 抽放系统的建立

一、学习型工作任务

(一)阅读理解

矿井瓦斯抽放是指采用专门设施，把煤层、岩层中和采空区内的瓦斯抽至地面。抽放瓦斯可使涌入巷道风流的瓦斯量减少，从而降低矿井风流中的瓦斯浓度，实现安全生产。

通过矿井瓦斯抽放可以预防瓦斯超限，确保矿井安全生产，无保护层可采的矿井，预抽瓦斯可作为区域性或局部防突措施来使用，开采保护层并具有抽放瓦斯系统的矿井，应抽放被保护层的卸压瓦斯，开发利用瓦斯资源，变害为利。通过瓦斯抽放可以消除煤矿重大瓦斯事故的治本措施，解决矿井仅靠通风难以解决的问题，同时降低矿井通风成本。

1. 矿井瓦斯抽放的必要性和可行性

(1)必要性

抽放瓦斯是解决矿井瓦斯问题的重要手段，但并不是所有瓦斯矿井都需要抽放瓦斯，衡量矿井是否有必要进行瓦斯抽放，可以根据下列条件来确定：

①矿井瓦斯涌出量超过通风所能稀释的瓦斯量

矿井瓦斯涌出量超过通风所能稀释的瓦斯量时，可以考虑抽放瓦斯。

②《规程》规定有下列情况之一的矿井，必须建立地面永久抽放瓦斯系统或井下临时抽放瓦斯系统：

第一,1个采煤工作面的瓦斯涌出量大于5 m^3/min或1个掘进工作面瓦斯涌出量大于3 m^3/min,用通风方法解决瓦斯问题不合理的。

第二,矿井绝对瓦斯涌出量达到以下条件的:

①大于或等于40 m^3/min;

②年产量1.0~1.5 Mt的矿井,大于30 m^3/min;

③年产量0.6~1.0 Mt的矿井,大于25 m^3/min;

④年产量0.4~0.6 Mt的矿井,大于20 m^3/min;

⑤年产量小于或等于0.4 Mt的矿井,大于15 m^3/min。

第三,开采有煤与瓦斯突出危险煤层的。

(2)可行性

抽放瓦斯的可行性是指对煤层抽放难易程度。目前一般用煤层透气性系数λ和钻孔瓦斯流量衰减系数α来横量。

①煤层透气性系数λ

煤层透气性系数是衡量煤层流动与瓦斯抽放难易程度的标志之一,是指在1 m^3 煤体的两侧,瓦斯压力平方差为1 MPa^2 时,通过1 m长度的煤体,在1 m^2 煤体上,每日流过的瓦斯量。测定方法是在岩石巷道中向煤层打钻孔,钻孔应尽量垂直贯穿整个煤层,然后堵孔测出煤层的真实瓦斯压力,再打开钻孔排放瓦斯,记录流量和时间。煤层透气性系数的单位为$m^2/(MPa^2.d)$。

②钻空瓦斯流量衰减系数α

钻孔瓦斯流量衰减系数α是表示钻孔瓦斯流量随着时间延续呈衰减变化关系似的系数。其测算方法是,选择具有代表性的地区打钻孔,先测其初始瓦斯流量q_0,经过时间t后,再测其瓦斯流量q_t,然后按下式计算α:

$$\alpha = (\ln q_0 - \ln q_t)/t \tag{1-54}$$

式中 α——钻孔瓦斯流量衰减系数,d^{-1};

q_0——钻孔初始瓦斯流量, m^3/min;

q_t——经过时间t后, 钻孔瓦斯流量, m^3/min;

t——时间,d。

对未卸压的原始煤层,瓦斯抽放的难易程度可划分为三类,如表1-27所示:

表1-27 瓦斯抽放难易程度分类

类别 \ 指标	煤层百米钻孔流量衰减系数(α)/d^{-1}	煤层透气性系数(λ) $m^2/(MPa^2.d)^{-1}$
容易抽放	0.015~0.03	>10
可以抽放	0.03~0.05	10~0.1
较难抽放	>0.05	<0.1

2.抽放瓦斯的方法

抽放瓦斯的方法,按瓦斯的来源分为开采煤层的抽放、邻近层抽放和采空区抽放三类;按抽放机理分为未卸压抽放和卸压抽放两类；按汇集瓦斯的方法分为钻孔抽放、巷道抽放和巷道与钻孔综合法三类。抽放方法的选择必须根据矿井瓦斯涌出来源的调查，考虑自然的与采矿的因素和各种抽放方法所能达到的抽放率。

依据抽放瓦斯机理，按照矿井开拓生产程序、采掘时空和抽放的不同目标，用统筹的方法，把抽放方式方法由粗到细分成了三大类，共13种，如图1-50所示。我国各种抽放瓦斯方法布孔方式如图1-51所示。

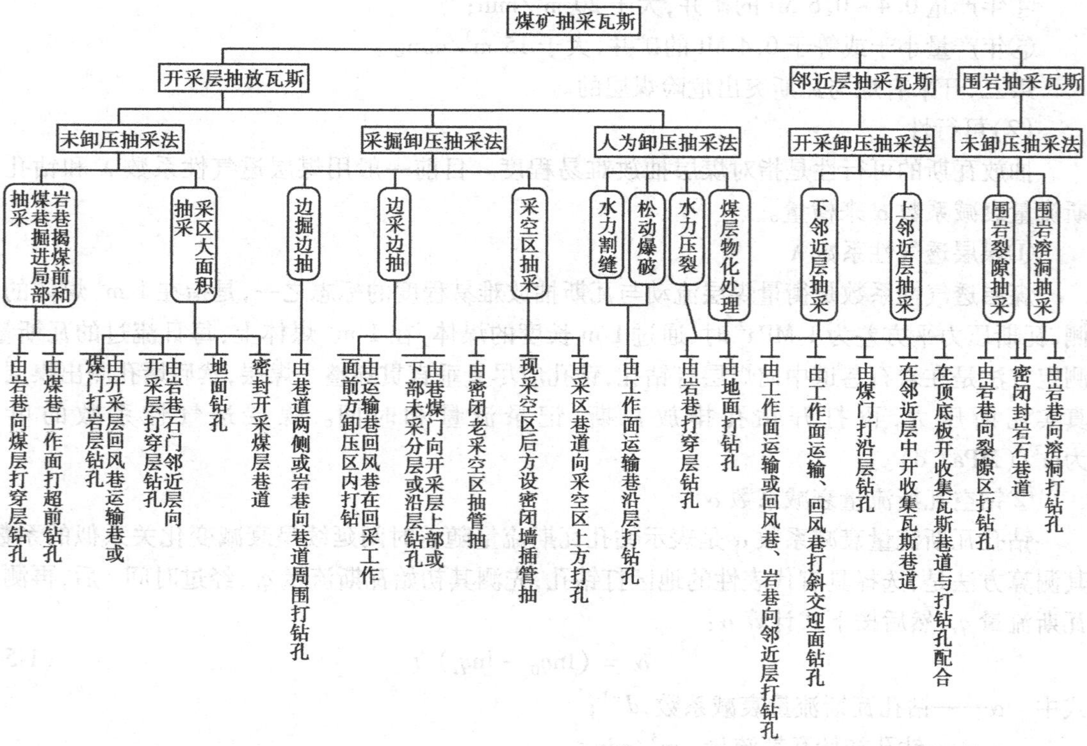

图1-50　煤矿抽放瓦斯分类图

(1)开采煤层瓦斯抽放

开采煤层瓦斯抽放就是在煤层开采之前或采掘的同时，用钻孔或巷道进行该煤层的抽放工作。煤层回采前的抽放属于未卸压抽放，在受到采掘工作面影响范围内的抽放，属于卸压抽放。

①预抽煤体瓦斯

预抽煤体瓦斯即抽放未卸压瓦斯。本方法适用于透气系数较大的开采煤层预抽瓦斯。按钻孔与煤层的关系分为穿层抽放和沿层抽放；按钻孔角度分为上向孔、下向孔和水平孔。

穿层钻孔是在开采煤层的顶板或底板岩巷（或煤巷），每隔一段距离开一段长5~10米的钻场。从钻场向煤层打5个穿透煤层的钻孔，封孔或将整个钻场封闭起来，装上抽放管与抽放系统连接。

此方法的优点是施工方便，可以预抽的时间较长。

抽放瓦斯钻孔参数：

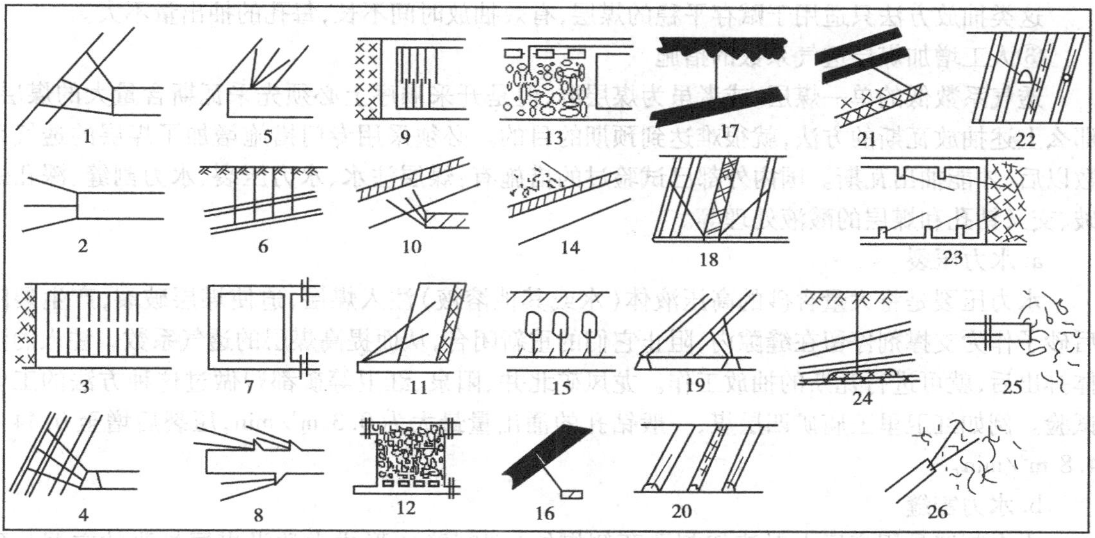

图1-51　各种抽放瓦斯方法布孔方式

1—8，开采层未卸压抽放；9—14，开采层采掘卸压抽放；

15—17，开采层人为卸压抽放；18—24，邻近层抽放；25—26，围岩抽放

钻孔方向，分为上向孔，水平孔，下向孔。

钻孔直径，一般选用75～100 mm，有条件时可用大直径钻孔抽放瓦斯。

钻孔长度岩层钻孔的长度一般为工作面长度的70%～90%。

钻孔间距、数量、有效抽放时间，根据钻孔瓦斯流量衰减系数（α）、需要抽放瓦斯量（Q_x）、钻孔极限抽出瓦斯量 Q_j，计算确定钻孔有效抽放时间（t_x）、钻孔数量和钻孔间距。

抽放负压，一般应用13.33～26.66 kPa的负压。

②卸压钻孔抽放

在受回采或掘进的采动影响下，引起煤层和围岩的应力重新分布，形成卸压区和应力集中区。在卸压区内煤层膨胀变形，透气系数大大增加。如果在这个区域内打钻抽放瓦斯，可以提高抽出量，并阻截瓦斯流向工作空间。这类抽放方法现场叫随掘随抽和随采随抽。

a. 随掘随抽

在掘进巷道的两帮，随掘进巷道的推进，每隔10～15 m开一钻场，在巷道周围卸压区内打钻孔1～2个，孔径45～60 mm，封孔深1.5～2.0 m，封孔后连接于抽放系统进行抽放。孔口负压不宜过高，一般为5.3～6.7 kPa（40～50 mmAg）。巷道周围的卸压区一般为5～15 m，个别煤层可达15～30 m。

b. 随采随抽

它是在采煤工作面前方由机巷或风巷每隔一段距离（20～60 m），沿煤层倾斜方向、平行于工作面打钻、封孔、抽放瓦斯。孔深小于工作面斜长的20～40 m。工作面推进到钻孔附近，当最大集中应力超过钻孔后，钻孔附近煤体膨胀变形，瓦斯的抽出量也因而增加，工作面推进到距钻孔1～3 m时，钻孔处于煤面的挤出带内，大量空气进入钻孔，瓦斯浓度降低到30%以下时，应停止抽放。在下行分层工作面，钻孔应靠近底板，上行分层工作面靠近顶板。如果煤层厚超过6～8 m，在未采分层内打的钻孔，当第一分层回采后，仍可继续抽放。

这类抽放方法只适用于赋存平稳的煤层,有效抽放时间不长,每孔的抽出量不大。

③人工增加煤层透气系数的措施

透气系数低的单一煤层,或者虽为煤层群,但是开采顺序上必须先采瓦斯含量大的煤层,那么上述抽放瓦斯的方法,就很难达到预期的目的。必须采用专门措施增加了煤层的透气系数以后,才能抽出瓦斯。国内外都已试验过的措施有:煤层注水、水力压裂、水力割缝、深孔爆破、交叉钻孔和煤层的酸液处理等。

a. 水力压裂

水力压裂是将大量含砂的高压液体(水或其他溶液)注入煤层,迫使煤层破裂,产生裂隙后砂子作为支撑剂停留在缝隙内,阻止它们的重新闭合,从而提高煤层的透气系数。注入的液体排出后,就可进行瓦斯的抽放工作。龙凤矿北井、阳泉、红卫等矿都曾做过这种方法的工业试验。例如红卫里王庙矿四层煤,一般钻孔的涌出量最大为0.3 m^3/min,压裂后增至0.44 ~ 4.8 m^3/min。

b. 水力割缝

水力割缝是用高压水射流切割孔两侧煤体(即割缝),形成大致沿煤层扩张的空洞与裂缝。增加煤体的暴露面,造成割缝上、下煤体的卸压,提高它们的透气系数。此法是抚顺煤科分院与鹤壁矿务局合作进行的研究。鹤壁四矿在硬度为0.67的煤层内,用8 MPa的水压进行割缝时,在钻孔两侧形成深0.8 m、高0.2 m的缝槽,钻孔百米瓦斯涌出量由0.01 ~0.079 m^3/min,增加到0.047 ~0.169 m^3/min。

c. 深孔爆破

深孔爆破是在钻孔内用炸药爆炸造成的震动力使煤体松动破裂。

d. 酸液处理

酸液处理是向含有碳酸盐类或硅酸盐类的煤层中,注入可溶解这些矿物质的酸性溶液。

e. 交叉钻孔

交叉钻孔是除沿煤层打垂直于走向的平行孔处,还打与平行钻孔呈15° ~20°夹角的斜向钻孔,形成互相连通的钻孔网。其实质相当于扩大了钻孔直径,同时斜向钻孔延长了钻孔在卸压带的抽放时间,也避免了因钻孔坍塌而对抽放效果的影响。在焦作矿务局九里山煤矿的试验结果表明,这种布孔方式较常规的布孔方式相比,相同条件下提高抽放量0.46 ~1.02倍。

(2)邻近层的瓦斯抽放

开采煤层群时,回采煤层的顶、底板围岩将发生冒落、移动、龟裂和卸压,透气系数增加。回采煤层附近的煤层或夹层中的瓦斯,就能向回采煤层的采空区转移。这类能向开采煤层采空区涌出瓦斯的煤层或夹层,就叫做邻近层。位于开采煤层顶板内的邻近层叫上邻近层,底板内的叫下邻近层。

邻近层的瓦斯抽放,即是在有瓦斯赋存的邻近层内预先开凿抽放瓦斯巷道,或预先从开采煤层或围岩大巷内向邻近层打钻,将邻近层内涌出的瓦斯汇集抽出。前一方法称巷道法,后一方法称钻孔法。不论采用哪种方法,都可以抽出瓦斯。至于抽出量、抽出瓦斯中的甲烷深度、可抽放的时间等经济安全效益,则有赖于所选择的方法和有关参数。

为什么邻近层抽放总能抽出瓦斯呢?一般认为,煤层开采后,在其顶板形成三个受采动影响的地带:冒落带、裂隙带和变形带,在其底板则形成卸压带。在距开采煤层很近、冒落带内的煤层,将随顶板的冒落而冒落,瓦斯释放到采空区内,这类煤层很难进行邻近层抽放。裂隙带内的煤层发生弯曲、变形，形成采动裂隙，并由于卸压，煤层透气系数显著增加。瓦斯在压差作用下，大量流向开采煤层的采空区。所以，邻近层距开采煤层愈近，流向采空区的瓦斯愈大。如果在这些煤层内开凿抽瓦斯的巷道，或者打抽瓦斯的钻孔。瓦斯就向两个方向流动：一是沿煤层流向钻孔或巷道；二是沿层间裂隙向开采煤层的采空区。因为抽放系数的压差总是大于邻近层与采空区的，所以瓦斯将主要沿邻近层流向抽放钻孔或巷道。但是瓦斯流向开采煤层采空区的阻力，随层间距的减小而降低，所以抽出的瓦斯量也就将随之减少。与上述邻近层向开采煤层涌出瓦斯的情况相反，邻近层距开采层愈远，抽放率愈大，抽出的瓦斯深度愈高。变形带远离开采煤层，可以直达地表。呈平缓下沉状态，岩层的完整性未遭破坏，无采动裂隙与采空区相通，瓦斯一般不能流向开采煤层的采空区。但是由于煤层透气系数的增加，瓦斯也可以被抽放出来，不过必须进行经济比较，确定是否值得抽放这类邻近层的瓦斯。

巷道法抽放时，也可以采用倾斜高抽巷和走向抽巷抽放上邻近层中的瓦斯。80年代试验成功的倾斜高抽巷，是在工作面尾巷开口，沿回风及尾巷间的煤柱平走5 m左右起坡，坡度30°~50°，打至上邻近层后顺煤层走20~40 m，施工完毕后，在其坡底打密闭墙穿管抽放。倾斜高抽巷间距离150~200 m。这种抽放方式在阳泉矿务局一矿、五矿和盘江矿务局山脚树煤矿的实际应用中都取得了很好的效果，邻近层抽放率最高可达到85%。走向高抽巷是1992年在阳泉矿务局15号煤层首次使用的，其施工地点在采区回风巷，沿采区大巷间煤柱先打一段平巷，然后起坡至上邻近层，顺采区走向向全长开巷，放工完毕后，在其坡底建密闭墙，在墙上穿管抽放，抽放率高达95%。

①邻近层的极限距离

邻近层抽放瓦斯的上限与下限距离，应通过实际观测，按上述三带的高度来确定。上邻近层取冒落带高度为下限距离，裂隙带的高度为上限距离。下邻近层不存在冒落带，所以不考虑上部边界，至于下部边界，一般不超过60~80 m。

②钻场位置

钻场位置应根据邻近层的层位、倾角、开拓方式以及施工方便等因素确定，要求能用最短的钻孔，抽出最多的瓦斯，主要有下列几种：

a. 钻场位于开采煤层的运输平巷内；

b. 钻场位于开采煤层的回风巷内；

c. 钻场位于层间岩巷内；

d. 钻场位于开采煤层顶板，向裂隙带打平行于煤层的长钻孔；

e. 混合钻场，上述方式的混合布置。

钻场位于回风巷的优点是：钻孔长度比较短，因为工作面上半段的围岩移动比下半段好，再加上在瓦斯的浮力作用下，抽出的瓦斯比较多；可减少工作面上隅角的瓦斯积聚；打钻与管路铺设不影响运输；抽放系统发生故障时，对回采影响较小，回风巷内气温较稳定，瓦斯管内凝结的水分比较少。缺点是打钻时供电、供水和钻场通风比运输巷内困难，巷道的维护费用增加等。

③钻场或钻孔的距

决定钻场或钻孔间距的原则，是工程量少、抽出瓦斯多，且不干扰生产。阳泉一矿以采煤工作面的瓦斯不超限，钻孔瓦斯流量在0.005 m^3/min左右、抽出瓦斯中甲烷浓度为35%以上作为确定钻孔距离的原则。煤层的具体条件不同，钻进的距离也不同，有的30~40 m，有的可达成100 m以上。应该通过试抽，然后确定合理的距离。一般说来，上邻近层抽放钻孔距离大些，下邻近层抽放的钻孔距离应小些；近距离邻近层钻孔距离小些，远距离的大些。通常采用钻孔距离为1~2倍层间距。根据国内外抽放情况，钻场间距多为30~60 m。一个钻场可布置一个或多个钻孔。

此外，如果一排钻孔不能达到抽放要求，应在运输水平和回风水平同时打钻抽放，在长的工作面内，还可由中间平巷打钻。

④钻孔角度

钻孔角度指定的倾角（钻孔与水平线的夹角）和偏角（钻孔水平投影线和煤层走向或倾向的夹角）。钻孔角对抽放效果关系很大。抽放上邻近层的仰角，应使钻孔通过顶板岩石的裂隙带进入邻近层充分卸压区，仰角太大，进不到充分卸压区，抽出的瓦斯浓度虽然高，但流量小；仰角太小钻孔中段将通过冒落带，钻孔与采空区沟通，必将抽进大量空气，也大大降低抽放效果，下邻近层抽放时的钻孔角度没有严格要求，因为钻孔中段受开采影响而破坏的可能性较大。

⑤钻孔进入的层位

对于单一的邻近层，钻孔穿透该邻近层即可。对于多邻近层，如果符合下列条件时，也可以只用一个钻孔穿透所有邻近层:30倍采高以内的邻近层，且各邻近层间的间距小于10 m;30倍采高以外的邻近层，且互相间的距离小于15~20 m。否则应向瓦斯涌出量大的各层分别打钻。对于距离很近的上邻近层，一般应单独打钻，因为这类邻近层抽放要求孔距小，抽放时间也短，而且容易与采空区相通。对于下邻近层，应该尽可能用一个钻孔多穿过一些煤层。

⑥孔径和抽放负压

与开采煤层抽放不同，孔径对瓦斯抽出量影响不大，多数矿井采用57~75 mm孔径。同样抽放负压增加到一定数值后，也不可能再提高抽放效果，我国一般为几千帕（几十mmAg），国外多为13.3~26.6 kPa（100~200 mmAg）。

（3）采空区抽放

采煤工作面的采空区或老空区积存大量瓦斯时，往往被漏风带入生产巷道或工作面造成瓦斯超限而影响生产。如峰峰煤矿，大煤（厚10余米）顶分层回采时，采煤工作面上隅角瓦斯积聚经常达2.5%~10%，进行工作面采空区的抽放后，解决了该处的瓦斯积聚问题。

采空区瓦斯抽放可分为全封闭式抽放和半封闭式抽放两类。全封闭式抽放又可分为密闭式抽放、钻孔式抽放和钻孔与密闭组合的综合抽放等方式。半封闭式抽放是在采空区上部开掘一条专用瓦斯抽放巷道（如鸡西矿务局城子河煤矿），在该巷道中布置钻场向下部采空区打钻，同时封闭采空区入口，以抽放下部各区段采空区中从邻近层涌入的瓦斯。抽放的采空区可以是一个采煤工作面或一两个采区的局部范围，也可以是一个水平结束后的大范围抽放。

进行采煤工作面采空区瓦斯抽放时，如果冒落带内有邻近层或老顶冒落瓦斯涌出量明显增加，可由回风巷或上阶段运输巷，每隔一段距离（20~30 m）向采空区冒落带上方打钻抽放瓦斯，钻孔平行煤层走向或与走向间有一个不大的夹角，如果采空区内积存高浓度瓦斯，可以通过回风密闭接管抽放。

老空区抽放前应将有关的密闭墙修整加固，减少在老空区上部靠近抽放系统的密闭墙外再加砌一道密闭墙，两墙之间填以砂土，接管进行抽放。

采空区抽放时要及时检查抽放负压、流量、抽出瓦斯的成分与浓度，抽放负压与流量应与采空区的瓦斯量适应,才能保证抽出瓦斯中的甲烷浓度,如果煤层有自燃危险,更应经常检查抽出瓦斯的成分,一旦发现有 CO,煤炭自燃的异常征兆,应立即停止抽放,采取防止自燃的措施。

(4)围岩瓦斯抽放

煤层围岩裂隙和溶洞中存在的高压瓦斯会对岩巷掘进构成喷出或突出危险。为了施工安全,可超前向岩巷两侧或掘进工作面前方向的溶洞裂隙带打钻,进行瓦斯抽放(如广旺矿务局唐朝家沟煤矿)。

(二)集中参观学习

1. 封孔工艺

抽放瓦斯钻孔完孔后,要通过管与瓦斯管网连接才能实施抽放瓦斯工作,为此,要求将插管与钻孔构成的环形空间封堵严实,叫做封孔或固孔。封孔是抽放瓦斯系统工程的终端工艺,绝对影响抽放瓦斯的预期效果,所以只有选择好封孔材料和适宜而可行的封孔方法,保障封孔质量,才能充分发挥抽放瓦斯系统工程的整体作用,提高抽放率。一句话,封孔质量是钻孔法抽放瓦斯的生命。

(1)运用封孔器封孔

目前国内主要采用包头矿区使用的 JQ-2 型、煤科总院重庆研究院研制的 2YS-503 型和阳泉矿区使用的 YQ-1 型封孔器,都是胶圈(管)螺杆式的封孔器,以螺杆与紧固盖螺母方向相反的相对运动,使其协作部件压缩胶圈实现封孔的。

(2)用封孔材料封孔

钻孔开孔后,钻进至需要的封孔深度时,停钻,向开孔下插管,再以封孔材料将插管与孔壁形成的环形空间充填严密。开孔封固孔工艺,如图 1-52 所示。

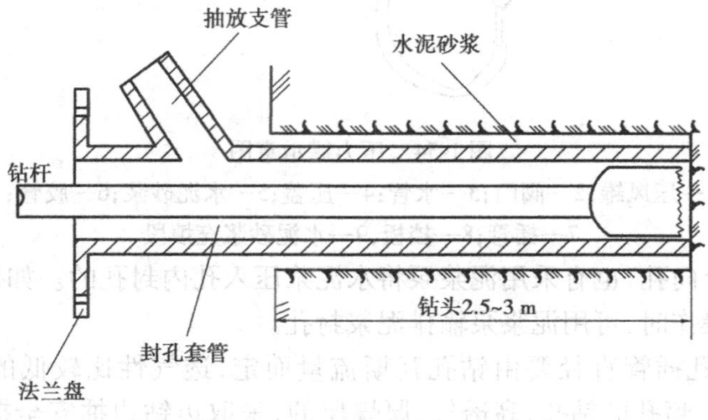

图 1-52　先封孔后钻进,边钻边抽瓦斯示意图

以封孔材料命名的封孔方法,是以某种适合于封闭钻孔的材料充填钻孔,也是常用的封孔手段,其工艺操作基本是手工艺操作和半机械化操作。

①胶泥封孔

以黄土(泥)和水泥(不小于 400#)混合成泡泥状,水泥和黄土混合比为 1∶2。

②用钻机钻杆封孔

用钻机钻杆封孔操作见图 1-53 所示。

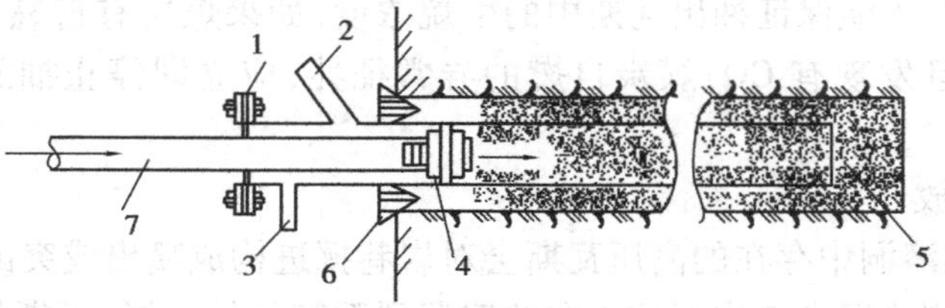

图 1-53　钻孔封孔方法示意图

1—插管;2—直径 50 mm 瓦斯管;3—放水管;4—钻杆填料卡头;

5—填料;6—封孔口木塞黄泥;7—钻杆

③混凝土压风罐封孔

具备有压风条件的可以压风为动力,以混凝土为填料,通过喷浆罐将混凝土喷射入孔中。灰砂比例应为1∶2.5(不大于2.5)。砂的粒度直径越小越方便操作,气密性越高。

要求水、压风管到位,还有圆木圈配合使用。为防止灰浆脱水产生的沉(淀)降缝隙,需要钻孔有一定的角度,必要时掺入膨胀水泥,特别是钻孔角度小的封孔,一定要防止沉降缝隙影响封孔质量。如图 1-54 所示。

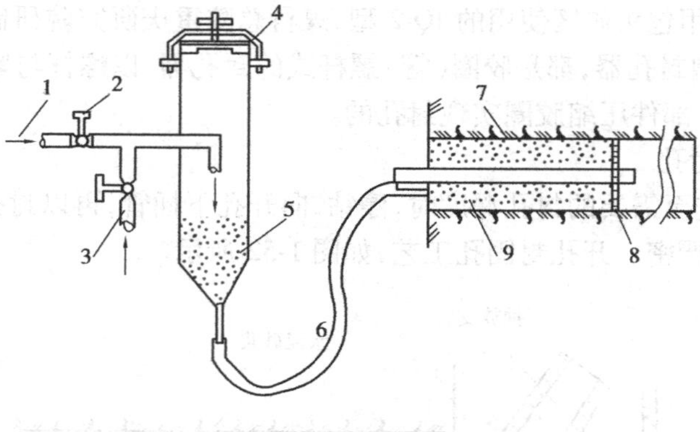

图 1-54　压力罐示意图

1—压风罐;2—阀门;3—水管;4—压盖;5—水泥砂浆;6—胶管;

7—插管;8—挡板;9—水泥砂浆充填段

对于倾角大的上向孔,也有采用泥浆泵将水泥浆压入孔内封孔的。如果上向孔角度较大,不易用压风或手工操作时,可用泥浆泵输排泥浆封孔。

混凝土封孔,钻孔插管直径要由钻孔瓦斯流量而定,透气性比较低的煤层钻孔,一般为 25～108 mm;有突出、喷孔的钻孔,高透气、厚煤层的,采取边钻边抽安全措施,封孔直径采用不小于直径 127 mm 的插管。

只要是封孔材料填塞的好、封孔深度超越了布孔巷道的松动圈都能适应高负压抽放要求。

2. 与瓦斯管连接

钻孔完孔封孔后应及时与钻场互相连接,并入管网抽放。其结构由瓦斯支管、总阀门、放水器、流量计、钻孔汇总管和钻孔联接管组成。在联接方式上有硬联结:从汇总管到钻孔插管用铁管联接,这种联接方式要求钻孔管与汇总上分管必须对中,否则不易联接,因此,普遍使用软联接;汇总管分支管与钻孔插管用同一规格的黑胶管联接,接头用铁丝紧固。由于布孔形式不同,分为单孔联接和双孔联接。

使用高负压抽放时,联接胶管使用高压胶管。

二、分组实作任务单

针对给定案例讨论抽放系统的形成与建立相关内容。

任务1.6.2 瓦斯抽放设计

一、学习型工作任务

(一)阅读理解

瓦斯抽放设备选型设计。

抽放瓦斯的设备主要有钻机、封孔装置、管道、瓦斯泵、安全装置和检测仪表。钻机根据钻孔深度选择,可用专用于打抽放孔的钻机(装有排放瓦斯装置),也可以用一般钻机。钻孔打好后,将孔口段直径扩大到100~120 mm,插入直径70~80 mm的钢管,用水泥砂浆封孔,也可以用胶圈封孔器或聚胺脂封孔。封口深度视孔口附近围岩性质而定,围岩坚固时2~3 m,围岩松软时6~7 m,甚至于10 m左右。封孔后,必须在抽放前用弯管、自动放水器、流量计、铠装软管(或抗静电塑料软管)、闸门等将钻孔与抽放管路连接起来。

1.抽放瓦斯的管道

一般用钢管或铸铁管。

管路系统的组成,由主干管(井筒、阶段水平、上下山)、分区管(采区、分区)和支管(钻场、钻孔)组成。

(1)布置要素

①依据开拓方式,力求把管路布置在回风巷道。当非设在入风巷道不可时,入风流瓦斯不能超限。

②设置瓦斯干管的人风巷道的风流不应进入机电硐室。

③要考虑随采深增加抽放能力也应随之增加,并考虑发展前景。

④应考虑矿井开采方式(前进或后退式)以及新水平延深,逐渐发展并组成系统,形成井下管网,发展步距必须适应防突抽瓦斯的需要,同时,供电、水、压风管路设施要予以紧密配合,同步进行。

⑤要适应地面用户对瓦斯量的需要,管网应具有调度瓦斯量的灵活性。

⑥为适应商品瓦斯计量,抽放瓦斯效果技术经济分析研究,要根据具体情况设置流量计、采气样或温度测定孔。

⑦在中、小型矿井,瓦斯管的安全,首先要从井筒或平响的断面空间上予以保障,防止矿车冲撞管路,这是不可忽视的。

(2)瓦斯管管径计算

管道直径是决定抽放投资和抽放效果的重要因素之一。管道内径D(m)应根据预计的抽出量,用下式计算:

$$D = [(4Q_c)/60\pi v]^{1/2} \tag{1-55}$$

式中 Q_c——管内气体流量,m^3/min;

v——管内气体流速,m/s。

管内瓦斯流速应大于5 m/s,小于20 m/s,一般v = 10~15 m/s。这样才能使选择的管径有足够的通过能力和较低的阻力。大多数矿井抽放瓦斯的管道内径为:采区100~150 mm,大巷 150 ~300 mm,井筒和地面 200 ~400 mm。

管道铺设路线选定后,进行管道总阻力的计算,用来选择瓦斯泵。管道阻力计算方法和通风设计时计算矿井总阻力一样,即选择阻力最大的一路管道,分别计算各段的摩擦阻力的局部阻力,累加起来即为整个系统的总阻力。

关于 Q 值的确定,在新抽瓦斯矿井是个设计研究问题。应通过以下途径确定:

按煤层瓦斯涌出速度计算:

$$C = Q_s CH_4 S^{-1} \tag{1-56}$$

$$Q = 2\pi\gamma Lnc \tag{1-57}$$

式中 C——煤层瓦斯涌出速度,$m^3/min \cdot m^2$;

Q_s——煤巷通风量,m^3/min;

CH_4——煤巷风流瓦斯含量率,%;

S——煤巷煤壁、顶底板露出面面积,m^2;

Q——钻孔瓦斯抽放量,m^3/min;

γ——钻孔半径,m;

n——钻孔数量;

L——钻孔长度(煤层),m。

瓦斯涌出速度的测算,选择非卸压、穿层煤巷掘进工作面,随工作面的推进测定回风量及其瓦斯含有率,分段测定,同时量出煤层全部露出面积。如果不具备穿层煤巷掘进时,顺层掘进巷道也可以,如在薄煤层。

按抽放率计算。国家把瓦斯抽放率提高到 30%,这是起码的要求,必须实现。以抽放率 30% 为已知数,即为抽放瓦斯量与总瓦斯涌出量的比率。

按绝对瓦斯涌出量计算:

$$\eta = \frac{q_{cp}}{KQC + q_{cp}} \tag{1-58}$$

$$q_{cp} = (0.000\ 446 \sim 0.000\ 506)Ag$$

式中 η——抽放率,%;

q_{cp}——平均抽放量,m^3/min;

K——瓦斯涌出不均衡系数,1.5 ~1.7;

Q——矿井通风量,m^3/min;

C——总排瓦斯含有率,0.75%。

按相对瓦斯涌出量计算:

$$\eta = \frac{1\ 440q_{cp}}{KAq_c + 1\ 440q_{cp}} \tag{1-59}$$

$$q_{cp} = (0.000\ 446 \sim 0.000\ 506)Ag$$

式中 A——煤炭日产量,t/d;

q_c——相对瓦斯涌出量,m^3/t。

(3)瓦斯管阻力计算

由于管线很长,又有许多附属设施,瓦斯以一定的速度,以层流、紊流和涡流扩散的方式流动,瓦斯流动路线截面面积的变化都会产生摩擦阻力和局部阻力。阻力计算和抽放瓦斯量的预(测算)测都是为了选择瓦斯泵和配套电动机。

管路摩擦阻力:

$$H = \lambda - \frac{L}{D}\gamma \frac{V^2}{2g} \tag{1-60}$$

式中 H——管路的压力损失或摩擦阻力,mmH_2O;

λ——管路内摩擦系数,与内表面粗糙度有关;

L——管路长度,m;

D——管路内径,m;

γ——混合瓦斯容重,kg/m^3;

g——重力加速度,9.81 m/s^2;

V——平均速度,取 $5 \leqslant V \leqslant 15$ m/s。

局部阻力一般不进行个别计算,而是以管道总摩擦阻力的10%~20%作为局部阻力。

2. 瓦斯泵

(1)选择泵站的原则

瓦斯易燃易爆,所以泵站是安全重地,是煤矿的要害场所之一。泵站既服务于井下瓦斯抽放又服务于向用户送气。因此,应遵守以下原则建造瓦斯泵站:适应先抽后采的规定要求,避免放空瓦斯,符合减排的客观要求。要有长远的打算。要和抽放瓦斯的治本措施一致起来。

现在,我国煤矿有两种泵站都在运行,一是地面永久性泵站,是绝大多数,是主流,完全符合上述原则要求。二是井下临时性的移动泵站,小矿井较多(实际也不多),个别的大矿井也有。

普遍认为,无论是大、小矿井采用井下移动泵站进行打游击式抽放瓦斯不可取,不该再用。已有的也应停用,改为地面泵站十分必要。原因有以下几点:

①将抽出的瓦斯放至回风系统,又从通风井口排出,成为风排瓦斯而污染大气,这是瓦斯隐患转移;如果使风排瓦斯增加0.01%,即耗风量为4 m^3。

②临时移动泵站服务石门揭煤、突出煤层采掘工作面的瓦斯抽放,这些地点是煤尘瓦斯爆炸、突出等动力现象的高发区,其灾害的逆转风流范围大、破坏效应严重,泵站有可能是其波及对象。

③违背煤与气共采原则,已经抽出的瓦斯再把它丢掉,形成资源浪费。

④与丰富的瓦斯资源相比,小打小闹地抽放很不协调。

⑤抽出的瓦斯,引到地面安全地点把它烧掉(一时利用不起来)也比转排或放空要好。因为甲烷污染大气,带来的温室效应比二氧化炭(甲烷燃烧后的产物)严重得多。如果这样做,瓦斯燃烧管与泵站之间要设防回火装置,保证泵站安全。

总之,井下临时泵站弊多利少,除非无奈而用之。

(2)确定泵站位置的条件

抽放瓦斯是为了保证矿井安全,开发和利用瓦斯资源。因此,泵站的设置要兼顾两者需要为佳。为此,泵站的设置与运输必须符合《煤矿安全规程》有关规定标准要求,做到泵站自身的安全第一,计量科学而准确。为此,应提升泵站的安全技术管理水平,要全面做“八防”、“八要有”。这是《煤矿安全规程》有关规定要求和来自实践经验的总结。

"八防"

①防爆。泵房的机电设置必须是防爆防火花型的。泵房的出、入口管线上要分别安置防爆防回火装置。

②防火。内因火和外因火的防治。工作人员的用火处必须与泵房隔绝开来,建设泵房应用不易燃、阻燃材料;要远离易燃物,外因火灾殃及不到本泵站。

③防雷。放空管等高处必须设置避雷器。

④防静电。设置泵房远离输电塔(架)和高压线。

⑤防火、防爆和安全警示牌要醒目。

⑥防地表下沉破坏泵站建筑,必须在煤层底板地表适宜场所设置泵站。

⑦防泥石流冲毁泵房,要在地形适宜而平坦的地方设置,并与公路畅通。

⑧防止无关人员入内,干扰或破坏泵站安全运转。

"八要有"

①要有无火花型的水环真空泵取代各种噪声大、体积大、效率低、可能产生运转摩擦火花的离心式、叶氏、罗茨等同类鼓风机,以保障安全运转。四川、湖南、贵州、辽宁、黑龙江等地区的煤矿已经全部或部分用上了水环式真空泵。这不比过去,国产水环真空泵技术性能已经升级,具备可靠耐用、厂家多、货源充足、产品规格系列化等特点,具有充分的选择性。

②要有瓦斯泵运转状态和以计量为核心的综合参数测定手段。诸如瓦斯超限警报器电流电压表,瓦斯流量计,正、负压力 U 型管水银压力计,气压计和温度计(摇测,从泵房到操作室),以便及时观察到瓦斯泵的安全运转情况与流量的显示以及大气压力变化与井下瓦斯涌出情况的关系。以便及时调整瓦斯泵的工况。

③要有现代化的瓦斯计量手段。一直沿用的流体动压压差计测算瓦斯流量的方法存在着许多弊端:间接式测量,测量出动压速度再与管道截面面积计算流量,测算时费时费力,既不连续,又不能累计,还得统计累计的时间参数;除此,仪器和操作上的误差都是避免不了的计量不准确是必然的。这类测定仪器装置有:文特里喉管流量计、孔板流量计、皮特管、转子流量计等,孔板、文特里喉管都设在管路上,阻力也比较大。这类计量方法已经完成了历史任务,已不适应瓦斯商品化的计量要求。为此,泵站瓦斯计量手段更新换代非常必要。

④要有瓦斯泵运转综合参数(电流电压、正负压力、瓦斯流量、甲烷含有率、温度、大气压力、运转时间、开泵功率、放空瓦斯量等)原始记录,要作为运转人员分内之事干好。否则会给抽放瓦斯安全技术管理造成盲目性。

⑤要有瓦斯流量工(员)负责及时归纳整理,将综合参数和同一时间的原煤产量、风排瓦斯量、工作面的推进度的数据资料汇总起来,存档保存,为抽放瓦斯技术、经济分析所用。

⑥要有动态性的泵站平面图和瓦斯泵与井上下管网布置的平面图。

⑦要有规章制度和安全技术操作规程。

⑧要有懂得瓦斯性质、明白瓦斯抽放的机电人员负责泵站的技术管理工作,进行专业化管理。

应该有分管领导专管"八防"、"八要有"的全面落实到位。

(3)瓦斯泵的选择

我国煤矿开始抽放瓦斯时,所采用的瓦斯泵是杂牌的,原因是当时有啥用啥,没有选择的条件,在抚顺煤矿表现的最为典型。小泵(5 kW)、大泵都有,叶式的、罗茨的、离心式的鼓风机

(代用瓦斯泵)也应有尽有。先进一点的、比较适用的是离心鼓风机,有国产的,也有引进的。龙凤矿引进前苏联的,为290 kW,排量为210 m³/min,压力为18 620 Pa;胜利矿引进德国的多级离式,为200 kW,排量为160 m³/min,压力为18 620 Pa。进入新世纪以后才开始换成水环式真空泵。淮南矿区等抽瓦斯矿井,一开始就赶上了好时候,全部用水环式真空泵装备了地面瓦斯泵站。

根据上述瓦斯泵的性能和应用检验证明,离心泵的较好,水环式的最好,这里只介绍水环式真空泵。因为它安全可靠,已经过了技术关,并已经国产系列化,是首选或必须用的瓦斯泵。

(4)水环式真空泵工作原理

其构造是,由叶轮构成(偏心)转子,与工作室构成。出、入口在泵体的上部,呈平行并垂直于平面布置。

转子(偏心)装在泵体内,转动时,循环水旋转中心和泵体中心不在一起,造成泵内一个空间,用以抽放瓦斯,即以水为介质抽排瓦斯。

(5)泵的运转

启动前,向工作室灌水,启动开始,叶轮旋转,由于离心力的作用,将水甩至工作室壁,便形成一个旋转水环;叶轮旋转时,前半转中,水环的内表面逐渐与轮载离开,因此,各叶轮之间的空间逐渐扩大而吸入气体;在后半转中,水环的内表面逐渐与轮载接近,因此,各叶轮之间的空间逐渐缩小而排出气体。

叶轮每转一周,叶轮与叶轮之间的空间容积就改变一次,叶轮之间的水犹如液体活塞一样往复运动,接连不断地进行抽、排气体。

(6)水环泵的特点

①真空度高,抽放瓦斯负压大。例如,SZ型的真空度高达93%,低的也在84%以上。

②安全可靠。泵的工作室总是满水工作,根本不存在摩擦、冲击火花爆燃、甲烷含量多而爆炸的瓦斯问题。

③结构简单,噪声小。

④适用于深井、网路长,阻力大和高负压抽放;适合于质量不稳定、低质量的瓦斯抽放。

因此,水环真空泵是输排易燃易爆气体的理想选择。但是由于泵带水工作,真空度高,与离心式泵相比,抽排量比较小,耗电量较大。

(二)参观学习理解

1. 流量计

为了全面掌握与管理井下瓦斯抽放情况,需要在总管、支管和各个钻场内安设测定瓦斯流量的流量计。

目前井下一般采用孔板流量计。其基本原理是,气体充满管道流动呈流束状连续流动,当流束进入孔板入气口处形成,局部收缩而增速,动压增加,静压力下降;流出出气口又突然扩散,动压又下降,因此,气流在孔板前后产生压力降或动压差,而且随着气流流量的大小而变化,即流体流量越大,在孔板前后产生的压差也越大,否则相反。所以,可用孔板造成的压差,再求出速度,就能测算出流体通过管道的流量。

根据伯努力方程的流体流动连续性方程,推导出流量方程式:

$$Q = \frac{\mu}{\sqrt{1-\mu^2 m^2}} \times \sqrt{\frac{2g(P_1 - P_2)}{\gamma}} \times F_0$$

$$m = \frac{F_0}{F_1} = \frac{d^2}{D^2}$$

$$\mu = \frac{F_2}{F_1} \tag{1-61}$$

式中 Q——流量，m^3/s；

μ——孔板后端气体收缩系数；

m——截面比；

F_1——管道截面面积，m^2；

F_2——流束收缩处断面面积，m^2；

F_0——孔板开孔断面面积，m^2；

d——孔板开孔直径，m；

D——管道直径，m；

P_1——在孔板进入端截面上的绝对静压力，kg/m^2；

P_2——在孔板流入端截面上的绝对静压力，kg/m^2；

g——重力加速度，9.81 kg/m^2；

γ——流体容重，kg/m^2。

加工孔板流量，孔口面积的大小应由流量大小而定，若孔口大，流量小，难以量出；若流量大，孔口阻力损失太大。

孔板出气孔扩散角度为45°，无论孔板多大都是这个角度。其他部位的尺寸都与其所服务的管道直径有关，诸如孔板厚度、入气口厚度、测压管直径、测压管在孔板入、出口位置等。孔板具有结构简单，制造与安装比较容易。

孔板的安装应保证孔板中心与管道中心相重合，方向要正确，法兰盘的垫片不能出到管内，孔口上沉积的污物，应及时清理掉。

其他流量计算方法有，利用皮托管测算气体流速，然后计算流量 Q 如下式：

$$Q = C_p\sqrt{\frac{2gh_v}{\gamma}} \times S \tag{1-62}$$

式中 C_p——所用皮托管校正系数；

h_v——测定的气流流动压力，利用皮托管测定读数，mm H_2O；

g——重力加速度，9.81 kg/m^2；

γ——流体容重，kg/m^2；

S——管道截面，m。

2. 其他装置

(1)放水器

为了及时放出管道内的积水，以免堵塞管道。在钻孔附近和管路系统中都要安装放水器。

人工放水器：见图1-55

自动放水器：见图1-56

最简单的放水器为“U”型管自动放水器当U型管内积水超过开口端的管长时，水就自动流出。它是利用U型管水柱高度与抽放负压的压差，而实现自动放水的，即当U型管的水柱 h 高度大于抽放管路内与该处空气的压差 Δh 时，则U型管内的积水就能从U型管口流出，而不至于使空气由 U 型管进入抽放瓦斯管路，造成漏气和积水。

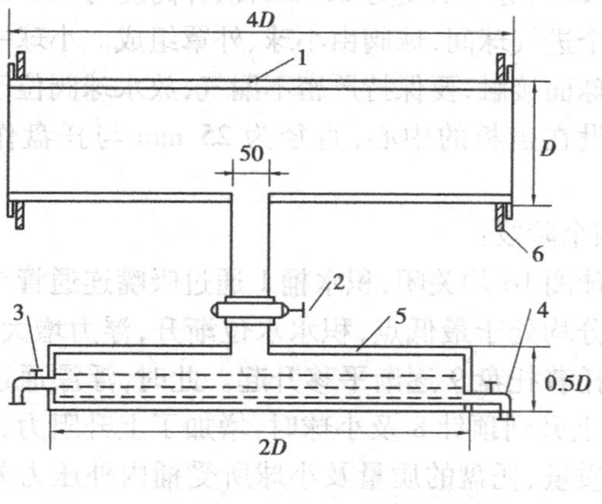

图 1-55　高负压人工放水器结构示意图

1—瓦斯管；2—放水器阀门；3—空气入口气门；4—放水器口阀门；5—放水器；6—活法兰盘连接

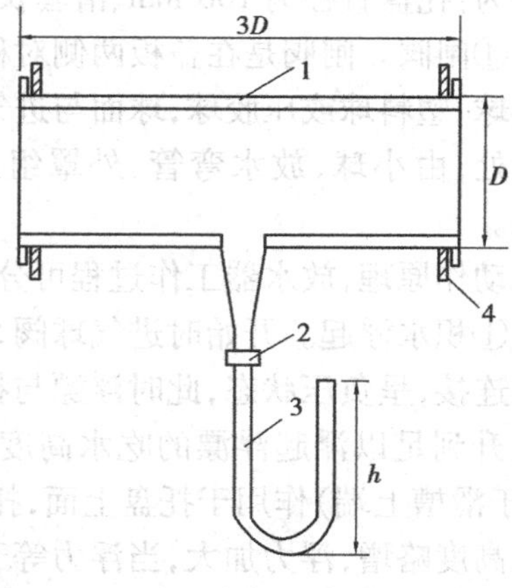

图 1-56　U 型管式自动放水器

1—瓦斯管；2—U 型放水器；3—放水管接头；4—活法兰盘接头

高负压浮漂式自动放水器如图 1-57 所示：

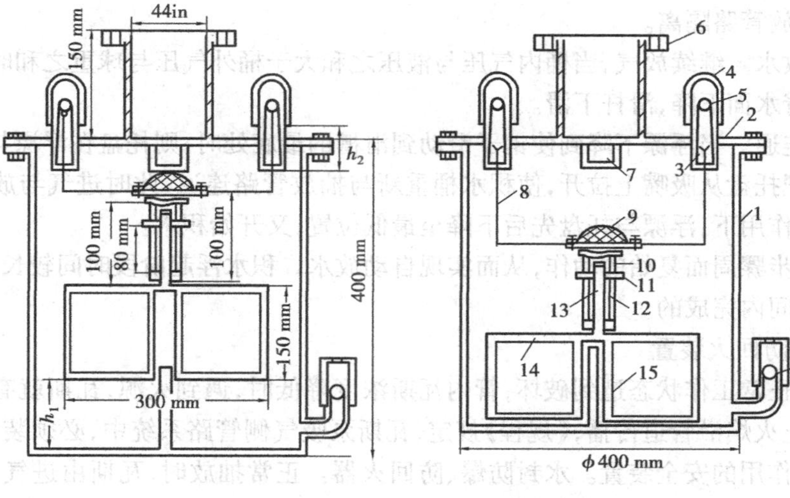

图 1-57　高负压浮漂式自动放水器示意图

1—外桶；2—盖板；3—密封垫圈；4—进气口罩帽；5—进气口小球；6—瓦斯管接头（连通器）；7—吸嘴（脱水口）；8—顶针；9—托盘；10—滑套；11—销子；12—滑槽；13—滑杆；14—浮漂；15—导向管；16—放水管口小球

①外桶。由钢板制成，ϕ400 mm，高 400 mm。其上部由 ϕ100 mm 管与瓦斯管连接。②浮漂。由钢板制作，中心有一个导向管与固定在外桶中的导向杆配合，使浮漂 14 可作上下浮动。浮漂规格由所需浮力和吃水高度确定，一般为 ϕ300 mm，高 150 mm。漂浮过中的吃水高度为浮漂高度的 9/10。滑杆 13 长度为 100 mm。

③托盘。由圆形底板、压圈和球面凸型垫由螺钉连接而成。下部有滑杆套与滑杆配合滑套 10 两侧设有滑槽 12、销子 11 可在滑槽中作上下活动。托盘 9 两侧对称装有垂直上指的顶

针 8,在异向进气管中上下活动,并能触及顶针上部小球。整个托盘部分只能作上下平移,其规格为:托盘直径为 100 mm、滑套长度为 100 mm、滑槽长度为 80 mm、顶针高度为 120 mm。

④闸阀。闸阀是在盖板两侧对称设置两个进气球间,球阀由小球、外罩组成。小球一般为乒乓球、塑料球或压胶球,球面与进气管口呈球面接触,要保持严密不漏气;放水球阀位于外桶的低处,由小球、放水弯管、外罩组成;吸嘴设在盖板的中心,直径为 25 mm 与托盘作球面接触。

动作原理,放水器工作过程可分为以下四个阶段:

①积水浮起。开始时进气球阀 5 与放水球阀 16 均关闭,积水桶 1 通过吸嘴连通管与瓦斯管路连接,呈负压状态,此时浮漂与托盘两部分均处于最低点,积水水位渐升,浮力增大,当水位上升到足以浮起浮漂的吃水高度后,浮漂托着托盘 9 逐渐平移升起。此时,浮漂通过销子(位于滑槽上端)作用于托盘上面,托带托盘,上升到顶针 8 及小球时,增加了上升阻力,因此,吃水高度略增,浮力加大,当浮力等于浮漂的质量、托盘的质量及小球所受桶内外压力差造成的吸力三者之和时,小球则在顶针 8 作用下开始打开进气口,此时,托盘与吸嘴间仍存在 3 mm 左右的间隙。

②进气口随着空气的流入和积聚,改变了桶内的负压状态,桶内压力增大。因此,在托盘上下存在压差而受力。同时,在吸嘴和托盘间隙中,空气流入抽放管路形成的气流对托盘也有作用。当受静、动压力之和大于托盘质量和小球质量之和时,托盘迅速吸附在吸嘴上,致使积水桶与负压抽放管路隔离。

③进气、放水。继续放气,当桶内气压与液压之和大于桶外气压与球重之和时,小球浮起,开始放水,随着水面下降,滑杆下滑。

④下落、连通。当浮漂下降到使销子滑动到滑槽的最底处时,则托盘在浮漂与托盘两部分重力作用下,把托盘从吸嘴上拉开,使积水桶重新与抽放管路连通,此时进气与放水球阀即行关闭。在重力作用下,浮漂与托盘先后下降至最低位置,又开始积水。

以上四个步骤周而复始的动作,从而实现自动放水。积水浮起阶段时间较长,其他三个步骤是在很短时间内完成的。

(2)防爆、防回火装置

抽放系统正常工作状态遭到破坏,管内瓦斯浓度降低时,遇到火源,瓦斯就有可能燃烧或爆炸,为了防止火焰沿管道传播,《规程》规定,瓦斯泵吸气侧管路系统中,必须装设防回火、防回气和防爆炸作用的安全装置。水封防爆、防回火器。正常抽放时,瓦斯由进气口进入,经水封器由出口排出。管内发生瓦斯燃烧或爆炸时,火焰被水隔断、熄灭、爆炸波将防爆盖冲破而释放于大气中。

防回火网多由 4 ~6 层导热性能好而不易生锈的钢网构成,网孔约 0.5 mm。瓦斯火焰与钢网接触时,网孔能阻止火焰的传播。

煤科总院重庆研究院新近研制出了 WGC 瓦斯抽放管道参数测定仪,用于井下或地面抽放泵站对瓦斯抽放管中的甲烷浓度、温度、抽放负压、抽放瓦斯的混合流量和纯流量进行流动检测和连续监测。

《规程》规定(153 条),“抽放瓦斯的矿井中,利用瓦斯时其浓度不得低于 30%”,“不利用瓦斯时,采用干式抽放瓦斯设备,瓦斯浓度不得低于 25%”。

抽出的瓦斯,可以按其浓度的不同,合理地中以利用,浓度为 35% ~40% 时,主要用作工业、民用燃料；浓度50%以上的瓦斯可以用作化工原料，如制造炭黑和甲醛。

二、分工实作任务单

对给定案例进行抽放系统设计。

复习题与习题

1. 抽采管路的铺设？
2. 抽采系统的形成？
3. 如何确定抽放方式？
4. 抽采钻孔的布置与设计方法？
5. 抽采钻孔的设计与安全施工注意事项？

学习情境 2

矿井粉尘防治

教学内容

煤尘测定是煤矿防尘工作的基本内容，是测尘工必须掌握的一项基本技能，情境 2 中将学习粉尘浓度检测，井下粉尘治理措施，及防止煤尘爆炸的措施。

教学条件、方法和手段要求

准备教学课件（理论构架、教学图片、录像等）、煤尘浓度测量仪器、隔爆水槽和水袋等试验装置，采用在煤矿安全实训基地、模拟矿井等实训场所集中讲授、分组实作的方法教学，使学生既具备扎实的理论知识又具有较强的动手实作能力。

学习目标

1. 会利用滤膜测尘法测定煤尘浓度和煤尘分散度，能编写煤尘检测报告；

2. 会根据煤矿具体情况制定掘进工作面综合防尘的一般技术措施、采煤工作面综合防尘的一般技术措施和转载运输系统综合防尘的一般技术措施；

3. 熟悉预防煤尘爆炸的一般技术措施，会根据《规程》布置、安装隔爆水槽和水袋。

“粉尘测定”是井下防治粉尘的一项重要工作，通过该单元的学习训练，要求学生熟悉矿尘的危害性，能够利用重量法测定粉尘浓度、沉降法测定粉尘分散度。

拟实现的教学目标：

1. 能力目标

会利用重量法测定粉尘浓度、沉降法测定粉尘分散度，会编写粉尘检测报告。

2. 知识目标

掌握矿尘的主要危害，了解《 煤矿安全规程 》等关于井下作业场所空气粉尘浓度标准的有关规定。

3. 素质目标

通过测定粉尘浓度、分散度，训练粉尘测定的能力；通过实际操作训练，培养学生一丝不苟的从严精神。

任务2.1.1　煤矿粉尘浓度检测

一、学习型工作任务

（一）阅读理解

1. 粉尘的定义及分类

（1）粉尘的定义

粉尘是固体物质细微颗粒的总称。

从胶体化学观点看，矿尘散布在矿井空气中和空气混合构成气溶胶，成为一个分散体系。空气是分散介质、矿尘是分散相。

（2）粉尘的分类

①按粉尘的成分

a. 煤尘

细微颗粒的煤炭粉尘，称为煤尘。它是采煤、煤巷掘进以及运煤中产生的，尘粒中以含固定碳可燃物为主的粉尘。

我国不同种类的煤所含固定碳的比例为：褐煤45%～55%，烟煤65%～90%，无烟煤>90%。

b. 岩尘

细微颗粒的岩石粉尘称为岩尘，它是岩巷掘进中产生的，尘粒中不含或极少含有固定碳可燃物的粉尘。

煤矿井下作业产生的粉尘主要为煤尘和岩尘。此外，还有少量的金属微粒和爆破时产生的其他尘粒等。

②按煤尘有无爆炸性

a. 爆炸性煤尘

经过煤尘爆炸性鉴定，确定悬浮在空气中的煤尘云在一定浓度和有引爆热源的条件下，能发生爆炸或传播爆炸的煤尘称为爆炸性煤尘。

b. 无爆炸性煤尘

经过煤尘爆炸性鉴定，确定不能发生爆炸的煤尘称为无爆炸性煤尘。

能够减弱和阻止有爆炸性煤尘爆炸的矿尘称为惰性粉尘。煤矿中的惰性粉尘主要是岩尘。

③按粉尘中游离 SiO_2 含量

a. 矽尘

粉尘中游离 SiO_2 含量在10%以上的粉尘称为矽尘。煤矿中的岩尘一般都为矽尘。

b. 非矽尘

粉尘中游离 SiO_2 含量在10%以下的粉尘可称为非矽尘。煤矿中的煤尘一般都为非矽尘。

④按粉尘在井下的存在状态

a. 浮游粉尘

浮游在空气中的粉尘称为浮游粉尘，简称浮尘。

b. 沉积粉尘

较粗的尘粒在其自重的作用下，从矿井空气中沉降下来，附着在巷道、硐室周边以及支架、材料和设备等上面的粉尘称为沉积粉尘。

部分浮游粉尘因自重沉降而形成沉积粉尘，沉积粉尘在爆风、冲击波等作用下，又可再次飞扬起来成为浮游粉尘。

⑤按粉尘的粒度组成范围

a. 总粉尘

飞扬在井下空间包括各种粒径的粉尘。

b. 可吸入粉尘

可被吸入人体内的浮尘，它是指空气动力学直径小于 7.07 μm 的粉尘全体。

c. 呼吸性粉尘

能被吸入人体肺泡区的浮尘称为呼吸性粉尘，其空气动力学直径小于 5 μm，但它是可吸入粉尘的一部分。不同大小的可吸入粉尘进入肺泡的比例（即沉积效率）是不一样的。呼吸性粉尘被吸入人体和其他动物的最小支气管及肺泡里引起尘肺，是对人体危害最严重的粉尘。

⑥按尘粒直径的大小

a. 粗尘

尘粒直径大于 40 μm，相当于一般筛分的最小粒径，在空气中极易沉降。

b. 细尘

尘粒直径在 10 ~ 40 μm，在明亮的光线下，肉眼可以看到，在静止空气中作加速沉降运动。

c. 微尘

尘粒直径为 0.25 ~ 10 μm，用光学显微镜下可以观察到，在静止空气中作等速沉降运动。

d. 超微尘

尘粒直径小于 0.25 μm。要用电子显微镜下才能观察到，在空气中作扩散运动。

（3）粉尘的危害

矿尘具有很大的危害性，表现在以下几个方面：

①污染工作场所，引起职业病。工人长期吸入矿尘后，轻者会患呼吸道炎症，皮肤病；重者会患尘肺病，煤矿尘肺病按吸入矿尘的成分不同，可分为硅肺病（矽肺病）、煤硅肺病（煤矽肺）和煤肺病三类。

②某些矿尘（如煤尘、硫化尘）在一定条件下可以爆炸。煤尘能够在完全没有瓦斯存在的情况下爆炸，对于瓦斯矿井，煤尘则有可能参与瓦斯同时爆炸。

③加速机械磨损，缩短精密仪器使用寿命。

④降低工作场所能见度，增加工伤事故的发生。

2. 煤矿井下尘源及测尘的目的

（1）煤矿井下尘源

煤矿井下生产的绝大部分作业，都会不同程度地产生粉尘，其产尘的主要作业有：

①采煤机割煤、装煤和掘进机掘进；

②炸药爆破；

③各类钻眼作业，如打炮眼、锚杆眼和注水眼等；

④风镐落煤；

⑤装载、运输、转载和提升；

⑥采场和巷道支护，移架和推溜等；

⑦放煤口放煤。

（2）测尘的目的

①及时了解煤矿采掘工作面等作业场所的粉尘污染状况；

②预防尘肺病；

③预防粉尘爆炸；

④降低粉尘对工人身体健康的危害；

⑤正确评价煤矿作业场所的劳动卫生条件；

⑥检验防尘措施和除尘设备的降除尘效果。

（3）依据

《煤矿安全规程》第 740 条规定：煤矿井下作业场所的总粉尘浓度每月测定 2 次，个体呼吸性粉尘浓度监测采、掘工作面每 3 个月测定 1 次，其他工作面或作业场所每 6 个月测定 1 次；定点呼吸性粉尘浓度每月测定 1 次。《煤矿安全规程》第 739 条规定了作业场所中粉尘（总粉尘、呼吸性粉尘）浓度标准，见表 2-1。

表 2-1　作业场所中粉尘浓度标准

粉尘中游离 SiO_2 含量/%	最高允许浓度/($mg \cdot m^3$)	
	总粉尘	呼吸性粉尘
<10	10	3.5
10～50	2	1
50～80	2	0.5
≥80	2	0.3

（二）煤矿粉尘浓度检测集中讲解

1. 测量原理

滤膜采样测尘法的原理是用采样器采集一定体积的含尘空气，抽取的含尘空气（或经过前级分离装置后）通过滤膜时，粉尘（或呼吸性粉尘）被捕集在滤膜上，根据滤膜增加的质量，计算出粉尘（或呼吸性粉尘）浓度。

$$c = \frac{m_2 - m_1}{q_a \times t} \times 1\ 000 \tag{2-1}$$

式中　c——粉尘浓度，mg/m^3；

m_2——采样后滤膜的质量，mg；

m_1——采样前滤膜的质量，mg；

t——采集粉尘的时间，min；

q_a——采样流量，L/min。

2. 测量仪器及器材

(1)滤膜矿尘监测仪 1 台。

(2)感量为 0.1 mg 的分析天平 1 台。

(3)直径 160 ~200 mm 干燥器 1 ~2 个。

(4)滤膜采样器 1 台。

按采样时间的长短分为短时采样器、长周期粉尘采样器和个体呼吸性粉尘采样器。按采集粉尘的粒度分布范围分为总粉尘采样器和呼吸性粉尘采样器。国内有代表性的短时粉尘采样器主要有 AZF- 02 型呼吸性粉尘采样器、AQF-1 型粉尘采样器和 AFCC-1 型粉尘采样器等;长周期粉尘采样器只有 AZF- 01 型呼吸性粉尘采样器;个体呼吸性粉尘采样器主要有 CCX2.0 个体呼吸性粉尘采样器、AFC-1 型粉尘采样器等。下面是这几种粉尘采样器的主要技术参数。

AZF-01 型呼吸性粉尘采样器主要技术参数:

采样流量:3.8 L/min

采样流量误差:≤2.5%

采样流量稳定性:≤5%

负载能力:≥1 kPa

连续工作时间:≥8 h

采样准确度:≤10%

防爆形式:矿用本质安全型

AZF-02 型呼吸性粉尘采样器主要技术参数:

采样流量:20 L/min

采样流量误差:≤2.5%

采样流量稳定性:≤5%

负载能力:≥1 000 Pa

采样准确度:≤10%

防爆型式:Exib Ⅰ 矿用本安型

连续工作时间:≥2 h

CCX2.0 个体呼吸性粉尘采样器主要技术参数:

采样流量:2 L/min

采样流量误差:≤2.5%

采样流量稳定性:≤5%

负载能力:≥1 000 Pa

采样准确度:≤10%

连续工作时间:>8 h

(5)气体流量计,流量分度为 1 L。

(6)滤膜若干。

测尘用的滤膜有合成纤维与硝化纤维两类。我国粉尘作业环境测尘用的滤膜是合成纤维的。合成纤维滤膜表面呈细绒状,不易破裂,有明显的负电荷,具有憎水和耐酸碱的性质。用作测尘滤料时,阻尘效率(中位径为 0.5 μm 的粉尘)大于 95%。

(7)顶盖内径为35 mm的采样头。

(8)滤膜夹。夹环内径为31 mm,用于固定滤膜。

(9)秒表。用于测尘计时,可用普通秒表。

(10)镊子、毛刷等。

3.仪器的校正

滤膜采样法测尘仪器的校正包括采样器的检查校验和天平的鉴定。

粉尘采样器在初次使用前或使用一段时间后,都需要进行气密性检查和流量计校验。根据MT162《粉尘采样器通用技术条件》流量计的校正方法有四种:用标准转子流量计校正粉尘采样器上的流量计、用皂膜流量计校正粉尘采样器上的流量计、用钟罩式气体计量器校正粉尘采样器上的流量计和用粉尘采样器检定装置校正粉尘采样器上的流量计。

天平每年需鉴定一次,由计量部门用标准砝码进行鉴定,并给出鉴定合格证书。

4.现场采样

(1)选择采样位置,确定测点数量。

①采样位置

采样位置选择的总原则是:把采样点布置在尘源回风侧粉尘扩散较为均匀地区的呼吸带。呼吸带是指作业场所距巷道底板高1.5 m左右,接近作业人员的地带。在薄煤层及其他特殊条件下,呼吸带的高度根据实际情况而改变。个体采样器应指定专人佩带,采样头可戴在工作服的上衣口袋、衣领处或安全帽的正面。

按照AQ1020《煤矿井下粉尘综合防治技术规范》的规定,测量地点如表2-2所示。

表2-2　煤矿井上下作业场所测尘点的选择和布置要求

类别	生产工艺	测尘点布置
采煤工作面	1.采煤机割煤	采煤机回风侧10~15 mm处 司机工作地点
	2.移架	司机工作地点
	3.放顶煤	司机工作地点
	4.风镐落煤、手工落煤及人工攉煤	一人作业,在其回风侧3 m处,多人作业,在最好一个人3 m处
	5.工作面巷道钻机钻孔	打钻地点回风侧3~5 m处
	6.电煤钻钻眼	操作人员回风侧3~5 m处
	7.回柱放顶、移刮板运输机	工作人员的工作范围
	8.薄煤层工作面风镐和手工落煤	作业人员回风侧3~5 m处
	9.薄煤层刨煤机落煤	工作面作业人员回风侧3~5 m
	10.刨煤机司机操作蚀煤机	司机工作地点
	11.倒台阶工作面风镐落煤	作业人员回风侧3~5m处
	12.掩护支架工作面风镐落煤	作业人员回风侧3~5 m处
	13.工作面多工序同时作业	回风巷内距工作面端头10~15 m处
	14.采煤工作面放炮作业	放炮后工人已进入工作面开始作业前在工人工作地点
	15.带式输送机作业	转载点回风侧5~10 m处
	16.工作面回风巷	距工作面端头15~20 m处

续表

类别	生产工艺	测尘点布置
掘进工作面	1. 掘进机作业	机组后 4 ~ 5 m 处的回风侧 司机工作地点
	2. 机械装岩	在未安设风筒的巷道一侧，距装岩机 4 ~ 5 m 处的回风流中
	3. 人工装岩	在未安设风筒的巷道一侧，距矿车 4 ~ 5 m 处的回风流中
	4. 风钻钻眼	距作业点 4 ~ 5 m 处巷道中部
	5. 电煤钻钻眼	距作业点 4 ~ 5 m 处巷道中部
	6. 钻眼与装岩机同时作业	装岩机回风侧 3 ~ 5 m 处巷道中部
	7. 砌碹	在作业人员活动范围内
	8. 抽出式通风	在工作面产尘点与除尘器捕罩之间，粉尘扩散得较均匀的呼吸带范围
	9. 切割联络眼作业	在作业人员活动范围内
	10. 刷帮作业	在距作业点风侧 4 ~ 5 m 处
	11. 调顶作业	在距作业点风侧 4 ~ 5 m 处
	12. 拉底作业	在距作业点风侧 4 ~ 5 m 处
	13. 工作面放炮作业	放炮后工人在放炮后开始作业前的地点
锚喷	1. 钻眼作业	工人操作地点回风侧 5 m ~ 10 m 处
	2. 打锚杆作业	工人操作地点回风侧 5 ~ 10 m 处
	3. 喷浆	工人操作地点回风侧 5 ~ 10 m 处
	4. 搅拌上料	工人操作地点回风侧 5 ~ 10 m 处
	5. 装卸料	工人操作地点回风侧 5 ~ 10 m 处
	6. 带式输送机作业	转载点回风侧 5 ~ 10 m 处
转载点	1. 刮板输送机	距两台输送机转载点回风侧 5 ~ 10 m 处
	2. 带式输送机作业	距两台输送机转载点回风侧 5 ~ 10 m 处
	3. 装煤(岩)点及翻罐笼	尘源回风侧 5 ~ 10 m 处
	4. 翻罐笼及溜煤口司机进行翻罐笼和放煤作业	司机工作地点
	5. 人工装卸材料	作业人员工作地点
井下其他场所	1. 地质刻槽	作业人员回风侧 3 ~ 5 m 处
	2. 巷道内维修作业	作业人员回风侧 3 ~ 5 m 处
	3. 材料库、配电室、水泵房、机修硐室等处工人作业	作业人员活动范围内

②确定测点数量

a. 采工作面：落煤、司机操作采煤机、液压支架移架和其他工序 4 个测点；

b. 工作面：打眼、放炮、回柱放顶、多工序作业和其他工序 5 个测点；

c. 工作面：掘进机作业、司机操作掘进机、抽出式通风、装岩和其他工序 5 个测点；

d. 工作面：打眼、放炮、多工序作业、装岩和其他工序 5 个测点；

e. 维护：根据支护方式可取砌碹、打锚杆眼、打锚杆喷浆、搅拌上料和装卸料等测点中的

3 ~5个测点；

f. 点测尘：按巷道长度计算不足1 000 m的巷道，取各转载点矿尘浓度的平均值作为1个测点，大于1 000 m的巷道选取2个测点；

g. 硐室测尘：包括材料库、配电室、水泵房和机修室等，都作为独立测点，各取1个测点。

(2)采样

用镊子取下滤膜两侧的衬纸，把滤膜放在天平上称重，记录初始质量，然后将滤膜装入滤膜夹，再放入带编号的滤膜盒备用。采样时，取出滤膜夹，正确安装在采样器上。

①采样口受尘方向

短时间粉尘采样器和长周期粉尘采样器采样口受尘方向有两种：一为迎风流方向，一为垂直风流方向。煤矿进行粉尘测量时，采样口的受尘方向规定采用迎风流方向。个体采样器采样口的方向根据不同采样器的具体要求可以向上、向下或倾斜一定角度。

②采样流量的确定

采样时，含尘空气通过采样口的情况有三种。一是采样口的采样流速大于风流速度，大颗粒粉尘由于惯性作用仍沿着自己的运动方向前进，因而进入采样口的粉尘较少。二是采样口的采样速度小于风流速度，大颗粒的粉尘沿着自己的运动方向进入采样口，只有部分小颗粒粉尘随气流运动带走。三是采样口的采样速度等于风流速度，对粒子没有选择。等速采样在煤矿井下是难以达到的。实验结果证明，采样速度为风流速度的1.5 ~6倍时，粉尘测量结果相差不多。因此，采样时应调节采样流量使受尘口的采样速度同风速之比小于6倍。

③计算采样持续时间

根据采样时间进行采样(采样持续时间一般不低于10 min，滤膜上的矿尘增量不应低于1 mg)。

a. 开始时间的确定。

用短时间粉尘采样器采样时，对连续产尘的作业点，粉尘浓度随作业时间而变化，但增加到一定程度后比较稳定，应在作业开始半小时后进行采样；对阵发性产尘的作业点，产尘时间短，应在作业开始的同时进行采样。用长周期粉尘采样器和个体粉尘采样器进行采样时，应在工作班开始作业时就进行采样，采样在整个工作班进行。

b. 时间。

采样持续时间取决于粉尘浓度与采样流量的大小。为了获得较精确的测量结果，滤膜上粉尘的质量应大于1 mg。对直径40 mm的滤膜，为防止粉尘脱落，滤膜上的粉尘质量不得超过20 mg。按上述要求由下式确定采样时间 t 。

$$t = \frac{\Delta m \times 1\,000}{c_g \times q_a} \tag{2-2}$$

式中 t ——采样持续时间，min；

Δm ——滤膜上要求增加的粉尘质量，mg；

c_g ——作业场所估计的粉尘浓度，mg/m^3；

q_a ——采样时的流量，L/min。

使用个体采样器一般应连续采样一个工作班，如果测定现场粉尘浓度过高或采样器容尘能力不够，可中间更换一次滤膜。

采样后将滤膜固定圈取出，受尘面向上，使粉尘面向内对折2 ~3次，放入与滤膜编号相同的采样盒内。

(3)结果记录

①称重。当采样地点没有水雾时,可直接称量刚卸下的滤膜,否则,将滤膜置于干燥器中干燥 2 h 后称重,此后每干燥 30 min 后称重 1 次,直到相邻两次的质量差不超过 0.2 mg 为止。

②测定结果计算。用公式(2-1)进行计算。

将测尘结果记录在表 2-3 中。

表 2-3　矿尘浓度测定记录表

测定日期　　　　　　　　　　　　　　　　　　　　　　仪器编号(试验组部):

测尘地点及作业班组	
矿尘种类及作业工序	
滤膜编号	
采样持续时间/min	
流量计读数/($L \cdot min^{-1}$)	
矿尘浓度/($mg \cdot m^{-3}$)	

二、分组实作任务单

滤膜采样测尘法测粉尘浓度实作任务

1. 测量仪器及器材

(1)滤膜矿尘监测仪 1 台。

(2)感量为 0.1 mg 的分析天平 1 台。

(3)直径 160 ~200 mm 法人干燥器 1 ~2 个。

(4)滤膜采样器 1 台。

(5)气体流量计,流量分度为 1 L。

(6)顶盖内径为 35 mm 的采样头。

(7)滤膜夹。夹环内径为 31 mm,用于固定滤膜。

(8)秒表。用于测尘计时,可用普通秒表。

(9)镊子、毛刷等。

2. 步骤

(1)用镊子取下滤膜两侧的衬纸,把滤膜放在天平上称重,记录初始质量,然后将滤膜装入滤膜夹,再放入带编号的滤膜盒备用。

(2)采样时,取出滤膜夹,正确安装在采样器上。

(3)计算采样持续时间,根据采样时间进行采样(采样持续时间一般不低于 10 min,滤膜上的矿尘增量不应低于 1 mg)。根据公式(2-2)计算采样持续时间。

(4)采样后将滤膜固定圈取出,受尘面向上,迅速放入采样盒内。

(5)将滤膜置于干燥器中干燥 2 h 后称重,此后每干燥 30 min 后称重 1 次,直到相邻两次的质量差不超过 0.2 mg 为止。

(6)测定结果计算。用公式(2-1)进行计算。

任务2.1.2　煤尘治理

一、学习型工作任务

（一）阅读理解

1. 矿井防尘供水系统

矿井必须建立完善的符合以下要求的防尘供水系统：

（1）永久性防尘水池容量不得小于200 m^3，且贮水量不得小于井下连续2 h的用水量，并设有备用水池，其容量不得小于永久性防尘水池的一半。

（2）防尘用水管路应铺设到所有能产生粉尘和沉积粉尘的地点，并且在需要用水冲洗和喷雾的巷道内，每隔100 m或50 m安设一个三通及阀门。

（3）防尘用水系统中，必须安装水质过滤装置，保证水的清洁，水中悬浮物的含量不得超过150 mg/L，粒径不大于0.3 mm，水的pH值应在6.0～9.5范围内。

2. 矿井综合防尘措施

对产生煤（岩）尘的地点应采取以下防尘措施。

（1）掘进井巷和硐室时，必须采取湿式钻眼、冲洗井壁巷帮、水炮泥、爆破喷雾、装岩（煤）洒水和净化风流等综合防尘措施。

冻结法凿井和在遇水膨胀的岩层中掘进不能采用湿式钻眼时，可采用干式钻眼，但必须采取捕尘措施。

（2）采煤工作面应有由国家认定的机构提供的煤层可注性鉴定报告，并应对可注水煤层采取注水防尘措施。

（3）炮采工作面应采取湿式钻眼法，使用水炮泥；爆破前、后应冲洗煤壁，爆破时应喷雾降尘，出煤时洒水。

（4）液压支架和放顶煤采煤工作面的放煤口，必须安装喷雾装置，降柱、移架或放煤时同步喷雾。破碎机必须安装防尘罩和喷雾装置或除尘器。

采煤机必须安装内、外喷雾装置。无水或喷雾装置损坏时必须停机。

掘进机作业时，应使用内、外喷雾装置和除尘器构成综合防尘系统。

（5）采煤工作面回风巷应安设至少两道风流净化水幕，并宜采用自动控制风流净化水幕。

（6）井下煤仓放煤口、溜煤眼放煤口、输送机转载点和卸载点，都必须安设喷雾装置或除尘器，作业时进行喷雾降尘或用除尘器除尘。

（7）在煤、岩层中钻孔，应采取湿式钻孔。煤（岩）与瓦斯突出煤层或软煤层中瓦斯抽放钻孔难以采取湿式钻孔时，可采取干式钻孔，但必须采取捕尘、降尘措施，必要时必须采用除尘器除尘。

（8）为提高防尘效果，可在水中添加降尘剂。降尘剂必须保证无毒、不腐蚀、不污染环境，并且不影响煤质。

3. 采煤防尘

（1）工作面防尘

①采煤机割煤防尘

采煤机割煤必须进行喷雾并满足以下要求：

a. 喷雾压力不得小于2.0 MPa，外喷雾压力不得小于4.0 MPa。如果内喷雾装置不能正常喷雾,外喷雾压力不得小于8.0 MPa。喷雾系统应与采煤机联动,工作面的高压胶管应有安全防护措施。高压胶管的耐压强度应大于喷雾泵站额定压力的1.5倍。

b.泵站应设置两台喷雾泵,一台使用,一台备用。

②自移式液压支架和放顶煤防尘

液压支架应有自动喷雾降尘系统,并满足以下要求:

a.喷雾系统各部件的设置应有可靠的防止砸坏的措施,并便于从工作面一侧进行安装和维护。

b.液压支架的喷雾系统,应安设向相邻支架之间进行喷雾的喷嘴;采用放顶煤工艺时应安设向落煤窗口方向喷雾的喷嘴;喷雾压力均不得小于1.5 MPa。

c.在静压供水的水压达不到喷雾要求时,必须设置喷雾泵站,其供水压力及流量必须与液压支架喷雾参数相匹配。泵站应设置两台喷雾泵,一台使用,一台备用。

(2)炮采防尘

①钻眼应采取湿式作业,供水压力为0.2~1.0 MPa,耗水量为5 ~6 L/min,使排出的煤粉呈糊状。

②炮眼内应填塞自封式水炮泥,水炮泥的充水容量应为200~250mL。

③放炮时应采用高压喷雾等高效降尘措施,采用高压喷雾降尘措施时,喷雾压力不得小于8.0 MPa。

④在放炮前后宜冲洗煤壁、顶板并浇湿底板和落煤,在出煤过程中,宜边出煤边洒水。

(3)采区巷道防尘

工作面运输巷的转载点、溜煤眼上口及破碎机处必须安装喷雾装置或除尘器,并指定专人负责管理。

4.掘进防尘

(1)机掘作业的防尘

①掘进机内喷雾装置的使用水压不得小于3.0 MPa,外喷雾装置的使用水压不得小于1.5 MPa。

②掘进机上喷雾系统的降尘效果达不到要求时,应采用除尘器抽尘净化等高效防尘措施。

③采用除尘器抽尘净化措施时,应对含尘气流进行有效控制,以阻止截割粉尘向外扩散。

(2)炮掘作业防尘

①钻眼应采取湿式作业,供水压力以0.3 MPa左右为宜,但应低于风压0.1 ~0.2 MPa,耗水量以2 ~3 L/min为宜,以钻孔流出的污水呈乳状岩浆为准。

②炮眼内应填塞自封式水炮泥,水炮泥的装填量应在1节及以上。

③放炮前应对工作面30 m范围内的巷道周边进行冲洗。

④放炮时必须在距离工作面10~15 m地点安装压气喷雾器或高压喷雾降尘系统实行放炮喷雾。雾幕应覆盖全断面并在放炮后连续喷雾5 min以上。当采用高压喷雾降尘时,喷雾压力不得小于8.0 MPa。

⑤放炮后,装煤(矸)前必须对距离工作面30 m范围内的巷道周边和装煤(矸)堆洒水。在装煤(矸)过程中,边装边洒水,采用铲斗装煤(矸)机时,装岩机应安装自动或人工控制水阀的喷雾系统,实行装煤(矸)喷雾。

(3)掘进巷道排尘风速应符合《煤矿安全规程》规定。第一百零一条　井巷中的风流速度应符合表2-4要求。

表2-4 井巷中的允许风流速度

井巷名称	允许风速/(m·s^{-1})	
	最低	最高
无提升设备的风井和风硐	15	
专为升降物料的井筒	12	
风桥	10	
升降人员和物料的井筒	8	
主要进、回风巷	8	
架线电机车巷道	1.0	8
运输机巷,采区进、回风巷	0.25	6
采煤工作面、掘进中的煤巷和半煤岩巷	0.25	4
掘进中的岩巷	0.15	4
其他通风人行巷道	0.15	

设有梯子间的井筒或修理中的井筒,风速不得超过8 m/s;梯子间四周经封闭后,井筒中的最高允许风速可按表2-4规定执行。无瓦斯涌出的架线电机车巷道中的最低风速可低于表2-4的规定值,但不得低于0.5 m/s。综合机械化采煤工作面,在采取煤层注水和采煤机喷雾降尘等措施后,其最大风速可高于表2-4的规定值,但不得超过5 m/s。

(4)降尘措施

①距离工作面50 m内应设置一道自动控制风流净化水幕。

②距离工作面20 m范围内的巷道,每班至少冲洗一次;20 m以外的巷道每旬至少应冲洗一次,并清除堆积浮煤。

5.锚喷支护的防尘

锚喷支护作业的防尘

①沙石混合料颗粒粒径不得超过15 mm,且应在下井前洒水预湿。

②喷射机上料口及排气口应配备捕尘除尘装置。

③采用低风压近距离的喷射工艺,其重点是控制以下参数:

输料管长度小于或等于50 m

工作风压0.12~0.15 MPa

喷射距离0.4~0.8 m

④距锚喷作业地点下风流方向100 m内应设置两道以上风流净化水幕,且喷射混凝土时工作地点应采用除尘器抽尘净化。

6.转载及运输防尘

(1)转载点防尘

①转载点落差宜小于或等于0.5 m,若超过0.5 m,则必须安装溜槽或导向板。

②各转载点应实施喷雾降尘，或采用除尘器除尘。

③在装煤点下风侧 20 m 内，必须设置一道风流净化水幕。

(2)运输防尘

运输巷内应设置自动控制风流净化水幕。

(二)煤层注水设计集中讲解

1.《煤矿安全规程》对煤层注水的规定

第一百五十四条　对产生煤(岩)尘的地点应采取防尘措施：

采煤工作面应采取煤层注水防尘措施，有下列情况之一的除外：

(1)围岩有严重吸水膨胀性质、注水后易造成顶板垮塌或底板变形，或者地质情况复杂、顶板破坏严重，注水后影响采煤安全的煤层；

(2)注水后会影响采煤安全或造成劳动条件恶化的薄煤层；

(3)原有自然水分或防灭火灌浆后水分大于 4% 的煤层；

(4)孔隙率小于 4% 的煤层；

(5)煤层很松软、破碎，打钻孔时易塌孔、难成孔的煤层；

(6)采用下行垮落法开采近距离煤层群或分层开采厚煤层，上层或上分层的采空区采取灌水防尘措施时的下一层或下一分层。

2. 煤层注水方式及选择

(1)煤层注水方式

注水方式是指钻孔的位置、长度和方向。按国内外注水状况，有以下四种方式：

a. 短孔注水。在回采工作面垂直煤壁或与煤壁斜交打孔注水，注水孔长度一般为 2 ~ 3.5 m，如图 2-1 所示。

b. 深孔注水。在回采工作面垂直煤壁打钻孔注水，孔长一般为 5 ~ 25 m，如图 2-1 所示。

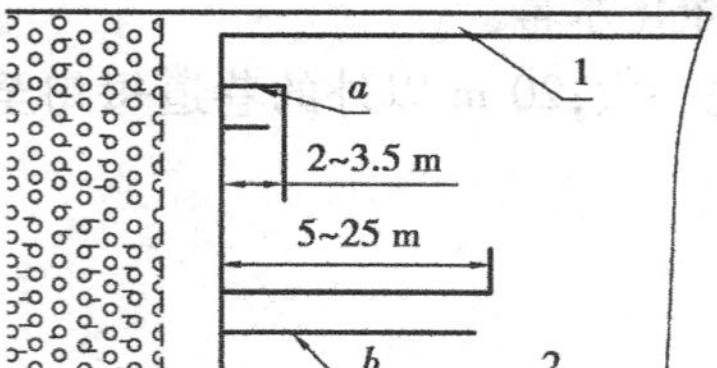

图 2-1　短孔、深孔注水方式示意图
1—回风巷；2—运输巷；
a—短孔；b—深孔

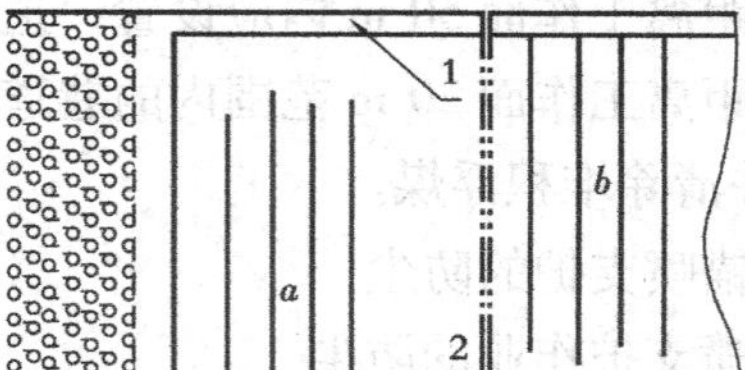

图 2-2　单向长钻孔注水方式示意图
1—回风巷；2—运输巷；
a—上向孔；b—下向孔

c. 长孔注水。从回采工作面的运输巷或回风巷、沿煤层倾斜方向平行于工作面打上向孔或下向孔注水(如图 2-2 所示)，孔长 30 ~ 100 m；当工作面长度超过 120 m 而单向孔达不到设计深度或煤层倾角有变化时，可采用下向、上向钻孔联合布置钻孔注水(如图 2-3 所示)。

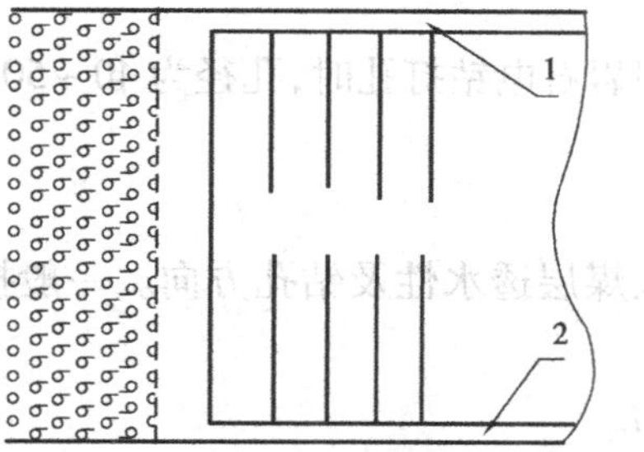

图2-3　双向长钻孔注水方式示意图
1—回风巷;2—运输巷

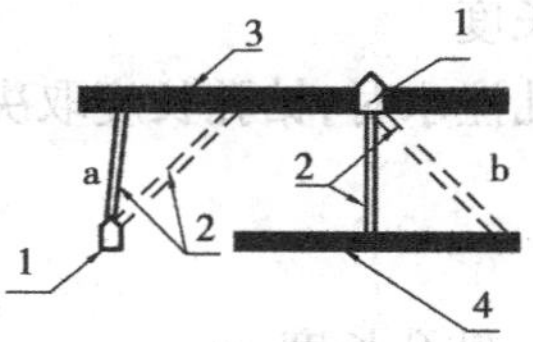

图2-4　巷道钻孔注水方式示意图
1—巷道;2—钻孔;3—上煤层;4—下煤层;
a—由底板巷道向煤层打钻注水;
b—由上煤层巷道向下煤层打钻注水

d. 巷道钻孔注水。由上邻近煤层向下煤层打钻注水或由底板巷道向煤层打钻注水,如图2-4所示。在一个钻场可打多个垂直于煤层或扇形布置方式的钻孔。打岩石钻孔不经济,而且受条件限制,已极少采用。

(2)煤层注水方式的选择

首先要考虑岩石压力的影响;其次要考虑裂隙和孔隙发育程度;再次要考虑煤层厚度、煤层倾角、有无断层、围岩性质及回采工艺、作业组织方式等。三种注水方式的适用条件分别是:

①短孔注水。对于煤层赋存不稳定,地质构造复杂,产量较低的回采工作面,或者顶、底板岩性易吸水膨胀而影响顶板管理的工作面,采用短孔注水较合理,这种注水方法要求水压低,工艺设备简单;缺点是钻孔数量多、湿润范围小、钻孔长度短、易跑水,容易与回采发生矛盾,对生产能力高的工作面不适用,注水效果不如另外两种。短孔注水在机械化采煤工作面很少采用,炮采工作面在爆破前利用炮眼注水在国内应用比较普遍。

②深孔注水。由于钻孔比较长,其要求煤层赋存稳定。它具有适应顶、底板吸水膨胀等特点。与短孔注水相比较,钻孔数量少,湿润范围较大且均匀;但要求注水压力高,注水工艺设备较复杂,而且采用这种方式要求准备班的时间较长,其在国内采用较少。

③长孔注水。长孔注水是一种先进的注水方式,它是在原始应力区的煤体中注水,湿润较大区域的煤体,注水时间长,煤体湿润均匀,注水与回采互不干扰。缺点是对地质条件变化的适应性相对于短孔注水和深孔注水较差。这种方法被国内外广泛采用。

3. 长孔注水

(1)钻孔布置方式

钻孔布置包括开孔位置和钻孔参数,其中钻孔参数主要指钻孔直径、钻孔长度、钻孔间距和钻孔倾角。

①开孔位置

开孔位置一般位于巷道的中上部。对于煤层厚度为1.0 m左右的煤层,其开孔位置距顶板三分之一煤层厚度为宜;煤层厚度为2 m左右的缓倾斜煤层,开孔位置距顶板四分之一煤层厚度为宜。开孔时应注意煤层的各小分层的硬度及围岩的性质,必要时加以修改。

②钻孔直径

根据采用钻机类型不同选择不同的孔径。采用岩石电钻打孔时，孔径为 40 ~ 50 mm；采用钻机打孔时，一般为 53 ~ 60 mm。

③钻孔长度

单向钻孔注水时，钻孔长度取决于工作面长度、煤层透水性及钻孔方向。一般按公式 2-3 计算。

$$L_d = L_h - L_0 \tag{2-3}$$

式中 L_d ——钻孔长度，m；

L_h ——工作面长度，m；

L_0 ——随煤层透水性与钻孔方向而变的参数。透水性强的煤层，上向钻孔：$L_0 \geqslant 20$ m 下向钻孔：$L_0 = (1/3 \sim 2/3)\ L_h$，m。对于透水性弱的煤层，上、下向钻孔：$L_0 = 20$ m。

双向钻孔注水时，上、下向各钻孔的长度一般按公式(2-4)计算。

$$L_d = \frac{L_h}{2} - 15 \tag{2-4}$$

④钻孔间距

钻孔间距的大小取决于煤层的透水性、渗透的导向性、煤层厚度及倾角、钻孔方向等因素。合理的钻孔间距等于钻孔的湿润半径，通过注水试验来确定。大多数矿井采用的钻孔间距为 10 ~ 25 m，设计时可按 15 ~ 20 m 考虑。

⑤钻孔倾角

确定钻孔倾角的基本原则是使钻孔始终保持在煤层之中，施工中影响钻孔移位的主要因素是钻杆的下沉。

钻孔倾角按公式(2-5)计算。

$$\gamma = \alpha \pm \theta \tag{2-5}$$

式中 γ ——钻孔倾角，(°)；

α ——煤层倾角，(°)；

θ ——钻杆最大下沉角，$\theta = \mathrm{arctg}\,\dfrac{h}{L_h}$，(°)；

h ——钻杆下沉距离，m；

± ——打上向钻孔时取“+”，打下向钻孔时取“-”。

(2)封孔深度及封孔方法

封孔是长钻孔注水技术中的一个重要环节，合理的封孔深度是保证煤层的湿润范围在未达到设计的湿润半径以前，不从巷道渗水的重要条件；合理的封孔方法是保证在设计的注水压力下，不从钻孔跑水的重要条件。

①封孔深度

封孔深度取决于注水压力、煤层的裂隙发育程度、沿巷道边缘煤体的破碎带宽度、煤的透水性及钻孔方向等。一般注水压力高、煤层裂隙发育及煤层渗透水性能强的上向钻孔，封孔深度要大。原则上封孔深度必须超过破碎带宽度，而且在煤层的湿润范围未达到预计的湿润半径之前，不得从巷道渗水，更不得跑水。

长钻孔注水由于注水时间较长，一般情况下是采用动压和静压相结合的注水方式，封孔深度通常达10 m以上。

②封孔方法

目前常用的封孔方法有水泥封孔、封孔器封孔、聚氨酯封孔。水泥封孔常用有人工送水泥、压气送水泥和注浆封孔泵送水泥等。

封孔器封孔、聚氨酯封孔、人工送水泥封孔和压气送水泥封孔的封孔深度一般都小于5 m,适用于短孔和深孔等短时间注水,对于长钻孔长时间注水,这几种封孔方法不能满足要求。注浆封孔泵封孔的封孔深度能达到20 m以上,封孔用的水泥浆水灰质量比达到0.4∶1(水∶水泥),这种高稠度水泥浆在钻孔内基本不收缩,是目前长钻孔注水普遍采用的封孔方法。

③注浆封孔泵封孔系统组成

封孔系统由注浆封孔泵(1)、钻孔(2)、注浆管(3)组成,如图2-5所示。

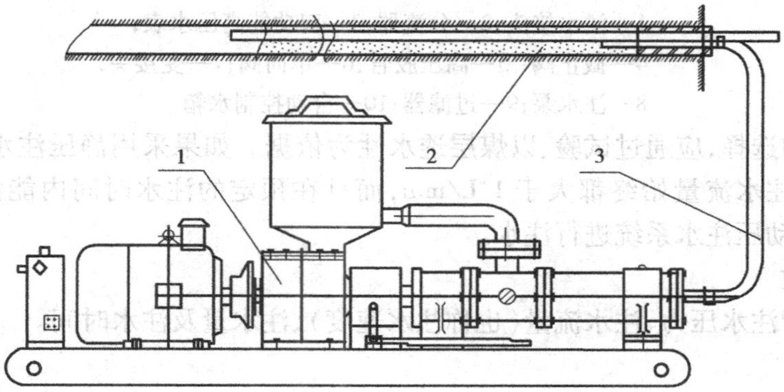

图2-5　封孔系统示意图

(3)注水系统及注水参数

①注水系统

注水系统分静压注水系统和动压注水系统。利用管网将地面水或上水平的水导入钻孔的注水叫静压注水;利用水泵将水压入钻孔的注水叫动压注水。

静压注水是多孔连续注水,用橡胶管将每个钻孔的注水管与供水管联接起来,其间安装有水表和截止阀,干管上安装压力表。静压注水系统如图2-6所示。

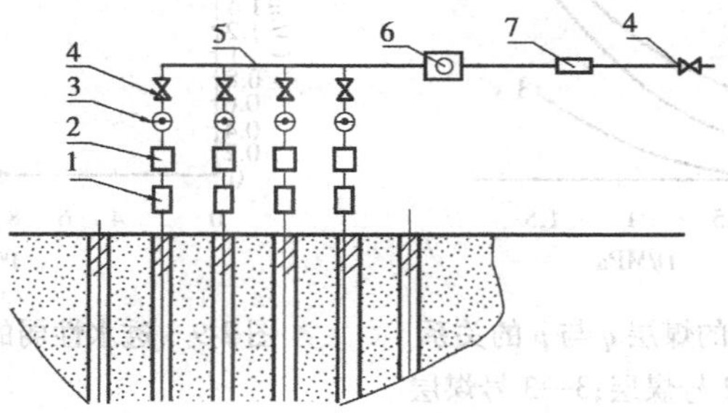

图2-6　静压注水系统示意图

1—注水接头;2—分流器;3—双功能高压水表;

4—截止阀;5—高压胶管;6—单向阀;7—变接头

动压注水系统有单孔注水系统与多孔注水系统之分。现已广泛采用多孔注水系统（如图2-7所示），通过分流器（流量调节阀）的自动调节，可使每个钻孔的注水流量基本相等。

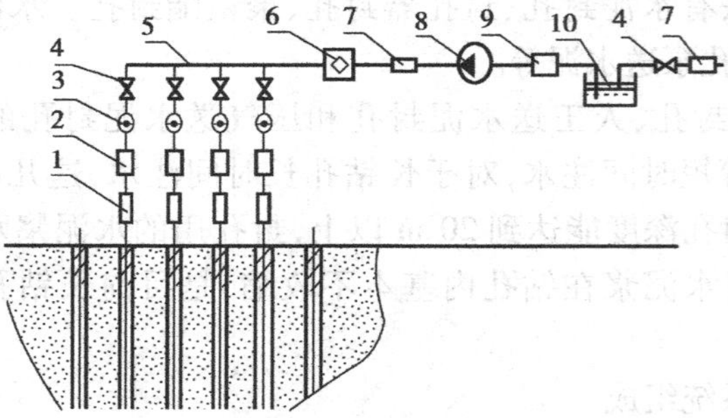

图2-7 动压注水系统示意图

1—注水接头；2—分流器；3—双功能高压水表；

4—截止阀；5—高压胶管；6—单向阀；7—变接头；

8—注水泵；9—过滤器；10—自动控制水箱

注水系统的选择，应通过试验、以煤层透水性为依据。如果采用静压注水，要求在2昼夜期间内，钻孔的注水流量始终都大于1 L/min，而且在预定的注水时间内能满足注水量的要求，否则应采用动压注水系统进行注水。

②注水参数

注水参数指注水压力、注水流量（也称注水速度）、注水量及注水时间。

a. 注水压力

注水压力的高低取决于煤层透水性的强弱和钻孔的注水流量。对于透水性强的煤层，注水压力较低时就能达到较好的湿润效果。图2-8为透水性强的煤层注水流量 q 与注水压力 p 的关系曲线。由图可见，其临界压力（即开始进水的压力）不明显，注水压力调节范围大。

对于透水性弱的煤层，只有当注水压力达到一定数值时，煤体钻孔才开始进水，即有一明显的临界压力，如图2-9所示。透水性弱的煤层需要较大的初始注水压力，才能使水在煤体中渗流运动。

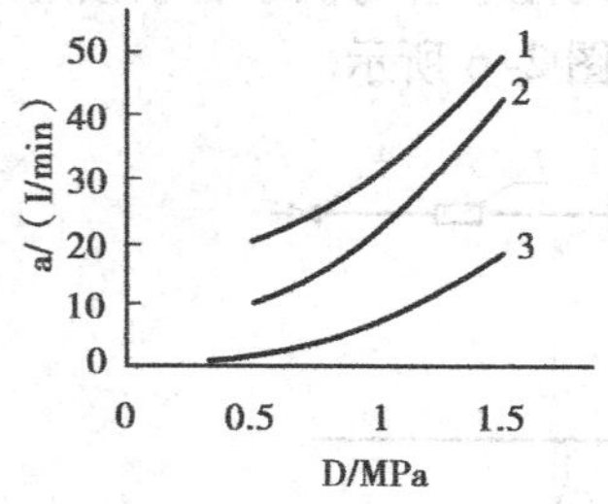

图2-8 透水性强的煤层 q 与 p 的关系

1—1号煤层；2—2号煤层；3—3号煤层

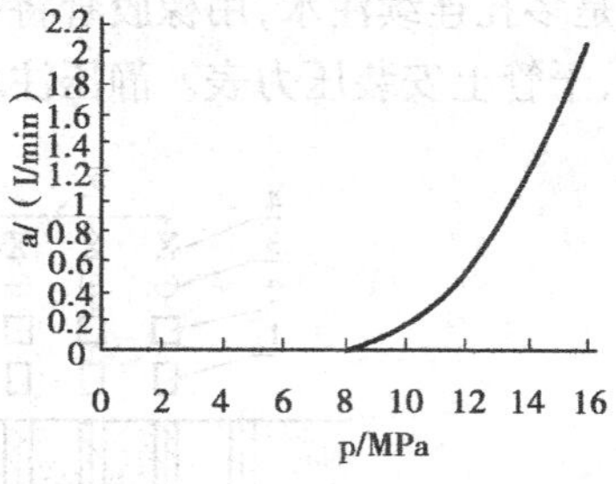

图2-9 透水性弱的煤层 q 与 p 的关系

对于透水性强的煤层采用低压（小于2.5 MPa）注水；透水性较弱的煤层采用中压（2.5～8 MPa）注水；必要时可采用高压注水（大于8 MPa）。

b. 注水流量

注水流量是指单位时间内的注水量,钻孔注水流量是影响煤体湿润效果及决定注水时间的主要因素。在一定的煤层条件下,钻孔的注水量随钻孔长度、孔径和注水量的不同而增减。

实践表明,有些煤层在注水压力不变的情况下,注水流量随时间的延长发生不同程度的降低。这是因为:一方面随湿润范围增大,渗透路径变长,因而增加了渗透阻力造成流量下降;另一方面煤体注水湿润之后,其物理机械性质发生了改变,煤体一部分裂隙和孔隙被堵塞,透水性减弱,致使流量下降,为了增加注水流量,可适当提高注水压力,例如把原来静压注水在短时间内改为动压注水(将煤层裂隙扩张一下,以增强煤层的透水性),然后采用静压注水。

小流量注水对煤层的湿润效果最好,只要时间允许,就应采用小流量注水。静压注水一般为0.001 ~0.027 m^3/(h · m),动压注水流量为0.002 ~0.24 m^3/(h · m)。若静压注水流量太小,可在注水前进行孔内爆破,提高钻孔的渗水能力,然后进行注水。

c. 注水量

注水量是影响煤体湿润程度和降尘效果的主要因素。注水量的多少应按钻孔所承担的湿润煤体的体积及增加的水分值来计算,有两种计算方法。

第一种:以工作面长度为基准计算。即假定一个单向钻孔能使沿倾斜全长的煤体都得到充分湿润,注水量按公式(2-6)计算。

$$V_w = L_h B \delta_c \rho_c q_d \tag{2-6}$$

式中　V_w——一个钻孔的注水量,m^3;

L_h——工作面长度,m;

B——钻孔间距,m;

δ_c——煤层厚度,m;

ρ_c——煤的密度,t/m^3;

q_d——吨煤注水量,m^3/t;中厚煤层取 q_d =0.015 ~0.03 m^3/t;厚煤层取 q_d =0.025 ~0.04 m^3/t。采煤机工作面及水量流失率大的煤层取上限值;炮采工作面及水量流失率小或产尘量较小的煤层取下限值。

第二种:以钻孔长度为准计算。即假定一个钻孔只能使沿倾斜方向一段长度的煤体得到充分湿润,注水量按公式(2-7)计算。

$$V_w = k_x L_d B \delta_c \rho_c q_d \tag{2-7}$$

式中　k_x——钻孔前方煤体的湿润系数,k_x =1.1 ~1.5;透水性弱的煤层取限值,透水性强的煤层取上限值;

L_d——钻孔长度,m;

注水量的计算,关键在于吨煤注水量 q_d 的选取。各矿应根据煤层的水量流失率、煤的孔隙率、煤体的水分增量及降尘效果等因素综合考虑,加以修正。

d. 注水时间

每个钻孔的注水时间取决于钻孔注水量及钻孔的注水流量,注水时间按公式(2-8)计算。

$$t = \frac{V_w}{q_w} \tag{2-8}$$

式中　t——注水时间,h;

V_w——钻孔注水量,m^3;

q_w ——注水流量,m^3/h。

在实际注水中,常把预定的湿润范围内煤帮出现均匀"出汗"现象,作为判断煤体是全面湿润的辅助方法。"出汗"或在"出汗"后再过一段时间,便可结束注水。

通常静压注水时间长,动压注水时间短。一般静压注水达到3个月以上,有的矿最短时间是几天或几十天,动压注水一般都为几天,短的仅几十小时。

(4)注水超前于回采工作面的距离和时间

①超前距离

第一个钻孔开始注水时,钻孔与工作面煤壁之间的距离为超前距离,按公式(2-9)计算。

$$s_a = s_w + s_q \tag{2-9}$$

式中 S_a——超前距离,m;

s_w ——在注水时间内回采工作面的推进距离,$s_w = v_w \times t$,m;

v_w ——回采工作面的推进速度,m/d;

s_q ——停止注水时,钻孔与回采工作面之间的距离,一般取 s_q = 10 ~ 20 m。

②超前时间

a. 边采边注的超前时间

钻孔从开始注水到工作面推进到该钻孔的时间。按公式(2-10)计算。

$$t_a = \frac{s_a}{v_w} \tag{2-10}$$

式中 t_a ——超前时间,d。

b. 预先注水的超前时间

预先注水是指对准备工作面的注水,所以不存在超前距离,而只存在超前时间。超前时间是越短越好。为此,应尽快完成准备工作面全部钻孔的注水,而且在最短时间内开始回采。煤层裂隙越发育,煤的透水性越强,间隔时间应越短;必要时应在即将采煤之前,采取边采边注的方法,再补注一定的水量。

(5)注水设备器材

煤层注水的设备器材主要包括钻机、水泵、封孔器、分流器、注水压力表以及水表等。

①钻机

我国煤矿注水常用的钻机以ZY系列为主。

②注水泵

我国采用的动压注水泵都是移动式的小流量水泵,水泵的选型均根据各矿对注水流量、压力参数要求进行选取。现煤矿使用较多的是BP系列水泵,该系列水泵额定压力12 MPa,额定流量75 L/min和210 L/min。

③注浆封孔泵

在长钻孔动压煤层注水中普遍采用注浆封孔泵进行封孔,目前煤矿使用的注浆封孔泵以BFZ系列为主。该系列注浆封孔泵对水平钻孔的封孔长度可达60 m,垂直向上钻孔的封孔长度可达40 m。具有同时搅拌和输送高稠度水泥浆的特点,水灰质量比达到0.4∶1(水∶水泥)。无须对封孔段进行扩孔和把注浆管送到待封钻孔的底部,而只须把注浆管在待封钻孔的孔口作适当的固定和封堵。

④分流器

分流器主要作用是使多孔同时注水时保持各个钻孔的流量均衡,使各个钻孔承担湿润的煤体得到均匀的湿润,是动压多孔注水不可缺少的器件。目前煤矿使用较多的是ZF-Ⅲ煤层注水等量分流器。该分流器承压13 MPa,流量1.0~4.0 m^3/h,分流误差小于7%。

⑤压力表和水表

压力表是显示不同注水时期的注水压力,水表是记录不同注水时期的注水流量和注水量,压力表和水表是煤层注水不可缺少的器件。上个世纪普遍采用的是单独的压力表和单独的水表,在实际使用过程中增加了系统的连接工作量。为了现场的需要,近几年研制出了能同时测量煤层注水的水量、流量及注水压力的双功能高压水表。目前只有SGS型双功能高压水表能同时测量煤层注水的水量、流量及注水压力。该双功能水表的流量测量范围为0~5.0 m^3/h,压力测量范围为0~16 MPa。

4. 煤层注水效果及其考察方法

(1)煤层湿润效果的考察

煤层注水降尘效果取决于煤体湿润程度,即含水量的多少。一般认为,煤体水分增加1%才有较高的降尘效果。因此,首先在注水后考察煤层的水分增加值。应以注水钻孔为中心,以周围煤体的水分增加1%为界限确定湿润半径,湿润半径以内的区域称为煤层注水的有效湿润范围。其次,煤层注水的效果好坏与水在煤层中分布是否均匀有关。考察表明:煤层注水后,一般在每层厚度方向,靠近底板的水分较大;而沿煤层倾斜方向,不论下向和上向钻孔注水,都是下部水分较上部水分大。

煤层湿润效果的具体考察方法,有直接观察法、分析法和专门仪器测定法3种。

①直接观察法

根据煤壁或煤帮渗水(出汗)状况简单判断注水湿润范围。

②分析法

从煤壁或煤帮上采取煤样进行全水分分析,由注水前、后的水分变化确定湿润范围和湿润程度。煤样采集方法有3种。

a. 刻槽法

在工作面煤壁沿注水孔长度,选取3个采样点,在每个采样点垂直煤层层理方向从顶板到底板刻一宽100 mm、深50 mm的槽。

将采下煤样适当粉碎和缩分后,装瓶密封送去化验分析。采样应在新鲜煤壁上进行,以免水分蒸发影响分析结果。若工作面每推进一段距离采样一次,还可以考察煤体水分与钻孔距离的关系。

该方法能测出煤层全厚的平均湿润度,而不能测出沿煤层的水分分布。其缺点是采样麻烦,工作量大,煤硬时采用极为困难,特别是破碎缩分时需要的时间很长,煤样的水分损失较大,影响实测的准确性。

b. 挖坑法

采用长孔注水时,在回采工作面沿煤壁钻孔长度,适当选取3个采样点,每个采样点沿煤层厚度等分出3条(薄煤层2条)采样线,在采样线上用手镐挖坑采样。

该方法能测出水分沿煤层厚度的分布情况,特别是采样简单,工作量小,水分损失小,更有利于硬煤煤层的采样;缺点是水分分析工作量较大。

c. 钻孔法

这种方法的采样点布置与挖坑法完全相同，只是将手镐改成电钻打孔。取样深度控制在20～50 cm。

该方法简化采样和缩分手续，可作为主要方法采用。

③专门仪器测定法

煤层注水后煤体的水分含量用水分测定仪进行测量。

(2)煤层注水的降尘效果

煤层注水的降尘效果表现为采煤时空气含尘量的降低，按公式(2-11)计算降尘率。

$$\eta = \frac{(c_x - c_s) - (c_{x1} - c_{s1})}{c_x - c_s} \times 100 \tag{2-11}$$

式中 η——降尘效率，%；

c_x，c_s——注水前，开采时尘源下风侧及上风侧风流中的粉尘浓度，mg/m^3；

c_{x1}，c_{s1}——注水后，开采时尘源下风侧及上风侧风流中的粉尘浓度，mg/m^3。

煤层注水的降尘效果好坏与注水状况有直接关系。从我国一些矿井采用各种注水方式的降尘率情况看，短钻孔注水为40%～90%、长钻孔注水为60%～90%。

二、分组实作任务单

实作任务

1. 设计基本条件

(1)设计题目：××矿××采煤工作面煤层注水设计

(2)设计基础资料

①矿井设计及生产资料：包括井田范围和开采规模，开拓开采系统，巷道布置，采、掘工作面数目和位置，运输环节与系统布置；巷道断面、长度、坡度及支护状况；采用的采煤方法等。

②煤的赋存条件，包括倾角、厚度、构造及稳定性等。

③煤的物理机械特征(煤的透水性、原始水分、孔隙率、湿润边角、硬度、裂隙发育情况、煤的饱和含水率)、顶底板的物理力学性质(透水性、空隙率、硬度、自然含水率、饱和含水率)、煤尘的爆炸性。

④水源及供水系统。

2. 设计内容

第一章 采煤工作面概况

一、矿井设计及生产资料

二、煤的物理机械特征

三、顶底板的物理力学性质

四、煤的赋存条件及煤尘的爆炸性

第二章 煤层注水方式的选择

一、长控注水的优缺点

二、短孔注水的优缺点

三、深孔注水的优缺点

四、设计采煤工作面煤层条件及注水方式选择

第三章 煤层注水工艺及参数计算

第一节　钻孔布置
一、钻孔直径
二、钻孔长度
三、钻孔间距
四、钻孔角度
五、封孔深度
六、封孔方式
第二节　注水系统及注水参数
一、注水系统
二、注水压力
三、注水流量
四、注水量
五、注水时间
第四章　煤层注水设备及注水效果检验
一、煤层注水系统构成
二、煤层注水设备选择
三、煤层注水效果检验

任务2.1.3　煤尘防爆

一、学习型工作任务

（一）阅读理解

1. 煤尘爆炸的机理及特征

(1)煤尘爆炸的机理

煤尘爆炸是在高温或一定点火能的热源作用下，空气中氧气与煤尘急剧氧化的反应过程，是一种非常复杂的链式反应。一般认为其爆炸机理及过程主要表现在以下方面：

①煤本身是可燃物质，当它以粉末状态存在时，总表面积显著增加，吸氧和被氧化的能力大大增强，一旦遇见火源，氧化过程迅速展开；

②当温度达到300～400 ℃时，煤的干馏现象急剧增强，放出大量的可燃性气体，主要成分为甲烷、乙烷、丙烷、丁烷、氢和1%左右的其他碳氢化合物；

③形成的可燃气体与空气混合在高温作用下吸收能量，在尘粒周围形成气体外壳，即活化中心，当活化中心的能量达到一定程度后，链反应过程开始，游离基迅速增加，发生了尘粒的闪燃；

④闪燃所形成的热量传递给周围的尘粒，并使之参与链反应，导致燃烧过程急剧地循环进行，当燃烧不断加剧使火焰速度达到每秒数百米后，煤尘的燃烧便在一定临界条件下跳跃式地转变为爆炸。

(2)煤尘爆炸的特征

①形成高温、高压、冲击波　煤尘爆炸火焰温度为1 600～1 900 ℃，爆源的温度达到2 000 ℃以上，这是煤尘爆炸得以自动传播的条件之一。在矿井条件下煤尘爆炸的平均理论压力为736 kPa，但爆炸压力随着离开爆源距离的延长而跳跃式增大。爆炸过程中如遇障碍

物，压力将进一步增加，尤其是连续爆炸时，后一次爆炸的理论压力将是前一次的5~7倍。煤尘爆炸产生的火焰速度可达1 120 m/s，冲击波速度为2 340 m/s。

②煤尘爆炸具有连续性

③煤尘爆炸的感应期　煤尘爆炸也有一个感应期，即煤尘受热分解产生足够数量的可燃气体形成爆炸所需的时间。根据试验，煤尘爆炸的感应期主要决定于煤的挥发分含量，一般为40~280 ms，挥发分越高，感应期越短。

④挥发分减少或形成"粘焦"　煤尘爆炸时，参与反应的挥发分约占煤尘挥发分含量的40%~70%，致使煤尘挥发分减少，根据这一特征，可以判断煤尘是否参与了井下的爆炸。

⑤产生大量的CO　煤尘爆炸时产生的CO，在灾区气体中的浓度可达2%~3%，甚至高达8%左右。爆炸事故中受害者的大多数(70%~80%)是由于CO中毒造成的。

2.煤尘爆炸的条件

煤尘爆炸必须同时具备三个条件：煤尘本身具有爆炸性；煤尘必须悬浮于空气中，并达到一定的浓度；存在能引燃煤尘爆炸的高温热源。

(1)煤尘的爆炸性

煤尘具有爆炸性是煤尘爆炸的必要条件。煤尘爆炸危险性必须经过试验确定。

(2)悬浮煤尘的浓度

井下空气中只有悬浮的煤尘达到一定浓度时，才可能引起爆炸，单位体积中能够发生煤尘爆炸的最低和最高煤尘量称为下限和上限浓度。低于下限浓度或高于上限浓度的煤尘都不会发生爆炸。煤尘爆炸的浓度范围与煤的成分、粒度、引火源的种类和温度及试验条件等有关。一般说来，煤尘爆炸的下限浓度为30~50 g/m^3，上限浓度为1 000~2 000 g/m^3。其中爆炸力最强的浓度范围为300~500g/m^3。

(3)引燃煤尘爆炸的高温热源

煤尘的引燃温度变化范围较大，它随着煤尘性质、浓度及试验条件的不同而变化。我国煤尘爆炸的引燃温度在610~1050 ℃，一般为700~800 ℃。煤尘爆炸的最小点火能为4.5~40 mJ。这样的温度条件，几乎一切火源均可达到。

3.影响煤尘爆炸的因素

(1)煤的挥发分

一般说来，煤尘的可燃挥发分含量越高，爆炸性越强，即煤化作用程度低的煤，其煤尘的爆炸性强，随煤化作用程度的增高而爆炸性减弱。

(2)煤的灰分和水分

煤内的灰分是不燃性物质，能吸收能量，阻挡热辐射，破坏链反应，降低煤尘的爆炸性。煤的灰分对爆炸性的影响还与挥发分含量的多少有关，挥发分小于15%的煤尘，灰分的影响比较显著，大于15%时，天然灰分对煤尘的爆炸几乎没有影响。水分能降低煤尘的爆炸性，因为水的吸热能力大，能促使细微尘粒聚结为较大的颗粒，减少尘粒的总表面积，同时还能降低落尘的飞扬能力。

(3)煤尘粒度

粒度对爆炸性的影响极大。1 mm以下的煤尘粒子都可能参与爆炸，而且爆炸的危险性随粒度的减小而迅速增加，75 μm以下的煤尘特别是30~75 μm的煤尘爆炸性最强，在同一煤种不同粒度条件下，爆炸压力随粒度的减小而增高，爆炸范围也随之扩大，即爆炸性增强。粒度不同的煤尘引燃温度也不相同。煤尘粒度越小,所需引燃温度越低,且火焰传播速度也越快。

(4)空气中的瓦斯浓度

瓦斯参与使煤尘爆炸下限降低。瓦斯浓度低于4%时,煤尘的爆炸下限可用下式计算:

$$\delta_m = k\delta$$

式中　δ_m——空气中有瓦斯时的煤尘爆炸下限,g/m^3;

δ——煤尘的爆炸下限,g/m^3;

k——系数,见表2-5。

表2-5　瓦斯浓度对煤尘爆炸下限的影响系数

空气中的瓦斯浓度(%)	0	0.50	0.75	1.0	1.50	2.0	3.0	4.0
k	1	0.75	0.60	0.50	0.35	0.25	0.1	0.05

(5)空气中氧的含量

空气中氧的含量高时,点燃煤尘的温度可以降低;氧的含量低时,点燃煤尘云困难,当氧含量低于17%时,煤尘就不再爆炸。煤尘的爆炸压力也随空气中含氧的多少而不同。含氧高,爆炸压力高;含氧低,爆炸压力低。

(6)引爆热源

点燃煤尘云造成煤尘爆炸,就必须有一个达到或超过最低点燃温度和能量的引爆热源。引爆热源的温度越高,能量越大,越容易点燃煤尘云。而且煤尘初爆的强度也越大;反之温度越低,能量越小,越难以点燃煤尘云,且即使引起爆炸,初始爆炸的强度也越小。

4.煤尘爆炸性鉴定

《规程》规定:新矿井的地质精查报告中,必须有所有煤层的煤尘爆炸性鉴定材料。生产矿井每延深一个新水平,由矿务局组织一次煤尘爆炸性试验工作。

煤尘爆炸性的鉴定方法有两种:一种是在大型煤尘爆炸试验巷道中进行,这种方法比较准确可靠,但工作繁重复杂,所以一般作为标准鉴定用;另一种是在实验室内使用大管状煤尘爆炸性鉴定仪进行,方法简便,目前多采用这种方法。

煤尘通过燃烧管内的加热器时,可能出现下列现象:①只出现稀少的火星或根本没有火星;②火焰向加热器两侧以连续或不连续的形式在尘雾中缓慢地蔓延;③火焰极快地蔓延,甚至冲出燃烧管外,有时还会听到爆炸声。

同一试样应重复进行5次试验,其中只要有一次出现燃烧火焰,就定为爆炸危险煤尘。在5次试验中都没有出现火焰或只出现稀少火星,必须重作5次试验,如果仍然如此,定为无爆炸危险煤尘,在重作的试验中,只要有一次出现燃烧火焰,仍应定为爆炸危险煤尘。

5.预防煤尘爆炸的技术措施

预防煤尘爆炸的技术措施主要包括减、降尘措施,防止煤尘引燃措施及限制煤尘爆炸范围扩大等三个方面。

(1)减、降尘措施

减、降尘措施是指在煤矿井下生产过程中,通过减少煤尘产生量或降低空气中悬浮煤尘含量以达到从根本上杜绝煤尘爆炸的可能性。详见任务2.1.2。

(2)防止煤尘引燃及隔爆措施

①采用防爆型或防火型的电气设备,防爆性能要经常检查,井下不得带电检修、搬迁电气设备。

②严格管理火区,要按《规程》规定,经常检查密闭墙,并定期测定火区温度与煤尘浓度。

③井下电动机、风扇启动前,必须在其附近20 m内检查煤尘浓度。

④对井下进、回风巷和其他容易积聚煤尘的地方进行洒水和撒布岩粉。

⑤在井下适当地点,设置岩粉棚和水槽棚、设置自动隔爆装置等,以阻止爆炸继续扩展。

(二)隔爆棚设置集中讲解

隔绝煤尘爆炸主要采用被动式隔爆水棚(或岩粉棚),也可采用自动隔爆装置隔绝煤尘爆炸的传播。隔爆棚分为主要隔爆棚和辅助隔爆棚。

1.水棚

(1)水棚设置地点

水棚包括水槽和水袋,分为主要隔爆棚和辅助隔爆棚,水袋宜作为辅助隔爆水棚。按布置方式又分为集中式和分散式,分散式水棚只能作为辅助水棚。各自的设置地点应符合下列规定。

①主要隔爆棚应在下列巷道设置:

a.矿井两翼与井筒相连通的主要大巷;

b.相邻采区之间的集中运输巷和回风巷;

c.相邻煤层之间的运输石门和回风石门。

②辅助隔爆棚应在下列巷道设置:

a.采煤工作面进风、回风巷道;

b.采区内的煤和半煤巷掘进巷道;

c.采用独立通风并有煤尘爆炸危险的其他巷道。

③水棚在巷道设置位置:

a.水棚应设置在直线巷道内;

b.水棚与巷道交叉口、转弯处的距离须保持50~75 m,与风门的距离应大于25 m;

c.第一排集中水棚与工作面的距离必须保持60~200 m,第一排分散式水棚与工作面的距离必须保持30~60 m;

d.在应设辅助隔爆棚的巷道应设多组水棚,每组距离不大于200 m。

(2)水棚用水量

集中式水棚的用水量按巷道断面积计算:主要水棚不小于400 L/m^2,辅助水棚不小于200 L/m^2;分散式水棚的水量按棚区所占巷道的空间体积计算,不小于1.2 L/m^3。

(3)水棚排间距离与水棚的棚间长度

①集中式水棚排间距离为1.2~3.0 m,分散式水棚沿巷道分散布置,两个槽(袋)组的间距为10~30 m。

②集中式主要水棚的棚间长度不小于30 m,集中式辅助棚的棚区长度不小于20 m,分散式水棚的棚区长度不得小于200 m。

(4)水棚的安装方式

①水槽棚的安装方式,既可采用吊挂式或上托式,也可采用混合式;

②水袋棚安装方式的原则是当受爆炸冲击力时，水袋中的水容易泼出；

③水槽（袋）的布置必须符合以下规定：

a. 断面 $S<10\ m^2$ 时，$nB/L\times100\geqslant35\%$；

b. 断面 $S<12\ m^2$ 时，$nB/L\times100\geqslant60\%$；

c. 断面 $S<12\ m^2$ 时，$nB/L\times100\geqslant65\%$。

式中　n——排棚上的水槽（袋）个数；

B——水棚迎风断面宽度；

L——水棚所在水平巷道宽度。

④水槽（袋）之间的间隙与水槽（袋）同支架或巷道壁之间的间隙之和不大于1.5 m，特殊情况下不超过1.8 m，两个水槽（袋）之间的间隙不得大于1.2 m；

⑤水槽（袋）边与巷道、支架、顶板、构物架之间的距离不得小于0.1 m，水槽（袋）底部到顶梁（顶板）的距离不得大于1.6 m，如顶梁大于1.6 m，则必须在该水槽（袋）上方增设一个水槽（袋）；

⑥水棚距离轨道面的高度不小于1.8 m，水棚应保持同一高度，需要挑顶时，水棚区内的巷道断面应与其前后各20 m长的巷道断面一致；

⑦当水袋采用易脱钩的布置方式时，挂钩位置要对正，每对挂钩的方向要相向布置（钩尖与钩尖相对），挂钩为直径4～8 mm的圆钢，挂钩角度为60°±5°，弯钩长度为25 mm。

（5）水棚的管理

①要经常保持水槽和水袋的完好和规定的水量；

②每半个月检查一次。

2. 岩粉棚

（1）岩粉棚设置地点

岩粉棚分为重型岩粉棚和轻型岩粉棚，重型岩粉棚作为主要岩粉棚，轻型岩粉棚作为辅助岩粉棚。各自的设置地点与水棚设置相同。

（2）岩粉棚的岩粉用量

岩粉棚的岩粉用量按巷道断面积计算，主要岩粉棚为400 kg/m^2，辅助岩粉棚为200 kg/m^2。

（3）岩粉棚及岩粉棚架的结构及其参数：

①岩粉棚的宽度为100～150 mm；岩粉棚长度：重型棚为350～500 mm，轻型棚为≤350 mm；

②堆积岩粉的板与两侧支柱（或两帮）之间的间隙不得小于50 mm；

③岩粉板面距顶梁（或顶板）之间的距离为250～300 mm，使堆积岩粉的顶部与顶梁（或顶板）之间的距离不得小于100 mm；

④岩粉棚的排间距离：重型棚1.2～3.0 m，轻型棚为1.0～2.0 m；

⑤岩粉棚与工作面之间的距离，必须保持在60～300 m；

⑥岩粉棚不得用铁钉或铁丝固定；

⑦岩粉棚上的岩粉，每月至少进行一次检查，如果岩粉受到潮湿、变硬则应立即更换，如果岩粉量减少，则应立即补充，如果在岩粉表面沉积有煤尘则应加以清除。

3. 自动隔爆装置

在煤及半煤岩掘进巷道中，可采用自动隔爆装置，根据选用的自动隔爆装置性能进行布置与安装。

二、分组实作任务单

实作任务

隔爆水棚安设与撤除

(1)水棚安装前的准备工作

①对隔爆设施安装现场进行实地查看,掌握安全现场的情况,计算准备安装水棚的水槽(或水袋)的个数,水槽(或水袋)排数及水棚棚区长度。

②准备隔爆设施安装过程中所需的材料、工具等(梯子、吊挂钩、托架、托管、加水用的胶管等)。

③准备安装的水槽或水袋,并认真检查水袋水槽质量。

④检查安装现场用于吊挂设施的支点是否符合要求。

⑤认真检查好水源。

(2)隔爆水棚的安装步骤

①安装水槽时顺序:首先在巷道的两帮沿巷道方向安设两路平行的托管,将托管固定在吊钩上,然后再将托架按照标准的要求等间距逐一排放并固定在两条平行的托管上;将水槽逐个嵌入到托架内,并调整其位置直至排列整齐。

②首先安设托管,将其牢固地固定在吊挂支撑点上,在托管上按水袋的吊挂眼间距,均匀布置吊钩,同时将水袋吊挂在吊钩上;调整水袋位置,使水袋的安设符合要求。

③安设完成后,确认安装质量合格后,向水槽或水袋内加满水。

④整理安设现场,并悬挂隔爆设置说明牌。

(3)隔爆水棚拆除

拆除水棚时,首先将水槽(或水袋)的水放掉,收回水槽(或水袋)后,逐个拆除水棚托架。拆除的水棚托架、水槽(水袋)、配件等要及时运走,不能及时运走,应按指定地点堆放整齐。

复习题与习题

1. 简述常规的滤膜称重法测粉尘的方法与步骤。
2. 矿尘的危害有哪些,是不是所有的煤尘都具有这些危害?
3. 矿井一般采用哪些防降尘措施,简述矿井综合防尘措施?
4. 防治煤尘爆炸的技术措施有哪些?

学习情境3 矿井火灾防治

教学内容

我国半数以上的煤矿矿井开采属于易自燃煤层，矿井火灾一直是突出的矿井灾害之一。近年虽有所下降，但与世界几个主要产煤国家相比，差距依然很大。重大火灾事故时有发生，给煤炭企业带来难以估量的负面影响，也严重制约着煤炭企业的经济效益。因此，火灾防治工作依然是煤炭企业十分重要的任务之一。学习情境3中将着重学习矿井火灾防治方面的内容。

教学条件、方法和手段要求

准备《煤矿安全规程》、现代化矿井演示模型、矿井火灾灭火技术措施样本、火区启封安全技术措施样本等。

建议采用在矿井通风与安全实训基地结合模型讲授的方法教学。通过模拟实训，让学生熟悉相应安全技术措施的内容，进行一次过程完整的编制工作。

学习目标

1. 会分析发生矿井外因火灾的成因，并根据成因的分析结果提出及时处理矿井外因火灾的初步建议；能编制预防矿井外因火灾的措施。

2. 会分析发生矿井内因火灾的成因，并根据成因的分析结果提出及时处理矿井内因火灾的初步建议；能编制灌注浆灭火、阻化剂防灭火和氮气防灭火防治技术措施。

3. 会分析矿井火灾的成因，并根据成因的分析结果提出及时扑灭矿井火灾的初步建议；能编制直接灭火、隔绝灭火和综合灭火防治技术措施。

4. 能正确编制矿井火区的管理办法。

矿井火灾防治主要包括矿井外因火灾的防治技术、矿井内因火灾的防治技术、矿井火灾的扑灭、矿井火区的管理与启封几部分内容，通过本单元的学习要求学生熟悉矿山内外因火灾的危险性及其成因，能够熟练掌握矿井内外因火灾的防治技术，能够掌握矿井火灾的直接、隔绝和综合灭火技术，掌握矿井火区管理的内容和火区启封的方法。

拟实现的教学目标：

1. 能力目标

会分析发生矿井内外因火灾的成因，并根据成因的分析结果提出及时处理矿井内外因火灾的初步建议；能编制预防矿井内外因火灾的措施；会分析矿井火灾的成因，并根据成因的分析结果提出及时扑灭矿井火灾的初步建议；能编制直接灭火、隔绝灭火和综合灭火防治技术措施；能编制矿井火区的管理办法及的安全技术措施。

2. 知识目标

能够熟练陈述矿井内外因火灾的成因，熟悉矿井内外因火灾的预防着手点。能陈述矿井地面和井下火灾预防的措施，以及矿井的防灭火设施。能够熟练陈述矿井火灾扑灭的成因，熟悉矿井火灾的扑灭着手点。能陈述矿井火灾扑灭的技术措施。能够熟练陈述矿井火区的管理的内容，熟悉矿井火区启封的条件、准备工作和方法。

3. 素质目标

通过该项目的学习训练，培养学生严谨的态度及发现问题和解决问题的能力。

任务 3.1.1　矿井火灾初识

一、学习型工作任务

1. 矿井火灾的概念

人们的生活离不开火，火给人类提供了方便，促进了人类的发展。在人们控制之下的火能够按照人们的意愿进行燃烧，如果失去了控制肆意燃烧的火，就会对人造成损失或者伤害。通常把一切非控制性并对人造成损失或者伤害的燃烧称为火灾。

矿井火灾是指发生在矿井地面或井下，威胁矿井安全生产，造成一定经济损失或者人员伤亡的燃烧事故。例如，矿井工业场地内的厂房、仓库、储煤场、井口房、通风机房、井巷、硐室、采掘工作面、采空区等处的火灾均属矿井火灾。

2. 矿井火灾的危害

(1)产生大量有害气体

矿井发生火灾后能产生 CO,CO_2,SO_2 等大量有害气体和烟尘，这些有害气体随风流扩散，能波及相当大的范围，甚至全矿井，造成人员伤亡。据统计资料，在矿井火灾事故中遇难的人员 95% 以上是有害气体中毒所致。

(2)产生高温

矿井火灾时，火源及近邻处温度常达 1 000 摄氏度以上，高温引燃近邻处的可燃物，使火灾范围扩大。

(3)引起瓦斯和煤尘爆炸

在有瓦斯和煤尘爆炸危险的矿井中，火灾容易引起瓦斯、煤尘爆炸，从而扩大了灾害的影响范围。

(4)造成重大经济损失

矿井火灾燃烧材料、厂房，烧坏设备，工具等。自燃火灾除然烧掉部分煤炭资源外，还会导致局部甚至全矿井长时间被关闭、不能生产而造成重大经济损损失。另外，扑灭火灾、需要耗费大量人力，物力，财力，而且火灾扑灭后，恢复生产仍需付出很大代价。

3. 矿井火灾的分类及其特点

为了正确分析矿井火灾发生的原因、规律并有针对性地制定防灭措施，有必要对其进行分类。

(1)按火灾发生的地点分类

①地面火灾

地面火灾是指发生在矿井工业场地内的厂房、仓库、储煤场、矸石场、坑木场等处的火灾。地面火灾具有征兆明显、易于发现、空气供给充分、燃烧完全、有毒气体产生量较少、空间宽阔、烟雾易于扩散、灭火工作回旋余地大、容易扑灭的特点。

②井下火灾

井下火灾也称矿内火灾，是指发生井下或发生在地面但能波及井下的火灾。井下火灾一般是在空气有限的情况下发生的，特别是采空区火灾煤柱内火灾更是如此。即使发生在风流畅的地点，其空间和供氧条件也是有限的，因此，井下火灾发生发展过程比较缓慢。另外，井下人员视野受到限制，且大多数火灾发生在隐蔽的地方，一般情况下是不易发现的。初期阶段，其发火特征不明显，只能通过空气成分的微小变化，矿内空气温度，温度的逐渐变化来判断，只有燃烧过程发展到明火阶段，产生大量热，烟气和气体味时，才能被人们觉察到。火灾发展到此阶段，可能引起通风系统紊乱，瓦斯、煤尘爆炸等恶果，给灭火救灾工作带来预计不到的困难。

(2)按火灾发生的原因分类

①外因火灾

外因火灾又称普通火灾，是由外部高温热源引起可燃物燃烧而造成的火灾。这类火灾特点是：发生突然、发展速度快、发生前没有预兆、发生地点广泛，常出乎人的意料，如不能及时发现或扑灭，容易造成大量人员伤亡和重大经济损失。

在矿井火灾中，外因火灾仅占4%~10%，但煤矿重大以上的火灾事故90%属于外因火灾。

②内因火灾

内因火灾又称自然火灾，是有些可燃物在一定的条件下，自身发生化学或物理化学变化积聚热能达到燃烧而形成的火灾。煤矿这类火灾都发生在开采有自燃倾向性煤层的矿井中，它具有发生之前有预兆，发生地点隐蔽、不易发现；即使找到火源，亦难以扑灭，火灾持续时间长等特点。根据统计，内因火灾发生的次数占矿井火灾次数的90%以上。

(3)消防分类

从选用灭火剂的角度出发，消防上根据物质及其燃烧特性对火灾进行分类：

A类火灾——煤炭、木材、橡胶、棉、毛、麻等含碳的固体可燃物质燃烧形成的火灾。

B类火灾——汽油、煤油、柴油、甲醇、乙醇。丙酮等可燃物质燃烧形成的火灾。

C类火灾——指煤气、天然气、甲烷、乙炔、氢气等可燃气体燃烧形成的火灾。

D类火灾——像钠、钾、镁等可燃金属燃烧形成的火灾。

以上火灾的特点是火源温度高。

(4)其他分类方法

除了上述三种常用分类以外，还有按火源特性可分为原生火灾与次生火灾；按燃烧物不同分为机电设备火灾、炸凝药燃烧火灾、煤炭自燃火灾、油料火灾、坑木火灾；按火灾发生位置地点不同分为井筒火灾、苍道火灾、煤柱火灾、采煤工作面火灾、掘进工作面火灾、采空区火灾、同室火灾等。

二、任务单

讨论当前矿井火灾的特点及危害。

任务3.1.2　外因火灾及其预防

一、学习型工作任务

(一)阅读理解

1. 物质燃烧的充要条件

物质燃烧是一种伴有放热、发光的快速氧化反应。发生燃烧必须具备的充要条件是:

(1)必要条件

①有充足的可燃物。②有助燃物存在。凡是能支持和帮助燃烧的物质都是助燃物。常见的助燃物是含有一定氧浓度的空气。③具有一定温度和能量的火源。

(2)充分条件

①燃烧的三个必要条件同时存在,相互作用;②可燃物的温度达到燃点,生成热量大于散热量。

煤矿井下可燃物种类较多,大体可分为:

A. 固体可燃物。如坑木、荆条等竹木材料;皮带、胶质风筒;电缆等橡胶制品;棉纱、布头、纸等擦拭材料和煤、煤尘等。

B. 液体可燃物。有变压器油、机油、液压油、润滑油等。

C. 气体可燃物。有瓦斯、氢气等可燃性气体物质。

引起外因火灾的热源有:

A. 明火。井下吸烟、焊接及用电铲、大灯泡取暖等都能引燃物而导致火灾。

B. 电能热源,电流短路或导体过热;电弧、电火花;烘烤(灯泡取暖);静电等。

C. 爆破。违章爆破而产生的一切爆破火。

D. 机械摩擦火花。由机械设备运转不良造成的过热或摩擦火花。

E. 瓦斯煤尘爆炸。

2. 外因火灾的预防

外因火灾在矿井中占的比重虽不大,但造成的危害相当大。1995年5月8日,黑龙江省某煤矿在井下安装带式输送机的施工过程中,违章作业,用气焊切割钢时,飞溅的火花引燃作业点附近残留的胶沫、胶条、发生了火灾,导致80人死亡、23人受伤、直接经济损失567万元的重特大事故。随着煤矿机械化程度的提高,井下的机械和电气设备增多,由此而引起的火灾事故呈上升趋势。因此必须加强外因火灾的预防。

(1)我国的消防方针

《中华人民共和国消防条例》规定,消防工作实行"预防为主,消防结合"的方针。预防为主,即是在消防工作中坚持重在预防的指导思想、在设计、生产和日常管理工作中应严格遵守有关防火的规定,把防火放在首位。消防结合,即是在预防的同时积极做好灭火的思想、物质和技术准备。

(2)防火对策

1)技术(Engineering)对策

技术对策是防止火灾发生的关键对策。它要求从工程设计开始,在生产和管理的各个环节中,针对火灾产生的条件,制定切实可行的技术措施,技术对策可分为:

A.灾前对策。灾前对策的主要目标是破坏燃烧的充要条件,防止起火;其次是防止已发生的火灾扩大。

a.防止起火。主要对策有:a.确定发生火灾危险区——潜在火源和可燃物共同存在的地方,加强明火与潜在高温热源的控制与管理,防止火源产生。b.物质基础。井下尽量不用或少用可燃材料,采用不燃或阻燃材料和设备,例如使用阻燃风筒、阻燃胶带,支架金属化。c.防止火源与可燃物接触和作用。在潜在高温热源与可燃物间留有一定的安全距离。d.安装可靠的保护设施,防止潜在热源转化为显热源。

b.防止火灾扩大。a.有潜在高温热源的前后10 m范围内应使用不燃支架。b.划分火源危险区,在危险区的两端设防火门;矿井有反风装置,采区有局部反风系统。c.在有发火危险的地方,设置报警、消防装置和设施。d.在发火危险区内设避难硐室。

B.灾后对策。a.报警。采集处于萌芽状态的火灾信息,发出报警。b.控制。利用已有设施制火势发展,使灾区与非灾区隔离。c.灭火。迅速采取有效措灭火。d.避灾。使灾区受威胁的人员尽快选择安全路线撤离灾区,或撤至灾区内预设的避难硐室等待救援。

2)教育(Education)对策

教育对策包括知识、技术和态度教育三个方面。

3)管理(Enforcement)对策

制定各种规程、规范和标准、并强制执行。

这三种对策简称"3E"对策。前两者是防火的基础,后者是防火的保证。片面强调某一对策都不能收到满意的效果。

(二)预防外因火灾的技术措施集中讲解

如前述,预防火灾有两个方面:一是防止火源产生;二是防止已发生的火灾事故扩大。

1.防止火灾产生

(1)防止失控的高温热源产生和存在。按《规程》要求严格对高温热源、明火和潜在的火源进行管理。

(2)尽量不用或少用可燃材料,不得不用时应与潜在热源保持一定的安全距离。

(3)防止产生机电火灾。

(4)防止摩擦引燃:a.防止胶带摩擦起火。胶带输送机应具有可靠的防打滑、防跑偏、超负荷保护和轴承温升控制等综合保护系统;b.防止摩擦火花引燃瓦斯。

(5)防止高温热源和火花与可燃物质相互作用。

2.防止火灾蔓延和扩大的措施

控制已发生火灾的扩大和蔓延,是整个防火措施的重要组成部分。火灾发生后利用已有的防火安全设备,把火灾控制在最小范围内,然后采取灭火措施将其熄灭,对减少火灾的危害是极为重要的。主要措拖有:

a.在适当的位置建造防火门,防止火灾事故扩大。

b.每个矿井地面和井下都必须设立消防材料库。

c. 每一矿井必须在地面设置消防水池，在井下没置消防管路系统。

d. 矿井主要通风机必须具有反风系统或设备、反风设施并保持状态良好。

3.《规程》对预防外因火灾的规定

《规程》对预防外因火灾的规定有：

1）地面火灾的预防规定

a. 生产和在建矿井必须制定井上、下防火措施。矿井的所有在面建筑物、煤堆、矸石山、木料场等处的防火措施和制度，必须符全国家有关防火的规定。

b. 木料场、矸石山、炉灰场距离进风井不得小于 80 m。木料场距离矸石山不得小于 50 m。不能将矸石山或炉灰场设在进风井的主导风向上侧，也不得设在表土 10 m 以内有煤尽的地面上和设在漏风的采空区上方的塌陷范围内。

c. 新建矿井的永久井架和井口房、以井口为中心的联合建筑，必须用不燃姓材料建筑。

d. 进风井口应装设防火铁门，如果不设防火铁门，必须有防止烟火进入矿井的安全措施。

e. 井口房和通风机房附近 20 m 内，不能有烟火或用火炉取暖。暖风道和压入式通风的风硐必须用不燃性材料砌筑，并应至少装设 2 道防火门。

f. 矿井必须设地面消防水池，并经常保持不少于 200（立方米）的水量。

2）井下外因火灾预防的规定

a. 井下必须设消防管路系统，管路系统应每隔 100 m 设置支管和阀门，但在带式输送机管道中应每隔 50 m 设置支管和阀门。

b. 井筒、平硐与各水平的连接处及井底车场，主要车道与主要运输管、回风管的连接处，井下机电设备硐室，主要管道内带式输送机机头前后两端各 20 m 范围内，都必须用不燃性材料支护。

c. 井下严禁用灯泡取暖和使用电炉。

d. 井下和井口房内不能从事电焊、气焊和喷灯焊接工作。如果必须在井下焊接时，每次必须制定安全措施，并指定专人在场检查监督；焊接地点前后两端各 10 m 的井巷范围内、应是不燃性材料支护，并应有供水管路，有专人喷水。焊接工作地点至少备有 2 个灭火器。

e. 井下严禁存放汽油、煤油和变压器油。井下使用的润滑油、棉纱、布头和纸等，必须存放在盖严的铁桶内，并有专人定期送到地面处理，不得乱放乱扔。严禁将剩油、废油泼洒在专用硐室进行，并必须使用不燃性和无毒性洗涤剂。

f. 井上、下必须设置消防材料库，并应装备消防列车。消防材料库储存的材料、工具的品种和数量应符合有关规定，不能挪作他用，并定期检查和更换。

g. 井下爆炸材料库，机电设备硐室，检修硐室、材料库、井底车场、使用带式输送机或液力耦合器的巷道以及采掘工作附近的巷道中，应备有灭火器材，其数量，规格和存放地点，应在灾害预防和处理计划中确定。井下工作人员必须熟悉灭火器材的使用方法，并熟悉本工作区域内灭火器材的存放地点。

h. 采用滚筒驱动带式输送机运输时，必须使用阻燃输送带，其托辊的非金属材料零部件和包滚筒的胶料，其阻燃性和抗静电生必须符合有关规定，并应装没温度保护、烟雾保护和自动洒水装置。液力耦合器严禁使用可燃性传动介质。

i. 采用矿用防爆型柴油动力装置时，排气口的排气温度不得超过 70 摄氏度，其表面温度不得超过 150 摄氏度。各部件不得用铝合金制造，使用的非金属材料应具有阻燃和抗静电性能。油箱及管路必须用不燃性材料制造。油箱的最大容量不得超过8小时的用油量。燃油的闪点应高于70摄氏度。必须配置适宜的灭火器。

j. 井下电缆必须选用经检验合格的并取得煤矿矿用产品安全标志的阻燃电缆。

k. 井下爆破不得使用过期或严重变质的爆破材料；严禁用粉煤、块状材料或其他可燃性材料作炮眼封泥；无封泥、封泥不足或不实的炮眼严禁爆破，严禁裸露爆破。

l. 箕斗提升或装有带式输送机的井筒兼作进风井时，井筒中必须装设自动报警灭火装置和敷设消防管路。

二、任务单

结合给定案例编制矿井外因火灾的预防措施。

任务3.1.3 内因火灾及其防治

一、学习型工作任务

（一）阅读理解

1. 煤的自燃机理

人们从17世纪开始探索煤炭自燃机理。1862年，德国Grumbman发表了第一篇关于煤炭自燃起因的文章。一百多年来，先后提出阐述煤炭自燃的机理学说有多种，其中主要的有黄铁矿作用学说、细菌作用学说、酸机作用学说以及煤氧化学说等。1951年前苏联学者维谢洛夫斯基（B·C·Beceobckhh）等人提出，煤的自燃氧化过程自身加速发展的结果。这种氧化反应的特点是分子的基链反应。目前，煤的氧化理论得到了科学家的证实。

2. 煤炭自燃的发展过程

煤炭自燃发展过程分为潜伏期、自热期和自燃期3个阶段，如图3-1所示。

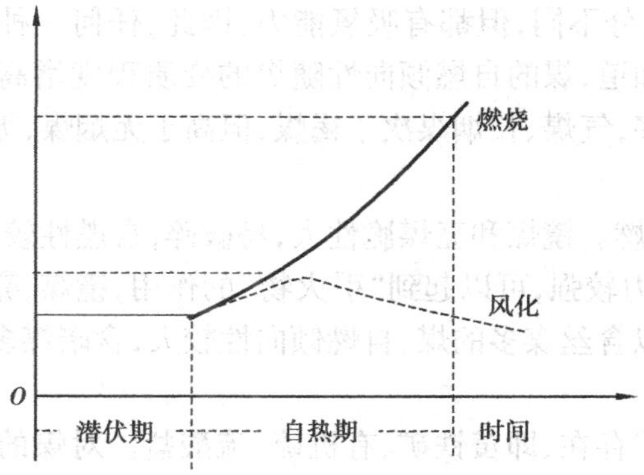

图3-1 煤炭自燃的三个阶段

（1）潜伏性

从煤层被开采接触空气起至煤温开始升高所经过的时间称为潜伏期。在潜伏期，煤与氧的作用是以物理吸附为主，放热很小。在潜伏期之后，煤的表面分子某些结构被激活，化学性质变的活波，燃点降低，表面颜色变暗。

潜伏期的长短多取决于煤的分子结构、物理化学性质和外部条件。若改善煤的散热、通风供养等外部条件，可以延长潜伏期。

(2)自热期

随着时间延长,煤的温度开始升高达到着火点所经过的时间称为自燃期。经过潜伏期,被火化的煤炭能更快地吸附氧气,氧化的速度加快,氧化放热量较大,如果散热速度低于放热温升速度,煤温就逐渐升高,当煤炭温度升高到某一临界温度(一般为70 ℃)以上时,氧化急剧加快,产生大量热量,使煤温度继续升高。这一阶段特点是:

①氧化放热量大,煤温及其环境(风、水、煤壁)温度升高;

②产生 CO 和 CO_2 和碳氢类(C_mH_n)气体物,散发出煤油、汽油味和其他芳香气体;

③有水蒸气生成,火源附近出现雾气,遇冷会在苍道壁上凝结成水珠(俗称“水汗”);

④微观结构发生变化,如在达到临界温度之前,改变了供氧和散热条件,煤的增温过程就自然费放慢而进入冷却阶段,煤逐渐冷却并继续缓慢氧化到惰性的风化状态,失去自燃性,如图3-1 中的虚线所示。

(3)燃烧期

煤温度升高到燃点后,若供养充分,则发生燃烧,出现明火和大量高温烟气,烟气中含有 CO,CO_2 和碳氢化合物;若煤温度达到燃烧点后,供氧不足,产生烟雾而无明火,煤发生干馏或阴燃,CO 多于 CO_2,温度低于明火燃烧。

3. 影响煤炭自燃的因素

煤的自燃条件是许多因素综合作用的结果,但煤的自燃性能是取决定性的因素,其他因素是外部条件取决地质开采因素。影响煤炭的自燃因素主要有:

(1)煤的自燃性能

煤的自燃性能主要受下列因素的影响:

①煤的化学性质与变质程度

研究表明,煤的自燃与吸氧量有关。吸氧量越大,自燃倾向性越大;反之,则小。据研究,无论哪种煤,虽然化学成分不同,但都有吸氧能力,因此,任何一种煤都存在自燃发火的可能性。从科研和生产实践知道,煤的自燃倾向性随煤的变质程度增高而降低,褐煤燃点最低,其发火次数比其他煤多得多,气煤、长烟煤次于褐煤,但高于无烟煤,无烟煤发火性最低。

②煤岩成分

暗煤硬度大,难以自燃。镜煤和亮煤脆性大,易破碎,自燃性较大。丝煤结构松散,燃点低(190 ~270 ℃),吸氧能力较强,可以起到“引火物”的作用,镜煤、亮煤的灰分低,易破碎,有利于煤炭自燃的发展。所以含丝煤多的煤,自燃倾向性较大,含暗煤多的煤,不易自燃。

③煤的含硫量

煤中的硫以三种形式存在,即黄铁矿、有机硫、硫酸盐。对煤的自燃倾向性影响较大的是以黄铁矿形式存在的硫。黄铁矿容易于空气中的水分和氧相互作用,放出大量的热,因此,黄铁矿的存在,将会对煤的自燃起到加速作用,其含量越高,煤的自燃倾向性越大。

④煤中的水分

煤中的水分少时,有利于煤的自燃;水分足够大的时,会抑制煤的自燃,因此,煤失去水分后,其自燃危险性将增大。

⑤煤的空隙率和脆性

煤的空隙率越大,越容易自燃。对于变质程度相同的煤,脆性越大,开采时易破碎,容易自燃。

（2）影响煤炭自燃的地质、开采因素

①煤层厚度

煤层厚度越大，开采时回收率低，煤柱易破坏，采空区不易封闭严密，漏风较大，因此自燃危险性就越大。

②煤层倾角

煤层倾角越大，越易发火。主要是由于倾角大的煤层开采时，顶板管理较困难，采空区不易充实，尤其急倾斜煤层难留煤柱，漏风大。

③顶板岩石性质

坚硬难垮塌型顶板，煤层和煤柱上所受的矿山压力集中，易破坏，采空区充填不实，漏风大，且封闭不严，有利于自燃的发生。松软易冒落的顶板，采空区充填充分，漏风小，自燃危险性较小。

④地质构造

受地质构造破坏的煤层松软、破碎、裂隙发育，氧化性增强，漏风供氧条件良好，其自燃发火比煤层赋存正常的区域频率要多。

⑤开采技术

开采技术是影响煤层自燃的主要因素。不因开拓系统与采煤方法，使煤层自燃发火的危险不同。因此，选择合理的开拓系统和采煤方法对防止自燃发火十分重要。合理的开拓系统应保证对煤层切割少，留设的煤柱少，采空区能及时封闭；合理采煤方法应是巷道布置简单，煤炭回收率高、推进速度快，采空区漏风小。

⑥漏风强度

漏风给煤炭自燃提供必须的氧气，漏风强度的大小直接影响着煤体的散热。在防火工作中，必须尽量减少漏风。

4. 煤炭自燃的倾向性的鉴定

煤炭自燃倾向性的鉴定方法很多，我国目前采用“双气路气相色谱吸氧法”。是用 ZRJ-1 型煤炭自燃性检测仪来测定常压下每克干煤在 30 摄氏度时的吸氧量。根据此需氧量来划分煤的自燃倾向性等级。

（1）鉴定的目的

鉴定煤的自燃倾向性的目的的是：划分煤层自燃发火等级，区分煤的自燃危险程度，从而采取相应的防火措施。

（2）自燃倾向性的划分

我国对煤的自燃倾向性的划分按表 3-1 分类。

表 3-1　煤的自燃倾向性分类方案

自燃等级	自燃倾向性	30 ℃常压煤的吸氧量/$cm^3 \cdot (g \cdot 干煤)^{-1}$			备　注
		褐煤、烟煤	高硫煤、无烟煤		
Ⅰ	容易自燃	≥0.80	≥1.00	全硫（St. d/%）>2.00	
Ⅱ	自燃	0.41 ~0.79	≤1.00	全硫（St. d/%）>2.00	
Ⅲ	不易自燃	≤0.40	≥0.80	全硫（St. d/%）<2.00	

《规程》规定：新建矿井的所有煤层的自燃倾向性由地质勘探部门提供煤样和资料，送国家授权单位做出鉴定，鉴定结果报省级煤矿安全检查机构及省（自治区、直辖市）负责煤炭行

业管理部门备案。

煤的自燃倾向性指标，仅能说明煤层在开采时有无自燃的危险性，不能确切地指出自燃的时间。所以，生产矿井常把煤层的自燃发火期作为衡量煤层的自燃难易程度的指标。确定出煤层的自燃发火期对开拓、开采设计和制定防火措施具有重要意义。自燃发火期可采用统计法来衡量。煤层巷道从揭露煤层之日起，至该日巷道发生自燃发火之日止，为该巷道的煤层自燃发火期；采煤工作面从开切眼开采之日起至发生自燃发火之日止，为该采煤工作面的煤层自燃发火期。

（二）预防内因火灾的技术措施集中讲解

1. 煤炭自燃的预报

煤炭自燃的早期发现，有利于防止其继续发展，避免自燃火灾的发生。早期预报煤炭自燃的方法可归纳为以下两种。

（1）利用人体生理感觉预报自燃发火的主要方法有：

①嗅觉。可燃物受高温或火源作用，会分解成一些正常时大气中所没有的、异常气味的火灾气体。如果在巷道或采煤工作面间闻到煤油、汽油、松气油或焦油味气味，则可以判断此处风流上方某地煤炭已经开始燃烧。

②视觉。人体视觉发现可燃物起火时产生的烟雾，煤柱氧化过程中产生的水蒸汽，及其在附近煤岩体表面凝结成水珠（俗称为“挂汗”）根据以上进行火灾预报。

③感觉。煤炭自燃或自热，可燃物燃烧会使环境温度升高，并可能使附近空气中的氧浓度降低，CO_2 等有害气体增加，所以人们接近火源时，会有头痛、闷热、精神疲乏等不适感觉。

（2）气体成分分析法

用仪器分析和检测煤在自燃的和可燃物在燃烧过程中释放出的烟气或其他气体产物，预报火灾。

①指标气体与预报指标

反映煤炭自燃或可燃物燃烧初期特征的，并不用来作为火灾早期预报的气体的指标气体。目前，我国常用的指标气体有 CO，C_2H_4，C_2H_2，C_3H_8，C_2H_6 等，预报指标有 CO 和 C_2H_4 绝对量、火灾系数、链烷比。

A. 一氧化碳（CO）

通过测试观测点空气的 CO 浓度和风量，计算 CO 绝对量，以此决对量值大小来预报煤炭自燃。其计算公式如下：

$$H = CQ$$

式中 H——自燃发火预报指标，m^3/min；

C——观测点空气中的 CO 浓度，%；

Q——观测点处点风量，m^3/min。

由于 H 受各种因素的影响，如煤种、井下正常时期气体成分和浓度，着火范围大小等，因此各矿应从实际中统计出适合于本矿的临界值。确定临界值时要考虑下列因素：①各采样地点在正常时风流中 CO 的本底浓度；②临界值时所对应的煤温适当，即留有充分的时间寻找和处理自燃源。平庄矿务局古山矿根据矿井实际，确定为 CO 绝对生成量 $H = 0.005\ 9\ m^3/min$（温度 70 ℃左右）作为预报指标。该矿自 1975 年建立预报制度以后，利用 H 值做了数十次预报，效果较好。

应该注意的是，应用 CO 作为指标气体预报自燃发火时，要同时满足两点：①CO 的绝对值要大于临界点；②CO 的绝对值要有稳定增加的趋势。

B. Graham 系数 I_{co}

J. JGraham 提高了用流经火源或自燃源风流中的 CO 浓度增加量与氧浓度减少量之比作为自燃发火的早期预报指标。真计算如下：

$$I_{co}=100\ C_{co}/\Delta Co_2=100\ C_{co}/0.265\ Cn_2-Co_2$$

式中　C_{co}，Co_2 Cn_2——分别为回风侧采样点气样中的一氧化碳、氧气和氮气的体积浓度，%。

如果进风侧气样中的氧氮之比不是 0.265，则应计算出进风侧氧氮浓度之比值代替 0.265。

根据 Graham 指数预报矿井火灾时，不同的矿井有不同的临界指标。抚顺老虎台矿（气煤）总结多年的经验，从 7 万多个气样中筛选出 431 个有发火点隐患的气样，求出煤在自燃的发生、发展过程中不同阶段的 Graham 指数为：预警值 $I_{co}=0\sim0.45$；临界点 $I_{co}=0.46\sim4$；报警值 $I_{co}=4.1\sim9$。

C. 乙烯（C_2H_4）

煤的温度升高到 80 ~ 120 ℃后，会解析出乙烯、丙稀等烯烃类气体产物，而这些气体的生成量与煤温成指数关系。一般矿井的大气中是不含有乙烯的，因此，只要井下空气中检测出乙烯，则说明已有煤炭化自燃。同时根据乙烯出现的时间还能推测出煤的自燃的温度。淮南新集，山东柴里其矿区采用乙烯作用指标气体预报煤层自燃火灾收到良好的效果。

由于煤中热解的产物与煤的种类有密切的关系，因此选择指标气体时一定要在试验的基础上进行，而且采用多种指标气体配合预报较为合适。

②取样

A. 观测点的布置

观测点的布置总要求是，既要保证一切火灾隐患都要在控制范围之内，并有利于准确地判断火源的位置，同时要求安装传感器少。测点布置一般原则：①巷道周围压力较小、支架完整、没有拐弯、断面没有扩大或缩小的地段；②在已封闭火区的出风侧密闭墙内设置点，取样管伸入墙内 1 m 以上；③对有发火危险的工作面回风巷内设观测点，对潜在火源的下风侧距火源适当的位置设观测点；④每个生产工作面的进风和回风侧，都要分别设观测点，一般距工作面煤壁 10 m；⑤已封闭的火区或采空区观测点设在出风侧密闭墙内，取样管伸入墙内 1 m 以上；⑥深度测点设置要保证在传感器的有效控制范围内；⑦观测点应随采煤工作面的推进与火情的变化而调整。

B. 取样

取样的方法有人工采集气样和连续采集气样两种。

a. 人工采集气样，即用玻璃采样瓶取样。取样应在不生产、不放炮的检修班或在交接班时间采样，每个采样点 2 ~ 3 d 轮流取 1 次。如发现可疑现象，应缩短为每天采样 1 次，并适当增设采样点。在每次采样时，应测定采样点风向和温度。

采样时，采样人员面向风流，手拿采样瓶伸向身体前方，从巷道顶板缓慢移动到底板，再从底板移到巷道全断面上的平均气样。

b. 连续采样气样，即利用束管检测系统连续抽取井下各观测点的气样。

③气体分析

目前气体分析使用的仪器有气相色谱仪和红外线气体分析仪等仪器。

④连续自动检测系统

目前实现连续巡回自动检测系统基本上有两种形式:束管检测系统和矿井火灾检测监控。

A. 束管检测系统

该系统是由抽气泵将井下的气样通过多芯束管抽取至到地面,用分析仪器进行连续分析,并对可能发生自燃的地点尽快发出警报的一种装置。一般由采样系统、控制装置、气体分析数据储存、显示与警报四部分组成。

a. 采样系统。由抽气泵和管路组成。管路一般采用管径为 6 ~ 87 mm 聚乙烯塑料管,在采样管的入口装有干燥、粉尘和水分捕集器等净化和保护装置。在管路的适当位置装有贮放水器。整个管路要绝对严密,管路上装有真空计指示管路的工作状态。在仪器入口装有分子筛或硅胶,以进一步净化气样。

b. 控制装置。主要有三通电磁阀,对井下多个取采样点进行循环取样。

c. 气体分析。可使用气相色谱仪、红外气体分析仪等仪器。

d. 数据储存、显示和报警。分析出的结果可在分析器配套的记录仪上显示及记录,同时也可以由电子计算机将各种取样点的分析结果进行储存,打印和超限报警。

B. 矿井火灾检测监控

对于自燃火灾险除了使用束受检测系统以外,还可以采用煤矿环境检测系统进行早期预报。目前,我国生产的这类设备种类较多。在高瓦斯矿井应用广泛,对改变我国煤矿的安全状况起到一定作用。

2. 开采技术防火措施

(1)矿井自燃火源的分布规律

根据统计分析,矿井自燃火源主要分布在采空区、煤柱、巷道顶煤和断层附近。

①采空区。采空区火灾占 50% 以上。自燃火源主要分布在有碎煤堆积和漏风同时存在、时间大于自然发火期的地方。从已发生自燃的火源分布来看,多煤层联合开采和原煤层分层开采时,采空区自燃火源多位于停采线和上、下顺槽附近,即所谓的“两道一线”:中厚煤层采空区的火源大多位于停采线和进风道。当采空区有裂隙与地表或其他风路相通时,在有碎煤存在的漏风路线上都有可能发火。

②煤柱。尺寸偏小、服务期较长、受采动压力影响的煤柱,容易压碎裂,其内部产生自燃火源。

③巷道顶煤。采区石门、综采放顶煤工作面沿底掘进的进回风巷道等,巷道顶煤受压时间长,压酥破碎,风流渗透和扩散至内部(深处)便会发热自燃。综采放顶煤开采时上下巷顶煤发火较为严重。

④断层和地质构造附近。

(2)开拓开采技术防火措施

开拓开采技术防止自然发火总的要求:

①提高回采率,减少丢煤,减少或消除自燃的物质基础。

②限制或阻止空气流入和渗透至疏松的煤体,消除自燃的供氧条件。对此,可从两方面着手:一是消除漏风通道;二是减小漏风压差。

③使流向可燃物质的漏风,在数量上限制在不燃风量之下,在时间上限制在自燃发火期以内。

(3)主要技术措施

A. 合理地进行巷道布置。

a. 对一些服务时间较长的巷道应尽量采用岩石巷道,若将其布置在煤层中时应采用宽煤柱护巷。采区巷道布置应有利于采用均压防火技术。某矿开采 8 ~ 12 m 的特厚易自燃煤层,采用如图3-2 所示的 U-U 型巷道布置,实现了分层工作面在开采过程中均压调节。原理为:当工作面未过第一个联络眼,均压巷道6 内设风门(虚线)且关闭,使采煤工作面形成独立的通风系统。当工作面推过了第一个联络眼后,均压巷道6 中风门拆移至集中回风岩巷 *BD* 之间(实线),这时均压巷道与以两联络眼为始末点的采空区漏风形成并联。显然,经联络眼的采空区漏风压差很小。另一方面,通过改变风门开度,还可以调节工作面的风量和风压,调节与工作面的并联漏风。

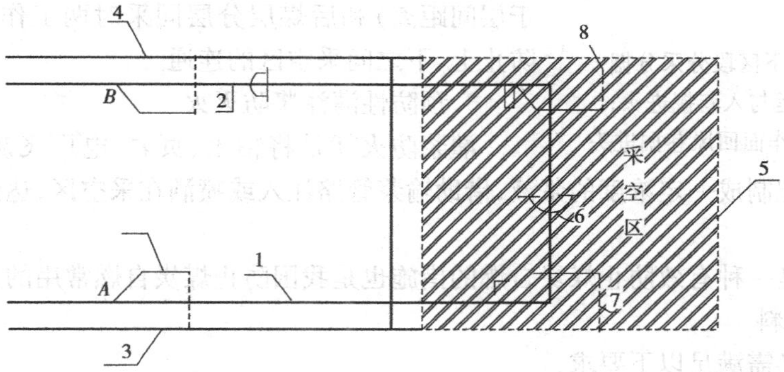

图 3-2　U-U 巷道布置

1、2—底板集中岩巷;3、4—工作面进回风巷;5—开切眼;

6—均压巷道;7—联络斜巷;8—1 号联络眼

b. 区段巷道分采分掘。有不少矿井为了解决独头巷道掘进通风问题,而采用上区段的运输顺槽与下区段的回风顺槽问题,而采用上区段的运输顺槽同时掘进,中间再掘进一些联络巷的布置方式(见图 3-3)。这样,随着工作面的推进,工作面后方煤柱中联络巷很难严密封闭,煤柱极易受压破裂,从而引起煤柱和采空区自燃发火。针对这个问题采取上下区段分采分掘的方法,即回采区段工作面的进、回风巷同时掘进(见图 3- 4)。

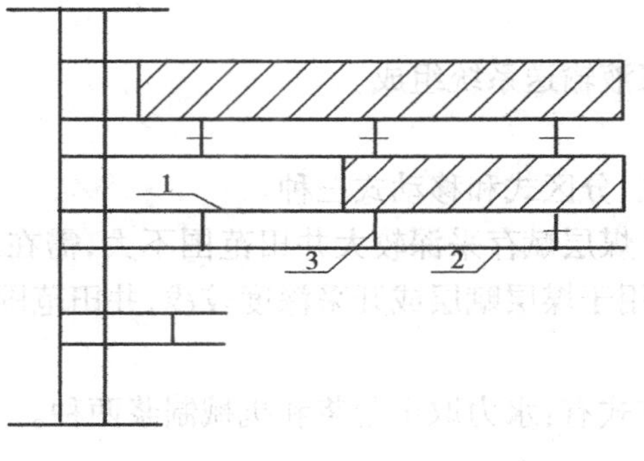

图 3-3　上下区段分采同掘

1—工作面;2—下区段工作及回风巷;3—联络巷

c. 推广无煤柱开采技术,减少煤柱发火。

并采取阶段跳采、巷旁填充技术等措施解决取消煤柱之后所带来的采空区难以封闭和隔离等问题。

B. 选择合理的采煤方法和先进的回采工艺提高回采率,加快回采进度。

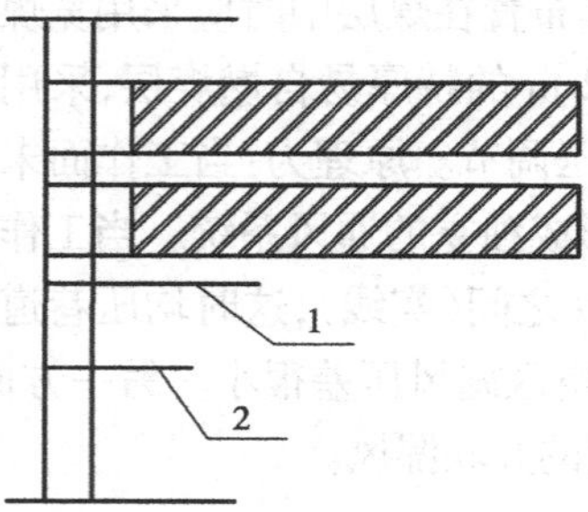

图3-4　上下区段分采分掘
1—工作面运与入巷掘进头；
2—下区段工作面回风巷掘进头

C.选择合理的通风系统。矿井采用对角式和分区式通风系统比中央式通风系统更有利防火。通风系统安全在一定范围内具有可调性。当一个采取发生火灾时。能够根据救灾的需要、做到随时停风、减风或反风。在巷道布置上要为分区通风和局部反风创造条件。

D.坚持自上而下的开采顺序。

E.合理确定近距离相邻煤层(下煤层顶板冒落高度大于层间距离)和后煤层分层同采时两工作面之间的差距，防止上、下之间采空区的连通。

3.预防性灌注浆防灭火

灌浆防火就是将粘土、页岩、电厂飞灰等固体材料与水混合、搅拌、配制成一定浓度的浆液，借助输浆管路注入或喷洒在采空区，达到防火和灭火的目的。

灌浆防火是一种有效防止煤炭自燃的措施也是我国防止煤炭自燃常用的方法。

(1)灌浆材料

灌浆材料必需满足以下要求：

①不含可燃物。

②粒径小于2 mm，加少量水就能制成浆液。

③易脱水，具有一定的稳定性。

④收缩率小，相对密度一般为2.5~2.6。

⑤便于开采，运输和制造，来源广，成本低。

我国应用的浆材以黄土为主。当大量使用黄土，破坏农田，另外有些地表土极薄，无土可取。一些矿区采用其他材料代替，如芙蓉矿区和中梁山矿区采用页岩粉末做灌浆材料，开滦赵各庄矿、平顶山十一矿采用电厂飞灰，明矿区采用煤石粉末做灌浆材料都收到了较好的效果。

(2)灌浆系统

灌浆系统由灌浆站和浆液输送系统组成。

①灌浆站

灌浆站的形成有固定式、分区式和移动式三种。

固定式灌浆站是适用于煤层赋存采深较大井田范围不大，需在地面建立永久或半永久灌浆的条件；分区式灌浆站适用于煤层赋层或开采深度较浅，井田范围大，灌浆分散，可以从地面打钻孔灌浆的条件。

灌浆站的制备泥浆的方式有：水力取土制浆和机械制浆两种。

A.水力取土制浆

光用放炮使表土层变松，后直接用高压水枪(水力喷射器)冲刷。黄土随水而流，在流动的过程中混合均匀，形成泥浆，用筛板过滤除去颗粒较大的沙石后，流入输浆管，灌浆站的布置参见图3-5。

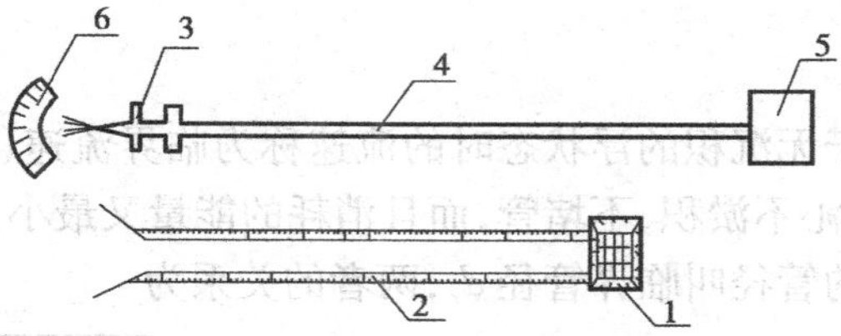

图3-5　水力取土:自燃成浆制浆站

1—灌浆钻孔及箕子;2—输浆沟;3—水枪;

4—输水管路;5—水源泵房;6—取土场

B. 机械制浆示意图如图3-6。

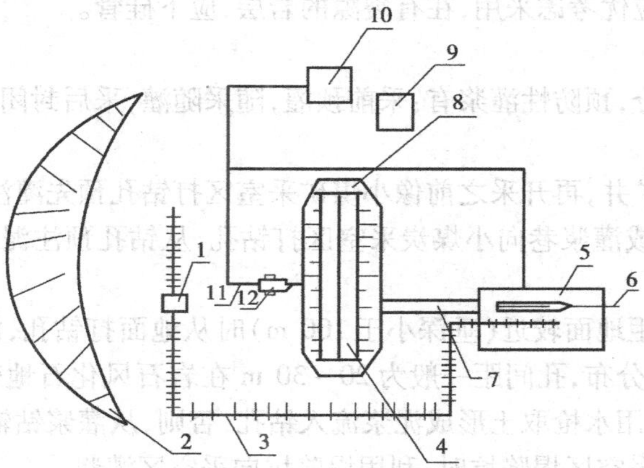

图3-6　机械取土机械制浆系统图

1—V型矿车;2—取土场;3—控轨铁路;4—桥;5—搅拌机;6—灌浆旨;

7—泥浆沟;8—贮土场;9—绞车房;10—水泵房;11-水旨;12—水枪

用人工或机械把黄土取出来装入V型翻斗车或胶带运轨机,直接运往泥浆浸泡地。机械制浆主要由搅拌机完成,按搅拌机的运动方式可分为固定式和行走式两种,泥浆搅拌池应分为两格,一池浸泡,一池搅拌,轮换使用。浆池的容积,一般按2小时灌浆计量算,其底部有向出口方向2% ~5%的坡度,在泥浆引管前应设两层筛子(孔径分别为15 mm和10 mm),在注浆时应及时清除筛前的渣料。

②泥浆的输送

A. 输浆压力与输浆倍线

输送泥浆的压力有两种。一是用泥浆自重及浆液在地面入口与井下出口之间高差形成的静压力进行输送,叫静压输送,当静压不能满足要求时应采用加压输送。前者使用较多。输浆倍线表示输浆管路阻力与压力之间关系,用N表示。

$$静压输送时:N = L/H$$

$$加压输送时:N = L/(H + h)$$

式中　L——浆液自地面管路的入口到灌浆区管路的出口管线总长度,m;

H——浆液入出口之间的高差,m;

h——泥浆的压力,m。

倍线上一般控制在3 ~8。过大时,应加压;过小时,容易发生裂管跑浆事故,不在适当的位置安装阀进行增阻。

B. 灌浆管道的选择

当管道中浆液恰好处于无沉积的浮状态时的流速称为临界流速(V_c),也叫不淤流速。在这个流速下输送浆液,既能沁不淤积,不堵管,而且消耗的能量又最小。因此,临界流速是一重要参数。与临界流速对应的管径叫临界管径 d_c,两者的关系为

$$V_c = 4Q_m/3\,600\pi d_c^{\ 2} \quad 或 \quad d_c = 1/30(\sqrt{Q_m/\pi V_c})$$

灌浆量 Q_m 值一定是与 Q_m 对应的(d_i,V_i)有很多组,不采用试算法确定 d_c。

C. 灌浆钻孔

利用钻孔代替矿井输浆于管具有选点灵活,节省干管,投资少,维护费用低等优点,在岩层条件好,埋藏较浅时,应优考虑采用,在有裂隙的岩层,应下硅管。

(3)灌浆方法

按与回采的关系分,预防性灌浆有:采前预灌,随采随灌,采后封闭灌浆等三种。

①采前预灌

有小煤窑破坏的矿井,再开采之前像小煤矿采室区打钻孔预先灌注泥浆。灌注的方法有:

A. 从区段集中巷或灌浆巷向小煤炭采室区打钻孔,从钻孔预注泥浆。灌满后过适当时间的脱水,再进行回采。

B. 小煤矿采室区距地面较近(垂深小于 100 m)时从地面打钻孔,沿煤层走向布置单排钻孔,孔底沿倾向呈交错分布,孔间距一般为 20 ~ 30 m 在岩石风化石地带中下人套管。若钻孔周围有合适土源,不采用水枪取土形成泥浆流入钻孔,否则,从灌浆钻输送泥浆。

C. 地面有小煤矿采空区塌陷坑时,利用塌陷坑向采空区灌浆。

②随采随灌

灌浆作为回采工艺的一部分,随工作面回采向采空区灌浆。随采随灌又有埋管灌浆,打钻灌浆等方法。

A. 埋管灌浆

在工作面采空区预埋泥浆管,泥浆埋入采空区 5 ~ 8 m,用高压胶管与铺设在回风巷的灌浆管相连。工作面放顶后,向采空区灌浆。泥浆管用回柱绞车牵引外移,每次外移距离等于放顶步距。

B. 打钻灌浆

在开采煤层附近已有的巷道或专门开掘的灌浆巷道内,一般每隔 10 ~ 20 m 向采空区打钻灌浆。为了减少钻孔深度和便于操作,可在底板巷道或灌浆巷道每隔 20 ~ 30 m 开一钻场,在钻场内向采空区打扇形钻孔灌浆。

C. 工作面灌浆

采用单体支柱支护的工作面,煤层倾角小或浮煤较厚,灌浆不充分时,可在灌浆管上接入高压胶管,人工向采空区洒浆。

③采后灌浆

采煤工作面或采区开采结束后,封闭其采空区,进行灌浆。采后灌浆可以由采空区两侧石门或采区邻近煤层巷道向采空区打钻灌浆;亦可在回风道,运输道或中间平巷密闭上插管灌浆,防止停采遗煤自燃。

(4)灌浆站工作制度与灌浆量

①灌浆站工作制度

地面灌浆站的工作制度应与矿井工作制度相配合。灌浆站的日工作班数应按矿井开采煤层的自燃发火严重程度和工作面作业式来确定。

采煤工作面采用“两采一准”的作业形式时，日灌浆班数按工班安排，日纯灌浆时间为10 h；若自燃发火严重，需灌浆的工作面较多宜采用3 班灌浆，日纯灌浆时间为15 h。

②灌浆量

A. 日灌浆所需土量

$$Q_{土} = KmLHC$$

式中　$Q_{土}$——日灌浆所需土量，m^3/d；

m——煤层采高，m；

L——工作面日推进度，m；

H——灌浆倾斜长度，m；

C——回采率，%；

K——灌浆系数，我国采用5% ~15%。

B. 灌浆用水量

日制浆用水量：

$$Q_{水1} = Q_{土}\ \S$$

式中　$Q_{水1}$——制浆用水量，m^3/d；

$\S$——水地比；

$Q_{土}$——同前。

日灌浆用水量：

$$Q_{水2} = K_{水}\ Q_{水1}$$

式中　$Q_{水2}$——日灌浆用水量，m^3/d；

$K_{水}$——冲洗管路用水量系数，一般取1.10 ~1.25；

$Q_{水1}$——同前。

C. 灌浆量

$$Q_{浆1} = (Q_{水1} + Q_{土})M$$

式中　$Q_{浆1}$——日灌浆量，m^3/d；

M——泥浆制成率，按表3-2 选取；

$Q_{水1}Q_{土}$——同前。

表3-2　泥浆的制成率

水土比	1∶1	2∶1	3∶1	4∶1	5∶1	6∶1
密度/$(t\cdot m^{-3})$	1.45	1.30	1.20	1.16	1.13	1.11
M	0.765	0.845	0.880	0.910	0.930	0.940

D. 小时灌浆量

$$Q_{浆} = Q_{浆} \cdot \frac{1}{n \cdot t}$$

$Q_{浆}$——小时灌浆量，m^3/h；

n——日灌浆班数,班/d;

t——每班净灌浆时间,h/班。

E. 泥浆水土比

泥浆水土比应根据泥浆输送的距离、煤层倾角、灌浆方式、灌浆材料和季节等因素、通过实验确定。一般情况下,输距离长,水土比应大一些,冬季应比夏季大些。我国煤矿使用的泥浆浆水土比为2∶1~8∶1,一般使用3∶1~6∶1的居多。

(5)灌浆管理

加强灌浆管理保证灌浆质量,提高灌浆效果至关重要。随采随灌注意观察灌入水量与水量比例,如果排出水量过少,则说明灌浆区可能有泥存积,应停止灌浆。如果排水含泥量过大或过于集中,说明采空区已形成泥浆沟,灌浆不不均匀,应移动管口位置。

灌浆后应再灌几分钟清水,清洗管道,防止泥浆在管道内沉淀。

4. 阻化剂灭火

阻化剂灭火就是把一些吸收性很强的盐类物质制成溶液喷洒在煤壁、浮煤上或注入煤体之内,起到增加煤体的外在水分,降低煤体温度,并形成液膜包围煤块,从空气中吸收水分,使煤表面较长时间处于湿润状态,隔绝与氧气的接触;降低煤在低温氧化时的速度,延长煤的自燃发火期的作用。

(1)阻化剂的评价指标及其影响因素

阻化剂的阻化效果是评价其优劣的标准。我国目前使用阻化率和阻化寿命两个指标来衡量。

①阻化率

阻化率在实验室测定,并用下试计算:

$$E = \frac{A - B}{A} \times 100$$

式中 E——煤的阻化率,%;

A、B——分别为煤样和阻化煤样在规定的实验室条件下氧化5 h放出的CO(PPm)或SO_2(mg),低流煤测CO、高流煤测SO_2;

K——阻化率越大,说明阻化剂对煤氧化的阻止作用越大。

②阻化剂的阻化寿命

阻化剂喷洒至煤体表面后,从开始生效至失效所经过的时间叫阻化剂寿命,单位为月。单位时间内阻化率降值叫阻化剂的衰减速度,以V表示,单位为%/月。阻化剂的寿命可用以下表示:

$$T = E/V$$

阻化剂的寿命是一个重要指标。为了达到的预防自燃发火,阻化寿命不应小于自燃发火期。阻化寿命可以通过二次或多次喷洒以及保持环境具有较高的湿度等措施来延长。

阻化剂的效果与被喷洒的煤牌号、阻化剂种类及其液浆浓度和使用的工艺有关。

(2)阻化剂选择

目前最常用的阻化剂有:$CaCl_2$,$MgCl_2$,NH_4Cl以及水玻璃(XNa_2O,$YSiO_2$)等。从应用结果来看,氯化钙、氯化镁、氯化铝、氯化锌等氯化物对褐煤、长焰煤和气煤有较好的阻化效果;水玻璃、氢氧化钙对高硫煤亦较好高阻化率。

(3)阻化剂防火工艺

应用阻化剂防火的主要方法是:表面喷洒、用钻孔向煤体压注及利用专用设备向采空区送入雾化阻化剂。压注和喷洒系统有移动式、固定式、半固定式三种。向采空区喷送雾状阻化剂系统如图3-7所示。化应用之前,应确定采空区的漏风量。雾化器的喷射量不能大于漏风量,否则将对采空区的空气动力状态产生影响。

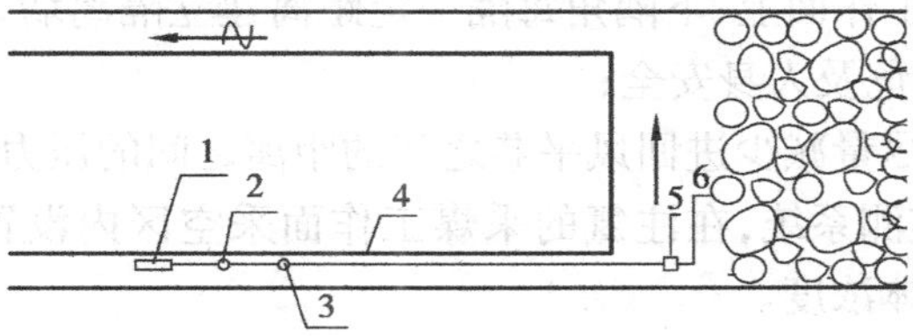

图3-7　采空区喷洒气雾状阻化剂工艺示意图

1—阻化剂溶液箱;2—输液泵;3—过滤器;

4—输液管;5—分流器;6—雾化喷嘴

应用阻化剂处理高温点和灭火。首先打钻测温并圈定火区范围,然后从火区边缘开始向火源过钻孔压注低浓度阻化剂水溶液,逐步逼近火源进行降温处理。

阻化剂防火具有施工工艺简单、投资少、减少用土量等优点。其缺点是:对采空区再生顶板的胶结作用不如泥浆好;对金属有一定腐蚀作用,等阻化寿命有待进一步提高。

5.氮气防灭火

氮气防灭火就是利用氮气不燃烧、不助燃的性质来惰化采空区或火区,防止自燃发火或来火。

(1)氮气防灭火的原理

氮气注入采空区或火区后,可置换出空气,氧气含量降低,使采空区或火区的浮煤缺氧而处于窒息状态。若注入液态氮,液氮汽化,吸收大量的热量,不仅降低氧气含量,而且降低了气体、浮煤和围岩温度。

(2)氮气的制取与输送

氮气的制取方式有深空分法、分子筛变压吸附洁膜式空气法等三种。目前煤矿用制氮设备有以膜分原理制成的井下移动式制氮装置和以分子筛变压吸附法原理制成的地面固定式、地面和井下移动式制氮设备。氮气的输送一般用无缝钢管。

(3)采煤工作面注氮工艺

①工作面采空区埋管注氮。在工作面进风平巷外侧巷道帮敷设无缝钢管,并埋入采空区内,每隔一定距离预设氮气释放口中,释放口罩上金属网并用石块或木垛加以保护。为了减少氮气泄漏,可在工作面上下隅角建立隔墙。

为了节省管道,控制注氮地点,提高注氮效果,可采用拉管式注氮方式。即采用回柱绞车将埋管向外牵移,移动距离同工作面推进步距,使氮气释放口距工作面大于15 m。

②采煤工作面采空区全长注氮工艺。从采煤工作面巷或回巷铺设一趟管道,通过固定在支架上的铠装软管,按一定间距安设一伸各采空区的毛细钢支管,毛细管拴在支架上,随工作面移架而向前移动。适合不同自燃发火程度的工作面注氮需要。

③钻孔注氮工艺。从采空区附近的巷道内向采空打钻,利用钻孔注入氮气。沿工作面推

进方向一般每隔 30 m 左右布置钻孔。

④氮气防灭火容易发生氮气泄漏，如控制不好不但起不到防灭火作用，反而会污染环境，对人产生危害。因此，使用时需注意以下事项：

A. 注入的氮气浓度不得小于 97%；

B. 注氮气先检查注氮区的漏风情况，用六氟化硫 SF_6 示踪气体，检查漏风，找出漏风地点并进行堵漏；

C. 注氮气进程中，在工作面上、下隅角每隔一定距离建立隔离墙，以防注入采空的氮气泄入工作面影响注氮效果和危及人身安全；

D. 工作面采用均压，尽量减少进回风平巷之间的距离之间的压力差；

E. 建立完善的束管监测系统，在注氮的采煤工作面采空区内设置束管监测探头，连续监测 CO，CO_2，CH_4，O_2 等气体浓度。

二、任务单

结合给定案例编制矿井内因火灾的预防措施。

任务 3.1.4 矿井火灾的扑灭

一、学习型工作任务

（一）阅读理解发生火灾时的风流控制

灾变时期通风调度决策正确与否对救灾工作的成败极重要。高温火灾气体的空气动力效应有两方面作用：一是燃烧生成的热能转化为机械能，形成附加的自然风压，即火风压，作用于通风网络；二是在为源点生成大量火灾气体以及风流受热后体积膨胀所产生的膨胀压力，对上风侧风流产生阻力作用，即膨胀节流效应，对风流产生动力作用。

1. 火风压及其特性

火灾时高温火灾气流经的井巷内空气成和温度发生了变化，从而导致空气密度减小产生附加的自然风压，在灾变通风中称之为火风压。根据自然风压的计算公式可导出火风压的计算公式：

$$H_f = Zg(P_0 - P_1)$$

式中 H_f——火灾时的火风压，Pa；

Z——火灾气体流经的井巷始末两点的标高差，m；

$P_0 - P_1$——火灾前后井巷内的空气平均密度，kg/m^3；

g——重力加速度，m/s^2。

根据公式可以看出来：火风压的大小与温度火灾气流流经井巷的高度和发火前后的空气密度有关。发火后空气的密度主要受火源温度和范围、通过火源的风量影响。火风压具有以下特性：

（1）火风压出现在火灾气流的倾斜或垂直的井巷中。Z 越大，火风压值越大。在水平巷道内，标高差很小时，火风压极小。

（2）火风压的方向总是向上。

（3）火势愈大，温度愈高，火风压也愈大。矿井火灾时，火源温度（1 000 ~2 500 ℃）和火源风侧井的空气温度变化很大，要精确地计算出风火压值十分困难。但根据火灾发生的地点、火风压的特点和原有的通风状况，判断可能发生风流逆转的巷道，采取正确的稳定措施，则是完全必要和可能的。

2. 风流紊乱及其防治

如图3-8所示，在采区一翼的上行风流中发生火灾时，从进风井—Ⅰ风路—回风井为主干风路，Ⅱ风路为旁侧支路。当火风压相对于主要通风机在该风路上的风压较小时，风路Ⅰ、Ⅱ仍保持发火前的原风向，只是Ⅰ风路风量增加，Ⅱ风路内风量减少；随火势发展，火风压增大，当火风压达到某一临界值，Ⅱ风路风流停止流动。随后在Ⅱ风路中即可观察到火烟退流，即新鲜风流从巷道断面的下部保持原有方向往上流动，而烟在巷道上部逆着风流方向下涌造成滚动，这种现象称烟流逆退，是Ⅱ风路风流反向的前兆。当风火压超过临界值时，Ⅱ风路中风流反向，这种现象称为旁侧支路风流逆转。这时Ⅰ风路中的烟气就流入Ⅱ风路，造成灾区扩大，威胁Ⅱ风路中人员安全。

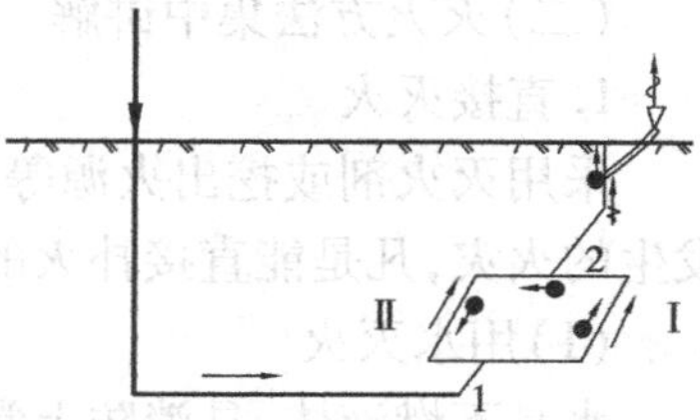

图3-8　火灾时风流紊乱及防治
→风流；〰→火烟

当火势迅猛，生成的烟气量大，火源下风侧排烟受阻时，在火源的上风侧风路中也能发生烟流逆退。

为了防止旁侧风路Ⅱ风流逆转，保持主要通风机的正常运转，在Ⅰ风路的火源上风侧巷道建立防火墙T，减少Ⅰ风路的风量，以减小风火压。

防火主干风流发生烟流逆退的措施：减少主干风路排烟区段的风阻；在火源的上风侧巷道的下半部构筑挡风墙，迫使风流向上流，并增加风流的速度。

3. 火灾时的风流控制措施

矿井发生火灾时，为了保证人员的安全撤出，防止火灾烟气到处蔓延和瓦斯爆炸，控制火灾继续扩大，并给灭火创造有利条件，采取正确的控制风流措施，是非常重要的。控制风流的措施有：

(1)保证正常通风，稳定风流；

(2)维护原风向减少供风量；

(3)停止主要通风机工作或局部风流短路；

(4)风流反向。

一般情况下，火灾发生在总进风流中时，应进行全矿性反风，阻止烟气进入采区。对于中央并列式通风的矿井，在条件允许时也可使进回风流短路，将烟气直接排出。

当火灾具体位置范围、火势受威胁地区等情况没有完全了解清楚时，应保持正常通风。火灾发生在总回风流中时，风流应维持原方向，将烟气排到地面。

火灾发生进风井底，由于条件限制不能反风、又不能让火灾气体短路进入回风时，可停止主要通风机运转，并打开回风井口防爆门，使风流在火风压作用下自动反风。

采区内发生火灾时，风流调度比较复杂，首先应注意风流逆转，一般不采取减风或停风措施。若有局部反风设施时，应进行局部反风。

机电硐室发生火灾时，通常以关闭防火门或修筑临时密闭墙隔断风流。

采取控制风流措施时，必须十分注意瓦斯的情况。如在瓦斯矿井实行反风或风流短路时不允许将危险浓度的瓦斯送入火区；停风措施易使瓦斯集聚爆炸危险浓度，应特别慎重。

在多数情况下，发生火灾时应保证正常通风，稳定风流。稳定风流就是保持矿井正常通风系统不为火灾所改变。实践证明,处理火灾时期,如果通风正常,风流能为人们所掌握,则为灭火提拱了可靠的保证,同时对保护井下人员的安全也有重要作用。

（二）灭火方法集中讲解

1. 直接灭火

采用灭火剂或挖出火源等方法把火直接扑灭,称为直接灭火法。无论是井上还是井下所发生的火灾,凡是能直接扑灭的,均应尽量扑灭。

（1）用水灭火

水是不燃液体,是消防上常用的灭火剂之一。一般采用水射流和水幕两种形式。

应注意的是以下火灾不宜用水扑灭:1）电气（带电）火灾。2）轻于水和不溶于水的液体和油类火灾。3）遇水能燃烧的物质（如电石、金属钾、钠等）火灾。4）精密仪器设备、贵重文物、档案等火灾。5）硫酸、硝酸和盐酸等火灾,因酸遇强大的水流后会飞溅。

用水灭火要有足够的水量,少量的水不但火灭不了,而且在高温下能分解成 H_2 和 CO,形成爆炸性气体;扑灭火势猛烈的火灾时,不要把水流直接喷射到火源中心,应先从火源外围逐渐向火源中心喷洒,以免产生大量水蒸气喷出和燃烧的煤块、煤渣烫伤旁边人员;灭火人员必须站在火源上风侧,并要保持有畅通的排烟路线,及时将高温气体和水蒸气排出;用水扑灭电器火灾时,应首先切断电源。

（2）用砂子或岩粉灭火

把砂子或岩粉直接撒在燃烧物体上能隔绝空气,将火扑灭。通常用来扑灭初期起的电气设备火灾与油类火灾。砂子或岩粉成本低,灭火时操作简便,因此,机电硐室、材料仓库、炸药库等地方均应设置防火矿箱或岩粉箱。

（3）泡沫灭火

泡沫是一种体积小,表面被液体围成的气泡群。泡沫的比重小（$d=0.1\sim0.2$）,且流动性好可实现远距离立体灭火,具有持久性和抗燃烧性,导热性能低、粘着力大。泡沫灭火剂可分为化学灭火剂和空气泡沫灭火剂两类。

A. 化学泡沫灭火剂

化学泡沫是由两种泡沫粉与水混合后发生化学反应而生成水溶液,发泡而形成。化学泡沫灭火剂对扑灭石油和石油产口以及其他油类火灾十分有效。

B. 高倍空气泡沫

空气泡沫可分为普通蛋白泡沫、氟蛋白泡沫、抗性泡沫以及中倍泡沫和高倍泡沫多种。其使用方法是:灭火时首先在火源上风侧的巷道内构筑密闭墙,将高倍空气泡沫灭火机的发泡口安在密闭墙上,然后发泡,在巷道内形成一个泡沫塞向火源移动,扑灭火源。

（4）干粉灭火剂应用范围较广,可以扑灭 A、B、C、D 类和电气火灾,常见的灭火器有灭火手雷和喷粉灭火器,灭火手雷药粉 1 kg,总质量约 1.5 kg,灭火的有效范围约 2.5 m。使用时将护盖拧开,拉出火线,立即用力投入火区,同时注意隐蔽,防止弹片伤人。喷粉灭火器是在钢制的机筒内装有一定量的药粉,在筒内或筒外的小钢瓶中装有液态 CO_2,以此为动力,把药粉喷洒射出去。使用时,将灭火器提到现场,在离火源 7 ~ 8 m 的地方将灭火器直立于地,然后一手握住喷嘴胶管,另一手打开开关,将桶内的药粉喷向火源。

（5）挖除火源

将已燃的煤炭（或已发热的煤炭）挖取出来,运往井外,遗留的空间用不燃烧的材料如黄土、沙子等填充。此方法适用于自燃初期、范围小、人员能接近火源。挖除火源前先用水喷洒冷却火源后,再逐步挖出。

2. 隔绝灭火

当不能直接将火源扑灭时为了迅速扑灭时,为了迅速控制火势,使其熄灭,可在通往火源的所有的巷道内的砌筑密闭墙,使火源与空气隔绝。火源封闭后其内的氧气浓度逐渐下将,燃烧因缺氧而窒息。这种灭火的方法称为隔绝灭火。

(1)密闭墙的结构和类型

火区的密闭是靠密闭墙来实现的。按照密闭墙存在时间长短和作用,可分为临时密闭、永久密闭和防爆密闭三种。

A. 临时密闭墙

其作用是暂停时切断风流,控制火势发展,为砌筑永久密闭墙或直接灭火创造条件。对临时密闭墙的主要要求结构简单,建造速度快,具有一定的密实性,位置上尽量靠近火源。传统的临时密闭墙是木板墙上钉不燃的风筒布,或在木板上涂黄泥,如图3-9。也有采用木立柱夹混凝土块级的,如图3-10。

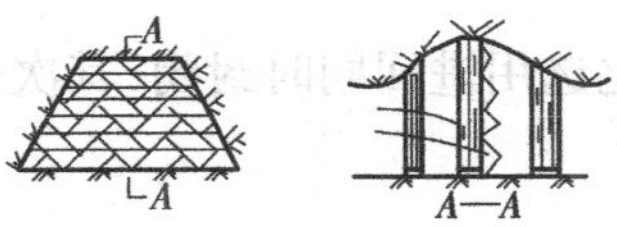

图3-9　木制密闭墙

1—立柱;2—木板

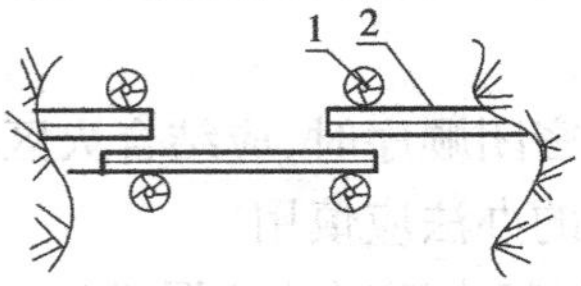

图3-10　混凝土快板密闭墙

1—混凝土快板;2—木立柱

随着科学技术的发展,已研制出多种轻质材料结构、能快速建造的密封墙,如泡沫塑料密闭墙、伞式密闭墙和充气式密闭墙等。

B. 永久密闭墙

较长时间地(至火源熄灭为止)阻断风流,使火区因缺氧而熄灭。其要求是具有较高的气密性、坚固性、不燃性,同时又便于砌筑和启开。密闭墙的结构如图3-11所示。材料主要有砖、片(料)石和混凝土,砂浆作为粘结剂。砌墙时,要求在巷道的四周刻挖0.5~1.0 m厚的深槽(使墙与未破坏的岩体接触),并在墙与巷道接触的四周涂一层粘土或砂浆等胶结剂。在矿压下、岩体破坏严重的地区设置密闭墙时,采用两层之间充填黄土的结构,以增加密闭墙密闭性。在密闭墙的上中下适当位置应预埋相应的铁管,用于检查火区的温度、采集气样、测量漏风压差、灌浆和排放积水,平时这些管口应用木塞或阀门堵塞,以防止漏风。

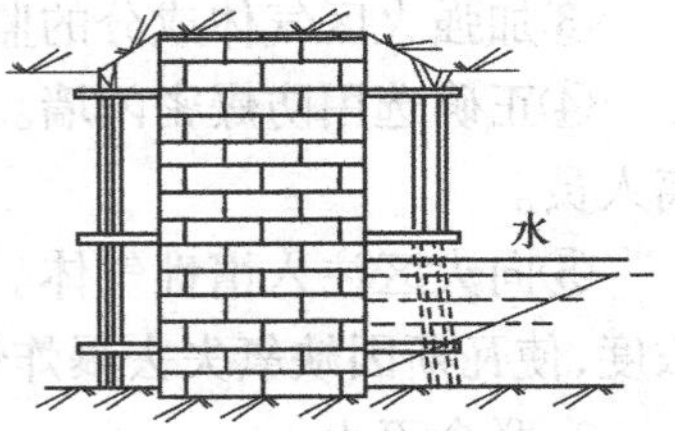

图3-11　砖石密闭墙

C. 防爆密闭墙

密闭有瓦斯爆炸危险的火区时,需要建筑防爆密闭墙。防爆密闭墙常用沙袋或土袋堆砌而成。如图3-12。其厚度一般为巷道宽度的2倍。堆砌后用木砌把顶部沙袋打紧,然后在其保护下砌筑永久性防火墙。

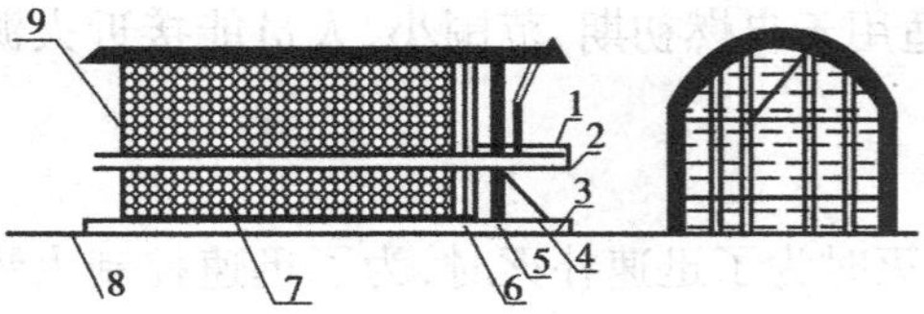

图 3-12　砂袋防爆密闭墙

1—采样管;2—通过管;3—防水管;4—加强柱;

5—木板 ;6—立柱;7—砂包;8—过滤头;9—密闭墙

(2)封闭火区的顺序

封闭火区的顺序有三种:

①先进后回。先在火区的进风侧建立临时封闭墙,切断风流,控制与减弱火势,然后再从回风侧封闭。在临时密闭墙的掩护下,建永久密闭墙。这种密闭顺序适用于无瓦斯爆炸危险火区。

②先回后进。先在火区回风侧建立密闭墙,再密闭进风侧,以便及时控制火焰蔓延,保护回风侧人员安全。

③进回同时在火区的进回侧同时建立建立临时密闭墙,以利于防止瓦斯爆炸,但施工要求比较严格。

选择密闭顺序时,应结合火区瓦斯情况,一般应优化选用进回同时封闭,其次是先进后回,先回后进的办法应慎用。

(3)封闭火区时的防爆措施

封闭火区时,为了防止瓦斯爆炸,应采取以下措施:

①合理选择密闭顺序。有瓦斯爆炸危险时,应先用进回同时封闭的方法,在统一指导下,同时封闭进回风侧密闭墙上的通风口。

②合理选择密闭位置。密闭墙尽可能靠近火源,密封区不得存有漏风口。

③加强火区气体成分的监测,正确判断瓦斯爆炸的危险程度。

④正确选用防爆密闭墙。建造防爆密闭墙时,边通风,边检测,边建筑,迅速封口,迅速撤离人员。

⑤向火区注入惰性气体。封闭火区时向火区注入大量氮气或其他惰性气体,以降低氧气浓度,使瓦斯因缺氧失去爆炸性。

3. 联合灭火

封闭后的火区,再采取灌浆,注惰性气体均压等其他灭火手段,以加速其熄灭的方法,称为联合灭火。灭火的方法前已介绍,实际中,应根据具体情况和条件灵活运用。

二、任务单

结合给定案例编制灭火技术措施。

任务 3.1.5　矿井火区的管理与启封

一、学习型工作任务

(一)阅读理解

火区管理

火区密闭后,应加强管理,促进其熄灭。具体做法有:

（1）火区有编号，建立档案

每一火区都要按时间顺序进行编号，建立火区管理卡片和绘制火区位置关系图，由矿井通风管理部门永久保存。

（2）火区管理卡片

火区管理卡片上要详细记录发火时期、原因、位置、范围、密闭墙的厚度、建筑材料、灭火处理过程、灌浆量以及空气成分，温度，气压变化的情况，并附火往返位置示意图。

（3）井下所有永久防火密封墙编号管理

所有永久防火密闭墙必须统一编号，墙前设栅栏，悬挂警标，禁止人员入内，并悬挂记录牌，记录墙内外的空气成分和浓度以及墙内的温度。

（4）加强检查工作

密闭墙内的温度和空气成分应定期检查，密闭火区的密闭墙必须每天检查一次，瓦斯急剧变化时，每班至少检查一次。所有检查记录都要记入检查记录簿中。密闭墙的检查与管纪按《规程》和通风质量标准的要求进行检查管理。若发现防火墙封闭不严及火区内有异常变化时，要及时采取措施进行处理。

2. 进行恢复生产的有关工作。

判别火区熄灭的措施

封闭的火区只有具备下列监测措施时，才可以认为已经熄灭，可以启封。

（1）火区的空气温度下降到30 ℃ 以下，或与火灾发生前该区的日常空气湿度相同。

（2）火区内空气中氧气浓度降到5.0%以下。

（3）火区内空气中不含乙烯，乙炔，一氧化碳浓度在封闭期间内逐渐下降，并稳定在0.001%以下。

（4）火区的出水湿度低于25 ℃，或与火灾发生前该区的日常出水温度相同。

（5）上述4项指标持续稳定的时间在一个月以上。

（二）火区的启封集中讲解

1. 矿井火区的启封方法

经火区气体与温度的观测，确认火区已经熄灭后，方准启封，启封前先要制定措施。

启封先前由救护队员在锁风状态下进入火区侦查，测定火区内气体成分和温度状态，并检查巷道及其支护状态，只有确认火源已经熄灭，方可进行启封。

火区启封的方法有两种：

通风启封法。通风启封法是一种最迅速、最方便的方法。启封前撤出火区气体排放路线上的所有人员，切断回风侧电源。先在回风侧密闭墙上打开一个钻孔，并逐渐扩大，过一段时间打开进风侧密闭墙，待有害气体排放一段时间，无异常现象时，相继打开其余密闭墙，撤离人员，加大通风量，1 ~2 h后再进入火区对其进行洒水灭火工作。

2. 锁风启封法。即先在欲打开的永久密闭墙外5m ~6m处建一道带小风门的锁风墙，把建墙材料和工具放在两墙之间，关闭小风门。救护队员在永久密闭上打开一个洞，把材料，工具运到火区内一定位置，建筑缩封墙，建好缩封墙后，拆除锁风墙和原永久密闭墙，排除有害气体，这样逐渐缩小火区，直到全部启封。

通风启封法适应于火区范围小，着火带附近无大量冒顶，火区内可燃气体浓度低于爆炸界限，确定火区完全熄灭的条件；锁风启封法适用于火区范大，难以确认火源是否完全熄灭，或远离瓦斯涌出的火区。

3. 火区启封的安全技术措施

在启封过程中若出现 CO 浓度升高，复燃征兆时，必须立即停止向火区送风，并重新封闭。

启封火区完毕后的 3 天内，每班须由矿山救护队员检查通风情况，并测定水温，空气温度和成分。只有在确认火区完全熄灭，通风等情况良好后，方可进行恢复生产的有关工作。

二、任务单

结合给定案例编制火区启封安全技术措施。

复习题与习题

1. 什么叫矿井火灾？
2. 什么叫内因火灾？它有什么特点？
3. 矿井火灾有何危害？
4. 煤炭自燃的条件有哪些？
5. 影响煤炭自燃的因素有哪些？
6. 我国把煤的自燃倾向性分为哪几个等级？
7. 试述自燃火灾的预防方法，要求及注意事项？
8. 采取哪些措施能预防采面后采空区煤炭自燃？
9. 试述利用风压调节法防火的具体措施？
10. 灌浆防火的原理是什么？采煤工作面采空灌浆应注意什么？
11. 阻化剂防火的作用是什么？试述阻化剂的喷洒工艺系统？
12. 直接灭火有几种？用水灭火时应注意什么？
13. 试述火风压的概念及特征？如何计算火风压？
14. 防止风逆转的措施有哪些？
15. 建造永久防火密闭墙有什么要求？
16. 火区封闭的顺序有几种？各适应什么条件？
17. 封闭火区时的防爆措施是什么？
18. 判定火区熄灭的指标有哪些？试述锁风启封法的步骤。
19. 怎样编制火区启封的安全技术措施？
20. 矿井外因火灾的种类有哪些？
21. 矿井外因火灾的成因是什么？
22. 编制矿井外因火灾的预防措施的内容是什么？
23. 编制矿井外因火灾的预防措施需要注意的事项是什么？
24. 编制灌注浆灭火防治技术措施的内容是什么？
25. 编制阻化剂防灭火防治技术措施的内容是什么？
26. 编制阻化剂防灭火防治技术措施需要注意的事项是什么？
27. 编制灌注浆灭火防治技术措施需要注意的事项是什么？
28. 编制氮气防灭火防治技术措施的内容是什么？

29. 编制氮气防灭火防治技术措施需要注意的事项是什么？
30. 编制直接灭火技术措施的内容是什么？
31. 编制直接灭火技术措施需要注意的事项是什么？
32. 编制隔绝灭火技术措施的内容是什么？
33. 编制隔绝灭火技术措施需要注意的事项是什么？
34. 编制综合灭火技术措施的内容是什么？
35. 编制综合灭火技术措施需要注意的事项是什么？
36. 编制火区管理办法的内容是什么？
37. 编制火区管理办法需要注意的事项是什么？
38. 编制矿井火区启封安全技术措施的内容是什么？
39. 编制矿井火区启封安全技术措施需要注意的事项是什么？

学习情境 4

矿井水灾防治

教学内容

水灾是煤矿五大灾害之一，在煤矿建设和生产时期，常常会遇到水的危害，发生程度不同的透水事故。轻者造成排水设备增多，费用大，原煤成本高，生产条件恶劣，管理困难，采区持续紧张，影响生产建设的发展；重者直接危害职工生命安全和国家财产的安全，造成伤亡或淹井事故。在学习情景 4 中将集中介 5 绍矿井水灾的识别和防治。

教学条件、方法和手段要求

准备现代化矿井演示模型、矿井防治水的措施样本等。

建议采用在矿井通风与安全实训基地结合模型讲授的方法教学。通过模拟实训，让学生熟悉矿井水灾的预防措施的内容，进行一次过程完整的编制工作。

学习目标

1. 能熟练阅读矿井防治水的措施报告，并根据矿井水的类型提出防治矿井水灾的建议。
2. 能正确分析矿井水灾的原因，能编制矿井防治水的措施。

“矿井防治水的措施”单元是解决矿井水灾的关键。通过该单元的学习训练，要求学生熟悉矿井水灾及其严重危害、矿井水灾的基本条件、造成矿井水灾的主要原因、透水的预兆等方面的知识。能够编制矿井防治水的措施。

拟实现的教学目标：

1. 能力目标

能熟练阅读矿井防治水的措施报告，能熟练实施矿井防治水的措施，防治矿井水害。

2. 知识目标

能够熟练陈述矿井水灾的地面和井下防治技术。能陈述矿井防治水措施的要点。了解注浆堵水的注浆材料。

3. 素质目标

通过矿井防治水措施的现场模拟实施,培养学生一丝不苟的从严精神。

任务4.1.1　矿井水害识别

一、学习型工作任务

(一)阅读理解

1. 矿井水害概念

(1) 矿井水

凡是在矿井开拓、采掘过程中,渗入、滴入、淋入、流入、涌入和溃入井巷或工作面的任何水源水,统称矿井水。

(2)矿井突水

凡因井巷、工作面与含水层、被淹巷道、地表水体或含水裂隙带、溶洞、洞穴、陷落柱、顶板冒落带、构造破碎带等接近或沟通而突然产生的出水事故,称为矿井突水。

(3)矿井水害

凡影响生产,威胁采掘工作面或矿井安全的、增加吨煤成本和使矿井局部或全部被淹没的矿井水,统称为矿井水害。

2. 矿井水害类型

造成矿井水害的水源有大气降水、地表水、地下水和老窑水。地下水按储水空隙特征又分为孔隙水、裂隙水和岩溶水等。现按水源特征,可把我国矿井水害分为若干类型。因为,多数矿井水害往往是由2~3种水源造成的,单一充水水源的矿井水害很少,故矿井水害类型是按某一种水源或以某一种水源为主命名的,一般分为地表水、老窑水、孔隙水、裂隙水和岩溶水五大类水害。其中岩溶水害又按含水层的厚度细分为薄层灰岩水害和厚层灰岩水害两类。

(1)地表水水害

在有地表水体分布的地区,如长年有水的河流、湖泊、水库、塘坝等,因煤矿井下防水煤(岩)柱留设不当,当井下采掘工程发生冒顶或沿断层带坍裂导水时,地表水将大量迅速灌入井下,类似水害事故曾多次发生。尤其是在一些平时甚至长期无水的干河沟或低洼聚水区,多年来平安无事,未引起人们的注意和重视。当突遇山洪暴发,洪水泛滥,会使某些早已隐没不留痕迹的古井筒、隐蔽的岩溶漏斗、浅部采空塌陷裂缝、甚至某些封孔不良的钻孔,由于洪水的侵蚀渗流而突然陷落,造成地面洪水大量倒灌井下;也可沿某些强充水含水层的露头强烈渗漏,结果造成水害事故。在特定条件下,有时可冲毁工业广场,直接从生产井口灌入井下,迫使井下作业人员无法撤出。这种水害往往来势突然且迅猛,一时无法抗拒,可造成重大损失。

(2)老窑水水害

所谓老窑水,是指年代久远且采掘范围不明的老窑积水、矿井周围缺乏准确测绘资料的乱掘小窑积水或矿井本身自掘的废巷老塘水。这种水贮集在采空区或与采空区相联的煤岩或岩石巷道内,水体的几何形状极不规则,不断推进的生产矿井采掘工程与这种水体的空间关系错综复杂,难以分析判断。而这种水体又十分集中,压力传递迅速,其流动与地表水流相同,不同于含水层中地下水的渗透。采掘工程一旦意外接近便可突然溃出，发生通常所说的“透水”事故。事实表明，即使只有几立方米的这种积水，一旦溃出，也可能造成人员伤亡事故。水量较大的老窑积水则可毁矿伤人。这种水体不但存在于地下水资源丰富的矿区，也可能存在于干旱贫水的矿区，是煤矿生产普遍存在的一种水害。

(3)孔隙水水害

我国大部分煤矿目前主要开采中生代侏罗纪和古生代石炭二叠纪地层中的煤炭。新生代第四系松散孔隙充水含水层甚至第三系充水含水砂砾层往往呈不整合覆盖在这些煤系地层之上，它直接接受大气降水和分布其上的河流、湖泊、水库等地表水体的渗透补给，形成在剖面和平面上结构极其复杂的松散孔隙充水含水体。这些含水体常年累月地不断地向其下伏的煤层和煤层顶底板充水含水层以及断层裂隙带渗透补给，其水力联系的程度因彼此间接触关系的不同和隔水层厚度及其分布范围的不同而变化。同时还会因各类钻孔封孔质量的好坏，引起水力联系的变化，这些变化往往导致有关充水含水层的渗透性和采空区冒落裂隙带的导水强度难于真实判断，因而采掘工作面往往会发生涌水量突然增大的异常现象，情况严重时就会造成突水淹井事故。在一些特定条件下，甚至可能造成水与流沙同时溃入矿坑的恶性事故。

(4)裂隙水水害

水源为砂岩、砾岩等裂隙含水层的水。这种水害发生在开采北方二叠纪山西组煤层和侏罗纪煤层以及开采南方侏罗纪的煤层中。这些煤层顶部常有厚层砂岩和砾岩，其中裂隙发育，如与上覆第四纪冲积层和下伏奥陶系含水层有水力联系时，可导致大突水事故以及建井时期发生淹井事故。若砂岩层缺乏补给水源时，则涌水很快变小甚至疏干。

(5)薄层灰岩岩溶水害

水源主要是华北石炭二叠纪煤田的太原群薄层灰岩岩溶水。这种水害以河南、河北、山东、江苏居多。这些地区太原群煤层的顶底板均有薄层灰岩含水层存在，在开采中必然要揭露这些含水层并予以疏干。一般情况下，这些含水层是可以疏干的，但是，当这些薄层灰岩含水层与地表水体发生水力联系时或被地质构造切割，造成垂向的导水通路和横向与厚层灰岩含水层对接水力联系时，这些含水层的富水性便大大增加。因此，在具有强水源补给和接近导水通道的部位，常发生较大灾害性突水事故。

(6)厚层灰岩岩溶水水害

厚层灰岩岩溶水水害可分为南方型和北方型两种。南方型厚层灰岩赋存于主采煤层顶底板，几乎无隔水保护层可利用，故一旦发生溶洞突水、突泥，往往来势凶猛。此种厚层灰岩含水层岩溶系统发育与当地侵蚀基准面高低有关，其充水水源亦与大气降水和地表水系有关，位于当地侵蚀基准面以下，随深度增加岩溶发育程度明显减弱；北方型煤田厚层灰岩主要是奥陶系灰岩含水层，一般构造正常地区均赋存于主采煤层之下，主采煤层与厚层灰岩含水层之间常有不同厚度的煤系隔水保护层，灰岩顶面常有一定厚度的风化残积铝土存在，亦起着隔水保护层的作用，所以此类奥灰突水常与构造有关，常见的有以下四种情况：

①断层使开采煤层与厚层灰岩对接，当巷道掘进至断层带或断层附近，断层另一侧奥灰含水层水便大量溃入矿井。

②小断层带垂向导水裂隙，使主采煤层之下的隔水保护层失去隔水作用而转化为通道，使下伏奥灰含水层水突入矿井。

③个别在无构造破坏的地区也有因隔水层经采动破坏后，含水层水压高而发生突水。

④由于奥灰岩溶陷落柱造成突水。

前两种情况是常见的，是此类水害的主要类型，后两种虽少见，但危害很大，难于预测预防。

（二）集中讨论

1. 矿井水害对煤矿安全生产的影响

水害是煤矿重大灾害之一，在煤矿生产建设过程中，经常会遇到水的威胁。水害较轻者会增加煤炭企业负担，影响经济效益；重者会直接危害到职工生命安全和给国家财产造成损失。

（1）如果矿井排水系统不畅通，涌水任意流，巷道到处是泥水，必然恶化井下作业环境，不利于文明生产。

（2）由于矿井水的影响，可能造成顶板淋水，使巷道空气的湿度增加，影响工人身体健康。

（3）在生产建设过程中，矿井水量愈大，安装排水设备和排水用电费就愈高，这不仅增加原煤成本，也给煤炭企业管理工作增加一定的难度。

（4）矿井水的存在，对金属设备、钢轨和金属支架，将会产生腐蚀作用，缩短生产设备的使用寿命。

（5）矿井水量一旦超过排水能力或突水，轻者将会被淹，导致停产，重者会矿毁人亡。

（6）由于矿井受到水威胁，有时就需要留设保安防水煤柱，会影响煤炭资源的充分利用，有的甚至影响开采。

因此，必须严格执行《煤矿安全规程》中的有关规定，加强矿井水文地质条件的调查研究，做好矿井防治水工作，杜绝水害事故发生。

二、任务单

确定给定矿井水害类型。

任务4.1.2　矿井水灾预测

一、学习型工作任务

（一）阅读理解

1. 矿井充水条件

在天然条件下，煤层是不含水的，但其邻近的围岩通常是充满一定数量的不同性质的水体（源）。在开采条件下，各有关水源在重力或压力作用下，通过各种渗透通道进入矿坑，这个过程称矿井充水过程，从而构成矿井充（涌）水，其涌水量大小称充（涌）水强度。由此可见，充水水源和渗透通道是构成矿井充水不可缺少的两个方面。没有水源，就不存在矿井充水，有了水流而没有有利的渗透通道，矿井也不会强烈充水。其他因素只能影响充水强度因素。矿井充水水源和涌水通道二者综合作用，称为矿井充水条件。

矿井水灾发生必须具备的两个基本条件：一是必须有充水水源，二是必须有充水通道。两者缺一不可，要避免矿井水灾的发生，只需切断上述两个条件或其中一个条件即可。

（1）生产矿井水灾水源

煤矿建设和生产中常见的水源有大气降水、地表水、地下水（潜水、承压水、老空积水、断层水等，如图4-1。

①大气降水。从天空降到地面的雨和雪、冰、雹等溶化的水，称为大气降水。大气降水，一部分再蒸发上升到天空，一部分留在地面，即为地表水，另一部分流入地下，即形成地下水。大

气降水、地表水、地下水，实为互相补充，互为来源，形成自然界中水的循环，如图 4-2。

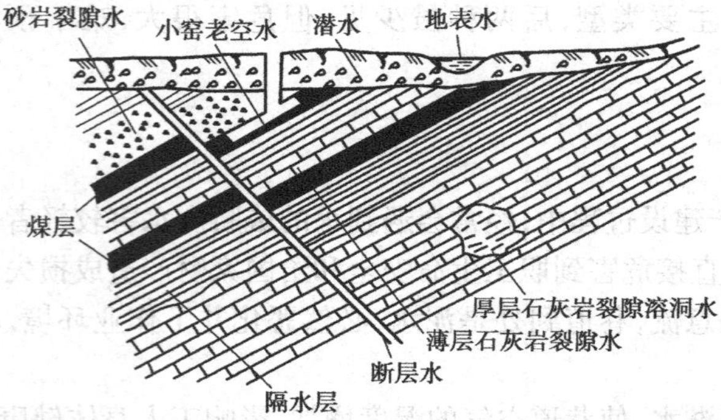

图 4-1　煤矿常见的水源

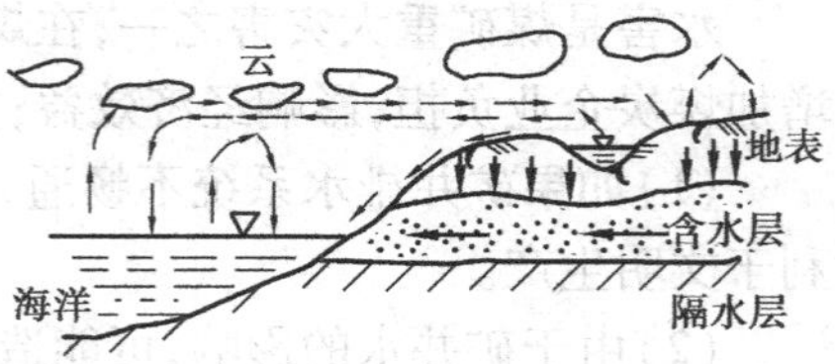

图 4-2　自然界中水的循环

②地表水。地球表面江、湖、河、海、水池、水库等处的水均为地表水，它的主要来源是大气降水，也有的来自地下水。煤矿在开采浅部煤层时，地表水经过有关通道会进入煤矿井下，形成水患，给生产和建设带来灾害。

③潜水。埋藏在地表以下第一个隔水层以上的地下水（图 4-3）称为潜水。潜水一般分布在地下浅部第四纪松散沉积层的孔隙和出露地表的岩石裂隙中，主要由大气降水和地表水补给。潜水不承受压力，只能在重力作用下由高处往低处流动，但潜水进入井下，也可能形成水患。

④承压水。处于两个隔水层中间的地下水，称为承压水或称自流水，如图 4-4 所示。

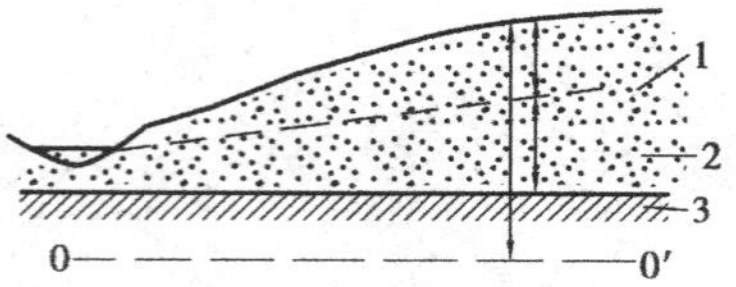

图 4-3　潜水

1—潜水面；2—潜水层；3—第一隔水层

0-0′—基准面（测量高程水准面）

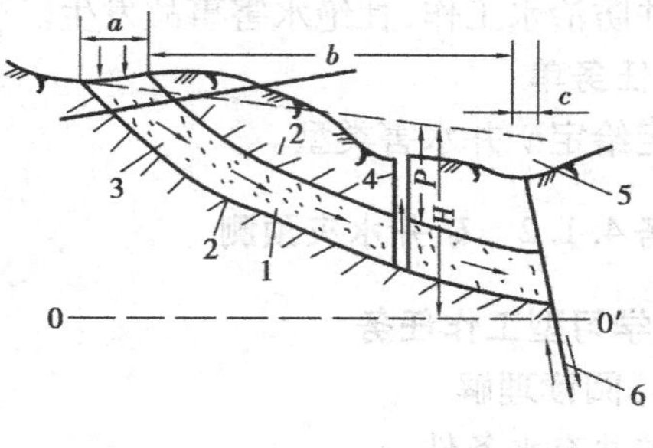

图 4-4　承压水

1—含水层；2—隔水层；3—地下水流向

4—自流井；5—喷泉；6—断层

a—补给区；b—承压区（分布区）；c—排泄区

0-0′—基准面（测量水准面）；H—静止水位；P—承压水头

⑤老空积水。已经采掘过的采空区和废弃的旧巷道或溶洞，由于长期停止排水而积存的地下水，称为老空积水。它很像一个“地下的水库”，一旦巷道或采煤工作面接近或沟通了积水老空区，则会发生水灾。

⑥断层水。处于断层带中的水，称为断层水。断层带往往是许多含水层的通道，因此，断层水往往水源充足，对矿井的威胁极大。

（2）矿井水灾的通道

①煤矿的井筒

地表水直接流入井筒，造成淹井事故。地下水穿透井壁进入井下，也能给煤矿建设和生产造成重大灾害。

②构造断裂带

断裂构造是加大岩层导水性能的重要因素，特别是断层密集的地段，岩层支离破碎，失去隔水性能，成为地下水赋存的场所和运移的通道。当下采掘工程揭露或接近这些地带时，地下水就会进入井巷，严重的可造成突水淹井事故。

③冒落裂隙带

煤层开采后，其上方的裂隙有时可与含水层或地表水沟通，造成矿井突水；当覆盖厚度较小时，采空区上方形成裂缝与地面相通，如果不及时处理，雨季洪水就会沿裂缝涌入井下。

④含水层的露头区

含水层在地表的露头区起着沟通地表水和地下水的作用，成为含水层充水的咽喉与通道。含水层出露的面积越大，接受大气降水补给量就越多。

⑤煤层底板岩层突破

地下水水头压力很大的地段，在矿山压力的作用下，承压水可突破煤层底板隔水层而涌入矿井，使矿井涌水量突然增大，有时可导致淹井事故。

⑥封闭不良钻孔

在煤田勘探和生产建设中，井田内要打许多钻孔，虽然钻孔深度不同，部分钻孔会打穿含水层，于是钻孔就成为沟通含水层及地表水的人为通道。由于对其封闭不良，在开采揭露时，就会将煤层上方或下部含水层以及地表水引入矿井，造成涌水甚至突水事故。

⑦导水陷落柱和地表塌陷

有些陷落柱胶结程度极差，柱体周围岩石破碎，并伴生有较多的小断裂，这就可能成为沟通地表水或地下水的良好通道，当采掘工作面揭露或接近这些导水陷落柱时，就会造成井下涌水或突水事故。

2. 矿井充水强度与指标

地下水储存在不同的充水含水层中，含水层的埋藏条件不同和岩石性质不同，决定了它们含水强度的不同，当采掘巷一旦接近或揭露含水层时，涌入矿井的水量是不一样的，有的很大，有的却很微弱。在煤矿生产中，把地下水涌入矿井内水量的多少称为矿井充水程度，用来反映矿井水文地质条件的复杂程度。

生产矿井常用含水系数（K_B）或矿井涌水量（Q）两个指标来表示矿井充水程度。

①含水系数

含水系数又称富水系数，它是指生产矿井在某时期排出水量 Q（m^3）与同一时期内煤炭产量 $P(t)$ 的比值。即矿井每采1 t煤的同时，需从矿井内排出的水量。含水系数 K_B 的计算公式为：

$$K_B = Q/P \tag{4-1}$$

根据含水系数的大小，将矿井充水程度划分为以下4个等级：

a. 充水性弱的矿井：$K_B < 2\ m^3/t$；b. 充水性中等的矿井：$K_B = 2 \sim 5\ m^3/t$；c. 充水性强的矿井：$K_B = 5 \sim 10\ m^3/t$；d. 充水性极强的矿井：$K_B > 10\ m^3/t$。

②矿井涌水量

矿井涌水量是指单位时间内流入矿井的水量，用符号 Q 表示，单位为 m^3/d，m^3/h，m^3/min。

根据涌水量大小，矿井可分为以下4个等级：

a. 涌水量小的矿井：$Q < 2\ m^3/min$；

b. 涌水量中等的矿井：$Q = 2 \sim 5\ m^3/min$；

c. 涌水量大的矿井：$Q = 5 \sim 15\ m^3/min$；

d. 涌水量极大的矿井：$Q > 15\ m^3/min$。

（二）集中讨论

1. 影响矿井水灾的因素分析

（1）自然因素

①地形

盆形洼地，降水不易流走，大多渗入井下，补给地下水，容易成灾。

②围岩性质

围岩为松散的砂、砾层及裂隙、溶洞发育的硬质砂岩、灰岩等组成时，可赋存大量水，这种岩层属强含水层或强透水层，对矿井威胁大；围岩为孔隙小、裂隙不发育的粘土层、页岩、致密坚硬的砂岩等，则是弱含水层或称隔水层，对矿井威胁小。当粘土厚度达5 m以上时，大气降水和地表水几乎不能透过。

③地质构造

地质构造主要是褶曲和断层。褶曲可影响地下水的储存和补给条件，若地形和构造一致，一般是背斜构造处水小，向斜构造处水大；断层破碎带本身可以含水，而更重要的是断层作为透水通路往往可以沟通多个含水层或地表水，它是导致透水事故的主要原因之一。

④充水岩层的出露条件和接受补给条件

充水岩层的出露条件，直接影响矿区水量补给的大小。充水岩层的出露条件包括它的出露面积和出露的地形条件。

（2）人为因素

影响矿井充水的人为因素主要为采空区顶板塌陷、废弃的旧勘探钻孔以及矿井开采面积的扩大和长期排水等因素。

①顶板塌陷及裂隙。煤层开采后形成的塌陷裂缝是地表水进入矿井的良好通道。如淮南某矿由于地表塌陷区的积水突然涌入矿井，使涌水量达1 344 ~3 853 m^3/d。

②老空积水。废弃的古井和采空区常有大量积水。

③未封闭或封闭不严的勘探钻孔。地质勘探工作完毕后，若钻孔不加封闭或封闭不好，这些钻孔便可能沟通含水层，造成水灾。

2. 造成水灾的主要原因

矿井水害事故原因是一个极为复杂的课题，它涉及煤田形成的地质历史环境，以及后期的地质构造、地质作用的改造，出现了各煤田含水层的巨大差异。即使条件近似的煤田，也因设计、技术、管理、素质差异而导致矿井水害的原因不一。

（1）地面防洪、防水措施不当或管理不善，或地面塌陷、裂隙未处理，使地表水大量灌入井下，造成水灾。

（2）水文地质情况不清，井巷接近老空积水区、充水断层、陷落柱、强含水层以及打开隔离煤柱，未执行探放水制度，盲目施工，或者虽然进行了探水，但措施不当，而造成淹井或人身事故。

（3）井巷位置设计不当。如将井巷置于不良地质条件中或过分接近强含水层等水源，导致施工后因地压和水压共同作用而发生顶、底板透水。

(4)施工质量低劣，致使矿井井巷严重塌落、冒顶、跑砂，导致透水。

(5)乱采乱掘，破坏防水煤、岩柱造成突水。

(6)测量错误，导致巷道穿透积水区。

(7)无防水闸门或虽有而管理、组织不当，造成透水时无作用而淹井。

(8)排水设备能力不足或机电事故造成。

(9)排水设施平时维护不当。如水仓不按时清挖，突水时煤、岩块堵塞水井，致使排水设备失去效用而淹井等。

(10)认识不足，投入不充分。

(11)对“有疑必探，先探后掘”的原则能理解，但执行中打折扣，心存侥幸。

二、任务单

对给定矿井进行矿井水灾因素分析。

任务4.1.3　矿井突水预兆

一、学习型工作任务

(一)阅读理解

1. 矿井透水预兆

煤矿突水过程主要决定于矿井水文地质及采掘现场条件。在各类突水事故发生之前，一般均会显示出多种突水预兆，下面分别予以介绍。

(1)与承压水有关断层水突水征兆

①工作面顶板来压、掉渣、冒顶、支架倾倒或断柱现象。

②底软膨胀、底鼓张裂。

③先出小水后出大水也是较常见的征兆。

④采场或巷道内瓦斯量显著增大。这是因裂隙沟通增多所致。

(2)冲积层水突水征兆

①突水部位岩层发潮、滴水，且逐渐增大，仔细观察可发现水中有少量细砂。

②发生局部冒顶，水量突增并出现流砂，流砂常呈间歇性，水色时清时混，总的趋势是水量砂量增加，直到流砂大量涌出。

③发生大量溃水、溃砂，这种现象可能影响至地表，导致地表出现塌陷坑。

(3)老空水突水征兆

①煤层发潮、色暗无光。

②煤层“挂汗”。

③采掘面、煤层和岩层内温度低，“发凉”。

④在采掘面内若在煤壁、岩层内听到“吱吱”的水呼声时，表明因水压大，水向裂隙中挤发出的响声，说明离水体不远了，有突水危险。

⑤老空水呈红色，含有铁，水面泛油花和臭鸡蛋味，口尝时发涩，若水甜且清，则是“流砂”水或断层水。

《煤矿安全规程》中第二百六十六条规定：“煤矿安全规程中第二百六十六条规定”内容改为“采掘工作面或其他地点发现有煤层变湿、挂红、挂汗、空气变冷、出现雾气、水叫、顶板来压、片帮、淋水加大、底板鼓起或产生裂隙、出现渗水、钻孔喷水、底板涌水、煤壁溃水、水色发浑、有臭味等突水预兆时，应当立即停止作业，报告矿调度室，并发出警报，撤出所有受水威胁地点的人员。在原因未查清、隐患未排除之前，不得进行任何采掘活动。”

以上预兆是典型的情况，在实际具体的突水事故过程中并不一定全部表现出来，所以应该细心观察，认真分析、判断。

（二）突水预兆集中讨论

1. 不同类型水源透水特点

（1）冲积层水

松散的冲积层中储有大量的水，在浅部掘进井筒或煤层回采后顶板冒落塌陷裂隙与冲积层沟通时，常常会遇到冲积层水。冲积层水一般具有开始涌水量较小，夹带泥砂，水色发黄，以后水量急剧增大的特点。冲积层水一般不致于构成人体的伤害。

（2）老空水

老空水一般积存时间长，水量补给差，属于“死水”，所以有“挂红”、酸度大、水味发涩的特点。老空水多以静储量为主，犹如地下水库，一旦突水、来势凶猛，涌水量大，破坏性强，但涌水持续时间短，易疏干。老空水酸度大，不能饮用，而且对井下轨道、金属支架、钢丝绳等金属设备有腐蚀作用。老空水透出一般伴有有害气体的涌出。

（3）断层水

由于断层附近岩石破碎，当采掘工作面与其接近时，常常出现工作面来压，淋水增加，有时还可在岩缝中见到淤泥。由于断层及破碎带中积存大量水，且断层沟通各含水层成为通道，因此，断层水多为“活水”，补给充分，一旦突水，来势凶猛，涌水量大，持续时间长，在不封堵水源的情况下不易疏干。断层水混浊，多为黄色，很少“挂红”，水无涩味。

（4）岩溶水

由于岩溶长期受水侵蚀，水多为灰色，带有臭味，有时也有“挂红”现象。当采掘工巷道与其接近时，可出现顶板来压，柱窝和裂缝渗水现象。当岩溶范围较小，与其他水源没有联系时，属于“死水”，透水时虽然来势凶猛，破坏性强，但持续时间短，易于疏干。

（5）大气降水

大气降水是地下水的主要补给来源，它首先渗入地下各含水层，然后再涌入矿井。因此，由于大气降水造成矿井涌水具有明显的季节变化，最大涌水量都出现在雨季，且涌水高峰后降雨一定时间。大气降水对矿井涌水的影响，取决于降水量的大小和含水层接受大气降水的条件。

二、任务单

判别给定案例是否有突水预兆。

任务 4.1.4　矿井水害防治

一、学习型工作任务

（一）阅读理解

1. 我国煤矿水害分布

（1）水害区的划分

根据我国聚煤区的不同地质、水文地质特征，并考虑到矿井水对生产的危害程度，可将我国煤矿划分为6个矿井水害区:华北石炭二叠纪煤田的岩溶—裂隙水水害区、华南晚二叠世煤田的岩溶水水害区、东北侏罗纪煤田的裂隙水水害区、西北侏罗纪煤田的裂隙水水害区、西藏—滇西中生代煤田的裂隙水水害区、台湾第三纪煤田的裂隙—孔隙水水害区。

(2)各水害区的概况

我国矿井水害主要分布在华北和华南两大区。其矿井水文地质条件极为复杂,水害十分严重。例如华北石炭二叠纪煤田的煤系基底中奥陶统岩溶—裂隙水水害;黄淮平原新生界松散层水的水害;华南晚二叠世煤田的煤系顶底板灰岩岩溶水水害。而东北侏罗纪煤田虽然存在着裂隙水及第四系松散层水的危害,但不严重;西北侏罗纪煤田处于干旱、半干旱气候区,区内严重缺水,存在着供水问题;西藏-滇西及台湾的中、新生代煤田的水文地质条件比较简单,水害问题也不严重。

2. 煤矿防治水害的现状

(1)国内现状

在突水机理的研究上,曾先后提出了"突水系数"、"等效隔水层"和底板隔水层中存在"原始导高"等概念。经过多年的试验、观测与研究,认为底板突水机理是"含水层富水性、隔水层厚度及其存在的天然裂隙与水压、矿压等因素的综合作用结果。"对突水分析采用了统计学方法,力学平衡、能量平衡方法。同时,开始应用井下物探技术,如坑道透视法、井下电法、氡气测定法等来探测充水水源和充水通道。并在研究、验证预测突水量的数学模型方面有较大进展。

疏干降压是我国矿井防治水害的主要技术措施。堵水截流是我国矿井防治水害的重要方法。在静水与动水条件下注浆封堵突水点、矿区外围注浆帷幕截流等都有比较成熟的方法和经验。

(2)国外现状

目前,国外主要采用主动防护法,即采用地面垂直钻孔,用潜水泵专门疏干含水层。为了适应预先疏干方法,国外生产了高扬程(达1 000 m)、大排水量(达5 000 m^3/h)、大功率(2 000 kW)的潜水泵,其疏干工程已逐渐采用电脑自动控制。

国外堵水截流方法也有很大发展,建造地下帷幕方法愈来愈受到重视,前苏联认为帷幕是今后疏干研究工作的方向之一。目前有些国家利用挖沟机在松散层中修建帷幕;开挖、护壁、清渣流水作业,是当前国外先进的堵水截流技术。但是,现在国外还没有在岩溶地层中建造大型帷幕的实例。为充分利用隔水层厚度,减少排水量,国外正在对隔水层的隔水机理、突水量与构造裂隙的关系、高水压作业下的突水机理以及隔水层稳定性与临界水力阻力的综合作用等进行研究。目前预测方法有统计学方法、突变论方法和现场试验,如水力压裂法等。物探方法也有一定的发展。如德、英、美等国研究槽波地震法探测落差大于煤厚的断层,以及采用井下数字地震仪探测岩层中的应力分布;前苏联从超前孔中用无线电波法研究岩溶发育带预防突水。

(二)集中讲解

1. 地面防治水

地面防水是指在地表修筑各种防排水工程,防止或减少大气降水和地表水渗入矿井。对于以降水和地表水为主要水源的矿井,地面防治水尤为重要,是矿井防水的第一道防线。

根据矿区不同的地形、地貌及气候,应从下列几方面采取相应的措施。

(1)防止井筒灌水

①慎重选择井筒位置

井口(平硐口)和工业广场内主要建筑物的标高应在当地历年最高洪水位以上。在特殊情况下,确难找到较高位置或需要在山坡上开凿井筒时,必须在井口来水方向修筑坚实高台,并在其附近修筑可靠的泄水沟和拦水堤坝,以防暴雨、山洪从井口灌入井下,造成灾害。

②挖沟排(截)洪

地处山麓或山前平原区的矿井,因山洪或潜水流渗入井下构成水害隐患或增大矿井排水量,可在井田上方垂直来水方向布置排洪沟、渠,拦截、引流洪水,使其绕过矿区。

(2)防止地表渗水

①河流改道

在矿井范围内有常年性河流流过且与矿井充水含水层直接相连,或河水渗漏是矿井的主要充水水源时,可在河流进入矿区的上游地段筑水坝,将河流截断,用人工另修河道使河水远离矿区。河流改道虽可彻底解除河水透入井下之患,但工程量大,费用高,应做技术经济比较后再设计施工。

②铺整河底

矿区内有流水沿河床或沟底裂缝渗入井下时,则可在渗漏地段用粘土、料石或水泥铺垫河底,防止或减少渗漏。

③填堵通道

矿区范围内,因采掘活动引起地面沉降、开裂、塌陷而形成的矿井进水通道,应用粘土、水泥或凝胶予以填堵。

(3)防止地面积水

有些矿区开采后引起地表沉降与塌陷,长年积水,且随开采面积增大,塌陷区范围越广,积水越多。此时可将积水排掉,造地复田,消除水害隐患。

(4)建立地表水防治工程

煤矿企业每年都要编制防治水工程计划,并认真组织实施。对防治水工程所需资金要予以保证。

(5)加强雨季前的防汛工作

做好雨季防汛准备和检查工作是减少矿井水灾的重要措施。

矸石、炉灰、垃圾等杂物不得堆放在山洪、河流冲刷到的地方,以免冲到工业广场和建筑物附近,或淤塞河道、沟渠。

2. 矿井水防治

矿井防治水可归纳为“查、探、放、排、堵、截”等综合措施。

(1)做好矿井水文观测与水文地质工作

水文地质工作是各项防治水工作的基础和依据。

①做好水文观测工作

a. 收集地面气象、降水量与河流水文资料(流速、流量、水位、枯水期、洪水期);查明地表水体的分布、水量和补给、排泄条件;查明洪水泛滥对矿区、工业广场及居民点的影响程度。

b. 通过探水钻孔和水文地质观测孔，观测各种水源的水压、水位和水量的变化规律，分析水质等。

c. 观测矿井涌水量及季节性变化规律等。

②做好矿井水文地质工作

查明矿井水源和可能涌水的通道，为防治水提供依据。为此必须：

a. 掌握冲击层的厚度和组成，各分层的透水、含水性；

b. 掌握断层和裂隙的位置，错动距离，延伸长度，破碎带范围及其含水和导水性能；

c. 掌握含水层与隔水层数量、位置、厚度、岩性，各含水层的涌水量、水压、渗透性、补给排泄条件及其到开采矿层的距离，勘探钻孔的填实状况及其透水性能；

d. 调查老窑和现采小窑的开采范围、采空区的积水及分布状况，观测因回采而造成的塌陷带、裂隙带、沉降带的高度及采动对涌水量的影响；

e. 在采掘工程平面图上绘制和标注井巷出水点的位置及水量，老窑积水范围、标高和积水量，水淹区域及探水线的位置。探水线位置的确定必须报矿总工程师批准。采掘到探水线位置时，必须探水前进。

(2)井下探水

井下探放水是防止水害的重要手段之一，“有疑必探，先探后掘”是防止井下水害的基本原则。

①探水起点的确定

为了保证采掘工作和人身安全，防止误穿积水区，在距积水区一定距离划定一条线作为探水的起点，此线即为探水线。通常将积水及附近区域划分为三条线，即积水线、探水线和警戒线，并标注在采掘工程图上，如图4-5所示。

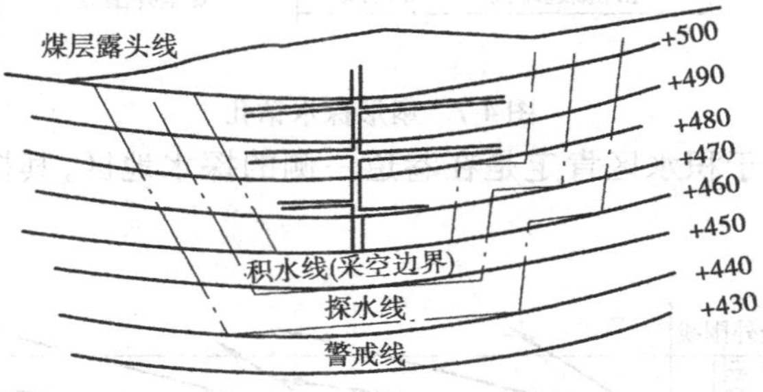

图4-5　积水线、探水线和警戒线

a. 积水线。即积水区范围线，在此线上应标注水位标高、积水量等实际资料。

b. 探水线。应根据积水区的位置、范围、地质及水文地质条件及其资料的可靠程度、采空区和巷道受矿山压力破坏等因素确定。进入此线后必须进行超前探水、边探边掘。

c. 警戒线。是从探水线再向外推50～120 m计为警戒线，一般用红色表示。进入警戒线时，就应注意积水的威胁。要注意工作面有无异常变化，如有透水征兆，应提前探放水，如无异常现象可继续掘进，巷道达到探水线时，作为正式探水的起点。

②探水钻孔的布置方式

A. 探水钻孔的主要参数确定

探水钻孔的主要参数有超前距、帮距、密度和允许掘进距离。

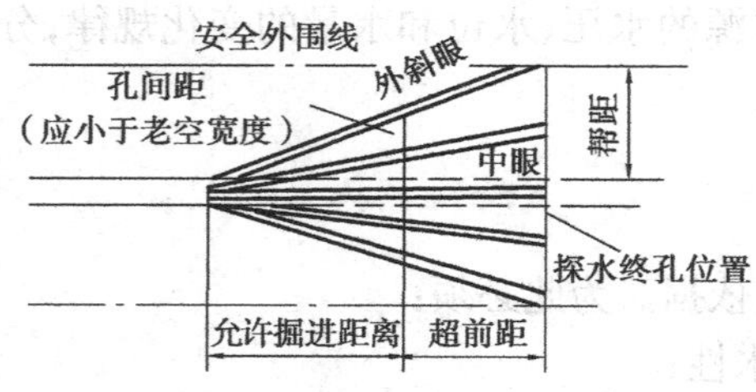

图4-6　探水钻孔的主要参数示意图

a. 超前距。探水时从探水线开始向前方打钻孔，在超前探水时，钻孔很少一次就能打到老空积水，常是探水—掘进—再探水—再掘进，循环进行。而探水钻孔终孔位置应始终超前掘进工作面一段距离，该段距离称超前距。如图4-6所示。

b. 允许掘进距离。经探水证实无水害威胁，可安全掘进的长度称允许掘进距离。

c. 帮距。为使巷道两帮与可能存在的水体之间保持一定的安全距离，即呈扇形布置的最外侧探水孔所控制的范围与巷道帮的距离。其值应与超前距相同，即帮距一般取20 m，有时帮距可比超前距小1 ~2 m。

d. 钻孔密度（孔间距）。它指允许掘进距离终点横剖面上，探水钻孔之间的间距。

B. 探水孔布置方式

a. 扇形布置。巷道处于三面受水威胁的地段，要进行搜索性探放老空积水，其探水钻孔多按扇形布置，如图4-7所示。

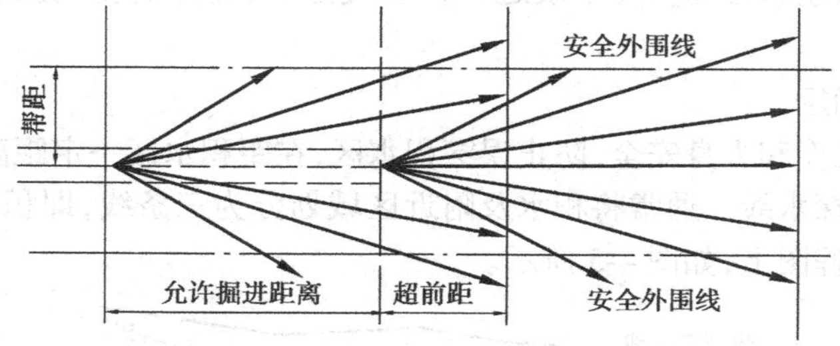

图4-7　扇形探水钻孔

b. 半扇形布置。对于积水区肯定是在巷道一侧的探水地区，其探水钻孔可按半扇形布置，如图4-8所示。

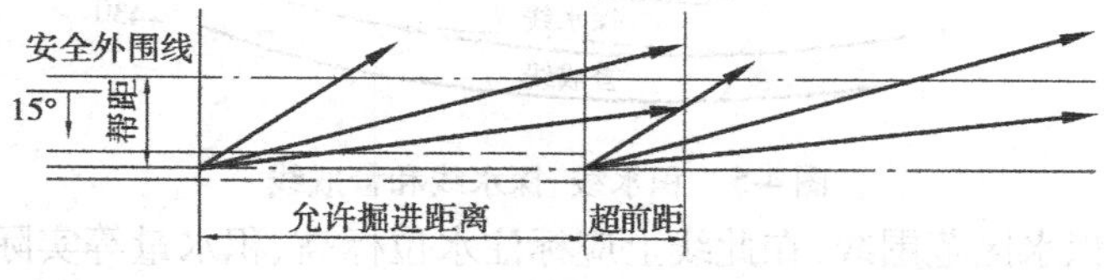

图4-8　半扇形探水钻孔

③探水与掘进之间的配合

a. 双巷配合掘进交叉探水。当掘进上山时，如果上方有积水区存在，巷道受水威胁，一般多采用双巷掘进交叉探水，如图4-9所示。

b. 双巷掘进单巷超前探水。在倾斜煤层中沿走向掘进平巷时，一般是用上方巷道超前探水，探水钻孔呈扇形布置。

c. 平巷与上山配合探水。如图4-10所示。

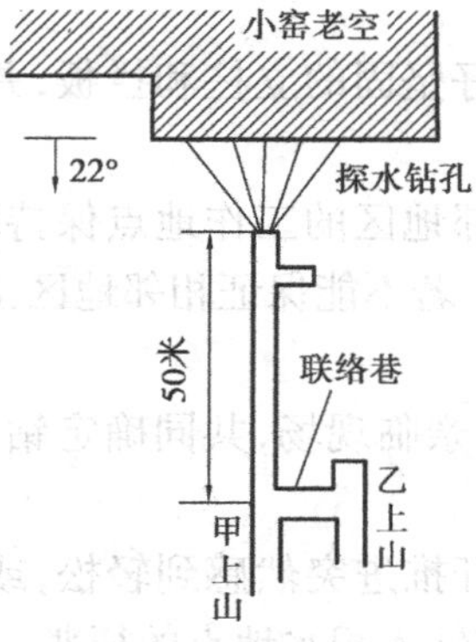

图 4-9　上山巷道探水掘进施工方式

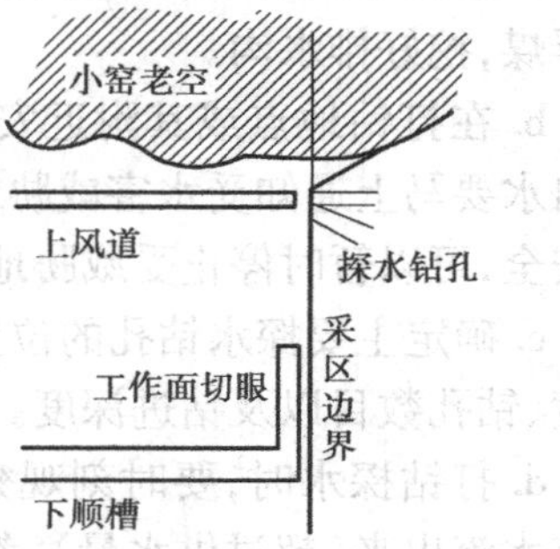

图 4-10　平巷与上山互相配合探水

d. 隔离式探水。如巷道掘进前方的水量大、水压高、煤层松软和裂隙发育时，直接探水很不安全，需要采取隔离方式进行探水。在掘进石门时，可从石门中探放积水，如图 4-11(a)所示，或在巷道掘进工作面预先砌筑隔水墙，在墙外探水，如图 4-11(b)所示。

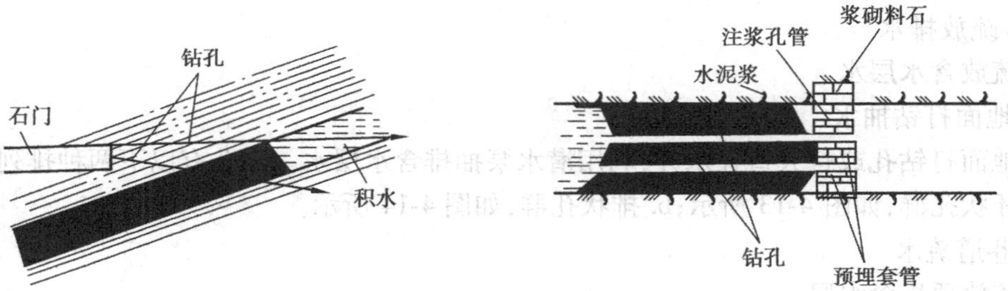

(a)　　(b)

图 4-11　利用石门探水和墙外探水

a—石门探水；b—墙外探水

④探水钻孔的安全装置

在探放水工作中，在水量和水压不大时，积水可通过钻孔直接放出，但在探放水量和水压都很大的积水区(包括其他水源)时，为了确保安全，做到有计划地放水并取得放水资料，必须在孔口装置安全套管阀门，如图 4-12 所示。

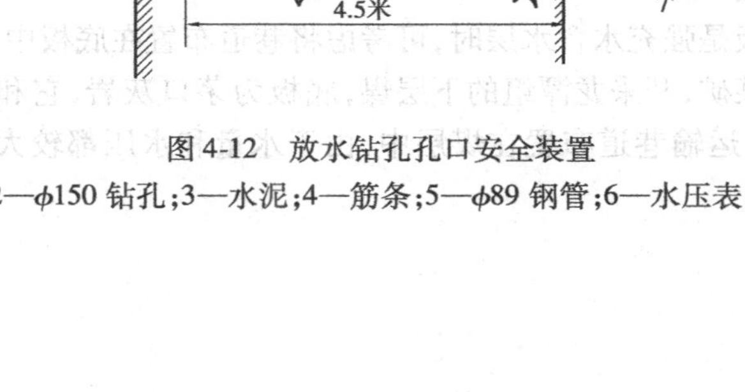

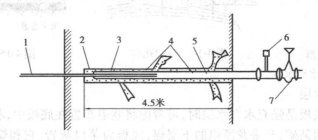

图 4-12　放水钻孔孔口安全装置

1—钻杆；2—ϕ150 钻孔；3—水泥；4—筋条；5—ϕ89 钢管；6—水压表；7—水阀门

⑤探放水作业安全要点

a. 加强钻孔附近的巷道支架，背好顶帮，在工作面迎头打好坚固的立柱和拦板，并清理巷道浮煤，挖好排水沟。

b. 在打钻地点或其附近安设专用电话，探水地点要与相邻地区的工作地点保持联系，一旦出水要马上通知受水害威胁地区的工作人员撤到安全地点。若不能保证相邻地区工作人员的安全，可以暂时停止受威胁地区的工作。

c. 确定主要探水钻孔的位置时，应由测量和负责探水人员亲临现场，共同确定钻孔方位、角度、钻孔数目以及钻进深度。

d. 打钻探水时，要时刻观察钻孔情况，发现煤层疏松，钻杆推进突然感到轻松，或顺着钻杆有水流出来（超过供水量），都要特别注意。这些都是接近或钻入积水地点的征兆。

e. 钻眼内水压过大时，应采用反压和防喷装置的方法钻进，必要时还应在岩石坚固地点砌筑防水墙，然后方可打开钻眼放水。

f. 探到水时，在水量小、水压不高的地区，可不设孔口管，积水通过钻孔直接流出。在水量和水压较大的地区或强含水层中，孔口要用套管加固，使钻杆通过套管钻进。套上上安有水压表和阀门，探到水源后，即利用套管放水。

（3）疏放排水

①疏放含水层水

A. 地面打钻抽水

在地面打钻孔或打大口径水井，利用潜水泵抽排含水层水。钻孔有以下两种排列方式：

a. 环状孔群，如图 4-13 所示；b. 排状孔群，如图 4-14 所示。

B. 巷道疏水

a. 疏放顶板含水层

如果煤层直接顶板为水量和水压不大的含水层，常把采区巷道或采煤工作面的准备巷道提前开拓出来，利用“采准”巷道预先疏放顶板含水层水（图 4-15）。

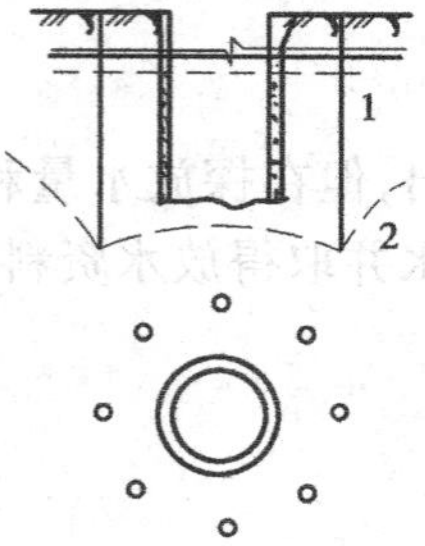

图 4-13　环状孔群

1—疏水前水位；2—疏水后水位

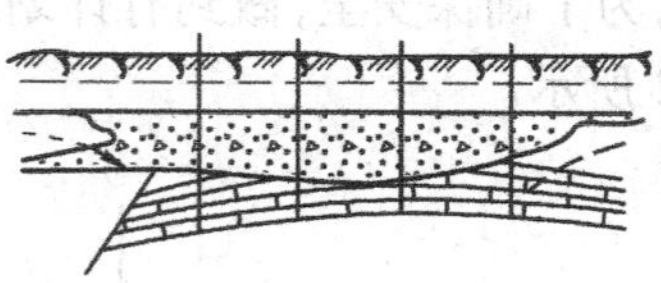

图 4-14　排状孔群

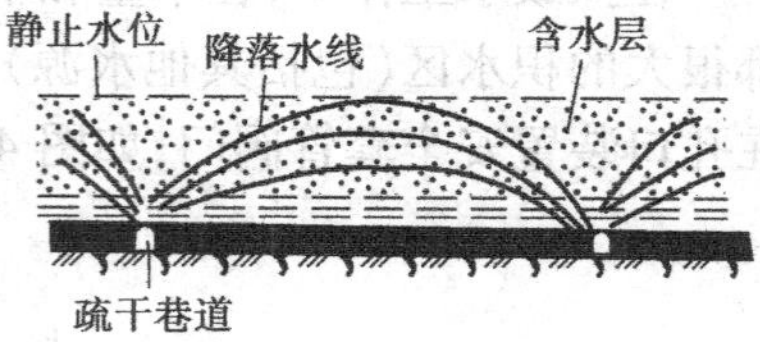

图 4-15　巷道疏水

b. 疏放底板含水层

当煤层的直接底板是强充水含水层时，可考虑将巷道布置在底板中，利用巷道直接疏放底板水。如湖南煤炭坝某矿，开采龙潭组的下层煤，底板为茅口灰岩，它和煤层之间夹有很薄的粘土岩隔水层，原来将运输巷道布置在煤层中，由于水量和水压都较大，所以巷道难以维护。如图 4-16 所示。

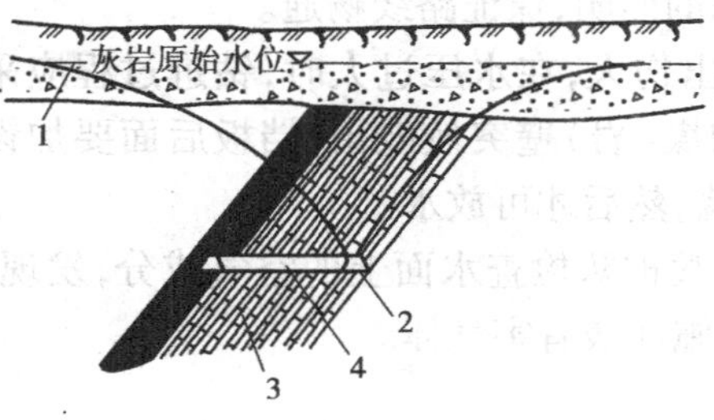

图 4-16　底板含水层中的疏放水巷道

1—灰岩原始水位;2—疏放水巷道;3—石灰岩含水层;4—石门

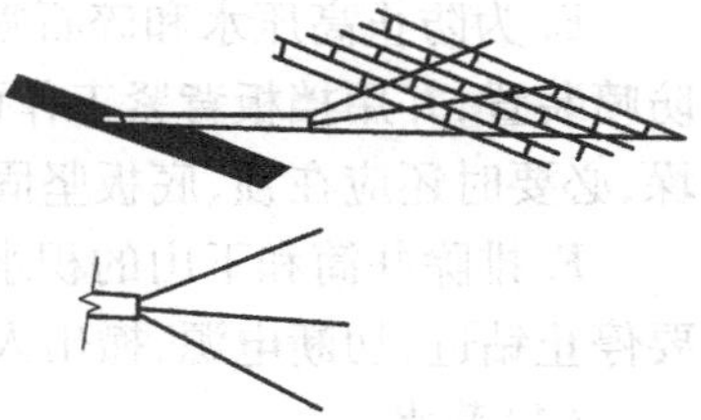

图 4-17　丛状布置钻孔

C. 井下钻孔疏水

可在计划疏放降压的不突水部位先掘巷道，然后在巷道中每隔适当距离向含水层钻孔。井下钻孔疏水可分为疏放煤层顶板水和疏放煤层底板水。

a. 在巷道中每隔一定距离向顶板打钻孔，使顶板水逐渐泄入巷道，通过排水沟向外排出。

b. 在巷道中群孔放水。为了防止井下突然涌水，创造良好的作业条件，必须对煤层顶板水进行大面积疏干，在巷道内布置一系列群孔疏排地下水，如图 4-17 所示。

c. 立井泄放孔。建井期间，如有一个井筒已到底，并开凿了车场、硐室，有一定的排水能力，另一井筒尚在掘进，涌水量大、施工困难，这时可从掘进中的井筒向下打泄放钻孔穿透已掘井筒的井底铜室，进行泄放。如图 4-18 所示。

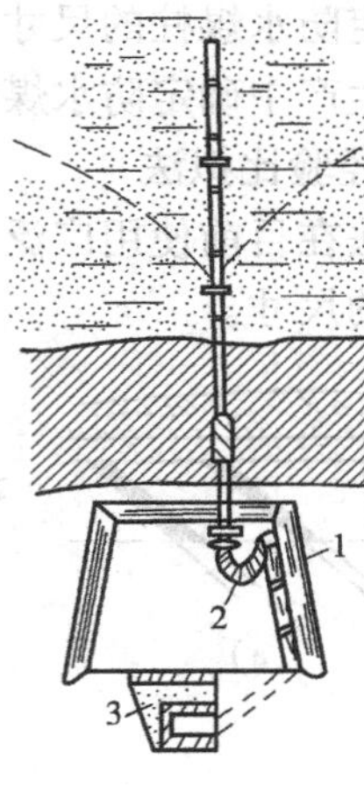

图 4-18　打入式过滤管

1—导水管;2——真空装置;

3—导水渠

②疏放老空水

A. 直接放水。当水量不大，不超过矿井排水能力时，可利用探水钻孔直接放水。

B. 先堵后放。当老空区与溶洞水或其他巨大水源有联系，动力储量很大，一时排不完或不可能排完，这时应先堵住出水点，然后排放积水。

C. 先放后堵。如老空水或被淹井巷虽有补给水源，但补给量不大，或在一定季节没有补给。在这种情况下，应选择时机先行排水，然后进行堵漏、防漏施工。

D. 用煤柱或构筑物暂先隔离。如果水量过大，或水质很坏，腐蚀排水设备，这时应暂先隔离，做好排水准备工作后再排放；如果防水会引起塌陷，影响上部的重要建筑物或设施时，应留设防水煤柱永久隔离。

③疏放水时的安全注意事项

A. 探到水源后，在水量不大时，一般可用探水钻孔放水；水量很大时，需另打放水钻孔。放水钻孔直径一般为 50 ~ 75 mm，孔深不大于 70 m。

B. 放水前应进行放水量、水压及煤层透水性试验，并根据排水设备能力及水仓容量，拟定放水顺序和控制水量，避免盲目性。

C. 放水过程中随时注意水量变化，出水的清浊和杂质，有无有害气体涌出，有无特殊声响等，发现异状应及时采取措施并报告调度室。

D. 事先定出人员撤退路线,沿途要有良好的照明,保证路线畅通。

E. 为防止高压水和碎石喷射或将钻具压出伤人,在水压过大时,钻进过程应采用反压和防喷装置,并用挡板背紧工作面以防止套管和煤(岩)壁突然鼓出,挡板后面要加设顶柱和木垛,必要时还应在顶、底板坚固地点砌筑防水墙,然后才可放水。

F. 排除井筒和下山的积水前,必须有矿山救护队检查水面上的空气成分,发现有害气体,要停止钻进,切断电源,撤出人员,采取通风措施冲淡有害气体。

(4)截水

①防水煤(岩)柱的留设

凡是煤层与含水层或含水带的接触地段,预留一定宽度的煤层不采,使工作面与地下水源或通道保持一定距离,以防止地下水流入工作面,留下不采的煤柱,称为防水隔离煤柱。防水隔离煤柱的种类有:井田边界防水隔离煤柱以及预防断层、被淹井巷、充水含水层、岩溶陷落柱的防水煤柱等。

确定防水煤柱的尺寸,是一个相当复杂的问题,至今还没有十分完善合理的方法。目前,在煤矿生产中确定防水煤柱尺寸,主要采用以下方法:

A. 经验比拟法

此法在目前使用广泛,即根据不同情况,选用水文地质条件相似的经验数据,作为设计防水煤柱的尺寸。

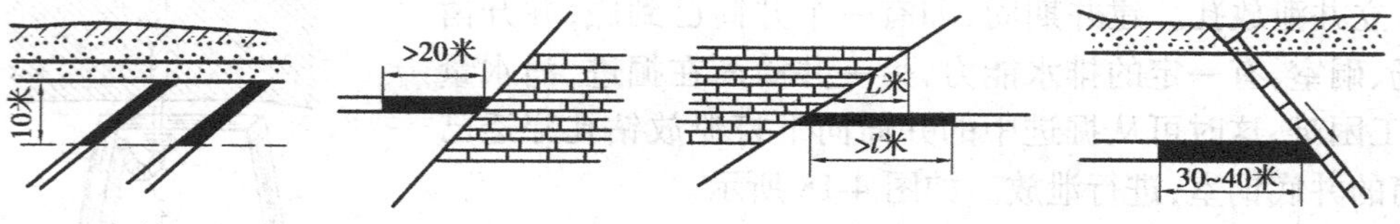

(a) (b) (c) (d)

图 4-19 留设防水煤柱的经验尺寸

a. 当煤层露头直接被疏松含水层掩盖时,根据华北地区一些煤矿的经验,冲积层下急倾斜煤层,应留煤柱一般为 80 m,如图 4-19(a)所示;

b. 煤层受断层切割直接与充水强含水层接触时,安全防水煤柱宽度应不小于 20 米,如图 4-19(b)所示;

c. 当煤层因受逆断层切割而被强含水层掩盖时,留设煤柱应考虑煤层开采后的塌陷裂隙,最好不要波及上部的强含水层,如掩盖宽度为 L 米,其断层下盘防水煤柱的宽度要大于 L 米,如图 4-19(c)所示;

d. 当巷道接近导水断层时,应留设 30 ~ 40 m 防水煤柱,如图 4-19(d)所示。

B. 分析计算法

a. 煤层直接和强含水层、导水断层相接触(图 4-19(b),(d)),煤层顶底板岩层无突水可能,即防水煤柱主要是顺层受压时,常用以下公式计算煤柱宽度(仅考虑抵抗水压力):

$$B_C = 0.5 \cdot \delta m \sqrt{\frac{3P}{K_P}} \tag{4-2}$$

b. 低角度断层使煤层底板岩层与强含水层接触,如图 4-20 所示。在这种情况下,应按以下方法计算防水煤柱的尺寸:

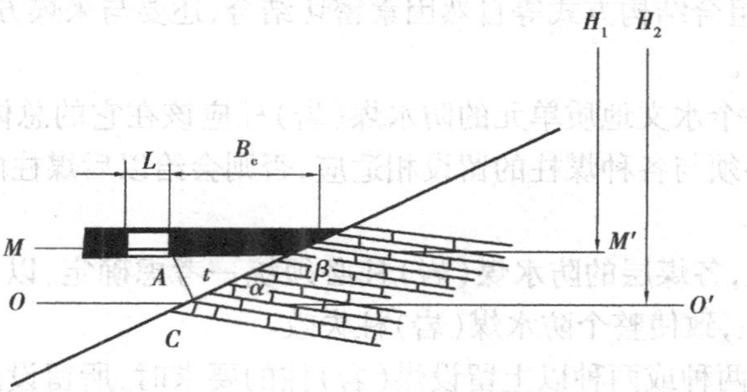

图 4-20　低角度断层使煤层与强含水层接近

第一步,先按煤柱本身不因顺层水压而遭受破坏的情况,计算所需煤柱宽度 B_C,B_C 值应用(4-2)式求得。式中的 P 即为图 4-20 中的 H_1,H_1 是 B 点的实际水头压力。

第二步,再用煤层底板岩层不发生突水这一条件来校核煤柱宽度 B_C 值是否安全。其方法是:从煤柱端点 A 作断层的垂线,与断层面交于 C 点,令 $AC = t$ 。然后,用以下公式计算 C 点的安全水头压力 $H_{安}$:

$$H_{安} = 2K_P \frac{t^2}{L^2} + \gamma \cdot t \cdot g \cdot \cos\alpha \tag{4-3}$$

c. 顶底板隔水层或断层带隔水层煤柱宽度的确定

第一步:确定最小安全岩柱厚度(最小垂直距离 ,如图 4-21 所示)t 可按下式计算:

第二步:当计算的安全厚度 t 小于实际隔水层厚度时,可不留防水煤柱;否则需按岩柱厚度 t、裂隙带高度 h 和岩层移动角 β 初步定出的煤柱宽度,具体分如图 4-21 所示的 4 种情况。

$$t = \frac{L\sqrt{\gamma^2 L^2 + 80\ 000 K_P \cdot H_{安}} \pm \gamma L g \cos\alpha}{400 K_P} \tag{4-4}$$

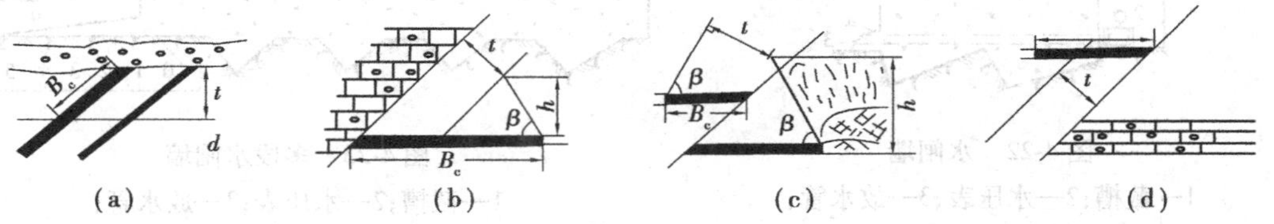

图 4-21　不同条件下的隔水煤柱参数示意图

B_c—隔水煤柱宽度;t—隔水岩柱厚度;β—岩石移动角;h—裂隙带高度

第三步:当按岩柱厚度 t、裂隙带高度 h 和岩层移动角 β 所定出的煤柱宽度与按煤柱强度算出的煤柱宽度不等时,取其大者。

②防水煤(岩)柱留设原则

a. 在有突水威胁但又不宜疏放(疏放会造成成本大大提高时)的地区采掘时,必须留设防水煤(岩)柱。

b. 防水煤柱一般不能再利用,故要在安全可靠的基础上把煤柱的宽度或高度降低到最低限度,以提高资源利用率。为了多采煤炭,充分利用资源,也可以用采后充填、疏水降压、改造含水层(充填岩溶裂隙)等方法,消除突水威胁,创造少留煤柱的条件。

c. 留设的防水煤(岩)柱必须与当地的地质构造、水文地质条件、煤层赋存条件、围岩的物理力学性质、煤层的组合结构方式等自然因素密切结合，还要与采煤方法、开采强度、支护形式等人为因素互相适应。

d. 一个井田或一个水文地质单元的防水煤(岩)柱应该在它的总体开采设计中确定，即开采方式和井巷布局必须与各种煤柱的留设相适应，否则会给以后煤柱的留设造成极大的困难，甚至无法留设。

e. 在多煤层地区，各煤层的防水煤(岩)柱必须统一考虑确定，以免某一煤层的开采破坏另一煤层的煤(岩)柱，致使整个防水煤(岩)柱失效。

f. 在同一地点有两种或两种以上留设煤(岩)柱的要求时，所留设的煤(岩)柱必须满足各个留设煤(岩)柱的要求。

g. 对防水煤(岩)柱的维护要特别严格，因为煤(岩)柱的任何一处被破坏，必将造成整个煤(岩)柱无效。防水煤(岩)柱一经留设即不得破坏，巷道必须穿过煤柱时，必须采取加固巷道、修建防水闸门和其他防水设施，保护煤(岩)柱的完整性。

h. 留设防水煤(岩)柱所需要的数据必须在本地区取得。邻区或外地的数据只能作为参考，如果需要采用，应适当加大安全系数。

i. 防水岩柱中必须有一定厚度的粘土质隔水岩层或裂隙不发育、含水性极弱的岩层，否则防水岩柱将无隔水作用。

③水闸墙(防水墙)

水闸墙的构造如图4-22所示(纵剖面图)。为了支撑水压，在巷道顶底板和侧壁开凿截口槽1，墙上安有放水管3和水压表2，放水管用栅栏4加以保护，防止泥沙堵塞。在水闸墙上还安有细管5，以供密闭以后从管中放出气体。

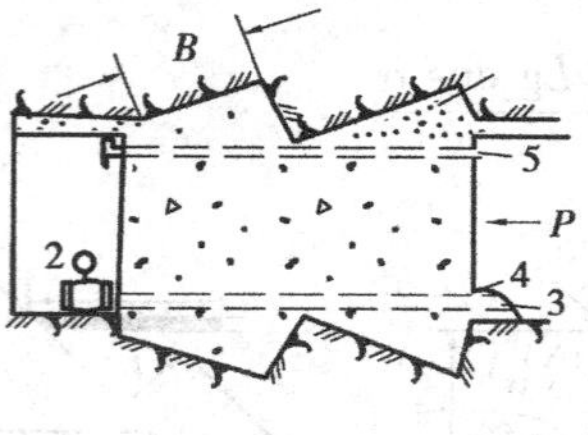

图4-22　水闸墙

1—截槽；2—水压表；3—放水管；4—保护栅栏；5—细管

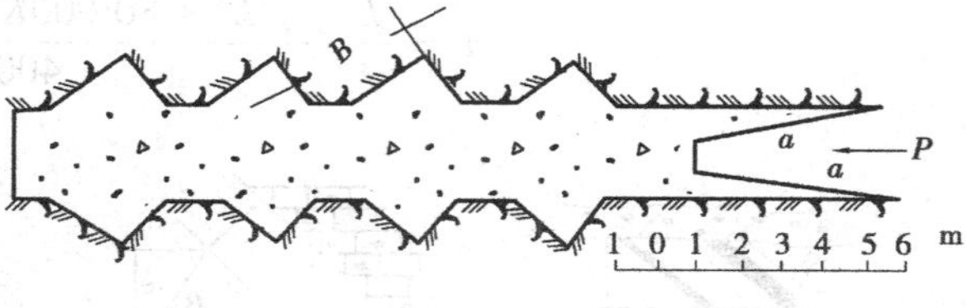

图4-23　多段水闸墙

1—截槽；2—水压表；3—放水管；4—保护栅栏；5—细管

在水压很大时，则采用多段水闸墙，如图4-23所示。这种水闸墙的截口槽之间隔有一定距离，以加强其坚固性，并在来水方向伸出锥形混凝土护壁a，将水压通过护壁传给围岩，以减少渗水的可能性。

建筑水闸墙时要注意以下事项：

a. 筑墙地点的岩石应坚固，没有裂缝，必要时必须将风化松软或有裂隙的岩石除去，然后筑墙。

b. 要有足够的强度，能承受涌水压力。为此，应有足够的厚度，选用耐腐蚀的材料。

c. 不透水、不变形、不位移。为此，墙基与围岩要紧密结合。

d. 平面形水闸墙在水压的反面可能产生拉力，而料石墙是不可能承拉的，故料石平面水闸墙之厚一般不得小于巷道宽度之半。

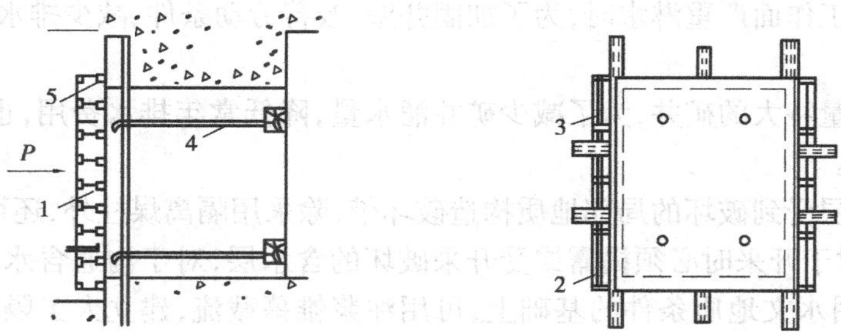

图4-24　平板矩形水闸门

1—门扇;2—门框;3—门纹;4—拉杆;5—止水橡皮

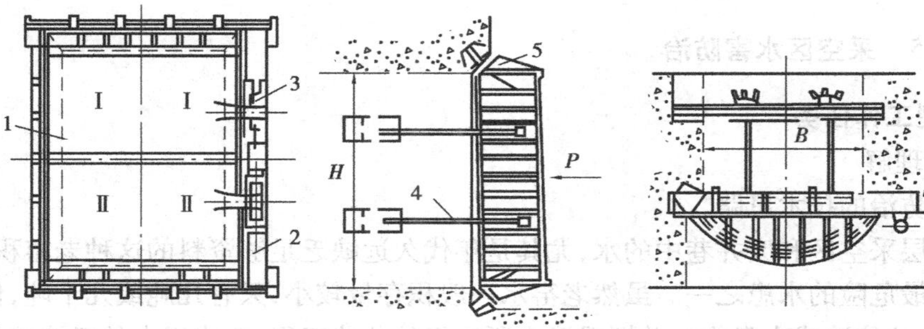

图4-25　单向拱形闸门

1—门扇;2—门框;3—门纹;4—拉杆;5—止水垫料

④防水闸门

防水闸门设置在可能发生涌水需要堵截,而平时仍需运输和行人的巷道内。例如在井底车场、井下水泵房和变电所的出入口以及有涌水互相影响的采区之间,都必须设置防水闸门。它是矿井生产建设过程中的重要防水设施之一,不少矿井由于预先建筑了水闸门,从面避免了淹井事故的发生。

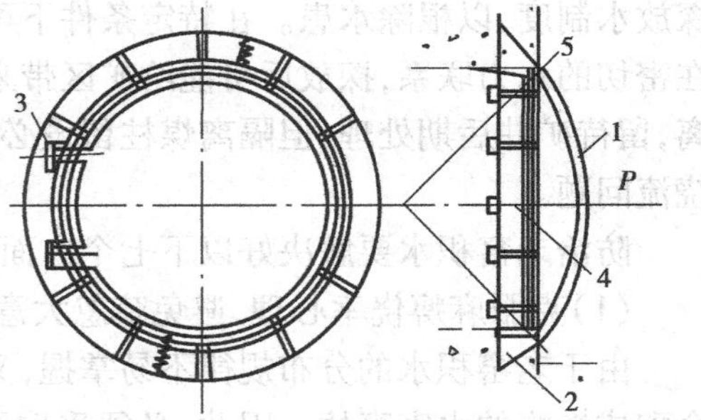

图4-26　球面拱形闸门

1—门扇;2—门框;3—门纹;4—拉杆;5—止水垫料

A. 防水闸门位置的选择

B. 防水闸门的分类

(5)矿井注浆堵水

注浆堵水就是将配制的浆液压入井下岩层空隙、裂隙或巷道中,使其扩散、凝固和硬化,使岩层具有较高的强度、密实性和不透水性而达到封堵截断补给水源和加固地层的作用,是矿井防治水害的重要手段之一。当多个钻孔注浆形成隔水帷幕时,称帷幕注浆。

矿井注浆堵水,一般在下列场合使用:

①当涌水水源与强大水源有密切联系,单纯采用排水的方法不可能或不经济时。

②当井巷必须穿过一个或若干个含水丰富的含水层或充水断层,如果不堵住水源将给矿井建设带来很大的危害,甚至不可能掘进时。

③当井筒或工作面严重淋水时,为了加固井壁、改善劳动条件、减少排水费用等,可采用注浆堵水。

④某些涌水量特大的矿井,为了减少矿井涌水量,降低常年排水费用,也可采用注浆堵水的方法堵住水源。

⑤对于隔水层受到破坏的局部地质构造破坏带,除采用隔离煤柱外,还可用注浆加固法建立人工保护带;对于开采时必须揭露或受开采破坏的含水层,对于沟通含水层的导水通道、构造断裂等,在查明水文地质条件的基础上,可用注浆帷幕截流,建立人工隔水带,切断其补给水源。

二、任务单

编制给定矿井防治水的措施。

任务4.1.5 采空区水害防治

一、学习型工作任务

(一)阅读理解

1. 老窑水防治的技术思路

积存在煤层采空区和废井巷中的水,尤其是年代久远缺乏足够资料的这种老窑积水,是煤矿生产建设中最危险的水患之一。虽然老窑水一般积存量较小,只有几吨或几十吨,但一旦意外接近或溃出,往往造成人身伤亡并摧毁溃水所流经的井巷工程,造成巨大的经济损失。

老窑积水水害不仅在老窑或地方小井多的矿井存在,在国有大型煤矿自采自掘的废巷老塘,因种种原因在本该无水的地点也意外积存了或多或少的水体,它们意外的溃出也会伤人毁物。因此,对于所有地下开采的矿井,不分东南西北和水文地质条件的异同,均会遇到老窑水害问题。根据以往防治老窑积水的经验和教训,对这类水害的主要防治对策就是要严格执行探放水制度,以根除水患。在特定条件下可先隔后放,如老窑水与地表水体或强充水含水层存在密切的水力联系,探放后可能给矿区带来长期的排水负担和相应的突水危险时,则可先行隔离,留待矿井后期处理,但隔离煤柱留设必须绝对可靠,并要注意沿煤层顶、底板岩层的裂隙水绕流问题。

防治老窑积水要解决好以下七个方面的问题:

(1)克服麻痹侥幸心理,避免疏忽大意

由于老窑积水的分布规律不易掌握,又带有灾害的特点,一旦警惕不高,很简单的问题也会酿成惨痛的水害事故。因此,必须采取严肃慎重和一丝不苟的工作态度,坚持“全面分析,逐头逐面排查,多找疑点,有疑必探”的基本原则。老窑水害严重矿区的防治经验是:

①人员再紧,探放水工作必须专人负责;

②有疑必探,采掘工程没有把握必须探水,如探水工作影响了采掘工程,可采取其他补救措施,但决不能放松这一工作;

③老窑水小也不可大意,应严格按照规章制度施工,把水放出来才可生产。

(2)认真分析老窑积水的调查资料

老窑和地方小煤矿开采的积水范围,由于缺乏准确的测绘资料,是老窑水防治难度大且易于发生水害的主要原因。即使是自采自掘有准确测绘资料的国有矿山的老塘废巷积水,也存在巷道长度记录不准、漏记小盲洞、意外冒顶阻水、下层采动沉陷重新积水等情况。因此,对老窑积水调查资料的系统分析和正确使用,是防治这类水害事故的一个重要关键环节。当然,今后不论大井、小井,只要地下掘进采煤,就必须要求积累准确系统的测绘资料,并做好校对审核工作,标明填图测绘日期,长期存档保管,这些是今后治理此类水害事故的基础。

(3)制订合理有效的防治对策

老窑积水的主要防治方法就是"探放"。但放与不放?何时探放?怎样探放?这些均是很值得探讨研究的课题,需要从安全生产的全局出发,根据矿井和老窑积水的具体条件,权衡利弊,作出战略性决策和安排。

(4)严密组织探水掘进

老窑积水有分散、孤立和隐蔽的特点,水体的空间分布几何形态非常复杂,往往很不确切。防治它们的唯一有效手段就是探水掘进。在有足够帮距、超前距和控制密度的钻孔掩护下,掘进巷道逐步接近它,最后达到发现之的目的。然后利用钻孔将老窑积水放出来。但是,如果意外接近它们,老窑水的突然溃出就会酿成水害事故。

(5)特别注意近探近放和贯通积水巷道或积水区

当积水位置很明确或通过"探水掘进"确已接近积水并进行近距离探放水时,有些问题需要特别注意。情况复杂的积水就在身边,稍有不慎,水害立即可能发生。

在老窑边缘,积水形状是变化多端、极不规则的,峒子或宽或窄,或高或底,可能留顶撇底,左右拐弯或多条峒子交错,可能局部冒落阻水或积存淤泥,使积水始终放不尽或重新积水。因此,在掘透老窑区时,必须在放水孔周围补打钻孔,保证在平面和剖面上都不漏掉积水峒子,各钻孔都能保证进出风,证明确无积水和有害气体后,方可沿钻孔标高以上掘透。

(6)重视自采自掘采空区废巷积水的探放

这是一个普遍问题,千万不能认为资料相对可靠,就掉以轻心,必须以下几个方面:

①对原不积水的区域要分析重新积水的条件和可能,经常圈定积水区。

②要分析测绘精度和误差,注意可能少填、漏填的峒子。

③不过分自信,盲目进行近探近放。

(7)钻、物探结合问题

老窑水的探放,工作量很大,尤其是探水掘进,确实耗工耗时,应该积极采用物探手段,帮助圈定积水区,减少超前探水的工作量,开展探水孔顶端的孔间透视,以减少钻孔密度。但是,钻、物探结合,必须要以钻探为主,物探资料要有钻孔验证。

2. 老空区探放水

(1)老空区探放水安全措施基本内容

①老空水的赋存情况

老空水的赋存,规律不易掌握却带有灾难性特点,隐蔽的三五吨积水也可造成人身伤亡,水量一大毁灭性更强。在可疑地点,必须搞清老空水赋存情况。正确处理老空积水资料的调查和利用问题;通盘了解积水分布、水位、水质及周围水力联系状况。

②探放水施工

防治老空水方法比较简单,主要是严密地组织"探水掘进",即:在靠近探水线的巷道迎头,根据老空水的空间关系制定专门设计,布置放射状而有一定密度的钻孔,保留规定的超前距和帮距,掩护掘进巷道去接近积水区并最终探到积水将其放尽。

a. 探水眼的密度要保证不会漏过老洞子。要求掘进迎头位置距掩护眼的间距不能大于

3 m,为了做到这一条,一方面要适当加密探水眼,另一方面要尽量打深孔,通过正确标定每一个探水孔的方位、深度和见煤层、岩石情况,作好探水图以便进行分析,充分利用历次探水眼见煤段,使密度、超前距、帮距达到设计要求。

b. 超前距和帮距要能有效地防止老洞子意外接近掘进迎头而臌水。根据煤层厚薄、煤质硬度、水压高低,各矿区都应有自己的经验数据和规定,批准掘进时,帮距和超前距要用准确的探水图分析确定,切实加以保证。同时,施工中要注意防止掘进巷道偏离探水中线而造成一侧帮距加大而另一侧偏小的情况。

c. 禁止使用钎子探水。由于风钻或电钻钎子只能探 3 ~4 m、掘 1 ~2 m,没有安全的超前距和帮距,而且不能使用套管、水门等安全防水装置,能使掘进迎头近距离接近积水,一旦有水则会沿钎子眼冲刷,反而造成臌水。

d. 孔口安全套管水门要切实加固,能有效地控制放水。××矿沿七层煤探水,孔深 70 m,原孔径 50 mm,由于套管水门失效,积水流动冲刷,将探水孔冲为 0.5 m 直径的一个大洞。因此,凡探水必须使用孔口安全套管水门,并且要实际进行压水检查,达一定压力不漏水才合格。对酸性强的老空水来说,还应使用由耐酸材料(铜或不锈钢)制做的套管水门。要切实注意防止相邻探水孔(在开孔段间隔太小)窜水现象的发生。一旦发现,应严密封闭。同时为防止窜水,探水眼开孔位置应上下错开。钻进中发现套管漏水,要立即加固,防止水沿套管外壁间隙流动,冲刷煤壁造成套管失效。

e. 要切实加固探水迎头及顶帮。因为一旦探到积水,高压水即可沿钻孔到达套管顶端。这时,煤层及其顶底板裂隙节理将受到水头压力的强大作用,使巷道四周围岩突然来压,发生冒顶、片帮而突水。某矿向十层煤开拓的东大巷石门在岩石内探水,都出现过此类现象。沿煤层探水,水压高时更易出现危险。

f. 钻机安装要绝对牢固。探到积水,一般首先要用钻机控制钻杆在孔内不动,使积水不能大量喷出,并立即检查加固迎头顶帮及套管、水门,认为安全后,方可徐徐抽出钻杆。抽钻后,发现孔口不能有效控制放水或钻孔被堵不再流水时,需要立即用钻杆通捣或顶入塞子止水。在进行这些关键保安措施时,如果钻机安装不牢固,往往会出现意外。

g. 根据现场条件,认真考虑安排相关的安全措施,如:安排有关人员的避灾路线,接通受威胁区的警铃信号,清理流水路线将水引向指定的排水水仓或废弃的老塘井巷(将水暂时蓄存起来),防止探水地点瓦斯积聚或喷出等。

为了保证探水掘进这七个环节的落实,要严格坚持一系列的探放水制度,包括:

Ⅰ. 探水钻孔认真记录制。

Ⅱ. 探水钻孔验收制。

Ⅲ. 填制探水图,分析审查探水孔密度、超前距、帮距,严格审批探水后允许的掘进距离。

Ⅳ. 探水迎头允许掘进范围的挂牌制和检查制。防止偏离探水中线或超过掘进距离。

Ⅴ. 安全套管检查试压制。

Ⅵ. 探水迎头定期安全检查和汇报制。

Ⅶ. 有害气体定时检查制。

(2)老空区探放水安全措施实例

(二)集中讲解

下面我们来介绍老空探放水的方法步骤和措施制定。

1. 收集有关水文地质资料

每个采掘工作面开工之前，矿井必须组织有关人员查阅有关资料并进行现场勘察，尽最大可能查清采掘范围内以及周边老空的积水情况，进行安全论证。对存在的积水尽可能采取措施排干；如果无法排干或经济上不合理，则必须将积水情况标注在采掘工程平面图上；如果存在老空，由于人员无法进入调查的，老空范围也必须标注。存在以下情况之一的，都必须进行老空探（放）水：一是存在没能排干的积水老空；二是存在老空，但无法确认有否积水；三是不能确认没有老空。

2. 确定探水线

井下探水时，必须从探水线（探水起点）开始，探水前进。探水线应根据积水区的位置、范围、水文地质条件及其资料的可靠程度，以及采空区、巷道受矿山压力的破坏情况等因素确定。

对本矿开采所造成的老空、老巷、水窝等积水区，其边界位置准确，水压不超过1 MPa，探水线至积水区的最小距离：在煤层中不得少于30 m，在岩层中不得少于20 m。

对本矿井的积水区，虽有图纸资料，但不能确定积水区边界位置时，探水线至推断的积水区边界的最小距离不得小于60 m。

对有图纸资料可查的老窑，探水线至老窑边界的最小距离不得小于60 m；对没有图纸资料可查的老窑，可根据本矿井已了解到的开采最低水平，作为预测的可疑区，必要时可先进行物探控制可疑区，再由可疑区向外推100 m作为探水线。

3. 探水巷道的布置

巷道掘进的，以所掘巷道作为探水巷；回采工作面，一般以开切眼（天井、上山）作为探水巷道。探水巷的断面规格应能便于施工和人员避灾。

4. 探水钻孔的布置

探水钻孔一般应呈扇形布置于巷道前方，其布置包括个数、方向、倾角、深度。以下主要介绍与深度有关的几个参数的确定。

（1）超前距离：探水时从探水线开始向前方打钻孔，常是探水—掘进—再探水—再掘进，循环进行。而探水钻孔终孔位置应始终超前掘进工作面一段距离，该段距离称超前距离。超前距离可参照任务4.1.4部分描述。

（2）帮距：为使巷道两帮与可能存在的水体之间保持一定的安全距离，即呈扇形布置的最外侧探水孔所控制的范围与巷道帮的距离。其值应与超前距离相同。

（3）允许掘进距离：经探水证实无水害威胁，可安全掘进的长度称允许掘进距离。

（4）钻孔密度：允许掘进距离终点横剖面上，探水钻孔之间的间距。一般不超过3 m，以免漏掉积水区。

5. 探水设备

矿井配备钻孔能力足够的探水钻，是探水工作的基本保障。没有探水钻，探水的计划、规划都将落空。

目前，不少矿井（尤其是煤矿）没有配备探水钻。据了解，主要问题在于客观方面，即探水主要工作量所在的开切眼（天井）一般空间较小而且倾角较大，这就要求探水钻要轻便。而市场上探水钻大都不仅价位高（少则六、七千元，多则三、四万元以上），而且重量大（100 kg以上）、需要辅助的钻架系统、电压高（380 V或660 V）或需要高压气，搬迁、操作都不方便。据了解，有的矿井配备了一种手持式探水电钻（电压127 V），重量与普通煤电钻差不多，操作方便,有了这类探水钻,这一问题便可得到解决。

所配备的探水钻,其所能达到的钻孔深度应能满足前述要求。假设采煤工作面所在的煤层为中厚煤层(厚度1.3~1.5 m),积水区的水压小于0.5 MPa(50 m水柱高),探水巷(开切眼)宽度为1.6~2.0 m,每掘进2个循环(循环进尺1.5 m)进行一次探水钻孔,则:允许掘进距离为3 m,超前距离和帮距均为15 m,据此计算可得探水钻孔中孔深度为18 m(3 m+15 m)、边孔(斜孔)深度为23.4 m。欲配备的探水钻钻孔能力,应根据矿井具体情况,分煤层和岩层估算出最大的钻孔深度,一般应按煤层中钻孔深度不少于25 m或30 m、岩层中钻孔深度不少于10 m的配备。

6. 安全措施

安全措施应包括:排水设备的维护制度,保持正常排水;水沟、水仓的清理制度,保持流水畅通;流水路线;巷道维护制度;安全躲避硐;通风方法和瓦斯检查制度;通讯方法和工具;避灾路线;钻机安装及钻机操作的安全措施。探到积水区需要放水的,应制定放水安全措施。

复习题与习题

1. 矿井水及其严重危害是什么?
2. 发生矿井水灾的基本条件是什么?
3. 造成矿井水灾的主要原因是什么?
4. 矿井透水的预兆是什么?
5. 编制矿井防治水措施的内容是什么?
6. 编制矿井防治水措施需要注意的事项是什么?
7. 矿井水害防治技术有哪些?
8. 井下探水、疏干、截水、注浆堵水的原理是什么?
9. 地面防治水应考虑哪些方面的内容?
10. 井下防治水应考虑哪些方面的内容?

学习情境 5 矿山救护

教学内容

矿山救护工作是处理矿山各类灾害事故的特种高危行业。实践证明，矿山救护队在预防和处理矿山灾害事故中发挥了重要作用。在学习情景 5 中将介绍矿山救护队军事化训练、矿山救护装备操作技能、创伤急救技能、矿井灾害应急救援计划等内容。

教学条件、方法和手段要求

准备《煤矿安全规程》、《煤矿救护规程》、矿山救护设备。

建议采用在煤矿安全实训基地进行现场教学，采用角色扮演的方法教学。

学习目标

1. 熟练掌握《矿山救护队军事训练规范》的基本技术要领。

2. 熟练操作矿山救护设备，能维护矿山救护设备。

3. 熟练实施各种人工呼吸、创伤止血，具备人工呼吸、创伤止血的技能。

4. 能够在模拟实际矿井灾变事故环境下预先制定矿井灾害应急救援计划，使矿井灾害应急救援计划具有针对性、有效性和实用性。

单元 5.1 矿山救护队军事化训练

“矿山救护队军事化训练”单元是本子模块课程知识和技能的综合应用。通过该单元的学习训练，要求学生熟悉矿山救护队的组织、工作原则、具体工作任务，能够熟练掌握《矿山救护队军事训练规范》的基本技术要领。

拟实现的教学目标

一、能力目标:能够熟练掌握《矿山救护队军事训练规范》的基本技术要领

基本技术动作要领

(一)领取与布置任务

标准要求:

1. 领队指挥员整好队伍后,应跑步到首长处报告及领取任务,再返回向队列人员简要布置任务;

2. 报告前和领取任务后向首长行举手礼;

3. 领队指挥员在报告和向队列人员布置任务时,队列人员应成立正姿势,不许做其他动作;

4. 在各项操练过程中,不许再分项布置任务和用口令、动作提示。

领队指挥员报告词:“报告! ×××救护队操练队列集合完毕,请首长指示! 报告人:队长×××”首长指示词:“请操练!”接受指示后回答:“是!”行礼后返回队列前,向队列人员简要布置操练的项目。

(二)解散

标准要求:

队列人员听到口令后要迅速离开原位散开。

(三)集合(横队)

标准要求:

1. 全体队人员听到集合预令,应在原地面向指挥员,成立正姿势站好。

2. 听到口令应跑步按口令集合(凡在指挥员后侧人员均应从指挥员右侧绕行)。

(四)立正、稍息

标准要求:

按动作要领分别操练,姿势正确、动作整齐一致。

(五)整齐(依次为:整理服装、向右看齐、向左看齐、向中看齐)

标准要求:

在整齐时,先整理服装一次(按《中国人民解放军队列条例》中整理队帽、衣领、上口袋盖、军用腰带、下口袋盖的规定进行)。

(六)报数

标准要求:

报数时要准确、短促、洪亮、转头(最后一名不转头)。

(七)停止间转法(依次为:向右转、向左转、向后转、半面向右转、半面向左转)

标准要求:动作准确,整齐一致。

(八)齐步走、正步走、跑步走(均为横队)

标准要求:队列排面整齐,步伐一致。

(九)立定

标准要求:在齐步走、正步走和跑步走时分别作立定动作进行检查考核,要整齐一致。

(十)步伐变换(依次为:齐步变跑步、跑步变齐步、齐步变正步、正步变齐步)

标准要求:按要领操练,排面整齐、步伐一致。

(十一)行进间转法(均在齐步走时向左转走、向右转走、向后转走)

标准要求:队列排面整齐,步伐一致。

(十二)纵队方向变换(停止间左转弯齐步走、右转弯齐步走;行进间右转弯走、左转弯走)

标准要求:排面整齐,步伐一致

(十三)队列敬礼(停止间)

标准要求:排面整齐,动作一致。

二、知识目标

能够熟练陈述矿山救护队的组织、工作原则、具体工作任务。

(一)矿山救护队的组织

矿山救护队是处理矿井火、瓦斯、煤尘、水、顶板等灾害的专业队伍;矿山救护队员是煤矿井下一线特种作业人员。

(二)工作原则

矿山救护队必须认真执行党的"安全第一,预防为主,综合治理"安全生产方针,坚持"加强战备、严格训练、主动预防、积极抢救"的原则。时刻保持高度的警惕,做到"练兵千日,用兵一时"和"招之即来,来之能战,战之能胜"。

(三)矿山救护队的任务

1. 抢救矿山遇险遇难人员。

2. 处理矿山灾害事故。

3. 参加排放瓦斯、震动性爆破、启封火区、反风演习和其他需要佩用氧气呼吸器作业的安全技术性工作。

4. 参加审查矿山应急预案或灾害预防处理计划,做好矿山安全生产预防性检查,参与矿山安全检查和消除事故隐患的工作。

5. 负责兼职矿山救护队的培训和业务指导工作。

6. 协助矿山企业搞好职工的自救、互救和现场急救知识的普及教育。

三、素质目标

通过矿山救护队军事化训练,全面提高学生责任意识,提高组织性、纪律性,增强战斗力和凝聚力。

(1)通过军训,提高救护指战员的军事素质;

(2)通过军训,严肃队容风纪,提高队伍的组织性、纪律性,增强战斗力;

(3)通过军训,提高指挥员的组织能力和指挥能力,锻炼指挥员口令的准确性;

(4)军训时,严格要求、认真操作、服从命令、听从指挥。

通过矿山救护军事化训练,培养学生协作精神和严谨的态度,提高技术业务和身体素质。

任务5.1.1 矿山救护队军事化训练

一、学习型工作任务

(一)矿山救护队员的素质要求

1. 救护指战员条件

(1)大队指挥员应由熟悉矿山救护业务及其相关知识,热爱矿山救护事业,能够佩用氧气呼吸器,从事矿山井下工作不少于5年,并经国家级矿山救护培训机械培训取得资格证的人员担任。

(2)大队长应具有大专以上文化程度,大队总工程师应具有大专以上学历并中级以上职称。

(3)中队指挥员应由熟悉矿山救护业务及其相关知识,热爱矿山事业,能够佩用氧气呼吸器,从事矿山救护工作不少于3年,并经培训取得资格证的人员担任。

(4)中队长应具有中专以上文化程度,中队技术员应具有中专以上学历并初级以上职称。

(5)新招收的矿山救护队员应具有高中(中技)以上文化程度,年龄在25周岁以下,身体符合矿山救护队员标准,从事井下工作在1年以上,并经过培训、考核、试用,取得合格证后,方可从事矿山救护工作。

(6)救护队实行队员服役合同制。正式入队前,必须由矿山救护队、输送队员单位和队员本人三方签订服役合同,合同期为3~5年。队员服役合同期满,本人表现较好、身体条件符合要求的可再续签合同,延长服役年限。

(7)凡有下列疾病之一者,严禁从事矿山救护工作:

①有传染性疾病者。

②色盲、近视(1.0以下)及耳聋者。

③脉搏不正常,呼吸系统、心血管系统有疾病者。

④强度神经衰弱,高血压、低血压、眩晕症者。

⑤尿内有异常成分者。

⑥经医生检查确认或经考核身体不适应救护工作者。

⑦脸型特殊不适合佩戴面罩者。

(二)风纪、礼节训练

全队人员按规定着装,正常佩戴标志(肩章、臂章、领花、帽徽),着装整齐一致,帽子要带端正,不得留胡须;着装必须衣帽配套,扣好领扣、衣服扣,不得挽袖、卷裤腿,穿拖鞋。便服和队服不得混穿。救护队的队旗、队徽、队歌应按规定制作、管理和使用。全体指战员做到服从命令,听从指挥。

(三)队列训练

标准要求:

1. 队列操练由老师指定一名学员指挥,由全体学员完成,着装统一整齐;

2. 队列操练由领队指挥员在场外(指定位置)整理队伍,跑步进入场地内开始至各项操练完毕;

3. 项目操练按照排列顺序依次进行,不得颠倒;

4. 除领队与布置任务、整理服装外,其余各单项均操练两次;

5. 行进间队列操练时,行进距离不小于10 m;

6. 操练完毕,领队指挥员向首长请示后,将中队成纵队跑步带出场地结束;

指挥员要做到:指挥位置正确;姿态端正,精神振作,动作准确;口令准确、清楚、洪亮;清点人数,检查着装,严格要求,维护队列纪律。

二、任务单

任务单内容:对班级同学进行矿山救护员素质检验。

复习题与习题

1.《煤矿安全规程》对矿山救护指战员素质有何要求？
2. 矿山救护质量标准有哪些内容？
3.《矿山救护队军事训练规范》的主要内容？

单元5.2 矿山救护装备操作技能训练

“矿山救护装备操作技能训练”单元是每一个从事矿山救护人员和矿井生产作业人员必备的实用性技能。通过该单元的学习训练，要求学生能够正确操作矿山救护设备。

拟实现的教学目标：

1. 能力目标

能熟练操作矿山救护设备，能维护矿山救护设备。

2. 知识目标

能够熟练陈述各种矿山救护设备的作用。能正确陈述操作各种救护设备的操作要点。

3. 素质目标

通过矿井救护设备操作的现场模拟实施，培养学生一丝不苟的从严精神。

任务5.2.1 氧气呼吸器的使用

一、学习型工作任务

氧气呼吸器的作用：是一种自带氧源的隔绝式再生氧闭路循环的个人特种呼吸保护装置。它主要用于矿山救护队处理矿山事故，抢救遇险遇难人员，也可用于高层楼房火灾和其他有害气体的作业场所的救援。

能正确陈述操作氧气呼吸器的操作要点：①将呼吸器戴好后，首先打开氧气瓶观察压力表指示的压力值。②按手动补给按钮，将气囊内原积存的气体排除。③将口具咬好，带上鼻夹，然后进行几次深呼吸，检查呼吸器内部机件是否良好，当确认各部件工作正常时方可进入灾区工作。

二、任务单

练习氧气呼吸器的使用。

任务5.2.2 苏生器的使用

一、学习型工作任务

苏生器的作用：

ASZ-30型自动苏生器是一种进行正负压人工呼吸的急救装置。它能把氧气自动地输入到伤员的肺内，然后又将肺内气体抽出，并连续工作，还附有单纯给氧和吸引装置，可供呼吸机能麻痹的伤员吸氧和吸除伤员呼吸道内的分泌物。

能正确陈述操作苏生器的操作要点：

苏生器的准备：

(1)伤员的检查；

(2)安置伤员；

(3)清理口腔；

(4)清理咽喉；

(5)插口咽导气管。

苏生器的操作方法：

(1)使患者的头偏向一侧。打开气路，便听到“飒飒”的气流声音，将面罩紧压在伤员的面部，自动肺便生动地交替进行充气与抽气，自动肺上的标杆有节律地上下跳动。

(2)苏生前，不让气体充入胃里，可用食指轻轻地压在伤员喉头中部的环状软骨，以闭塞食道，如伤员胸部有明显的起伏动作，此时要停止压喉。

(3)自动肺不能自动工作，是由于面罩不严密漏气所致。如果自动肺动作过快，并发出疾速的喋喋声音，表明呼吸道不畅通。可试将伤员下颌骨托起，以便呼吸道畅通，如无效应马上重新清理呼吸道，切勿贻误时间。

(4)如果操作过程中发生严重痉挛，为了防止咬伤舌头，应提起面罩，将舌头放回，必要时可停止苏生。

(5)在苏生时，每隔一些时间可移去自动肺，检查苏生是否有效，当伤员能自主呼吸时，可取下自动肺，从口腔中取出口咽导气管，将呼气阀与导气管储气囊连接，打开气路，接面罩上，调整气量进行继续供氧。

(6)氧气量的调节，一般应调在80%，一氧化碳中毒的伤员应调在100%。

(7)调整呼吸频率，调整减压器和配气阀旋钮，使呼吸频率达到：成人12～16次/min，小孩20次/min。

(8)当伤员出现自主呼吸时，自动肺出现瞬时紊乱动作，可将呼吸频率调慢，随着上述现象重复出现，呼吸频率可逐渐减慢，直至8次/min以下。自动肺仍出现无节律动作，说明伤员的自主呼吸已基本恢复。

(9)如果苏生时间较长，可用头带将面罩固定。

(10)注意观察压力表，当低于1 MPa时，打开仪器本身的氧气瓶，更换备用氧气瓶，必要时更换40 L大氧气瓶。

(11)苏生工作不应过早终止，除非伤员已经自主呼吸或观察到明显死亡像征才能停止。对腐蚀性气体中毒的伤员，不能苏生，但必须立即供氧。

二、任务单

练习苏生器的使用。

任务5.2.3　自救器的使用

一、学习型工作任务

自救器的作用：

自救器是一种轻便、体积小、便于携带、戴用迅速、作用时间短的个人呼吸保护装备。当井下发生火灾、爆炸、煤与瓦斯突出等事故时，供人员佩戴，可有效防止中毒或窒息。

能正确陈述操作自救器的操作要点：

化学氧自救器的操作要点：

(1)佩戴时，将腰带穿入自救器腰带环内，并固定在背部后侧腰间。

(2)使用时，先将自救器沿腰带转到右侧腹部前，左手托底，右手拉护罩胶片，使护罩挂钩脱离壳体丢掉。再用右手掰锁口带扳手至封条断开后，丢开锁口带。

(3)左手抓住下外壳，右手将上外壳用力拔下丢掉。

(4)将挎带套在脖子上。

(5)用力提起口具，立即拔掉口具塞并同时将口具放入口中，口具片置于唇齿之间，牙齿紧紧咬住牙垫，紧闭嘴唇。

(6)两手同时抓住两个鼻夹垫的圆柱形把柄，将弹簧拉开，憋住一口气，使鼻夹垫准确地夹住鼻子。

(7)戴好头带。将头带分开，一根戴在头顶，一根戴在后脑勺上。

(8)戴好安全帽，迅速撤离灾区。

(9)撤离灾区时，若感到吸气不足，应放慢脚步，做长呼吸，待气量充足时再快步行走。

压缩氧自救器的操作要点：

(1)携带时挎在肩膀上。

(2)使用时，先打开上外壳扣鼻，再打开上盖。

(3)然后左手抓住气囊，理伸顺好。右手打开氧气瓶开关，氧气通过减压器后流入气囊中。

(4)拔开口具塞，将口具放入嘴内，牙齿咬住牙垫。

(5)将鼻夹夹在鼻子上，用口进行呼吸。

(6)摘下帽子，挎上挎带。

(7)在呼吸的同时，按动补给按钮，大约1~2秒，气囊充满后立即停止(使用过程中发现气囊空，供气不足时，按上述方法操作)。

(8)挂上腰钩。

二、任务单

练习自救器的使用。

5.2 单元学习情景小结与学习指导

1. 氧气呼吸器需检验的内容：

①正压气密性：

100 mm H_2O 压力下，1 min 内水柱下降不超过3 mm。

②负压气密性：-80 mm H_2O 压力下，1 min 内水柱上升不超过3 mm。

③自排开启压力：20~30 mmH_2O。

④自补开启压力：$-15\to-25$ mmH_2O。

⑤定量：1.1~1.3 L/min。

⑥自动补给流量：50~60 L/min。

⑦手动补给量：不低于90 L/min。

2. 氧气呼吸器佩戴的步骤：

①距操作台1 m站立，将帽子取下夹于两膝之间。

②放下呼吸器软管,分开腰带肩带,举起呼吸器绕过头顶,缓缓滑落至双肩,戴上帽子,后退一步,系好腰带。

③检查呼吸两阀的灵活性和整机气密性。

④打开氧气瓶观察压力表指示的压力值。按手动补给按钮,将气囊内原积存的气体排除。检查自动补气和排气动作。

⑤将口具咬好,带上鼻夹,检查背带和哨音机件是否良好,当确认各部件工作正常时举手示意。

3. 维护氧气呼吸器时需注意的事项:

救护队返回驻地后,必须及时对呼吸器进行清洗、检查、使其恢复到战斗准备状态,在清洗工作中的注意事项有:

①使用过的清净罐要更换吸收剂,但不要清洗清净罐,以免加快腐蚀。

②氧气瓶要重新充气。

③气囊、唾液盒、口具、呼吸软管、水分吸收器要清洗消毒。

④外壳的泥污、灰尘要清洗干净,并检查有无损坏痕迹,清洗时要严防水分侵入减压器内部,引起生锈,动作失灵。

⑤对使用中存在的问题要进行仔细检查和修理。

⑥在清洗各部件时应严防碰撞。

⑦在安装时要检查各部件接头处垫圈的损坏情况。用氧气呼吸器校验仪进行前五项检查合格后,才能投入正常使用。

⑧每周必须对氧气呼吸器进行一次日常维护保养检查。

⑨在使用和日常维护保养中发现故障,必须立即进行处理,确保氧气呼吸器100%处理完好状态。

⑩每次对氧气呼吸进行检查后必须填写维护检查记录。

4. 苏生器需检验的内容:

苏生器需检验的内容有:

(1)高压系统严密性的检查,当氧气压力在16~20 MPa时,将氧气瓶关闭后,1 min内不下降0.5 MPa,为符合要求。

(2)自动肺的检验。主要工作参数:

①换气量的检验。调整减压器的供氧量,使检验气囊动作约12~16次/min。

②正负压检验。

③正负压调整,自动换气量的调整,主要是通过充气和抽气正负压来决定的,压力大时则换气量大,压力小时则换气量小。

5. 苏生器佩戴的步骤:

见上面的"苏生器的准备"和"苏生器的操作方法"。

6. 维护苏生器时需注意的事项:

(1)工具、附件、备用零件齐全完好。

(2)氧气瓶工作压力为20 MPa,瓶内氧气量最低不小于18 MPa。

(3)各接头气密良好,高压系统内漏气量不得超过5 L/min,各低压部分气密。

(4)吸引装置正常,吸痰最大负压值不得小于68 kPa(500 mmH_2O)

(5)自主呼吸阀工作正常,自主呼吸阀供氧量(含氧量80%),不少于15 L/min。

(6)自动肺工作正常。

(7)仪器使用后,必须彻底清洗和消毒,用完的氧气瓶要补充氧气。

(8)要避免阳光直射,以防胶质件软化,保管室温度不得超过30 ℃。

7. 自救器需检验的内容:

化学氧自救器应检验:有效使用时间、气密性、封条、外壳。

压缩氧自救器应检验:气密性、氧气瓶及压力、气囊、药品。

8. 自救器佩戴的步骤:

同上。

9. 维护自救器时需注意的事项:

化学氧自救器:化学氧自救器是一次使用的自救器,注意效使用时间及时报废,定期做试压测定气密性,检查封条是否被打开过,检查外壳的完好状况。报废的自救器要及时进行处理。由专门人员进行定期检查并作好记录可查。

压缩氧自救器:正压气密性、排气压力和流量的检查;氧气瓶试压及压力值是否符合规定;气囊的老化和药品的失效及时更换。高压氧气瓶储存有20 MPa的氧气,携带过程中要防止撞击和磕碰,或当坐垫使用。携带过程中严禁开启氧气瓶开关。当重复使用时,要做清洁、消毒检验检查工作,符合技术要求后才能使用。由专门人员进行定期检查并作好记录可查。

复习题与习题

1. 氧气呼吸器需检验的内容有哪些?
2. 氧气呼吸器佩戴的步骤是什么?
3. 维护氧气呼吸器时需注意的事项有哪些?
4. 苏生器需检验的内容有哪些?
5. 苏生器佩戴的步骤是什么?
6. 维护苏生器时需注意的事项有哪些?
7. 自救器需检验的内容有哪些?
8. 自救器佩戴的步骤是什么?
9. 维护自救器时需注意的事项有哪些?

单元5.3　创伤急救技能训练

"创伤急救技能训练"单元是矿山救护技能实训的主要内容之一。急救技术包括人工呼吸、心脏复苏、止血、包扎、固定和伤员搬运。通过该单元的学习训练,要求学生具备创伤急救的技能,能够按急救措施正确的实施。

拟实现的教学目标：

1. 能力目标

能熟练实施各种人工呼吸、创伤止血，具备人工呼吸、创伤止血的技能。

2. 知识目标

能熟练陈述人工呼吸、创伤止血所需的实训器材及装备。能够熟练陈述人工呼吸、创伤止血操作时的基本要领及注意事项。

3. 素质目标

通过人工呼吸、创伤止血的现场模拟操作，培养学生认真的态度。

矿山救护队的指战员必须熟练掌握现场急救常识及处理技术，主要内容有：伤员的伤情检查和诊断，常用医疗急救器材的使用方法及人工呼吸，以及胸外心脏挤压、止血、包扎、骨折固定、伤员搬运等。

任务 5.3.1　人工呼吸训练

一、学习型工作任务

人工呼吸所需的实训器材及装备：模拟人、保温毯、医疗急救箱、口式呼吸面具、医用手套、开口器、夹舌器、伤病卡、相关药剂等。

人工呼吸适用于触电休克，溺水，有害气体中毒、窒息或外伤窒息等引起的呼吸停止、假死状态者。如果呼吸停止不久大都能通过人工呼吸抢救过来。常用的方法有口对口吹气法、仰卧压胸法和俯卧压背法 3 种。

人工呼吸操作时的基本要领：

(1)口对口吹气法：它是一种效果最好、操作最简单的方法。操作前使伤员仰卧，救护者在其头的一侧，一手托起伤员下颌，并尽量使其头部后仰，另一持将其鼻孔捏住，以免吹气时，从鼻孔漏气，自己深吸一口气，紧对伤员的口将气吹入，造成伤员吸气。然后，松开捏鼻的手，并用一手压其胸部以帮助伤员呼气。如此有节律地、均匀地反复进行，每分钟应气 14 ~ 16 次。注意吹气时切勿过猛、过短，也不宜过长，以占一次呼吸周期的 1/3 为宜。

(2)仰卧压胸法：让伤员仰卧，救护者跨跪在伤员大腿两侧，两手拇指向内，其余四指向外伸开，平放在其胸部两侧乳头之下，借上半身重力压伤员胸部，挤出伤员肺内空气。然后，救护者身体后仰，除去压力，伤员胸部依其弹性自然扩张，使空气吸入肺内。如此有节律地进行，要求每分钟压胸 16 ~ 20 次。

(3)俯卧压背法：此法与仰卧压胸法操作基本相同，只是伤员俯卧，救护者跨跪在伤员大腿两侧。因为这种方法便于排出肺内水分，因而此法对溺水急救较为适合。

人工呼吸操作时注意事项：

(1)检查现场是否安全，通风良好。观察周围环境，确保抢救人员和伤员的安全。领口解开，放松腰带，保持体温。背部垫上软衣服等。

(2)不要轻易移动伤员，先清除口中脏物，把舌头拉出或压住，防止堵住喉咙，妨碍呼吸。个体隔离防护。在接触伤员以前，要使用合适的个人防护用具。

(3)分析受伤机理。了解伤员受伤的原因以及体检的阳性特征。

(4)确定受伤人数。依据受害者的伤病情况，按轻、中、重、死分类，分别以“红、黄、蓝、黑”的伤病卡作出标志，置于伤病员的左胸部或其他明显部位，便于医疗救护人员辨认并及时采取相应的急救措施。

(5)固定脊椎。怀疑脊椎受伤,应先固定头部。

(6)技术处理。根据伤情的特点,采取相关的处理技术。

(7)伤员搬运。不同的伤势,应采取不同的搬运方法。

二、任务单

1. 研讨不同情况下的抢救措施。

2. 与模型人练习人工呼吸。

任务5.3.2　创伤止血训练

一、学习型工作任务

通过实训操作,熟练掌握现场各种创伤止血的操作环节,并能结合现场实际情况,有效地实施创伤急救措施。

创伤止血所需的实训器材及装备。创伤止血操作时的基本要领及注意事项。

二、任务单

与模型人练习创伤止血

5.3　单元学习情景小结与学习指导

1. 有害气体中毒伤员的抢救措施:

(1)当感到有刺激性气体,有臭鸡蛋气味或有毒气体中毒症状产生时,除应立即向调度室汇报外,所有人员应立即戴好防护装置迅速将中毒人员抬离现场,撤到通风良好而又比较安全的地方,并就地立即进行抢救。

(2)对中、重度中毒的人员应立即给予吸氧、保暖,严重窒息者,应在给予吸氧的同时进行人工呼吸。

(3)有因喉头水肿致呼吸道阻塞而窒息者,医疗救护人员应迅速用环甲膜穿刺术,以确保呼吸道畅通。

(4)若呼吸和心跳停止时,应立即进行心肺复苏。

(5)昏迷伤员可予针灸,针刺人中、内关、合谷等穴位,以促其苏醒。

(6)快速转送至医院进行综合救治。

2. 溺水伤员的抢救措施:

(1)立即将溺水者救至安全、通风、保暖的地点,首先清除口鼻内的异物,确保呼吸道的畅通。将救起的伤员俯卧于救护者屈曲的膝上,救护者一腿跪下,一腿向前屈膝,使溺水者头向下倒悬,以利于迅速排出肺内和胃内的水,同时用手按压背部做人工呼吸。

(2)如上述抢救效果欠佳,应立即改为俯卧式或口对口人工呼吸法,至少要连续作20 min不间断;然后再解开衣服检查心音,抢救工作不要间断,直至出现自主呼吸才可停止。

(3)心跳停止时,应立即采取心肺复苏术。

(4)呼吸恢复后,可在四肢进行向心按摩,促使血液循环的恢复;神志清醒后,可给热开水喝。

(5)经过抢救后,应立即转运至医院进行综合治疗。

3. 触电伤员的抢救措施:

(1)立即切断电源,或以绝缘物将电源移开,使伤员迅速脱离电源,防止救护者触电。

(2)将伤员迅速移至通风安全处,解开衣扣、裤带,检查有无呼吸、心跳。若呼吸、心跳停止时,应立即进行心脏按压和口对口人工呼吸术以及输氧等抢救措施。

(3)抢救同时可针刺或指掐人中、合谷、内关、十宣等穴,以促其苏醒。

(4)轻型伤员可给予保暖,对烧伤、出血及骨折等症,应给予及时的包扎、止血及骨折固定。

(5)病情稳定后,迅速转运出井至医院进行综合治疗。

4. 烧伤伤员的抢救措施:

(1)首先应使伤员迅速脱离灼热物及现场,尽快设法以就地翻滚、按压、泼水等方法扑灭伤员身上的火,力求尽量缩短烧伤时间。

(2)立即用冷水直接反复泼浇伤面,若有可能可用冷水浸泡 5 ~ 10 min,彻底清除皮肤上的余热,以减轻伤势和疼痛,少起水疱,降低伤面深度。

(3)脱衣困难时,应快速将衣领、袖口裤腿提起,反复用冷水浇泼,待冷却后再脱去伤员的衣服,用被单或毯子包裹覆盖伤面和全身。

(4)衣服和皮肉贴住时,切勿强行拉扯,可先用剪子剪开粘连周围的衣服,再进行包扎。水泡不应弄破,焦痂不应扯掉。烧伤创口不应涂任何药物,只需用敷料覆盖包扎即可。

(5)检查有无并发症,如有呼吸道烧伤,面部五官烧伤,CO 中毒、窒息、骨折、脑震荡、休克等并发症,要及时予以抢救处理。

(6)转运要快速,少颠簸,途中应有医护人员照顾,随时注意预防窒息和休克的发生。

5. 休克伤员的抢救措施:

(1)将伤员迅速撤至安全、通风、保暖的地方,松解伤员衣服,让伤员平卧或两头均抬高 30°左右,及增加血流的回心量,改善脑部血流量。

(2)清除伤员呼吸道内的异物,确保呼吸道的畅通。

(3)迅速找出休克病因,尽力予以祛除,出血者立即止血,骨折者迅速固定,剧痛者予以止痛剂,呼吸心跳停止者应立即进行心脏按压及口对口人工呼吸。

(4)保持伤员温暖,有可能时可让伤员喝点热开水,但腹部内脏损伤疑有内出血者不能喝水。也可针刺或用受掐人中、合谷、内关、十宣等急救穴位,以促其苏醒。

(5)针对休克的不同的病理生理反应及主要病症积极进行抢救,尽量制止原发病的继续恶化。出血性休克应尽快止血、输液、输氧等。不可过早使用升压药物,以免加重出血。

(6)经抢救,休克症状消失,伤员清醒、血压、脉律相对稳定时才可运送。运送途中应继续输液、输氧,并时刻注意伤员的呼吸、脉搏、血压的变化。昏迷伤员运送时面部应偏向一侧,以防呕吐物阻塞呼吸道。

6. 昏迷伤员的抢救措施:

(1)立即将伤员撤至安全、通风、保暖的地方,使其平卧,或两头抬高 30°,以增加血流的回心量,改善脑部血流量。解松衣扣,清除呼吸道内的异物,可给热水喝。呕吐时头应偏向一侧,以免呕吐物吸入气管和肺内。

(2)可针刺或指掐人中、内关、合谷、十宣等穴位,以促其苏醒。

(3)迅速转送至医院进行救治。

7. 人工呼吸所需的实训器材及装备:

主要有模拟人、保温毯、医疗急救箱、口式呼吸面具、医用手套、开口器、夹舌器、伤病卡、相关药剂等。

8. 创伤止血所需的实训器材及装备：

模拟人、夹板、保温毯、止血带、止血垫、绷带、抗休克服、颈托、三角巾、剪子、手术刀、镊子、口式呼吸面具、医用手套、开口器、夹舌器、伤病卡、相关药剂、环甲膜穿刺针、医疗急救箱、消炎药水、药棉、衬垫、冷敷药品、无菌敷料。

9. 创伤止血操作时的基本要领及注意事项：

常用的止血方法有如下4种，分述如下：

（1）加压包扎止血法。

操作要领：将干净纱布、手巾或布料等盖在伤口处，然后用绷带或布条适当加压包扎，即可止血。

注意事项：压力的松紧度以能达到止血而不影响伤肢血液循环为宜。

适应范围：小静脉出血、毛细血管出血，头部、躯干、四肢以及身体各处的伤口均可使用。

（2）指压止血法。

操作要领：在伤口附近靠近心脏一端的动脉处，用拇指压住出血的血管，以阻断血液。

注意事项：此法是用于四肢大出血的暂时性止血措施，在指压止血的同时，应立即寻找材料，准备换用其他止血方法。

使用范围：头面部、四肢部位出血。

（3）止血带止血法。

操作要领：用加压包扎法止血不能奏效的四肢大血管出血，应及时采用止血带止血。

①在伤口近心端上方加垫。

②急救者左手拿止血带，上端留5寸，紧贴加垫处。

③右手拿止血带，拉紧环绕伤肢伤口近心端上方两周，然后将止血带交左手中、食指夹紧。

④左手中、食指夹止血带，顺着肢体下拉成环。

⑤将上端一头插入环中拉紧固定。

⑥在上肢应扎在上臂的上1/3处，在下肢应扎在大腿的中下1/3处。

注意事项：

a. 扎止血带前，应先将伤肢抬高，防止肢体远端因淤血而增加失血量。

b. 扎止血带时要有衬垫，不能直接扎在皮肤上，以免损伤皮下组织和神经。

c. 前臂各小腿不适于扎止血带，因其均有两根平行的骨干，骨间可通血液，所于止血效果差。但在肢体离断后的一残端可使用止血带，要尽量扎在靠近一残端处。

d. 禁止扎在上臂的中段，以免压伤桡神经，引起腕下垂。

e. 止血带的压力要适中，即达到阻断血液流动又不损伤周围组织为度。

f. 止血带的止血时间一般不超过1 h，太长会导致肢体坏死，太短会使出血、休克进一步恶化。并要标记止血带止血部位和时间，每30～60 min放松一次，放松时间为1～3 min。

适用范围：受伤肢体有大而深的伤口，血液流动速度快；多处受伤，出血量大；受伤同时伴有开放性骨折；肢体完全离断或部分离断；受伤部位可见喷血。

（4）加垫屈肢止血法。

当前臂和小腿动脉出血不能止住时，如果没有骨折和关节脱位，这时可采用加垫屈肢止血法止血。

操作要领：在肘窝或膝窝处放入叠好的手巾或布卷，然后屈肘关节或屈膝关节，再用绷带或宽布条等将前臂与上臂或小腿与大腿固定。

复习题与习题

1. 人工呼吸所需的实训器材及装备有哪些？
2. 人工呼吸操作时的基本要领及注意事项是什么？
3. 创伤止血所需的实训器材及装备有哪些？
4. 创伤止血操作时的基本要领及注意事项是什么？

单元5.4　矿井灾害应急救援计划编制

"矿井灾害应急救援计划编制"单元是解决矿井灾害事故的指导性文件。通过该单元的学习训练，要求学生熟悉矿井主要灾害发生的条件、事故原因和预兆。能够在模拟实际矿井灾变事故环境下预先制定抢险救灾方案。

拟实现的教学目标：

1. 能力目标

能够在模拟实际矿井灾变事故环境下预先制定抢险救灾方案，使矿井灾害应急救援计划具有针对性、有效性和实用性。

2. 知识目标

能够熟练陈述矿井灾害事故及其严重危害、发生的基本条件、主要原因、预兆等内容。

3. 素质目标

通过编制矿井灾害应急救援计划，训练学生分析问题和解决问题的能力；通过实际编制训练，培养学生一丝不苟的从严精神。

任务5.4.1　资料准备工作

一、学习型工作任务

根据模拟实际矿井灾变事故环境，通过教师讲矿井灾害事故及其严重危害、发生的基本条件、主要原因、预兆等内容，分析矿井主要灾害事故发生的规律，为编制矿井灾害应急救援计划做准备。

1. 救护队指挥员应根据指挥部的命令和事故的情况（模拟实际矿井灾变事故环境）迅速制订救援行动计划和安全措施，同时调动必要的人力、设备和材料。

2. 救护队指挥员下达任务时，必须说明事故情况、行动路线、行动计划和安全措施。在救护中应尽量避免使用混合小队。

3. 遇有高温、塌冒、爆炸、水淹等危险的灾区，在需要救人的情况下，经请示救援指挥部同意后，指挥员才有权决定小队进入，但必须采取安全措施，保证小队在灾区的安全。

4. 救护队指挥员应轮流值班和下井了解情况，并及时与井下救护队、地面基地、井下基地及后勤保障部门联系。

5. 救护队应派专人收集有关矿山的原始技术资料、图纸，做好事故救护的各项记录，使矿井灾害应急救援计划具有针对性、有效性和实用性。主要项目有包括：

A. 灾区发生事故时前后情况。

B. 事故救援方案、计划、措施、图纸。

C. 出动小队人数，达到事故矿山时间，指挥员及领取任务情况。

D. 小队进入灾区时间、返回时间及执行任务情况。

E. 事故救援工作的进度、参战队次、设备材料消耗及气体分析和检测结果。

F. 指挥员交接班情况。

矿井灾害事故及其严重危害、发生的基本条件、主要原因、预兆等内容。能陈述矿井主要灾害的自然因素、人为因素、不同事故特点。

1. 煤与瓦斯突出事故

煤与瓦斯突出：简称“突出”。在地应力和瓦斯的共同作用下，破碎的煤、岩和瓦斯由煤体和岩体内突然向采掘空间抛出的异常动力现象。

煤与瓦斯突出严重危害：井下大气变化；堵塞井下巷道；破坏通风系统和巷道及设备，改变风流方向；人员缺氧窒息；卷走埋压人员；引发大型火灾；引发瓦斯爆炸。

突出过程：(1)准备阶段(2)激发(发动)阶段(3)发展阶段(4)稳定阶段。

突出发生的条件：(1)发生突出的地应力条件(2)瓦斯在突出中的作用(3)发生突出的煤体结构条件。

突出时的救灾要点：

(1)救护队接到通知后，应以最快速度赶到事故地点，以最短路线进入灾区抢救遇险人员。回采工作面突出，应由两个小队分别从进、回风道进入灾区。灾区进出口应设岗哨，禁止未佩戴呼吸器的人员进入。

(2)救护队进入灾区时应保持原有通风状况，不得停风或反风。回风堵塞引起瓦斯逆流时，应尽快疏通，恢复正常通风。如反向风门受损，大量瓦斯仍侵入进风时，应迅速堵好，缩小灾区范围。

(3)进入灾区前，应先切断灾区电源。如发现电源未切断，不得在瓦斯超限的电源开关处切断电源，应在远离灾区的安全地点切断电源。如瓦斯涌出量大，少量瓦斯已侵入主要水泵房，且用水量大，切断电源会引起淹井危险时，应加强通风，特别要加强电器设备处的通风，并做到送电的设备不停电，停电设备不送电，直到迅速恢复正常通风后，电气设备才能正常运行。

(4)处理煤与瓦斯突出事故时，矿山救护队必须携带0～100%的瓦斯检定器，严格监视瓦斯浓度的变化。为了及时抢救遇险人员，应准备一定数量的化学氧自救器或压缩氧自救器与二小时呼吸器。发现遇险人员立即抢救，能行动的佩戴自救器引出灾区；不能行动的则运出灾区；不能自主呼吸的，应迅速运出或创造供风条件就地苏生。如遇险人员过多，一时无法运出，则就近以风帐隔成临时避灾区，以压风管通风，火拆开风筒供风，在避灾区进行苏生，在分批转运到安全地点。

(5)救护队进入灾区，应特别观察有无火源，发现火源应立即组织灭火。灭火时，必须严格掌握通风与瓦斯浓度变化，防止瓦斯接近爆炸范围引起爆炸。火灾严重时，应用综合灭火或惰气灭火。

(6)灾区中发现突出煤矸堵塞巷道,是被堵塞区内人员安全受到威胁时,应采取一切可能扒通,或用插板法架设一条小断面通道,救出区内人员。在未扒通前,应利用管路或钻机压风,向堵塞区内供风。

(7)清理时,在堆积物处打密集柱和防护板。对埋入突出物中的人员,应分析其可能位置,尽快找出。如堆积物过多,应根据具体情况恢复通风,有救护队监护,采掘人员清理。在清理接近突出点时,应有防止再次突出的措施,遇异常情况立即撤人。

(8)在灾区或接近突出区工作时,由于瓦斯浓度变化异常,应严加监视。矿灯必须完好,工具均属防爆,在摩擦撞击下,不会发生火化。严禁敲打矿灯,用非防爆工具扒矸石,或摩擦撞击、砸大快煤岩等。在清理中还应注意雷管炸药,防止爆炸。

(9)煤层有自然发火危险时,发生突出后要及时清理。清理时要采取措施防止煤尘飞扬,防止清理时出现火源,并要防止再次突出。对突出空洞应充填,空洞过大不能充填或注浆的,应密闭后注浆、隔绝供氧。空间过大的空洞,一般不应从洞内大量放出松散煤体,以免空洞跨塌再次激发突出。

(10)抽放管路遭破坏,应及时关闭主、支管阀门。

(11)如有可能,尽快接通受破坏的压风自救系统管路、恢复压风自救系统。

处理煤与瓦斯突出事故时矿山救护队的行动原则:

(1)发生煤与瓦斯突出事故时,矿山救护队的主要任务是抢救人员和对充满瓦斯的巷道进行通风。

(2)救护队进入灾区侦察时,应查清遇险遇难人员数量及分布情况,通风系统和通风设施破坏情况,突出的位置,突出物堆积状态,巷道堵塞情况,瓦斯浓度和波及范围,发现火源立即扑灭。

(3)采掘工作面发生煤与瓦斯突出事故后,1 个小队从回风侧、另 1 个小队从进风侧进入事故地点救人。仅有 1 个小队时,如突出事故发生在采煤工作面,应从回风侧进入救人。

(4)侦察中发现遇险人员应及时抢救,为其佩戴隔绝式自救器或全面罩氧气呼吸器,引导出灾区。对于被突出煤炭阻在里面的人员,应利用压风管路、打钻等输送新鲜空气救人,并组织力量清除阻塞物。如不易清除,可开掘绕道,救出人员。

(5)发生突出事故,不得停风和反风,防止风流紊乱扩大灾情。如果通风系统和通风设施被破坏,应设置临时风障、风门及安装局部通风机恢复通风。

(6)因突出造成风流逆转时,要在进风侧设置风障,并及时清理回风侧的堵塞物,使风流尽快恢复正常。

(7)发生突出事故,要慎重考虑灾区是否停电。如果灾区不会因停电造成被水淹的危险时,应远距离切断灾区电源。如果灾区因停电有被水淹危险时,应加强通风,特别要加强电器设备处的通风,做到送电的设备不停电,停电的设备不送电,防止产生火花,引起爆炸。

(8)瓦斯突出引起火灾时,要采用综合灭火或惰气灭火。如果瓦斯突出引起回风井口瓦斯燃烧,应采取隔绝风量的措施。

(9)小队在处理突出事故时,小队长必须做到:

A. 进入灾区前,检查矿灯,并提醒队员在灾区不要扭动矿灯开关或灯盖。

B. 在突出区要设专人定时定点用 100% 瓦斯检定器检查瓦斯含量,并及时向指挥部报告。

C. 设立安全岗哨,禁止不佩戴氧气呼吸器的人员进人灾区,非救护队人员只能在新鲜风流中工作。

D. 当发现突出点有异常情况,可能发生二次突出时,要立即撤出人员。

(10)恢复突出地区通风时,要设法经最短路线将瓦斯引入回风道。排风井口50 m范围内不得有火源,并设专人监视。

(11)处理岩石与二氧化碳突出事故时,除严格执行煤与瓦斯突出的各项规定外,还必须对灾区加大风量,迅速抢救遇险人员。佩戴氧气呼吸器进入灾区时,应带好防烟眼镜。

2. 瓦斯煤尘爆炸事故

瓦斯爆炸的发生必须具备三个基本条件:

①瓦斯浓度在爆炸界限内,一般为5%~16%。②混合气体中氧的浓度不低于12%。③有足够能量的点火源。

瓦斯爆炸条件在煤矿井下存在的可能性:

局部瓦斯积聚很容易形成;瓦斯积聚的地点,往往都具备爆炸的第二个条件,即:氧浓度大于12%;能引起瓦斯爆炸的点火源(1)明火火焰(2)炽热表面和炽热气体(3)机械摩擦及撞击火花(4)电火花。

瓦斯爆炸致灾表现:

(1)火焰前沿通过时,人员被烧伤,不但皮肤就连呼吸器官和消化器官的黏膜也会被烧伤。(2)电气设备遭到毁坏,尤其是电缆,这时能形成危险的第二次火源。(3)还会引起火灾。(4)移动和破坏设备,可能发生二次着火。(5)破坏支架、顶板冒落、垮塌的岩石堆积物导致通风系统破坏,堵塞巷道使救灾复杂化。(6)0.31~0.65 MPa金属支架巷道全长全面破坏,形成密实堆积物,整体钢筋混凝土支架部分破坏,混凝土整体遭破坏,设备和设施完全破坏。(7)0.66~1.17 MPa混凝土支架完全破坏,形成密实堆积物,整体钢筋混凝土支架相当大破坏,可能形成冒落拱。(8)氧化反应氧被消耗,氧浓度降低。(9)分解出对人体有毒和有害气体。(10)形成爆炸性气体,引起瓦斯连续爆炸。

发生瓦斯连续爆炸的条件:防止在处理事故时发生连续爆炸,应严密注意以下几种情况:

a. 有火源、火种,有瓦斯来源的掘进巷道中,遇风筒脱节,损坏、停风,或是盲洞。

b. 有积存瓦斯空间,有火源、火种,且不断地或间歇性向内供风的采空区。

c. 瓦斯异常涌出区,通风不畅,且有火源、火种的工作面。

d. 瓦斯异常喷出或突出时,高浓度瓦斯遇火源发生燃烧,随着涌出瓦斯量减少以及通风条件改变,使高浓度瓦斯降到爆炸界限,出现连续爆炸。

e. 在封闭火区时,瓦斯如有聚积条件也会出现爆炸或者连续爆炸。

f. 其他类似上述条件的情况。

处理瓦斯爆炸事故时矿山救护队的任务:

(1)迅速抢救遇险人员。其原则是:先救出活人,特别是重伤人员,同时千方百计地帮助轻伤者,最后再将死亡人员运出。抢救中做到有巷必查,有条件的应在查过的巷道做些标记,防止漏洞。遇特殊情况应先易后难,总之应千方百计地迅速将遇险遇难人员救出灾区。

(2)密切监视灾区瓦斯浓度及其变化,同时应认真检查有无残留火源,防止瓦斯再次聚积到爆炸浓度而引起二次爆炸。发现火源应彻底处理,防止在救灾中发生再次爆炸而扩大伤亡。

(3)在无火源、无爆炸危险的情况下,尽可能恢复通风,排除瓦斯,使灾区转变为安全区,以便保证不佩带呼吸器的人员参加抢救工作。清除堵塞物,找寻堵塞区内人员。

(4)在侦察中,应尽力查清现场情况,如爆炸后遇险遇难人员的倒向、伤害部位与伤害程度,巷道、支架、设备的损坏与移动情况等,以确定爆炸源与爆炸波传播方向及影响区。

(5)对复杂与极复杂的爆炸事故要认真分析,将侦察详情报告指挥部,再按指挥部下达的任务行动。

瓦斯爆炸抢救方法与安全注意事项:

(1)选择最短路线进入灾区。一般应从进风进入。如进风巷道受阻,则由回风进入。灾区较大时,应分别从进风与回风同时进入,遇难人员往往集中于回风区,进风巷道往往是爆炸点,巷道垮塌也较严重。

(2)对爆炸后,经侦察确认无火源时,应尽可能恢复通风,以利于其他人员在安全区内进行工作。

(3)反风与零点通风要慎重进行,未经周密研究不允许行动。一般应保持原有的通风状态。遇有害气体威胁回风区人员时,为了救人,可在撤出进风流中的人员后进行局部反风。

(4)清理堵塞物,不应由侦察小队进行。侦察小队应寻找其他通道进入灾区,清理工作交给后续小队。如遇独头巷道,应及时清理堵塞物。巷道堵塞严重,短时间不能清除时,应恢复通风后再进行。

(5)如遇独头巷道距离较长、有害气体浓度大,支架损坏严重的情况,在确认没有火源、遇险人员已经牺牲时,严禁冒险进入工作,要在恢复通风、护好支架后,方可搬运遇难人员。

(6)火灾引起的爆炸事故,或在抢救遇险人员时有明火存在时,应同时救人与灭火,并派专人监测检查瓦斯浓度,防止瓦斯聚积。在灭火时,严防将火烟引向瓦斯源或爆破器材附近;严防将盲洞瓦斯引向火源。如不易扑灭应先控制火势,在无引爆危险的情况下抢救遇险人员。

(7)进入灾区前,应慎重考虑是否切断电源。如掘进工作面瓦斯引起火灾,则应考虑切断局通电源后可能引起工作面瓦斯聚积,再次发生爆炸,威胁救灾人员的安全。如进入灾区后发现电器设备附近瓦斯达到危险浓度,则不允许在该处切断电源,应在采区变电所或其他安全地点切断电源。

(8)在救灾中,如发生瓦斯连续爆炸,为抢救遇险人员,可利用爆炸间隙进入灾区,但要掌握间隙最短时间,进入灾区时,要有专人检查瓦斯,如瓦斯浓度达2%,且仍在迅速上升时,救护队要立即退出灾区。灾区无人或确认人员已经牺牲时,不得利用爆炸间隙进入灾区,应待到采取措施、消除爆炸危险之后再进入。

(9)在救灾中,侦察小队穿过支架破坏地区要架好临时支护,保证退路安全。通过支架不好的地点时,队员要一个一个地顺序通过,并监视顶板动态,不许攀拉支架。

处理瓦斯、煤尘爆炸事故时矿山救护队的行动原则:

(1)处理爆炸事故时,矿山救护队的主要任务是:

A. 抢救遇险人员。

B. 对充满爆炸烟气的巷道恢复通风。

C. 抢救人员时清理堵塞物。

D. 扑灭因爆炸产生的火灾。

(2)首先到达事故矿井的小队应对灾区进行全面侦察,查清遇险遇难人员数量及分布地点,发现幸存者立即佩戴自救器救出灾区,发现火源要立即扑灭。

(3)井筒、井底车场或石门发生爆炸时,应派1个小队救人,1个小队恢复通风。如果通风设施损坏不能恢复，应全部去救人。爆炸事故发生在采掘工作面时，派1个小队沿回风侧、另1个小队沿进风侧进入救人。

(4)为了排除爆炸产生的有毒有害气体，抢救人员，要在查清确无火源的基础上，尽快恢复通风。如果有害气体严重威胁回风流方向的人员，为了紧急救人，在进风方向的人员已安全撤退的情况下，采取区域反风或局部反风。这时，矿山救护队应进入原回风侧引导人员撤离灾区。

(5)矿山救护队在侦察中遇到冒顶无法通过时，侦察小队要迅速退出，寻找其他通道进入灾区。在独头巷道较长、有害气体浓度大、支架损坏严重的情况下，确知无火源、人员已经牺牲时，严禁冒险进入，要在恢复通风、维护支架后方可进入。

(6)小队进入灾区必须遵守下列规定：

A. 进入前切断灾区电源。

B. 注意检查灾区内各种有害气体的浓度，检查温度及通风设施的破坏情况。

C. 穿过支架被破坏的巷道时，要架好临时支架，以保证退路安全。

D. 通过支护不好的地点时，队员要保持一定距离按顺序通过，不要推拉支架。

E. 进入灾区行动要谨慎，防止碰撞产生火花，引起爆炸。

3. 火灾事故

(1)处理矿井火灾应了解以下情况：

A. 发火时间、火源位置、火势大小、波及范围、遇险人员分布情况。

B. 灾区瓦斯情况、通风系统状态、风流方向、煤尘爆炸性。

C. 巷道围岩、支护状况。

D. 灾区供电状况。

E. 灾区供水管路、消防器材供应的实际状况及数量。

F. 矿井的火灾预防处理计划及其实施状况。

(2)处理井下火灾应遵循的原则：

A. 控制烟雾的蔓延，防止火灾扩大。

B. 防止引起瓦斯或煤尘爆炸，防止因火风压引起风流逆转。

C. 有利于人员撤退和保护人员安全。

D. 创造有利的灭火条件。

(3)指挥员应根据火区的实际情况选择灭火方法。在条件具备时，应采用直接灭火的方法。采用直接灭火法时，须随时注意风量、风流方向及气体浓度的变化，并及时采取控风措施，尽量避免风流逆转、逆退，保护直接灭火人员的安全。

(4)在下列情况下，采用隔绝方法或综合方法灭火：

A. 缺乏灭火器材和人员时。

B. 火源点不明确、火区范围大、难以接近火源时。

C. 用直接灭火的方法无效或直接灭火法对人员有危险时。

D. 采用直接灭火不经济时。

(5)井下发生火灾时，根据灾情可实施局部或全矿井反风或风流短路措施。反风前，应将原进风侧的人员撤出，并注意瓦斯变化；采取风流短路措施时，必须将受影响区域的人员全部撤离。

(6)灭火中,只有在不使瓦斯快速积聚到爆炸危险浓度,且能使人员迅速撤出危险区时,才能采用停止通风或减少风量的方法。

(7)用水灭火时,必须具备下列条件:

A. 火源明确。

B. 水源、人力、物力充足。

C. 有畅通的回风道。

D. 瓦斯浓度不超过2%。

(8)用水或注浆的方法灭火时,应将回风侧人员撤出,同时在进风侧有防止溃水的措施。严禁靠近火源地点作业。用水快速淹灭火区时,密闭附近不得有人。

(9)灭火应从进风侧进行。为控制火势可采取设置水幕、拆除支架(不至引起冒顶时)拆掉一定区段巷道中的木背板等措施阻止火势蔓延。

(10)用水灭火时,水流不得对准火焰中心,随着燃烧物温度的降低,逐步逼向火源中心。灭火时应有足够的风量,使水蒸气直接排入回风道。

(11)扑灭电气火灾,必须首先切断电源。电源无法切断时,严禁使用非绝缘灭火器材料灭火。

(12)进风的下山巷道着火时,应采取防止火风压造成风流紊乱和风流逆转的措施。如有发生风流逆转的危险时,可将下行通风改为上行通风,从下山下端向上灭火;在不可能从下山下端接近火源时,应尽可能利用平行下山和联络巷接近火源灭火。改变通风系统和通风方式时,必须有利于控制火风压。在风量发生变化、特别是流向变化时,或在水源供水或灭火材料供应中断时,救护队员应立即撤退。

(13)扑灭瓦斯燃烧引起的火灾时,不得使用震动性的灭火手段,防止扩大事故。

(14)处理火灾事故过程中,应保持通风系统的稳定,指定专人检查瓦斯和煤尘,观测灾区气体和风流变化。当瓦斯超过2%时,并继续上升时,必须将全部人员撤到安全地点,采取措施排除爆炸危险。

(15)检查灾区气体时,应注意全断面检查瓦斯,氧气浓度,并注意氧气浓度低等因素会导致 CH_4、CO 气体浓度检测出现误差。在检测气体时,应同时采集灾区气样。对采集的气样应及时化验分析,校对检测误差。

(16)巷道烟雾弥漫能见度小于1 m时,严禁救护队进入侦察或作业,需要采取措施,提高能见度后方可进入。

(17)采用隔绝法灭火时,必须遵守下列规定:

A. 在确保安全的情况下,应尽量缩小封闭范围。

B. 隔绝火区时,首先建造临时风墙,经观察和气体分析表明灾区趋于稳定后,方可建造永久风墙。

C. 在封闭火区瓦斯浓度迅速增加时,为确保施工人员安全,应进行远距离的封闭火区。

D. 在封闭有瓦斯、煤尘爆炸危险的火区时,根据实际情况,可先设置抗爆墙。在抗爆墙的掩护下,建立永久风墙。砂袋抗爆墙应采用麻袋或棉布袋,不得使用塑料编织袋装砂。

(18)隔绝火区封闭风墙的3种方法:

A. 首先封闭进风巷中的风墙。

B. 进风巷和回风巷中的风墙同时封闭。

C. 首先封闭回风侧的风墙。

(19)封闭火区风墙时应做到：

A. 多条巷道需要进行封闭时，应先封闭支巷，后封闭主巷。

B. 火区主要进风巷和回风巷中的风墙应该开有通风孔，其他一些风墙可以不开通风孔。

C. 选择进风巷和回风巷的风墙同时封闭时，必须在建造这两个风墙时预留通风孔。封堵通风孔时必须统一指挥，密切配合，以最快的速度同时封堵。在建造砂袋抗爆墙时，也应遵守这一规定。

(20)建造火区风墙时应做到：

A. 进风巷道和回风巷道中的风墙应同时建造。

B. 风墙位置应选择在围岩稳定、无破碎带、无裂痕、巷道断面小的地点，距巷道交叉口不小于 10 m。

C. 拆掉压缩空气管路、电缆、水管及轨道。

D. 在风墙中留设注惰性气体、灌浆(水)和采集气样测量温度用的管孔，并装上有阀门的防水管。

E. 保证风墙的建筑质量。

F. 设专人随时检测瓦斯变化。

(21)在建造有瓦斯爆炸危险的火区风墙时，应做到：

A. 采取控风手段，尽量保持风量不变。

B. 注入惰性气体。

C. 检测进风、回风侧瓦斯浓度、氧气浓度、温度等。

D. 在完成密闭工作后，应迅速撤至安全地点。

(22)火区封闭后，必须遵守下列原则：

A. 人员应立即撤出危险区。进入检查或加固密闭墙，应在 24 h 之后。

B. 封闭后，应采取均压灭火措施，减少火区漏风。

C. 如果火区内 O_2，CO 含量及温度没有下降趋势，应查找原因采取补救措施。

(23)火区风墙被爆炸破坏时，严禁立即派救护队探险或恢复风墙。如果必须恢复破坏的风墙或在附近构筑新风墙前，必须做到：

A. 采取惰化措施抑制火区爆炸。

B. 检查瓦斯，只有在火区内可燃烧气体浓度无爆炸危险时，方可进行火区封闭作业；否则，应在距火区较远的安全地点建造风墙。

高温下的救护工作：

(1)井下巷道内温度超过 30 ℃时，即为高温，应限制佩用氧气呼吸器的连续作业时间。巷道内温度超过 40 ℃时，禁止佩用氧气呼吸器工作，但在抢救遇险人员或作业地点靠近风流时例外；否则，必须采取降温措施。

(2)为保证在高温区工作的安全，应采取降温措施，改善工作环境。

(3)在高温区作业巷道内空气升温梯度达到 0.5 ~ 1 ℃/min 时，小队应返回基地，并及时报告井下基地指挥员。

(4)在高温区工作的指挥员必须做到：

A. 向出发的小队发布任务，并提出安全措施。

B. 在进入高温巷道时，要随时进行温度测定。测定结果和时间应做好记录，有可能时写在巷道帮上。如果巷道内温度超过 40 ℃，小队应退出高温区，并将情况报告救护指挥部。

C. 救人时，救护人员进入高温灾区的最长时间不得超过表 5-1 中的规定。

表 5-1　救护人员进入高温灾区的最长时间值

巷道中温度/℃	40	45	50	55	60
进入时间/min	25	20	15	10	5

D. 与井下基地保持不断的联系，报告温度变化、工作完成情况及队员身体状况。

E. 发现指战员身体有异常现象时，必须率领小队返回基地，并通知待机小队。

F. 返回时，不得快速行走，并应采取一些改善其感觉的安全措施，如手动补给供氧，用水冷却头、面部等。

G. 在高温条件下，佩用氧气呼吸器工作后，休息的时间应比正常温度条件下工作后的休息时间增加 1 倍。

H. 在高温条件下佩用氧气呼吸器工作后，不应喝冷水。井下基地应具备有含 0.75% 食盐的温开水和其他饮料。

灭不同地点火灾的方法：

(1)进风井口建筑物发生火灾时，应采取防止火灾气体及火焰侵入井下的措施：

A. 立即反风或关闭井口防火门；如不能反风，应根据矿井实际情况决定是否停止主要通风机。

B. 迅速灭火。

(2)正在开凿井筒的井口建筑物发生火灾时，如果通往遇险人员的通道被火切断，可利用原有的铁风筒及各类适合供风的管路设施向遇险人员送风；同时，采取措施将火扑灭，以便尽快靠近遇险人员进行抢救。扑灭井口建筑物火灾时，事故矿井应召请消防队参加。

(3)回风井筒发生火灾时，风流方向不应改变。为了防止火势增大，应适应减少风量。

(4)竖井井筒发生火灾时不管风流方向如何，应用喷水器自上而下的喷洒。只有在确保救护人员安全时，才允许派遣救护队进入井筒灭火。灭火时，应由上往下进行。

(5)扑灭井底车场的火灾时，应坚持的原则：

A. 当进风井井底车场和毗连硐室发生火灾时，应进行反风(反风前，撤离进风侧人员)、停止主要通风机运转或风流短路，不使火灾气体侵入工作区。

B. 回风井井底发火灾时，应保持正常风向，可适当减少风量。

C. 救护队要用最大的人力、物力直接灭火和阻止火灾蔓延。

D. 为防止混泥土支架和砌碹巷道上面木垛燃烧，可在碹上打眼或破碹，安设水幕。

E. 为防止火灾的扩展危及关键地点(如井筒、火药库、变电所、水泵房等)，则主要的人力、物力应用于保护这些地点。

(6)扑灭井下硐室中的火灾时，应坚持的原则：

A. 着火硐室位于矿井总进风道时，应反风或风流短路。

B. 着火硐室位于矿井一翼或采空区总进风流所经两巷道的连接处时，应在可能的情况下,采取短路通风,条件具备时也可以采用区域反风。

C. 爆炸材料库着火时,有条件时应首先将雷管、导爆索运出,然后将其他爆炸材料运出;否则,关闭防火门,救护队撤往安全地点。

D. 绞车房着火时,应将先连的矿车固定,防止烧断钢丝绳,造成跑车伤人。

E. 蓄电池机车库着火时,为防止氢气爆炸,应切断电源,停止充电,加强通风并及时把蓄电池运出硐室。

F. 硐室发生火灾,且硐室无防火门时,应采取挂风障控制入风,积极灭火。

(7)火灾发生在采区或采煤工作面进风巷,为抢救人员,有条件时可进行区域反风;为控制火势减少风量时,应防止灾区缺氧和瓦斯积聚。

(8)火灾发生在倾斜上行风流巷道时,应保持正常风流方向,可适当减少风量。

(9)火源在倾斜巷道中时,应利用联络巷等通道接近火源进行灭火。不能接近火源时,可利用矿车、箕斗将喷水器送到巷道中灭火,或发射高倍数泡沫、惰气进行远距离灭火。需要从下方向上灭火时,应采取措施防止落石伤人和燃烧物掉落伤人。

(10)位于矿井或一翼总进风道中的平巷、石门和其他水平巷道发生火灾时,应采取有效措施控风;如采取短路通风措施时,应防止烟流逆转。

(11)采煤工作面发生火灾时,应做到:

A. 从进风侧利用各种手段进行灭火。

B. 在进风侧灭火难以取得效果时,可采取区域反风,从回风侧灭火,但进风侧要设置水幕,并将人员撤出。

C. 采煤工作面回风着火时,应防止采空区瓦斯涌出和积聚造成危害。

D. 急倾斜煤层采煤工作面着火时,不准在火源上方灭火,防止水蒸气伤人;也不准在火源下方灭火,防止火区塌落物伤人;而要从侧面利用保护台板和保护盖接近火源灭火。

E. 用上述方法灭火无效时,应采取隔绝方法和综合灭火法灭火。

(12)处理采空区或巷道冒落带火灾时,必须保持通风系统的稳定可靠,检查与之相连的通道,防止瓦斯涌入火区。

(13)独头巷道发生火灾时,应在维持局部通风机的正常通风的情况下,积极灭火。矿山救护队达到现场后,应保持独头巷道的通风原状,即风机停止运转的不要开启,风机开启不要停止,进行侦察后再采取措施。

(14)矿山救护队达到井下,已经知道发火巷道有爆炸危险,在不需要救人的情况下,指挥员不得派小队进入着火地点冒险灭火或探险;已经通风独头巷道如果瓦斯浓度仍然迅速增长,也不得入内灭火,而应在火区的安全地点建筑风墙,具体位置由救护指挥部确定。

(15)在扑灭独头巷道火灾时,矿山救护队必须遵守下列规定:

A. 平巷独头巷道掘进头发生火灾,瓦斯浓度不超过2%时,应在通风的情况下采取直接灭火。灭火后,必须仔细清查阴燃火点,防止复燃引起爆炸。

B. 火灾发生在平巷独头煤巷的中段时,灭火中必须注意火源以里的瓦斯情况,设专人随时检测,严禁将以积聚的瓦斯经过火点排出。如果情况不清,应远距离封闭。

C. 火灾发生在上山独头煤巷的掘进头时,在瓦斯浓度不超过2%的情况下,有条件时应直接灭火,灭火中应加强通风;如瓦斯浓度超过2%仍在继续上升,应立即把人员撤到安全地点,远距离进行封闭。若火灾发生在上山独头巷的中段时,不得直接灭火,应在安全地点进行封闭。

D.上山独头煤巷火灾不管法在什么地点，如果局部通风机已经停止运转，在无需救人时，严禁进入灭火或侦察，应立即撤出附近人员，远距离进行封闭。

E.火灾发生在下山独头煤巷掘进头时，在通风的情况下，瓦斯的浓度不超过2%，可直接进行灭火。若火灾发生自在巷道中段时，不得直接灭火，应远距离封闭。

(16)救护队处理不同地点火灾时，小队执行紧急任务的安排原则：

A.进风井井口建筑物发生火灾时，应派一个小队去处理火灾，另一个小队去井下救人和扑灭井底车场可能发生的火灾。

B.井筒和井底车场发生火灾时，应派一个小队灭火，派另一个小队去火灾威胁区域救人。

C.当火灾发生在矿井进风侧的硐室、石门、平巷、上山或下山，火烟可能威胁到其他地点时，应派一个小队灭火，派另一个小队到最危险的地点救人。

D.当火灾发生在采区巷道、硐室、工作面，应派一个小队从最短的路线进入回风侧救人，另一个小队从进风侧灭火、救人。

E.当火灾发生在回风井井口建筑物、回风井筒、回风井底车场，以及其毗连的巷道中时，应派一个小队灭火，派另一个小队救人。

(17)处理矸石山火灾事故时，应做到：

A.查明自燃的范围、温度、气体成分等参数。

B.处理火源时，可采用注黄泥浆、飞灰、凝胶、泡沫等措施。

C.直接灭火时，应防止水煤气爆炸，避开矸石山垮塌和开挖暴露面。

D.在清理矸石山爆炸产生的高温爆落物时，应带手套、防护面罩、眼镜、隔热服，使用工具清除，并设专人观察矸石山变化情况。

4.水灾事故救援

(1)矿山发生水灾事故时，救护队的任务是抢救受淹和被困人员，恢复巷道通风。

(2)救护队达到事故矿井后，应了解灾区情况、水源、事故前人员分布、矿井有生存条件的地点及进入该地点的通道等，并分析计算被堵人员所在空间体积，O_2，CO_2，CH_4浓度，计算出遇险人员最短生存时间。根据水害受灾面积。水量和涌水速度，提出及时增大排水设备能力、抢救被困人员的有关建议。

(3)救护队在侦察中，应探查遇险人员位置，涌水通道、水量、水的流动线路，巷道及水泵设施受淹程度，巷道冲坏和堵塞情况，有害气体(CH_4，CO_2，H_2S等)浓度及在巷道中的分布和通风状况等。

(4)采掘工作面发生水灾时，救护队应首先进入下部水平救人，再进行上部水平救人。

(5)救助时，被困灾区的人员，其所在地点高于透水后水位时，可利用打钻、掘小巷等方法供给新鲜空气、饮料及食物，建立通信联系；如果其所在地点低于透水后水位时，则严禁打钻，防止泄压扩大灾情。

(6)矿井涌水量超过排水能力，全矿和水平有被淹危险时，在下部水平人员救出后，可向下部水平或采空区放水；如果下部水平人员尚未撤出，主要排水设备受到被淹威胁时，可用装有黏土、砂子的麻袋构筑临时放水墙，堵住泵房口和通往下部水平的巷道。

(7)救护队在处理水淹事故时，必须注意下列问题：

A.水灾威胁水泵安全，在人员撤往安全地点后，救护小队的主要任务是保护泵房不致被淹。

B. 小队逆水流方向前往上部没有出口的巷道时，应与在基地监视水情的待机小队保持联系；当巷道有很快被淹危险时，立即返回基地。

C. 排水过程中保持通风，加强对有毒、有害气体的检测。

D. 排水后进行侦察、抢救人员时，注意观察巷道情况，防止冒顶和底板塌陷。

E. 救护队员通过局部积水巷道时，应采用探险棍探测前进。

(8)处理上山巷道水灾时，应注意下列事项：

A. 检查并加固巷道支护，防止二次透水、积水和淤泥的冲击。

B. 透水点下方要有能存水及存积物的有效空间，否则人员要撤到安全地点。

C. 保证人员在作业中的通信联络和退路安全畅通。

D. 指定专人检测 CH_4，CO，H_2S 等有毒、有害气体和氧气浓度。

顶板事故救援：

(1)发生冒顶事故后，救护队应配合现场人员一起救助遇险人员。如果通风系统遭到破坏，应迅速恢复通风。当瓦斯和其他有害气体威胁到抢救人员的安全时，救护队应抢救人员和恢复通风。

(2)在处理冒顶事故前，救护队应向冒顶区域的有关人员了解事故发生原因、冒顶区域顶板特性、事故前人员分布位置，检查瓦斯浓度等，并实地查看周围支架和顶板情况，在危及救护队人员安全时，首先应加固附近支架，保证退路畅通。

(3)抢救被埋、被堵人员时，用呼喊、敲击等方法，或采用探测仪器判断遇险人员位置，与遇险人员联系，可采用掘小巷、绕道或使用临时支护通过冒落区接近遇险者；一时无法接近时，应设法利用钻孔、压风管路等提供新鲜空气、饮料和食物。

(4)处理冒顶事故时，应制定专人检查瓦斯和观察顶板情况，发现异常，应立即撤出人员。

(5)处理大块矸石等压人冒落物时，可使用千斤顶、液压起重器具、液压剪、起重气垫等工具进行处理。

淤泥、黏土和流砂溃决事故救援

(1)处理淤泥、黏土和流砂溃决事故时，救护队的主要任务是救助遇险人员，加强有毒、有害气体检查，恢复通风。

(2)溃出的淤泥、黏土和流砂如果困堵了人员，应用呼喊、敲击等方法与他们取得联系，并及时采取措施输送空气、饮料和食物。在进行清除工作的同时，寻找最近距离掘小巷接近他们。

(3)当泥砂有流入下部水平的危险时，应将下部水平人员撤到安全处。

(4)开采急倾斜煤层，淤泥、黏土和流砂流入下部水平巷道时，救护工作只能从上部水平巷道进行，严禁从下部接近充满泥砂的巷道。

(5)当矿山救护小队在没有通往上部水平安全出口的巷道中逆泥浆流动方向进行时，基地应设待机小队，并与进入小队保持不断联系，以便随时通知进入小队返回或进入帮助。

(6)在淤泥已经停止流动，寻找和救助人员时，应在铺于淤泥上的木板上行进。

(7)因受条件限制，需从斜巷下部清理淤泥、黏土、流砂或煤渣理，必须设置牢固的阻挡设施，并制定专门措施，由矿长亲自组织抢救，设有专人观察，防止泥砂积水突然冲下；并应设置有安全退路的躲避硐室。出现险情时，人员立即进入躲避硐室暂避。在淤泥下方没有阻挡的安全设施时，严禁进行清除工作。

二、任务单

1. 分组对给定矿井灾害的应急救援计划提出建议。

2. 研讨：

问题 1. 矿井灾害事故有哪些？

答：矿井灾害事故主要有：瓦斯燃烧和爆炸事故、煤尘爆炸事故、火灾、水灾、顶板冒落事故、窒息事故、触电事故、机械设备事故等。

问题 2. 发生矿井灾害的基本条件是什么？

答：发生矿井灾害的基本条件是物（环境）的不安全因素和人的不安全行为以及管理上的漏洞等。

问题 3. 造成矿井灾害的主要原因？

答：造成矿井灾害的主要原因有自然因素、人为因素和管理缺陷。

问题 4. 矿井灾害事故发生的预兆是什么？

1. (1) 矿井水灾危险程度的确定

①用突水系数来确定矿井水害的危险程度。突水系数是含水层中静水压力（kPa）与隔水层厚度（m）的比值，其物理意义是单位隔水层厚度所能承受的极限水压值。

②按水文地质的影响因素来确定矿井水害的危险程度。该方法是按水文地质的复杂程度将矿区的水害危险程度划分为 5 个等级。

(2) 矿井突水预兆

矿井突水过程主要决定于矿井水文地质及采掘现场条件。一般突水事故可归纳为两种情况：一种是突水水量小于矿井最大排水能力，地下水形成稳定的降落漏斗，迫使矿井长期大量排水；另一种是突水水量超过矿井的最大排水能力，造成整个矿井或局部采区淹没。在各类突水事故发生之前，一般均会显示出多种突水预兆。

①一般预兆：

a. 煤层变潮湿、松软；煤帮出现滴水、淋水现象，且淋水由小变大；有时煤帮出现铁锈色水迹。

b. 工作面气温降低，或出现雾气或硫化氢气味。

c. 有时可闻到水的“嘶嘶”声。

d. 矿压增大，发生片帮，冒顶及底鼓。

②工作面底板灰岩含水层突水预兆：

a. 工作面压力增大，底板鼓起，底鼓量有时可达 500 mm 以上。

b. 工作面底板产生裂隙，并逐渐增大。

c. 沿裂隙或煤帮向外渗水，随着裂隙的增大，水量增加。当底板渗水量增大到一定程度时，煤帮渗水可能停止，此时水色时清时浊，底板活动时水变浑浊；底板稳定时水色变清。

d. 底板破裂，沿裂缝有高压水喷出，并伴有“嘶嘶”声或刺耳水声。

e. 底板发生“底爆”，伴有巨响，地下水大量涌出，水色呈乳白或黄色。

③松散孔隙含水层水突水预兆：

a. 突水部位发潮、滴水且滴水现象逐渐增大，仔细观察发现水中含有少量细砂。

b. 发生局部冒顶，水量突增并出现流砂，流砂常呈间歇性，水色时清时混，总的趋势是水量、砂量增加，直至流砂大量涌出。

c. 顶板发生溃水、溃砂，这种现象可能影响到地表，致使地表出现塌陷坑。

2. 顶板大面积冒落预兆：由地质构造因素，工作面初次来压，周期来压，工程质量及支护质量差等原因造成。

(1) 顶板连续发出断裂声，有时采空区顶板发出闷雷一样的声音。

(2) 在破碎顶板处边疆掉渣，岩粉末下落，岩尘飞扬。

(3) 煤帮受压高，煤质变软，片帮增多。

(4) 冒顶前顶板急剧下沉，单体支柱漏液严重，支架扭、斜、前倾后仰，排距、柱距、位移、支柱变形，使用金属铰接的工作面，发生"飞楔"现象。

(5) 顶板裂缝扩大或发生脱层现象。

(6) 在底板松软或底板为煤时，支柱会大量插入底板。

(7) 木支柱发生扭转、劈裂、折断现象，脸颊贴在磨擦式金属支柱上可以听到支柱在发颤等。

(8) 金属网假顶下唰唰漏煤。

(9) 顶板的淋头水有明显的增加。

3. 自燃发火（在采空区）预兆：

(1) 火区附近温度、温度增高，变化很快，出现雾气，煤壁有水珠；井口或巷道口出现水汽，流出的水和空气温度增高等。

(2) 嗅见有煤焦油味。

(3) 人体感觉不舒服如：头疼、闷热、恶心、憋气。

(4) 使用仪器检查，发现 CO，CO_2 等气体增加。

4. 瓦斯喷出、煤（岩）与沼气（二氧化碳）突出的预兆：

(1) 瓦斯喷出的预兆，煤层顶底板岩石中有溶洞，裂隙发育的石灰岩层，其中有大量瓦斯时，或在地质构造带内或断支，断裂区和褶区轴部附近，会发生瓦斯喷出现象，预兆为：瓦斯浓度变大，或忽大忽小，煤质变软、湿润，地层活动激烈，发生闷鼓声响等。

(2) 煤和瓦斯突出的预兆：A. 煤层结构变化，层理紊乱，煤层由硬变软，倾角和厚度变化，煤由湿变真干，光泽暗淡，煤层顶底板出现断层、断裂、波状起伏，煤岩层严重破坏。B. 工斜面压力增大，煤壁外鼓。C. 瓦斯增大忽大忽小。D. 打钻时卡钻、顶钻、喷煤和瓦斯。E. 响煤炮、深部岩层的破裂声、掉碴、支架折断等。

5. 主要指由于各种原因产生的明火，造成的火灾事故，其主要预兆：(1) 有明火产生。(2) 有烟雾；CO，CO_2 大量增加。有上述情况之一就为着火。

任务5.4.2 矿井灾害应急救援预防和处理计划

一、学习型工作任务

(1) 编制矿井灾害应急救援预防和处理计划的依据：

生产经营单位在编制事故应急预案前首先应对本单位的重大危险源进行辨识，然后对重大危险源的潜在事故和事故后果进行分析，根据分析结果编制事故应急救援预案。因此，编制事故应急救援预案的依据是危险源的潜在事故和事故后果分析。重大危险源的辨识可参照我国《重大危险源辨识标准》(GB 18218—2000)进行。

(2)编制矿井灾害应急救援预防计划的原则：

A. 生产经营单位事故应急救援预案应针对那些可能造成本单位、本系统人员死亡或严重伤害、设备和环境受到严重破坏而又具有突发性的灾害，如火灾、爆炸、毒气泄漏等。

B. 事故应急救援预案应以努力保护人身安全为第一目的，同时兼顾设备和环境的保护，尽量减少灾害的损失程度。

C. 事故应急救援预案应包括对紧急情况的处理程序和措施。

D. 应结合实际，措施明确具体，具有很强的可操作性。

E. 事故应急救援预案应符合国家法律、法规的规定。

(3)编制矿井灾害应急救援预防和处理计划的内容：

A. 潜在事故性质和规模及影响范围

B. 危险报警

C. 通讯联络方法

D. 应急控制系统

E. 现场总指挥及现场管理者的职权

F. 现场人员的行为准则

G. 非现场但可能影响范围内人员的行为准则

H. 现场措施

I. 设施关闭程序

二、任务单

1. 编制给定矿井的矿井灾害应急救援预防计划

2. 研讨：

问题 1. 编制矿井灾害应急救援预防计划的内容是什么？

答：见上

问题 2. 编制矿井灾害应急救援预防计划需要注意的事项是什么？

答：需要注意的事项有：

(1)每一个重大危险源都应有一个事故应急救援预案。

(2)生产经营单位负责人应确保事故应急救援预案所需的各种资源(人、财、物)及时，迅速到达和供应。

(3)生产经营单位负责人应与应急服务机构共同评估，是否有足够的资源来执行这个预案。

(4)事故应急救援预案要定期演练，以保证先进的科学的防灾灭灾设备和措施被采用。同时对预案进行修定和补充。

(5)不应把事故应急救援预案作为维持重大危险源安全运行的替代措施。

(6)在事故应急救援预案需要外部应急服务机构帮助的情况下，生产经营单位应弄清这些服务机构到现场开始进行抢救所需的时间，然后考虑在这个时间内现场人员能否控制事故的进一步以发展。

(7)事故应急救援预案应充分考虑一些可能发生的意外情况，如由于工作人员生病、节目和危险设施停止运行期间工作人员不在岗位时，应配备足够的人员，以预防和处理事故发生。

复习题与习题

1. 矿井灾害事故有哪些？
2. 发生矿井灾害的基本条件是什么？
3. 造成矿井灾害的主要原因？
4. 矿井灾害事故发生的预兆是什么？
5. 编制矿井灾害应急救援预防计划的内容是什么？
6. 编制矿井灾害应急救援预防计划需要注意的事项是什么？
7. 编制矿井灾害处理计划的内容是什么？
8. 编制矿井灾害处理计划需要注意的事项是什么？

单元5.5　事故应急救援体系及预案

为增强煤矿重特大事故应急救援能力，做到科学、快速、有效、安全地处理煤矿重特大事故，最大限度地减少人民生命和财产损失，规范煤矿事故应急管理和应急程序，防止事故的蔓延和扩大，维护社会稳定和促进煤炭产业健康有序发展，企业必须建立事故应急救援体系并及时完善事故应急救援预案。本单元主要介绍事故应急救援体系的构成和事故应急救预案的编写方法。

拟实现的教学目标：

1. 能力目标

能够编制事故应急救援预案，使其具有针对性、有效性和实用性。

2. 知识目标

能够熟练陈述事故应急救援体系的构成和事故应急救援预案的编写方法等内容。

3. 素质目标

训练学生分析问题和解决问题的能力；通过实际编制训练，培养学生一丝不苟的从严精神。

任务5.5.1　事故应急救援体系概述

一、学习型工作任务

1. 概述

随着社会的进步，科学技术的发展，人类社会所面临的事故和灾害种类越来越复杂，所造成的经济损失也越来越严重，给人类的心灵留下了难以抹去的伤痛。因此，人们对事故和灾难的认识和防范意识比以往任何时候都更加深刻和强烈。如何主动地防范和遏制事故的发生，有效地减少事故所造成的损失，使事故的影响降低到最低限度，已成为一个亟待解决的问题。

事故和灾害的种类很多，比如生产安全事坡、环境事故、自然灾害、突发公共事件、社会安全事件，等等。对于种种不同的事故，按照不同的标准有不同的分类。“安全第一、预防为主、综合治理”是我国安全生产的方针,虽然为此做出了巨大的努力,但生产事故和灾害客观上存在的多种不确定性以及生产力水平的状况使人们在一定的时期内预防能力不尽如人意,生产事故和灾害难以杜绝。为了避免或减少事故和灾害的损失,应对紧急情况,就应居安思危,常备不懈,才能在生产安全事故和灾害发生的紧急关头反应迅速、措施正确。

而建立事故应急救援体系、制定应急救援预案,便是保障安全生产的一项重大举措。这无论对于各类企业(尤其是事故危险性大的企业)保障安全生产,还是各级政府加强安全生产的监督管理和加大社会公共事务的管理,都是十分必要的。生产经营单位要预防和正确应对生产安全事故或灾害,最有效的措施就是针对各危险源、危险目标制定应急措施。为正确及时应对重大事故和灾害,生产经营单位应制定事故应急救援预案,政府应建立其辖区的生产安全应急救援体系及预案。

2. 应急措施

生产经营单位为预防和应对生产安全事故,仅仅制定事故应急救援预案是不够的,更重要的是要针对本单位危险源、危险目标而制定应急措施(即单位灾害预防与处理计划)。应急措施是针对本单位危险源、危险目标在日常运作监控时发现发生偏离正常状态时,车间或班组应该采取的紧急处理措施。比如在聚合反应中,温度、压力异常升高时,可加入终止剂使反应终止,避免爆聚的危险。

生产经营单位应当按照国家有关规定,将本单位重大危险源及有关安全措施、应急措施报有关单位备案和有关部门备案。生产经营单位应当教育和督促从业人员严格执行本单位的生产安全规章制度和安全操作规程,并向从业人员如实告知作业场所和工作岗位存在的危险因素、防范措施以及事故应急措施。

生产经营活动中,从业人员应该把应急措施牢记在心,当单位危险源、危险目标发生偏离正常的状态时,迅速采取应急措施进行处理。应急措施与应急救援预案的不同在于:

(1)针对的事故程度不同

应急措施是针对小事故。大部分重大事故是由事故隐患发展为小事故,由于对小事处理不利或不力,进而导致重大事故的发生。在发生小事故时,车间或班组应立刻采应急措施,这有利于事故的控制。当采取应急措施后,仍不能有效控制事态的发展时,启动事故应急救援预案。

(2)涉及人员不同

应急措施主要由车间或班组成员进行实施,仅仅由本车间或班组的人员进行事故处理就能把事故控制住;而事故应急救援预案是当采取应急措施仍不能奏效时,企业主管人调动生产经营单位各部门抢险救援力量进行事故抢险和救援,必要时报告请求政府进行抢险救援。

(3)制定部门不同

应急措施主要由生产经营单位技术人员针对各危险源、危险目标制定;生产经营单位的应急救援预案由生产经营单位主要负责人组织确定,县级以上的地区性特大生产安全事故应急救援预案由县级以上地方各级人民政府组织有关部门制定。

(4)启动机制不同

应急措施由车间或班组成员根据事故发展自行启动;事故应急救援预案由企业管理者根据事故事态发展启动。

(5)目的不同

应急措施主要目的是控制小事故的发展,并且使事故得到处理,消除事故,恢复正常生产经营。事故应急救援的目的,主要是在灾害发生的紧急关头,能从容及时地按照预定方案进行有效的应急救援,在短时间内使事故得到有效控制,使系统得以恢复,能够避免或减少事故和灾害的损失,以拯救生命、保护财产、保护环境。

3. 事故应急救援体系的构成

(1)事故应急救援体系的组织机构

生产安全事故应急救援工作是政府为减少事故的社会危害,及时进行事故抢险,减少人员伤亡、财产损失和环境污染,按照预先制定的应急救援预案进行的事故抢险救援工作。生产安全事故应急救援工作,应坚持"以人为本、预防为主、快速高效"的方针,贯彻"统一领导、属地为主、协同配合、资源共享"的原则。

企业发生生产安全事故后,进行事故抢险仍无法控制事态时,就应及时向政府请求应急救援,重大生产安全事故应急救援是政府的职责。政府按生产安全事故的可控性、严重程度和影响范围启动不同的响应等级,对事故实行分级响应。应急响应级别分为四级:Ⅰ级为国家响应;Ⅱ级为省、自治区、直辖市响应;Ⅲ级为市、地、盟响应;Ⅳ级为县响应。

不同的响应等级对应不同级别的应急救援工作机构和指挥机构,同时,国家和地方建立若干应急救援组织以应对不同事故的抢险救援。这些不同级别的应急救援工作机构、指挥机构和应急救援组织组成我国生产安全应急救援体系。

在体系运行过程中涉及的组织或机构:

①应急救援专家组。应急救援专家组在应急救援准备和应急救援中起着重要的参谋作用。在应急救援体系中,应针对各类重大危险源建立相应的专家库。专家组应对该地区、行业潜在重大危险的评估、应急救援资源的配备、事态及发展趋势的预测、应急力量的可调整和部署、个人防护、公众疏散、抢险、监测、清消、现场恢复等行动提出决策性的建议。

②医疗救治组织。通常由医院、急救中心和军队医院组成。应急救援中心应与医疗救治组织建立畅通的联系渠道,要求医疗救治组织针对各类重大危险源建立相关的救治方案、准备相关的救治资源;在现场救援时,主要负责设立现场医疗急救站,对伤员进行现场分类和急救处理,并及时合理转送医院治疗救治,同时对现场救援人员进行医学监护。

③抢险救援组织。主要由公安消防队、专业应急救援组织、军队防化兵和工程兵等组成。其主要职责是尽可能、尽快控制并消除事故,营救受伤、受困人员。

④监测组织。主要由环保监测站、卫生防疫站、军队防化侦察分队、气象部门等组成,负责迅速测定事故的危害区域、范围及危害性质,监测空气、水、设备(施)的污染情况以及气象监测等。

⑤公众疏散组织。主要由公安、民政部门和街道居民组织抽调力量组成,必要时可吸收工厂、学校中的骨干力量参加,或请求军队支援。主要负责根据现场指挥部发布的警报和防护措施,指导相关地域的居民实施隐蔽;引导必须撤离的居民有序地撤至安全区或安置区;组织好特殊人群的疏散安置工作;引导受污染的人员前往洗消去污点;维护安全区或安置区的秩序和治安。

⑥警戒与治安组织。通常由公安部门、武警、军队、联防等组成。主要负责对危害区外围的交通路口实施定向、定时封锁,阻止事故危害区外的公众进入;指挥、调度撤出危害区的人员和车辆顺利地通过通道,及时疏散交通阻塞;对重要目标实施保护,维护社会治安。

⑦洗消去污组织。主要由公安消防队伍、环卫队伍、军队防化部队组成。其主要职责有:

开设洗消点(站),对受污染的人员或设备、器材等进行消毒;组织地面洗消队实施地面消毒,开辟通道或对建筑物表面进行消毒;临时组成喷雾分队,降低有毒有害的空气浓度,减少扩散范围。

⑧后勤保障组织。主要涉及计划部门,交通部门,电力、通讯、市政、民政部门物资供应企业等。主要负责应急救援所需的各种设施、设备、物资以及生活、医药等后勤保障。

⑨信息发布组织。主要由宣传部门、新闻媒体、广播电视系统等组成。负责事故救援信息的统一发布,以及及时准确地向公众发布有关保护措施的紧急公告等。

⑩其他组织。主要包括参加现场救援的志愿者等。

(2)支持保障系统

支持保障系统的主要功能是保障重大事故应急救援工作的有效开展。主要包括:

①法律法规保障体系

重大事故应急救援体系的建立与应急救援工作的高效开展,必须有相应法律法规作支撑和保障,明确应急救援的方针与原则,规定有关部门在应急救援工作中的职责,划分响应级别,明确应急预案编制和演练要求、资源和经费保障、索赔和补偿、法律责任等。

②通讯系统

通讯系统是保障应急救援行动的关键。应急救援体系必须有可靠的通讯保障系统,保证应急救援过程中各救援组织内部,以及内部与外部之间通畅的通讯,并应设有备用通系统。

③警报系统

应建立重大事故警报系统,及时向受事故影响的人群发出警报和紧急公告,准确传达事故信息和防护要求。该系统也应设有备用的警报系统。

④技术与信息支持系统

重大事故的应急救援工作离不开技术与信息的支持。应建立应急救援信息平台,开发应急救援信息数据库和决策支持系统,建立应急救援专家组,为现场应急救援决策提供所需的各类信息和技术支持。

⑤宣传、教育和培训体系

在充分利用已有资源的基础上,建立起应急救援的宣传、教育和培训体系。一是通过各种形式和活动,加强对社会公众的应急知识教育,提高应急意识,如应急救援政策、基本防护知识、自救与互救基本知识等;二是为全面提高应急队伍的作战能力和专业水平,设立应急救援培训基地,对各类应急救援人员进行相关专业技术的强化培训,如基础培训、专业培圳、战术培训等。

二、任务单

分组确定给定案例的事故应急救援体系。

任务5.5.2 事故应急救预案编制

一、学习型工作任务

1.事故应急救援预案

(1)制定的目的和原则

①目的

虽然人们对生产过程中出现的危险有了相当程度的认识,然而由于自然灾害、环境因素、设备因素、人为原因等不安全因素的客观存在,或由于人们对生产过程中存在的危险认识不足,重大事故时有发生。当事故的发生不可避免,有效的应急救援行动是唯一可以抵御事故灾害蔓延和减缓灾害后果的有力措施。

为了在重大事故发生后能及时予以控制,防止重大事故的蔓延,有效地组织抢险和救助,生产经营单位应对已初步认定的危险场所和部位进行重大事故危险源的评估;对所有被认定为重大危险源的部位或场所,应事先进行重大事故后果定量预测,估计在重大事故发生后的状态、人员伤亡情况、房屋及设备破坏和损失程度,以及由于物料的泄漏可能引起的爆炸、火灾、有毒有害物质扩散对生产经营单位及周边地区可能造成危害的程度。

所以,如果在事故灾害发生前建立完善的应急救援系统,制定周密救援计划,组织、培训精干抢险队伍和配备完善的应急救援设施,而在灾害发生的紧急关头,就能从容及时地按照预定方案进行有效的应急救援,在短时间内使事故得到有效控制,以及灾害后的系统恢复和善后处理,能够避免或减少事故和灾害的损失,以拯救生命、保护财产、保护环境。

综上所述,制定事故应急救援预案的目的主要有以下两个方面:

a. 采取预防措施使事故控制在局部,消除蔓延条件,防止突发性重大或连锁事故发生;

b. 能在事故发生后迅速有效地控制和处理事故,尽力减轻事故对人、财产和环境造成的影响。

②原则

生产安全是"人—机—环境"系统相互协调、保持最佳"秩序"的一种状态。事故应急救援预案应由事故的预防和事故发生后损失的控制两个方面构成。

A. 从事故预防的角度制定事故应急救援预案。

"提高系统安全保障能力"和"将事故控制在局部"是事故预防的两个关键点。从事故预防的角度看,事故预防由技术对策和管理对策共同构成:

a. 技术上采取措施,使"机—环境"系统具有保障安全状态的能力。

b. 通过管理协调"人自身"及"人—机"系统的关系,以实现整个系统的安全。值得注意的是,主产经营单位职工对生产安全所持的态度、人的能力和人的技术水平是决定能否实现事故预防的关键因素,提高人的素质可以提高事故预防和控制的可靠性。

B. 从事故发生后损失控制的角度制定事故应急救援预案。

"及时进行救援处理"和"减轻事故所造成的损失"是事故损失控制的两个关键点。从事故发生后损失控制的角度看,事先对可能发生事故后的状态和后果进行预测并制订救援措施,一旦发生异常情况:

a. 能根据事故应急救援预案及时进行救援处理;

b. 可最大限度地避急突发性重大事故发生;

c. 减轻所造成的损失和对环境的污染;

d. 同时又能及时恢复生产。

值得注意的是,事故应急救援预案,要定期进行演练。只有这样,才能在事故发生时做出快速反应,投入救援。

综上所述,制订事故应急救援预案的原剧是"以防为主,防救结合"。

(2)事故应急救援预案的特点

事故应急救援预案具有如下特点:

①科学性。编制事故应急救援预案是一项科学性很强的工作。只有在全面调查的基础

上,实行领导与专家相结合的方式,开展科学分析和论证,以科学的态度制定出严密统一、完整的事故应急救援方案,才能使事故应急救援预案具有科学性。

②实用性。事故应急救援预案应符合客观情况,具有实用性,便于操作,起到准确、迅速控制事故的作用。

③权威性。事故应急救援工作是一项紧急状态下的应急工作,所制定的应急救援预案应明确救援工作的管理体系、救援行动的组织指挥权限、各级救援组织的职责和任务等,确保救援工作的统一指挥。制定的事故应急救援预案应经政府有关部门批准后才能实施,并且应到相关政府部门备案,保证应急救援预案的权威性。

(3)编制事故应急救援预案依据的法律、法规

编制事故应急救援预案依据的主要法律、法规有:

《中华人民共和国安全生产法》;

《中华人民共和国职业病防治法》;

《中华人民共和国消防法》;

《中华人民共和国矿山安全法》;

《中华人民共和国建筑法》;

《危险化学品管理条例》;

《特种设备安全监察条例》;

《建设工程安全生产管理条例》;

《矿山安全法实施条例》;

《使用有毒物品作业安全管理条例》;

《危险化学品事故应急救援预案编制导则》;

其他相关法律、法规;

国际公约。

(4)事故应急救援预案的层次与类别

事故应急救援预案就是指根据预测生产经营单位危险源、危险目标可能发生事故类型、危害程度,而制定的事故应急救援方案。事故应急救援预案应由外部预案和内部预案成,相互独立又协调一致。对同一种生产事故后果预计,政府部门根据当地安全状况制定外部政案,生产经营单位负责制定内部预案。

《中华人民共和国安全生产法》第六十八条规定"县级以上地方各级人民政府应当组织有关部门制定本行政区域内特大生产安全事故应急救援预案,建立应急救援体系。"

根据可能发生的事故后果、影响范围、地点和应急方式,建立事故应急救援体系。要建立应急救援体系,就要求事故应急处理预案分级编写。所谓分级,指系统总目标预案包含各子系统分目标预案,而子系统分目标的预案包含单元目标的预案,各层目标预案编写提纲一致,具有相对独立性和完整性,又与上下层目标相互衔接。

我国事故应急救援预案体系将事故应急救援预案划分为5个级别,上级预案的编写应建立在下级预案的基础上,整个预案的结构是金字塔结构。

①Ⅰ级(企业级)。事故的有害影响局限于某个生产经营单位的厂界内,并且可被现场的操作者遏制和控制在该区域内。这类事故可能需要投入整个单位的力量来控制,但其影响预期不会扩大到社区(公共区)。

②Ⅱ级(县、市级)。所涉及的事故其影响可扩大到公共区,但可被该县(市、区)的力量,加上所涉及的生产经营单位的力量所控制。

③Ⅲ级(市、地级)。事故影响范围大,后果严重,或是发生在两个县或县级市管辖区边界上的事故。应急救援需动用地区力量。

④Ⅳ级(省级)。对可能发生的特大火灾、爆炸、毒物泄漏事故,特大矿山事故以及属省级特大事故隐患、重大危险源的设施或场所,应建立省级事故应急预案。它可能是一种规模较大的灾难事故,或是一种需要用事故发生地的城市或地区所没有的特殊技术和设备进行处理的特殊事故。这类意外事故需用全省范围内的力量来控制。

⑤Ⅴ级(国家级)。对事故后果超过省、直辖市、自治区边界以及列为国家级事故隐患、重大危险源的设施或场所,应制定国家级应急预案。

事故应急救援预案可分为外部预案和内部预案,也就是指的企业内的应急预案(场内应急计划)和企业外的应急预案(场外应急计划)。

A. 外部预案。外部预案,由县级以上各级人民政府组织有关部门制定,也就是Ⅱ、Ⅲ、Ⅳ、Ⅴ级的事故应急救援预案。这些预案对应相应的响应级别,当启动相应的应急相应时,对应的预案将被执行。地方政府对所辖区域内的生产经营单位、要害设施都应制定事故应急救援预案。外部预案与内部预案相互补充,特别是内部应急救援能力不足的中小型生产经营单位,更需要外部应急救助。

外部预案的主要内容应包括:应急救援信息、医疗救治、抢险救援、监测、公众疏散和安置、警戒与治安、洗消去污、后勤保障、信息发布和其他。

B. 内部预案。内部预案由生产经营单位制定,主要依据或参照相关导则进行编写。

内容主要包括:单位基本情况;危险目标及其危险特性,危险目标对周围的影响;危险目标周围可利用的安全、消防、个体防护的设备、器材及其分布;应急救援组织机构、组成员和职责划分;报警、通讯联络方式;事故发生后应采取的处理措施;人员紧急疏散、撤离;危险区的隔离;检测、抢险、救援及控制措施;受伤人员现场救护、救治与医院救治;现场保护与现场洗消;应急救援保障;预案分级响应条件;事故应急救援终止程序;应急培训计划;演练计划;附件等。

内部预案包含总体预案和各危险单元预案。通常应包含:针对重大危险源的预案;针对关键生产装置、重点生产部位的预案;针对不同事故类型的预案。

(5)预案的演习和实施

①预案的演习

预案的演习是检验、评价和提高应急能力的一个重要手段。其重要作用突出体现在:可在事故真正发生前暴露预案和程序的缺陷;发现应急资源的不足(包括人力和设备等);改善各应急部门、机构人员之间的协调;增强公众应对突发重大事故救援的信心和应急意识;提高应急人员的技术水平和熟练程度;进一步明确各自的岗位与职责;提高各预案之间的协调性;提高整体应急反应能力。

演习前需要对以下项目进行检查落实:组织上的落实(确定指挥部、抢救队、急救后勤保障的第一、二梯队乃至后备人选)、制度的落实、硬件的落实(各类器材、装置配套齐全、定期检验,淘汰过期、残存的失效药品、器材)。

演习结束后应认真总结,肯定成绩,表彰先进,强化应急意识,鼓舞士气;对演习过程中发现的不足、缺陷等采取纠正措施,以一步完善预案。

②预案的实施

预案的实施是在事故发生时,依据事故的类别、危害程度的级别和评估结果,启动相应的预案,按照预案进行事故的应急救援。实施时不能轻易变更预案,如有预案未考虑到的地方,冷静分析后,果断予以处理。事故后认真总结,进一步完善预案。

(6)事故应急救援预案的检查

《安全生产法》要求,危险物品的生产、经营、储存单位以及矿山、建筑施工单位应制定应急救援预案,并建立应急救援组织。生产经营规模较小的单位应当指定兼职应急救援人员。因此,制定事故应急救援预案将作为建设项目"三同时"验收条件之一。检查一般分为以下几部分。

①预案程序的检查

A. 危险源确定程序

a. 找出可能引发事故的材料、物品、系统、生产过程、设施或能量(电、磁、射线等);

b. 对危险辨识找出的因素进行分析:

分析可能发生事故的后果(人的伤害,物的损失,环境的破坏);分析可能引发事故的原因。

c. 将危险分出层次,找出最危险的关键单元。

d. 确定是否属于重大危险源。

e. 对属于重大危险源以及危险度高的单元,进行"事故严重度评价"。

f. 确定危险源(按危险程度依次排列)。

B. 事故预防程序的检查

遵循事故预防 PDCA 循环的基本过程,即计划(Plan)、实施(Do)、检查(Check)、处置(Action),包括:通过安全检查掌握"危险源"的现状;分析产生危险的原因;拟订控制危险的对策;对策的实施;实施效果的确认;保持效果并将其标准化,防止反复;持续改进,提高安全水平。

C. 应急救援程序检查

要求根据危险源模拟事故状态,制定出每种事故状态下的应急救援方案,不能遗漏。当发生事故时,每个职工都应知道各种紧急状态下,每一步"做什么"和"怎么做"。

大型生产经营单位的"应急救援程序"应该将"单元(车间)应急救援程序"汇编在内,不能出现盲点。重点检查:事故应急救援指挥部启动程序;指挥部发布和解除应急救援命令和信号的程序及通讯网络;抢险救灾程序(救援行动方案);工程抢险抢修程序;现场医疗救护及伤员转送程序;人员紧急疏散程序;事故处理程序图;事故上报程序。

②预案内容的检查

此处主要检查两个方面:一是程序所包含的内容是否遗漏;二是这些内容是否正确。

重点检查以下方面的内容。

A. 组织方案

以生产经营单位为单位成立应急救援的组织机构和指挥系统。生产经营单位以主要领导和各职能机构负责人共同组织应急救援指挥系统,负责在重大事故发生后的救援指挥和组织实施救援工作。生产经营单位依据本单位使用的原材料和生产产品的不同,按照防火、防爆、防泄漏、防辐射、防中毒等成立各个救助分队,各分队可以专业和非专业相结合。各分队要明确组织形式，对人员进行实施应急救援措施的专业技术培训，按照处理重大事故所需配备一定数量的救助器材，形成一支专业性强的实施事故应急救援的主要力量。

生产经营单位应急救援指挥系统的建立主要是建立联系网络。重大事故报告要及时准确；指挥机构和各救援分队的联系要畅通，能够及时对具体实施应急措施进行指挥和调度；与当地政府、行政主管部门和公安消防部门，供电、供水、供气等单位，以及事故应急救援抢救机构等有关部门建立必要的工作联系，及时通报本生产经营单位重大事故危险的状态和生产安全工作情况；对在生产安全中发生的问题，取得有关部门和单位的支持和帮助，及时采取相应措施，避免或减少重大事故的发生。

B.责任制

责任制主要是指挥系统和抢险分队责任制的建立。其主要内容应包括保证信息畅通，报警及警告信号明确有效，实施救援队伍分工明确，指挥救援程序落实，必备的救援器材准备齐全并确保完好和正确使用，救援人员应具备安全技术素质及保证技术培训质量等。

C.报警及信息系统

生产经营单位可依据本生产经营单位的具体情况，建立重大事故发生的报警信号系统。当发生重大事故时，按照生产经营单位规定的方法及时报告和报警。报告或报警的方式可以用声响或标志等形式，但必须做到及时、准确和醒目。

D.重大危险源

生产经营单位应依据本单位的具体情况，对危险场所和危险部位进行重大危险源的评估，对那些确认属于重大危险源的部位或场所，都应进行事故救援应急预案的编制。

E.紧急状态下抢险救援的实施

生产经营单位在发生重大事故后，应立即采取必要措施，并将事故基本情况进行报告，发出事故警报或信号。事故指挥系统要立即采取措施，启动事故专家系统，输入事故现场数据信息，对事故救援提供可行性方案，组织和指挥救援队伍实施救援，并报告有关部门和单位，对事故进行抢险或救援。如紧急疏散，在事故发生的紧急情况下，已实施了应急抢救措施，但对事故状态仍不能得到控制，而且极有可能发生更为严重的后果时，为了避免造成更多的人员伤害，应在积极采取抢救措施的同时，疏散当地周围居民，封闭道路，控制流动人员进人等。

③预案配套的制度和方法的检查

为了能在事故发生后，迅速、准确、有效地进行处理，必须制定好《事故应急救援预案》以及与之配套的制度、程序和处理方法。特别需要指出的是《生产工艺操作方法》必须以操作安全为本，内容应包括紧急状态下工艺操作程序和方法。对“危险源”应配套“工程抢险抢修”的程序和方法。

此外，日常还要做好应急救援的各项准备工作，对全厂职工进行经常性的应急救援常识教育，落实岗位责任制和各项规章制度；同时还应建立以下应急救援工作相应制度：责任制，值班制度，例会制度，培训制度，应急救援装备、物质和药品检查维护制度，演练制度等。

2.煤矿事故应急救援预案的编写

事故应急救援预案是针对事故制定的事故应急方案，方案就是对事故进行响应应遵循的程序。标准化的事故应急响应程序按照过程可分为接警、确定响应等级、报警、应急启动、救援行动、扩大应急、应急恢复和应急结束几个过程。

生产经营单位安全生产事故应急预案是国家安全生产应急预案体系的重要组成部分。制订生产经营单位安全生产事故应急预案是贯彻落实"安全第一、预防为主、综合治理"方针，规范生产经营单位应急管理工作，提高应对风险和防范事故的能力，保证职工安全健康和公众生命安全，最大限度地减少财产损失、环境损害和社会影响的重要措施。

为了贯彻落实《国务院关于全面加强应急管理工作的意见》，指导生产经营单位做好安全生产事故应急预案编制工作，解决目前生产经营单位应急预案要素不全、操作性不强、体系不完善、与相关应急预案不衔接等问题，规范生产经营单位应急预案的编制工作，提高生产经营单位应急预案的编写质量，根据《安全生产法》和《国家安全生产事故灾难应急预案》，制定本标准。

应急管理是一项系统工程，生产经营单位的组织体系、管理模式、风险大小以及生产规模不同，应急预案体系构成不完全一样。生产经营单位应结合本单位的实际情况，从公司、企业（单位）到车间、岗位分别制订相应的应急预案，形成体系，互相衔接，并按照统一领导、分级负责、条块结合、属地为主的原则，同地方人民政府和相关部门应急预案相衔接。

应急处置方案是应急预案体系的基础，应做到事故类型和危害程度清楚，应急管理责任明确，应对措施正确有效，应急响应及时迅速，应急资源准备充分，立足自救。

编写要求和格式见本单元学习情景小结与学习指导。

二、任务单

编制给定案例的事故应急救援预案

5.5　单元学习情景小结与学习指导

煤矿事故应急救援预案编写要求和格式：

1. 范围

本标准规定了生产经营单位编制安全生产事故应急预案（以下简称应急预案）的程序、内容和要素等基本要求。

本标准适用于中华人民共和国领域内从事生产经营活动的单位。

生产经营单位结合本单位的组织结构、管理模式、风险种类、生产规模等特点，可以对应急预案框架结构等要素进行调整。

2. 术语和定义

下列术语和定义适用于本标准。

2.1　应急预案 emergency response plan

针对可能发生的事故，为迅速、有序地开展应急行动而预先制定的行动方案。

2.2　应急准备 emergency preparedness

针对可能发生的事故，为迅速、有序地开展应急行动而预先进行的组织准备和应急保障。

2.3　应急响应 emergency response

事故发生后，有关组织或人员采取的应急行动。

2.4　应急救援 emergency rescue

在应急响应过程中，为消除、减少事故危害，防止事故扩大或恶化，最大限度地降低事故造成的损失或危害而采取的救援措施或行动。

2.5　恢复 recovery

事故的影响得到初步控制后，为使生产、工作、生活和生态环境尽快恢复到正常状态而采取的措施或行动。

3. 应急预案的编制

3.1 编制准备

编制应急预案应做好以下准备工作：

a)全面分析本单位危险因素、可能发生的事故类型及事故的危害程度；

b)排查事故隐患的种类、数量和分布情况，并在隐患治理的基础上，预测可能发生的事故类型及其危害程度；

c)确定事故危险源，进行风险评估；

d)针对事故危险源和存在的问题，确定相应的防范措施；

e)客观评价本单位应急能力；

f)充分借鉴国内外同行业事故教训及应急工作经验。

3.2 编制程序

3.2.1 应急预案编制工作组

结合本单位部门职能分工，成立以单位主要负责人为领导的应急预案编制工作组，明确编制任务、职责分工，制定工作计划。

3.2.2 资料收集

收集应急预案编制所需的各种资料(相关法律法规、应急预案、技术标准、国内外同行业事故案例分析、本单位技术资料等)。

3.2.3 危险源与风险分析

在危险因素分析及事故隐患排查、治理的基础上，确定本单位的危险源、可能发生事故的类型和后果，进行事故风险分析，并指出事故可能产生的次生、衍生事故，形成分析报告，分析结果作为应急预案的编制依据。

3.2.4 应急能力评估

对本单位应急装备、应急队伍等应急能力进行评估，并结合本单位实际，加强应急能力建设。

3.2.5 应急预案编制

针对可能发生的事故，按照有关规定和要求编制应急预案。应急预案编制过程中，应注重全体人员的参与和培训，使所有与事故有关人员均掌握危险源的危险性、应急处置方案和技能。应急预案应充分利用社会应急资源，与地方政府预案、上级主管单位以及相关部门的预案相衔接。

3.2.6 应急预案评审与发布

应急预案编制完成后，应进行评审。评审由本单位主要负责人组织有关部门和人员进行。外部评审由上级主管部门或地方政府负责安全管理的部门组织审查。评审后，按规定报有关部门备案，并经生产经营单位主要负责人签署发布。

4.应急预案体系的构成

应急预案应形成体系，针对各级各类可能发生的事故和所有危险源制订专项应急预案和现场应急处置方案，并明确事前、事发、事中、事后的各个过程中相关部门和有关人员的职责。生产规模小、危险因素少的生产经营单位，综合应急预案和专项应急预案可以合并编写。

4.1 综合应急预案

综合应急预案是从总体上阐述处理事故的应急方针、政策，应急组织结构及相关应急职责，应急行动、措施和保障等基本要求和程序，是应对各类事故的综合性文件。

4.2　专项应急预案

专项应急预案是针对具体的事故类别(如煤矿瓦斯爆炸、危险化学品泄漏等事故)、危险源和应急保障而制定的计划或方案,是综合应急预案的组成部分,应按照综合应急预案的程序和要求组织制定,并作为综合应急预案的附件。专项应急预案应制定明确的救援程序和具体的应急救援措施。

4.3　现场处置方案

现场处置方案是针对具体的装置、场所或设施、岗位所制定的应急处置措施。现场处置方案应具体、简单、针对性强。现场处置方案应根据风险评估及危险性控制措施逐一编制,做到事故相关人员应知应会,熟练掌握,并通过应急演练,做到迅速反应、正确处置。

5.综合应急预案的主要内容

5.1　总则

5.1.1　编制目的

简述应急预案编制的目的、作用等。

5.1.2　编制依据

简述应急预案编制所依据的法律法规、规章,以及有关行业管理规定、技术规范和标准等。

5.1.3　适用范围

说明应急预案适用的区域范围,以及事故的类型、级别。

5.1.4　应急预案体系

说明本单位应急预案体系的构成情况。

5.1.5　应急工作原则

说明本单位应急工作的原则,内容应简明扼要、明确具体。

5.2　生产经营单位的危险性分析

5.2.1　生产经营单位概况

主要包括单位地址、从业人数、隶属关系、主要原材料、主要产品、产量等内容,以及周边重大危险源、重要设施、目标、场所和周边布局情况。

必要时,可附平面图进行说明。

5.2.2　危险源与风险分析

主要阐述本单位存在的危险源及风险分析结果。

5.3　组织机构及职责

5.3.1　应急组织体系

明确应急组织形式,构成单位或人员,并尽可能以结构图的形式表示出来。

5.3.2　指挥机构及职责

明确应急救援指挥机构总指挥、副总指挥、各成员单位及其相应职责。

应急救援指挥机构根据事故类型和应急工作需要,可以设置相应的应急救援工作小组,并明确各小组的工作任务及职责。

5.4　预防与预警

5.4.1　危险源监控

明确本单位对危险源监测监控的方式、方法,以及采取的预防措施。

5.4.2　预警行动

明确事故预警的条件、方式、方法和信息的发布程序。

5.4.3 信息报告与处置

按照有关规定，明确事故及未遂伤亡事故信息报告与处置办法。

a)信息报告与通知

明确24小时应急值守电话、事故信息接收和通报程序。

b)信息上报

明确事故发生后向上级主管部门和地方人民政府报告事故信息的流程、内容和时限。

c)信息传递

明确事故发生后向有关部门或单位通报事故信息的方法和程序。

5.5 应急响应

5.5.1 响应分级

针对事故危害程度、影响范围和单位控制事态的能力，将事故分为不同的等级。按照分级负责的原则，明确应急响应级别。

5.5.2 响应程序

根据事故的大小和发展态势，明确应急指挥、应急行动、资源调配、应急避险、扩大应急等响应程序。

5.5.3 应急结束

明确应急终止的条件。事故现场得以控制，环境符合有关标准，导致次生、衍生事故隐患消除后，经事故现场应急指挥机构批准后，现场应急结束。

应急结束后，应明确：

a)事故情况上报事项；

b)需向事故调查处理小组移交的相关事项；

c)事故应急救援工作总结报告。

5.6 信息发布

明确事故信息发布的部门，发布原则。事故信息应由事故现场指挥部及时准确向新闻媒体通报事故信息。

5.7 后期处置

主要包括污染物处理、事故后果影响消除、生产秩序恢复、善后赔偿、抢险过程和应急救援能力评估及应急预案的修订等内容。

5.8 保障措施

5.8.1 通信与信息保障明确与应急工作相关联的单位或人员通信联系方式和方法，并提供备用方案。建立信息通信系统及维护方案，确保应急期间信息通畅。

5.8.2 应急队伍保障

明确各类应急响应的人力资源，包括专业应急队伍、兼职应急队伍的组织与保障方案。

明确应急救援需要使用的应急物资和装备的类型、数量、性能、存放位置、管理责任人及其联系方式等内容。

5.8.4 经费保障

明确应急专项经费来源、使用范围、数量和监督管理措施，保障应急状态时生产经营单位应急经费的及时到位。

5.8.5 其他保障

根据本单位应急工作需求而确定的其他相关保障措施(如:交通运输保障、治安保障、技术保障、医疗保障、后勤保障等)。

5.9 培训与演练

5.9.1 培训

明确对本单位人员开展的应急培训计划、方式和要求。如果预案涉及到社区和居民,要做好宣传教育和告知等工作。

5.9.2 演练

明确应急演练的规模、方式、频次、范围、内容、组织、评估、总结等内容。

5.10 奖惩

明确事故应急救援工作中奖励和处罚的条件和内容。

5.11 附则

5.11.1 术语和定义

对应急预案涉及的一些术语进行定义。

5.11.2 应急预案备案

5.11.3 应急物资装备保障明确本应急预案的报备部门。

5.11.4 维护和更新

明确应急预案维护和更新的基本要求,定期进行评审,实现可持续改进。

5.11.5 制定与解释

明确应急预案负责制定与解释的部门。

5.11.6 应急预案实施

明确应急预案实施的具体时间。

6. 专项应急预案的主要内容

6.1 事故类型和危害程度分析

在危险源评估的基础上,对其可能发生的事故类型和可能发生的季节及其严重程度进行确定。

6.2 应急处置基本原则

明确处置安全生产事故应当遵循的基本原则。

6.3 组织机构及职责

6.3.1 应急组织体系

明确应急组织形式,构成单位或人员,并尽可能以结构图的形式表示出来。

6.3.2 指挥机构及职责

根据事故类型,明确应急救援指挥机构总指挥、副总指挥以及各成员单位或人员的具体职责。应急救援指挥机构可以设置相应的应急救援工作小组,明确各小组的工作任务及主要负责人职责。

6.4 预防与预警

6.4.1 危险源监控明确本单位对危险源监测监控的方式、方法,以及采取的预防措施。

6.4.2 预警行动

明确具体事故预警的条件、方式、方法和信息的发布程序。

6.5　信息报告程序

主要包括：

a)确定报警系统及程序；

b)确定现场报警方式,如电话、警报器等；

c)确定24小时与相关部门的通讯、联络方式；

d)明确相互认可的通告、报警形式和内容；

e)明确应急反应人员向外求援的方式。

6.6　应急处置

6.6.1　响应分级

针对事故危害程度、影响范围和单位控制事态的能力,将事故分为不同的等级。按照分级负责的原则,明确应急响应级别。

6.6.2　响应程序

根据事故的大小和发展态势,明确应急指挥、应急行动、资源调配、应急避险、扩大应急等响应程序。

6.6.3　处置措施

针对本单位事故类别和可能发生的事故特点、危险性,制定的应急处置措施(如:煤矿瓦斯爆炸、冒顶片帮、火灾、透水等事故应急处置措施,危险化学品火灾、爆炸、中毒等事故应急处置措施)。

6.7　应急物资与装备保障

明确应急处置所需的物质与装备数量、管理和维护、正确使用等。

7.现场处置方案的主要内容

7.1　事故特征

主要包括：

a)危险性分析,可能发生的事故类型；

b)事故发生的区域、地点或装置的名称；

c)事故可能发生的季节和造成的危害程度；

d)事故前可能出现的征兆。

7.2　应急组织与职责

主要包括：

a)基层单位应急自救组织形式及人员构成情况；

b)应急自救组织机构、人员的具体职责,应同单位或车间、班组人员工作职责紧密结合,明确相关岗位和人员的应急工作职责。

7.3　应急处置

主要包括以下内容：

a)事故应急处置程序。根据可能发生的事故类别及现场情况,明确事故报警、各项应急措施启动、应急救护人员的引导、事故扩大及同企业应急预案的衔接的程序。

b)现场应急处置措施。针对可能发生的火灾、爆炸、危险化学品泄漏、坍塌、水患、机动车辆伤害等,从操作措施、工艺流程、现场处置、事故控制,人员救护、消防、现场恢复等方面制定明确的应急处置措施。

c)报警电话及上级管理部门、相关应急救援单位联络方式和联系人员,事故报告的基本要求和内容。

7.4　注意事项

主要包括:

a)佩戴个人防护器具方面的注意事项;

b)使用抢险救援器材方面的注意事项;

c)采取救援对策或措施方面的注意事项;

d)现场自救和互救注意事项;

e)现场应急处置能力确认和人员安全防护等事项;

f)应急救援结束后的注意事项;

g)其他需要特别警示的事项。

8.附件

8.1　有关应急部门、机构或人员的联系方式

列出应急工作中需要联系的部门、机构或人员的多种联系方式,并不断进行更新。

8.2　重要物资装备的名录或清单

列出应急预案涉及的重要物资和装备名称、型号、存放地点和联系电话等。

8.3　规范化格式文本

信息接收、处理、上报等规范化格式文本。

8.4　关键的路线、标识和图纸

主要包括:

a)警报系统分布及覆盖范围;

b)重要防护目标一览表、分布图;

c)应急救援指挥位置及救援队伍行动路线;

d)疏散路线、重要地点等标识;

e)相关平面布置图纸、救援力量的分布图纸等。

8.5　相关应急预案名录

列出直接与本应急预案相关的或相衔接的应急预案名称。

8.6　有关协议或备忘录

与相关应急救援部门签订的应急支援协议或备忘录。

复习题与习题

1.编制事故应急救援预案依据的法律、法规?

2.事故应急救援预案的层次?

3.事故应急救援预案内容?

4.专项应急预案的主要内容?

5.现场处置方案的主要内容?

参考文献:国家安全生产监督管理总局编,《安全评价》,北京,煤炭工业出版社,2005.

参考文献

[1] 勒建伟,吕智海. 煤矿安全[M]. 北京:煤炭工业出版社,2005.
[2] 王永安,朱云辉. 煤矿瓦斯防治[M]. 北京:煤炭工业出版社,2007.
[3] 常海虎,刘子龙. 矿尘防治[M]. 北京:煤炭工业出版社,2007.
[4] 吕志海,王占元. 矿井火灾防治[M]. 北京:煤炭工业出版社,2007.
[5] 孙合应,陈雄. 矿山救护[M]. 北京:煤炭工业出版社,2007.
[6] 重庆市煤炭学会. 重庆地区煤与瓦斯突出防治技术[M]. 北京:煤炭工业出版社,2005.
[7] 何学秋. 安全工程学[M]. 徐州:中国矿业大学出版社,2000.
[8] 刘其志,杜志军. 员工基本行为规范[M]. 徐州:中国矿业大学出版社,2009.
[9] 苏毅勇,臧吉昌. 中国职业安全卫生百科全书[M]. 北京:中国劳动出版社,1991.
[10] 张国枢. 通风安全学[M]. 徐州:中国矿业大学出版社,2000.
[11] 刘其志,孙玉峰. 矿井通风[M]. 北京:煤炭工业出版社,2007.
[12] 周新权. 煤矿主要负责人安全培训教材[M]. 徐州:中国矿业大学出版社,2004.
[13] 徐景德. 煤矿安全生产管理人员安全培训教材[M]. 徐州:中国矿业大学出版社,2004.
[14] 吴宗之,张茂. 重大事故应急救援系统及预案导论[M]. 北京:冶金工业出版社,2003.
[15] 隆泗,周一正. 煤矿安全知识问答[M]. 成都:西南交通大学出版社,2003.
[16] 钱德群. 矿井通风安全仪器及监测系统[M]. 北京:煤炭工业出版社. 1991.
[17] 陈光海,姚向荣. 煤矿安全监测监控技术[M]. 北京:煤炭工业出版社. 2007.
[18] 国家安全生产监督管理总局. 安全评价[M]. 北京:煤炭工业出版社. 2005.
[19] 国家安全生产监督管理总局. 煤矿安全规程[M]. 北京:煤炭工业出版社. 2011.
[20] 国家安全生产监督管理总局.《防治煤与瓦斯突出规定》读本[M]. 北京:煤炭工业出版社. 2009.